複素関数の基礎

吉田伸生 [著]

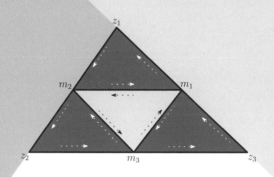

共立出版

序

　本書は，著者の講義録をもとに加筆した複素関数入門である．複素数の定義からはじめ，正則関数の基本性質 (コーシー・リーマン方程式，コーシーの定理，コーシーの積分表示，テイラー展開，一致の定理)，留数解析 (留数定理，定積分計算，偏角原理，ルーシェの定理，開写像定理) を主な内容とする．
　本書第一の特色として

- 内容は根幹に絞り，枝葉への言及は最小限に留める．

これは，最初に学ぶべき基本を明確に提示すると同時に，読者の負担を最小化するためである．例えば，大学院修士課程の入試準備には，本書の内容が必要にして十分である．仮に本書の内容を超える出題がなされたなら，それは悪問であると断言する．入試問題は枝葉ではなく根幹に関わる知識・能力を問うべきだからである．一方，上で述べた「枝葉」が知的興味を喚起し，学習を動機づける場合もある．その一部については例，問，注などで触れた．例えば交流回路に対するオームの法則 (例 2.2.3)，楕円関数 (問 4.2.5 直後および 4.2 節末尾)，リーマン面 (2.6, 6.8 節) への言及はそうした意図による．
　本書第二の特色として

- 十分に一般的仮定のもとで定理を述べ，厳密に証明する．

複素関数論の教科書で，内容を基本事項に限ったものは，定理の仮定が一般性を欠いたり，証明が厳密でなかったりするという理由で，例えば数学専攻の学生諸君を失望させかねないものもある．これに対し本書は，上記方針により，数学専攻の学生諸君の期するところにも応えた．
　一方，本書第三の特色として

- すべての論理を辿らずとも，十分に複素関数論の世界を探索できる「近道」を随所に用意した．

数学は厳密論理の探求者だけのものではない．特に複素関数論には応用系を含め広い需要がある．本書では，内容を必修部分と，より進んだ内容とに区分し，後者には (⋆) 印をつけた．わかりやすい「近道」は (⋆) 印つき項目を飛ばす読み方である．これ以外の近道も各所で案内する．例えば 4 章冒頭の解説後半をご覧いただきたい．こうした近道により，応用系を含め，多様な目的で複素関数論を必要とする方々の需要に応えた．

　よく言われるように，数学の学習を登山にたとえるなら，複素関数論で学ぶ正則関数の顕著な諸性質は，長く険しい登り道の後，木々の切れ間から思いがけず現れる絶景になぞらえることができる．本書の登山路は，可能な限り歩きやすく整備し，景色はできるだけ美しく見えるように工夫した．本書を介し，読者の方々と複素関数論の美しい世界を共に探索するのを楽しみにしている．

〈本書の読み方〉

予備知識　集合や論理に関する基本的用語，学部 1 年生程度の微分積分学の知識を仮定する．

(⋆) 印について　本書の内容を必修部分と，より進んだ内容とに区分し，後者には (⋆) 印をつけた．応用を主目的とする読者，手早く概要を知りたい読者は (⋆) 印つきの項目は飛ばして読んでいただいて差し支えない．

証明について　証明は，できるだけ論理の流れを追いやすいように，かつ細部も丁寧に述べ，いわゆる「行間」を作らないよう努めた．さらに，多くの式変形や評価に，その根拠を式の番号などで説明した．例えば $A \overset{(1.1)}{=} B$ と書いてあれば，$A = B$ となる理由を (1.1) 式に求めることができることを意味する．また，「証明終わり」は，\\(^□^)/ で表す．

問について　本書には多くの練習問題 (問) を収めた．易しいものから，少し手ごわいものまで様々である．(⋆) 印なしの問は比較的標準的，(⋆) 印つきの問はやや発展的である．理解度を試すため，ひとまずは自力解答を試みられることを勧めるが，自力解答にこだわるあまり学習が停滞しては意味がない．適宜巻末の略解を活用されたい．また一部の問は，本来なら本文に挿入すべき簡単な補題を，問として分離することにより，本文の流れをよくする役割を兼ねている．そのような場合は，巻末の略解を本文の延長と考えていただいて構わない．

読者用ウェブサイトについて：本書出版後に発見された誤植の訂正や注釈の追加用に，著者のウェブサイト内のページが開設されている [吉田 3]．また，著者開設の X（旧ツイッター）のアカウント (@noby_leb) で読者どうし交流したり，著者に質問することもできる．ぜひ，活用されたい．

謝辞　本書執筆に際し，多くの方々のご支援を頂戴した．伊師英之氏，糸健太郎氏，須川敏幸氏，杉浦誠氏，中島誠氏，永幡幸生氏，濱田昌隆氏，原啓介氏，福島竜輝氏．以上の方々は本書原稿にお目通しの上，貴重なご意見を寄せてくださった．厚く感謝申し上げたい．

目　　次

準備（論理・集合・写像）　　　　　　　　　　　　　　　　　　　1

第 1 章　複素数　　　　　　　　　　　　　　　　　　　　　**4**

　1.1　複素数・複素平面 . . . . 　4

　1.2　複素数列 . . . . 　11

　1.3　関数の極限と連続性 . . . . 　12

　1.4　級数 . . . . 　16

　1.5　べき級数 . . . . 　19

　1.6　複素平面の位相 . . . . 　24

第 2 章　初等関数　　　　　　　　　　　　　　　　　　　　**35**

　2.1　指数関数 . . . . 　35

　2.2　双曲・三角関数 . . . . 　37

　2.3　偏角・対数の主枝 . . . . 　43

　2.4　べき乗の主枝 . . . . 　49

　2.5　(⋆) 逆三角関数 . . . . 　57

　2.6　(⋆) 初等関数のリーマン面 I . . . . 　62

第 3 章　複素微分　　　　　　　　　　　　　　　　　　　　**66**

　3.1　準備：複素変数関数の偏微分 . . . . 　67

　3.2　複素微分の定義と基本的性質 . . . . 　68

　3.3　逆関数の複素微分 . . . . 　75

　3.4　べき級数の複素微分 . . . . 　77

　3.5　(⋆) 一般二項展開 . . . . 　83

　　3.6　コーシー・リーマン方程式 I . . . . 　87

　　3.7　(★) コーシー・リーマン方程式 II . . . . 　93

第 4 章　コーシーの定理　　　　　　　　　　　　　　　　　　　　　100

　　4.1　曲線に関する用語 . . . . 　101

　　4.2　複素線積分 . . . . 　105

　　4.3　初等的コーシーの定理 . . . . 　114

　　4.4　初等的コーシーの定理を応用した計算例 . . . . 　119

　　4.5　原始関数 . . . . 　127

　　4.6　星形領域に対するコーシーの定理 . . . . 　133

　　4.7　(★) 命題 4.6.2 の証明 . . . . 　138

　　4.8　星形領域に対するコーシーの定理を応用した計算例 . . . . 　142

第 5 章　正則関数の基本性質　　　　　　　　　　　　　　　　　　　149

　　5.1　コーシーの積分表示とテイラー展開 . . . . 　149

　　5.2　(★) 定理 5.1.1 証明中の補題の証明 . . . . 　153

　　5.3　リューヴィルの定理 . . . . 　159

　　5.4　一致の定理 . . . . 　162

　　5.5　(★) モレラの定理 . . . . 　166

　　5.6　(★) 正接・双曲正接のべき級数とベルヌーイ数 . . . . 　170

　　5.7　(★) 無限積 . . . . 　174

第 6 章　孤立特異点　　　　　　　　　　　　　　　　　　　　　　　179

　　6.1　孤立特異点と留数 . . . . 　179

　　6.2　留数定理 . . . . 　186

　　6.3　留数定理を応用した計算例 . . . . 　189

　　6.4　偏角原理・ルーシェの定理 . . . . 　202

　　6.5　(★) 開写像定理・逆関数定理・最大値原理 . . . . 　208

　　6.6　(★) 孤立特異点続論 . . . . 　214

　　6.7　(★) ローラン展開 . . . . 　220

　　6.8　(★) 初等関数のリーマン面 II . . . . 　223

第 7 章　(⋆) 一般化されたコーシーの定理　　　　　　　　　226

　7.1　回転数 226

　7.2　命題 7.1.7 の証明 231

　7.3　一般化されたコーシーの定理 233

　7.4　一般化された留数定理 236

　7.5　単連結領域に対するコーシーの定理 237

問の略解　　　　　　　　　　　　　　　　　　　　　　247

参考文献　　　　　　　　　　　　　　　　　　　　　271

索　　引　　　　　　　　　　　　　　　　　　　　　273

準備

論理・集合・写像

論理・集合・写像に関する若干の用語・記号について簡単に説明する.

定義 0.0.1 (論理記号) 命題 P, Q に対し

▶ $P \Rightarrow Q$ は「P が成立するなら Q も成立する」を意味し,$Q \Leftarrow P$ も同義である.

▶ $P \Leftrightarrow Q$ は「$P \Rightarrow Q$ かつ $P \Leftarrow Q$」を意味する.

▶ $\forall$ は「すべての」を意味する.例えば,$\forall x, \ldots$ は「すべての x に対し $\ldots$ が成立する」を意味する.

▶ $\exists$ は「存在する」を意味する.例えば,$\exists x, \ldots$ は「$\ldots$ をみたす x が存在する」を意味する.

▶ $\exists 1$ は「唯一つ存在する」を意味する.例えば,$\exists 1\, x, \ldots$ は「$\ldots$ をみたす x が唯一つ存在する」を意味する.

なお,しばしば次の記号も用いる:

▶ $P \stackrel{\text{def}}{\Longleftrightarrow} Q$ は「P という新たな記号,あるいは概念を Q によって定義する」を意味し,$P \stackrel{\text{def.}}{=} Q$ も同義である.

定義 0.0.2 (集合とその演算) 集合とその演算に関しては,高校の教科書とほぼ同じ記号を用いる,例えば

▶ 集合 X, Y に対し集合 $X \cup Y, X \cap Y, X \backslash Y$ を以下のように定める:

$$X \cup Y = \{z \,;\, z \in X \text{ または } z \in Y\}, \quad X \cap Y = \{z \,;\, z \in X \text{ かつ } z \in Y\},$$

$$X \backslash Y = \{z \,;\, z \in X \text{ かつ } z \notin Y\}.$$

また,空集合は $\emptyset$ と記す.

定義 0.0.3 (**写像**) X, Y を集合とする.

▶ 写像 $f : X \longrightarrow Y$, $A \subset X$ に対し, 次の $f(A) \subset Y$ を, f による A の**像**とよぶ:

$$f(A) \overset{\text{def}}{=} \{f(x) \; ; \; x \in A\}. \tag{1}$$

Y の 1 点 y_0 に対し $f(X) = \{y_0\}$ が成立するとき, $f \equiv y_0$, そうでないとき, $f \not\equiv y_0$ と記す. また, $B \subset Y$ に対し, 次の $f^{-1}(B) \subset X$ を, f による B の**逆像**とよぶ:

$$f^{-1}(B) \overset{\text{def}}{=} \{x \in X \; ; \; f(x) \in B\}. \tag{2}$$

▶ $f(X) = Y$ なら f は**全射**であるという.

▶ 次が成立するとき, f は**単射**, または**一対一**であるという:

$$x, x' \in X, \; f(x) = f(x') \implies x = x'.$$

▶ f が全射かつ単射なら f は**全単射**であるという.

▶ f が単射, $y \in f(X)$ なら $y = f(x)$ をみたす $x \in X$ が唯一存在する. このとき, $x = f^{-1}(y)$ と記し, 次の写像を f の**逆写像**とよぶ:

$$f^{-1} : f(X) \longrightarrow X \; (y \mapsto f^{-1}(y)).$$

▶ Z を集合, $g : Y \longrightarrow Z$ を写像とする. 次の写像を f と g の**合成**とよび, $g \circ f$ と記す:

$$g \circ f : X \longrightarrow Z \; (x \mapsto g(f(x))).$$

定義 0.0.4 (**直積**)

▶ d を正整数, $A_1, \dots, A_d$ を集合とする. $A_1, \dots, A_d$ から, この順序で要素 $a_j \in A_j$ $(j = 1, \dots, d)$ を取り出して並べたもの全体の集合:

$$A_1 \times \cdots \times A_d \overset{\text{def}}{=} \{(a_j)_{j=1}^d \; ; \; a_j \in A_j, \; j = 1, \dots, d\} \tag{3}$$

を $A_1, \dots, A_d$ の**直積**とよぶ. 上記 a_j を**第 j 座標**あるいは**第 j 成分**とよぶ. 特に $A_j = A$ $(j = 1, \dots, d)$ の場合の直積は A^d とも書く:

$$A^d \overset{\text{def}}{=} \{(a_j)_{j=1}^d \; ; \; a_j \in A, \; j = 1, \dots, d\}. \tag{4}$$

定義 0.0.5 (同値関係・同値類)　集合 A に対し，2^A を A の部分集合全体を要素とする集合，$\mathscr{C} \subset 2^A$ とする．$\mathscr{C}$ が次の 2 条件をみたすとき，$\mathscr{C}$ を A の**非交差分解**という：

　i) $C_1 \neq C_2 \ \Rightarrow \ C_1 \cap C_2 = \emptyset$,　かつ　ii) $A = \bigcup_{C \in \mathscr{C}} C$.

$\mathscr{C}$ を A の非交差分解とし，$(a,b) \in A \times A$ に対し，ある $C \in \mathscr{C}$ が存在し $a, b \in C$ となることを，記号 $a \sim b$ で表すことにする．このとき，任意の $a, b, c \in A$ に対し，

　i) $a \sim a$,　ii) $a \sim b \ \Leftrightarrow \ b \sim a$,　iii) $a \sim b,\ b \sim c \ \Rightarrow \ a \sim c$.

一般に，$(a,b) \in A \times A$ に関する命題 $a \sim b$ が上の三条件をみたすとき，この命題は集合 A に**同値関係**を定めるという．集合 A に同値関係 $a \sim b$ が与えられたとき，各 $a \in A$ に対し次の $C_a \subset A$ を，a を含む**同値類**という：

$$C_a = \{x \in A \,;\, a \sim x\}.$$

容易にわかるように，

　i) $C_a \neq C_b \ \Rightarrow \ C_a \cap C_b = \emptyset$,　かつ　ii) $A = \bigcup_{a \in A} C_a$.

したがって，$C_a \ (a \in A)$ のうち相異なるもの全体は A の非交差分解を与える．

定義 0.0.6

▶ 実数全体の集合を $\mathbb{R}$ で表し，$\mathbb{R}$ の部分集合 $\mathbb{N}, \mathbb{Z}, \mathbb{Q}$ を以下のように定める：

$$\mathbb{N} = \{0, 1, 2, \dots\} \quad (\textbf{自然数全体}),$$
$$\mathbb{Z} = \{a - b \,;\, a, b \in \mathbb{N}\} \quad (\textbf{整数全体}),$$
$$\mathbb{Q} = \{a/b \,;\, a \in \mathbb{Z},\, b \in \mathbb{N},\, b \neq 0\} \quad (\textbf{有理数全体}).$$

注　自然数 $\mathbb{N}$ を $\{1, 2, \dots\}$ とする流儀もあるが，本書では 0 も含める．

Chapter 1 複素数

　本章ではハミルトンの流儀による複素数の導入 (定義 1.1.1) を手始めに，複素数の演算・絶対値に関する基本性質，複素数列，さらに複素関数の極限，連続性へと話を進める．複素数の演算・絶対値は実数の場合の自然な拡張なので本章で述べる事柄の多くが実数，実数列，実変数関数の場合と同様な形で成立する．そこで本章では，多くの読者が微分積分学において実質的に既習と想定される事項についての詳細は割愛し，微分積分学の教科書 [吉田 1] の引用に留める場合もある．

1.1 / 複素数・複素平面

　1545 年，イタリアの数学者カルダーノは著書『偉大なる術 (アルス・マグナ)』において，従来「解なし」とされてきた代数方程式の解が，負の実数の平方根を用いて表されることを指摘した．これが数学史上，複素数の登場とされている．その後，例えばデカルト，オイラーもそれぞれの研究に複素数を用い，その中でデカルトは「虚」(imaginary) という言葉を，オイラーは記号 i をもたらした．「複素数」(独：Komplexe Zahl) という呼び名はずっと後にガウスにより命名された (1831 年).

　複素数を平面上の点として表す考え方は，数学を独学したノルウェーの測量技師ヴェッセルが最初に提唱した (1799 年)．この提唱は長い年月と紆余曲折を経た後，ガウスによる再発見 (1831 年) を通じ，ようやく広く世に知られた．現在，複素平面はガウス平面ともよばれる．

　複素数とは，

$$\mathbf{i}^2 = -1 \tag{1.1}$$

をみたす実数でない「数」$\mathbf{i}$ を用い，次のように表される「数」全体である：

$$z = x + \mathbf{i}y \quad (x, y \text{ は実数}). \tag{1.2}$$

これはおなじみの複素数の導入方法である．一方，著者は高校生の頃，この説明に釈然としなかった．条件 (1.1) をみたす「数」というが，その正体不明の概念に困惑した上に，そんな「数」が本当に存在するのかさえ当時の著者には不明だった．疑問を抱えたまま大学に進み，次に述べるハミルトンによる複素数の定義 (定義 1.1.1) に出会った時は溜飲の下がる思いがした．後に知ったところによると，似た経験を持つ方は少なくないようだ．さて，早速そのハミルトンによる定義を述べよう．なお，虚数単位を i と書くのはオイラー以来の伝統だが，本書では 添字などに使う i と紛れないように太字 $\mathbf{i}$ で記す．

定義 1.1.1 (複素数)

▶ $\mathbf{i} \stackrel{\text{def}}{=} (0,1) \in \mathbb{R}^2$ とし，$\mathbb{R}^2$ の元 $z = (x, y)$ を記号 (1.2) で書くとき，これを**複素数**とよび，複素数全体を $\mathbb{C}$ と記す．(1.2) のように表示された $z \in \mathbb{C}$ に対し，以下の記号・用語を定める：

$$\operatorname{Re} z \stackrel{\text{def}}{=} x, \quad \operatorname{Im} z \stackrel{\text{def}}{=} y \quad (z \text{ の実部・虚部}), \tag{1.3}$$

$$\overline{z} \stackrel{\text{def}}{=} x - \mathbf{i}y \quad (z \text{ の共役}), \tag{1.4}$$

$$|z| \stackrel{\text{def}}{=} \sqrt{x^2 + y^2} \quad (z \text{ の長さ}). \tag{1.5}$$

▶ 次の集合をそれぞれ**実軸**，**虚軸**とよぶ：

$$\{x + \mathbf{i}0 \,;\, x \in \mathbb{R}\}, \quad \{0 + \mathbf{i}y \,;\, y \in \mathbb{R}\}.$$

実軸上の点 $x + \mathbf{i}0$ と実数 x を同一視し $\mathbb{R} \subset \mathbb{C}$ と見做す．これに伴い，$x + \mathbf{i}0$ は x と記す．また，$0 + \mathbf{i}y$ は $\mathbf{i}y$ と書く．

▶ $z_1 = x_1 + \mathbf{i}y_1, z_2 = x_2 + \mathbf{i}y_2 \ (x_1, x_2, y_1, y_2 \in \mathbb{R})$ に対し，それらの加減乗除を以下のように定める[1]：

$$z_1 \pm z_2 \stackrel{\text{def}}{=} (x_1 \pm x_2) + \mathbf{i}(y_1 \pm y_2), \tag{1.6}$$

$$z_1 z_2 \stackrel{\text{def}}{=} (x_1 x_2 - y_1 y_2) + \mathbf{i}(x_1 y_2 + y_1 x_2), \quad \frac{z_1}{z_2} \stackrel{\text{def}}{=} \frac{z_1 \overline{z_2}}{|z_2|^2}, \tag{1.7}$$

ただし商 $\frac{z_1}{z_2}$ は $z_2 \neq 0$ の場合に限り定義する．

---

[1] 以後 (1.6) を含め，本書での複号はすべて同順とする．

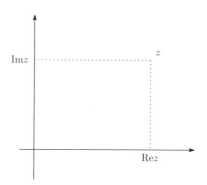

図 1.1

注　定義 1.1.1 のもとでは (1.1) は天下り的に与えられるのではなく，定義の帰結である．実際，(1.7) における積の定義を $z_1 = z_2 = \mathbf{i}$ の場合に適用すれば (1.1) を得る．一方，演算 (1.6)–(1.7) で，特に $y_1 = y_2 = 0$ の場合は，実数 x_1, x_2 に対する通常の加減乗除に他ならない．複素数の長さ (1.5)，および加減法 (1.6) は平面 $\mathbb{R}^2$ において通常定義されるものをそのまま受け継いでいる．したがって，平面 $\mathbb{R}^2$ に関する幾何学的性質をそのまま複素数の性質として用いることができる．例えば，$z, w \in \mathbb{C}$ に対し，$z, w, z + w$ は三角形をなすので，

$$|z + w| \le |z| + |w|,$$
$$\text{等号成立} \iff |z|w = |w|z. \qquad \textbf{(三角不等式)} \qquad (1.8)$$

特に，$z \in \mathbb{C}$，および $\mathrm{Re}\, z$, $\mathrm{Im}\, z$ は z を斜辺とする直角三角形をなすので，

$$\left.\begin{array}{l} |\mathrm{Re}\, z| \\ |\mathrm{Im}\, z| \end{array}\right\} \le |z| \le |\mathrm{Re}\, z| + |\mathrm{Im}\, z|. \qquad (1.9)$$

積の定義 (1.7) は次のように幾何学的に解釈することもできる．$z_j \in \mathbb{C}$ $(j = 1, 2)$ を $z_j = r_j \cos\theta_j + \mathbf{i} r_j \sin\theta_j$ $(r_j \ge 0,\ \theta_j \in \mathbb{R})$ と表すと，三角関数の加法定理より，

$$z_1 z_2 \overset{(1.7)}{=} r_1 r_2 (\cos\theta_1 \cos\theta_2 - \sin\theta_1 \sin\theta_2) + \mathbf{i} r_1 r_2 (\cos\theta_1 \sin\theta_2 + \sin\theta_1 \cos\theta_2)$$
$$= r_1 r_2 \cos(\theta_1 + \theta_2) + \mathbf{i} r_1 r_2 \sin(\theta_1 + \theta_2).$$

よって，積の定義 (1.7) は r_1, r_2 については掛け算，θ_1, θ_2 については足し算することになる．

　複素数の実部，虚部，共役，絶対値の性質について，今後特に頻繁に用いる性質をまとめておこう．

命題 1.1.2 $z, w \in \mathbb{C}$ に対し,

$$|z|^2 = z\overline{z}, \tag{1.10}$$

$$\mathrm{Re}\, z = \frac{z + \overline{z}}{2}, \quad \mathrm{Im}\, z = \frac{z - \overline{z}}{2\mathrm{i}}, \tag{1.11}$$

$$\overline{z + w} = \overline{z} + \overline{w}, \quad \overline{zw} = \overline{z}\,\overline{w}, \tag{1.12}$$

$$|zw| = |z||w|, \tag{1.13}$$

また, $z \neq 0$ なら,

$$\overline{1/z} = 1/\overline{z}, \quad |1/z| = 1/|z|. \tag{1.14}$$

証明 単純計算なので省略する. \\(^□^)/

複素数の四則演算や絶対値の性質は,実数の場合の自然な拡張である.ゆえに次の例で述べるように実数の場合と同様な等式・不等式が複素数の場合にも成り立つ例は多い.

例 1.1.3 $z, w \in \mathbb{C}, n = 1, 2, \ldots$ とするとき,

$$z^n - w^n = (z - w)\sum_{k=0}^{n-1} z^k w^{n-1-k}, \tag{1.15}$$

$$(z + w)^n = \sum_{k=0}^{n} \binom{n}{k} z^k w^{n-k}. \tag{1.16}$$

また, $|z|, |w| \leq r$ なら,

$$|z^n - w^n| \leq nr^{n-1}|z - w|. \tag{1.17}$$

証明 実数の場合と同様である. \\(^□^)/

以後,次のような記号上の規約を設ける.関数 $f: \mathbb{C} \to \mathbb{C}, A \subset \mathbb{C}$ が与えられたとき,

$$\text{集合 } \{z \in \mathbb{C}\,;\, f(z) \in A\} \text{ を } \{f(z) \in A\} \text{ と略記する.} \tag{1.18}$$

例えば,$\{z \in \mathbb{C}\,;\, |z| < 1\}, \{z \in \mathbb{C}\,;\, \mathrm{Re}\, z > 0\}$ はそれぞれ $\{|z| < 1\}$, $\{\mathrm{Re}\, z > 0\}$ と略記する.また本書では,以後一貫して次の定義で定める記号を用いる:

定義 1.1.4

▶ $a \in \mathbb{C}$ に対し,

$$D(a,r) \stackrel{\text{def}}{=} \{|z-a| < r\}, \quad r \in (0,\infty], \tag{1.19}$$

$$\overline{D}(a,r) \stackrel{\text{def}}{=} \{|z-a| \le r\}, \quad r \in [0,\infty), \tag{1.20}$$

$$C(a,r) \stackrel{\text{def}}{=} \{|z-a| = r\}, \quad r \in [0,\infty). \tag{1.21}$$

$D(a,r), \overline{D}(a,r), C(a,r)$ をそれぞれ **開円板**, **閉円板**, **円周**, また, それらについて a を **中心**, r を **半径** とよぶ. 半径 ∞ の開円板は全複素平面, また半径 0 の閉円板は中心のみからなる 1 点集合である.

▶ 集合 $A \subset \mathbb{C}$ に対し, その **直径** を次のように定める:

$$\mathrm{diam}(A) \stackrel{\text{def}}{=} \sup_{z,w \in A} |z-w|. \tag{1.22}$$

$\mathbb{C}$ の部分集合に対しても, 有界性の概念が自然に定義される:

命題 1.1.5 (有界性) $A \subset \mathbb{C}$ に対し以下の命題は同値である:

a) $\{\mathrm{Re}\, z\,;\, z \in A\}$, $\{\mathrm{Im}\, z\,;\, z \in A\}$ が共に有界.

b) $\{|z|\,;\, z \in A\}$ が有界.

c) $\mathrm{diam}(A) < \infty$.

上記 a)–c) のいずれか (したがって, すべて) が成立するとき A は **有界** であるという.

証明   a) $\Leftrightarrow$ b):(1.9) による.

b) $\Rightarrow$ c):$|z-w| \overset{(1.8)}{\le} |z|+|w|$ による.

b) $\Leftarrow$ c):M を $\{|z-w|\,;\, z,w \in A\}$ の上界とする. 一点 $a \in A$ を一つ固定すると任意の $z \in A$ に対し, $|z| \overset{(1.8)}{\le} |z-a|+|a| \le M+|a| < \infty.$ \(^□^)/

問 1.1.1 $z,w \in \mathbb{C}$ に対し以下を示せ:

$$\operatorname{Re} z = \operatorname{Re} \overline{z},\ \operatorname{Im} z = -\operatorname{Im} \overline{z}, \tag{1.23}$$

$$\operatorname{Re}(z\overline{w}) = \operatorname{Re}(\overline{z}w),\ \operatorname{Im}(z\overline{w}) = -\operatorname{Im}(\overline{z}w), \tag{1.24}$$

$$\operatorname{Re}(\mathbf{i}z) = -\operatorname{Im} z,\ \operatorname{Im}(\mathbf{i}z) = \operatorname{Re} z, \tag{1.25}$$

$$|z+w|^2 = |z|^2 + 2\operatorname{Re}(z\overline{w}) + |w|^2, \tag{1.26}$$

$$|z+\mathbf{i}w|^2 = |z|^2 + 2\operatorname{Im}(z\overline{w}) + |w|^2, \tag{1.27}$$

$$||z|+z| = \sqrt{2|z|(|z|+\operatorname{Re} z)}. \tag{1.28}$$

問 1.1.2　$z \in \mathbb{C}$ に対し，$|z|+|z-1| \geq 1$，かつ「等号成立 $\Leftrightarrow z \in [0,1]$」を示せ.

問 1.1.3　$z \in \mathbb{C}$, $f(z) = |z^2-1| + z^2 - 1$ とするとき，以下を示せ.
i) $g(z) \stackrel{\text{def}}{=} \operatorname{Re}(\overline{z}f(z)) = (\operatorname{Re} z)(|z^2-1| + |z^2| - 1)$.
ii) $z \notin [-1,1]$ なら，$\pm g(z) > 0 \Leftrightarrow \pm\operatorname{Re} z > 0$ (複号同順).
(問 1.1.3 は例 2.4.4 に応用される.)

問 1.1.4　$z \in \mathbb{C}$, $p \in [1,\infty)$ に対し次を示せ. $2^{1-p}|z|^p \leq |\operatorname{Re} z|^p + |\operatorname{Im} z|^p \leq 2|z|^p$.

問 1.1.5　以下を示せ.
i) $a_1, a_2 \in \mathbb{R}$, $a = a_1 + a_2\mathbf{i} \neq 0$, $r \in [0,\infty)$ とするとき，
$$a_1 \operatorname{Re} z + a_2 \operatorname{Im} z = r/2 \iff \overline{a}z + a\overline{z} = r. \tag{1.29}$$
ii) $a \in \mathbb{C}$, $r \in (0,\infty)$ とするとき，
$$|z-a| = r \iff |z|^2 - \overline{a}z - a\overline{z} + |a|^2 = r^2. \tag{1.30}$$
iii) 方程式 (1.29) が表す直線を $L(a,r)$，また方程式 (1.30) が表す円周を $C(a,r)$ と記す. このとき，$c \in \mathbb{C}\backslash\{0\}$, $f : z \mapsto cz$ $(\mathbb{C} \to \mathbb{C})$ に対し
$$f(L(a,r)) = L(ca, |c|^2 r), \quad f(C(a,r)) = L(ca, |c|r).$$
また，$g : z \mapsto 1/z$ $(\mathbb{C}\backslash\{0\} \to \mathbb{C}\backslash\{0\})$ に対し
$$g(L(a,r)\backslash\{0\}) = \begin{cases} C(\frac{\overline{a}}{r}, \frac{|a|}{r})\backslash\{0\}, & r > 0 \text{ なら}, \\ L(\overline{a},0)\backslash\{0\}, & r = 0 \text{ なら}. \end{cases}$$
$$g(C(a,r)\backslash\{0\}) = \begin{cases} C\left(\frac{\overline{a}}{|a|^2-r^2}, \frac{r}{|a|^2-r^2}\right), & |a| > r \text{ なら}, \\ L(\overline{a},1), & |a| = r \text{ なら}, \\ C\left(\frac{-\overline{a}}{r^2-|a|^2}, \frac{r}{r^2-|a|^2}\right), & |a| < r \text{ なら}. \end{cases}$$

問 1.1.6　行列式が 0 でない二次複素正方行列全体を $GL_2(\mathbb{C})$ と記し，$A = \begin{pmatrix} a & b \\ c & d \end{pmatrix} \in GL_2(\mathbb{C})$ とする．また $c \neq 0$ なら $U_A = \mathbb{C}\backslash\{-d/c\}$, $V_A = \mathbb{C}\backslash\{a/c\}$, 一方，$c = 0$ なら $U_A = V_A = \mathbb{C}$, $f_A(z) = (az + b)/(cz + d)$ $(z \in U_A)$ とする．$f_A : U_A \to V_A$ を行列 A に対応する**一次分数変換**，または**メビウス変換**という．このとき，以下を示せ．

i) $B = \lambda A$ $(\lambda \in \mathbb{C}\backslash\{0\})$ なら $U_A = U_B$, $V_A = V_B$, $f_A = f_B$.

ii) $B \in GL_2(\mathbb{C})$ および $z \in U_A$ が $f_A(z) \in U_B$ をみたすとき，$f_A(f_B(z)) = f_{AB}(z)$.

iii) $B = \lambda A^{-1}$ $(\lambda \in \mathbb{C}\backslash\{0\})$ なら $U_B = V_A$, $V_B = U_A$. また，$f_A : U_A \to V_A$ は全単射であり，f_B はその逆関数である．

iv) f_A により U_A 内の直線または円周は，V_A 内の直線または円周に写される．

問 1.1.7　問 1.1.6 で $c = \bar{b}$, $d = \bar{a}$ とするとき以下を示せ．

i) $f_A : U_A \to V_A$ は全単射，かつ逆写像は次のように表される：$f_A^{-1}(z) = -(\bar{a}z - b)/(\bar{b}z - a)$.

ii) $|\bar{b}z + \bar{a}|^2(1 - |f_A(z)|^2) = (|a|^2 - |b|^2)(1 - |z|^2)$ $(z \in \mathbb{C})$.

iii) $|a| > |b|$ なら $D(0,1) \subset U_A \cap V_A$, $f_A : D(0,1) \to D(0,1)$ は全単射である．

> **注**　$GL_2(\mathbb{C})$ の部分群 $G_+(1,1)$ を次のように定める[2]：
> $$G_+(1,1) = \left\{ \begin{pmatrix} a & b \\ \bar{b} & \bar{a} \end{pmatrix} ; a, b \in \mathbb{C}, |a| > |b| \right\}. \tag{1.31}$$
> 問 1.1.7 より $A \in G_+(1,1)$ なら $f_A : D(0,1) \to D(0,1)$ は全単射である．問 1.1.7 は問 6.5.6 に続く．

問 1.1.8　問 1.1.6 で $a, b, c, d \in \mathbb{R}$ とするとき以下を示せ．

i) $|cz + d|^2 \operatorname{Im} f_A(z) = (ad - bc) \operatorname{Im} z$ $(z \in \mathbb{C})$.

ii) $ad - bc > 0$ なら $H_\pm \overset{\text{def}}{=} \{\pm \operatorname{Im} z > 0\} \subset U_A \cap V_A$, $f_A : H_\pm \to H_\pm$ は全単射である．

> **注**　$GL_2(\mathbb{C})$ の部分群 $GL_{2,+}(\mathbb{R})$ を次のように定める：

---

[2] $p, q, n \in \mathbb{N}$, $p + q = n \geq 1$ とするとき，行列式 1 の n 次複素正方行列で，二次形式 $z_1\overline{w_1} + \cdots + z_p\overline{w_p} - (z_{p+1}\overline{w_{p+1}} + \cdots + z_n\overline{w_n})$ を保存するもの全体は $SU(p,q)$ で表される（$SU(n,0)$ は特殊ユニタリ群 $SU(n)$ と一致する）．$G_+(1,1)$ は $SU(1,1)$ の元に正の実数を乗じたもの全体に等しい．著者の知る限りこの群を表すための標準的な記号はないようなので，本書限定の記号 $G_+(1,1)$ を用いる．

$$GL_{2,+}(\mathbb{R}) = \left\{ \begin{pmatrix} a & b \\ c & d \end{pmatrix} ; a, b, c, d \in \mathbb{R}, \ ad - bc > 0 \right\}. \tag{1.32}$$

問 1.1.8 より $A \in GL_{2,+}(\mathbb{R})$ なら $f_A : H_\pm \to H_\mp$ は全単射である. 問 1.1.8 は問 6.5.7 に続く.

問 1.1.9 行列 $C = \begin{pmatrix} \mathrm{i} & 1 \\ \mathrm{i} & -1 \end{pmatrix}$ に対応する一次分数変換 f_C (問 1.1.6) を**ケイリー変換**とよぶ. 以下を示せ.

i) $|\mathrm{i}z - 1|^2(1 - |f_C(z)|^2) = 4\,\mathrm{Im}\,z \ (z \in \mathbb{C})$.

ii) $H_+ \overset{\text{def}}{=} \{\mathrm{Im}\,z > 0\}$, $C' = \begin{pmatrix} \mathrm{i} & \mathrm{i} \\ -1 & 1 \end{pmatrix}$ とするとき, $f_C : H_+ \to D(0,1)$, $f_{C'} : D(0,1) \to H_+$ は全単射, かつ互いに逆関数である.

iii) $G_+(1,1)$, $GL_{2,+}(\mathbb{R})$ をそれぞれ (1.31), (1.32) で定める. このとき, 任意の $A \in G_+(1,1)$ に対し $f_{C'} \circ f_A \circ f_C : H_+ \to H_+$ はある $B \in GL_{2,+}(\mathbb{R})$ を用いて f_B と表すことができる. なお, 問 1.1.9 は補題 2.5.3, 問 6.5.7 に応用される.

1.2 / 複素数列

数列とその収束の概念は次のような自然な形で複素数に一般化される.

定義 1.2.1 (複素数列の収束・有界性)

▶ $\mathbb{N}$ から $\mathbb{C}$ への写像 $n \mapsto a_n$ を**複素数列**とよぶ. 実数列の場合同様, 複素数列を次のように記す:

$$(a_n)_{n=0}^\infty, \ (a_n)_{n \geq 0}, \ \text{あるいは単に} \ (a_n).$$

▶ $a \in \mathbb{C}$, および複素数列 (a_n) に対し,

$$(a_n) \text{ は } a \text{ に収束する} \overset{\text{def}}{\Longleftrightarrow} \lim_{n \to \infty} |a_n - a| = 0.$$

またこのとき, 実数列の場合と同様に次のように記す:

$$\lim_{n \to \infty} a_n = a, \ a_n \to a, \ \text{または} \ a_n \overset{n \to \infty}{\longrightarrow} a.$$

▶ 集合 $\{a_n \ ; \ n \in \mathbb{N}\}$ が有界なら点列 (a_n) は**有界**という.

注 複素数列を**複素点列**とよぶこともある. 複素数列, 複素点列を単に「数列」,「点列」と略してよぶこともある. また, a_n の定義域は $\mathbb{N}$ 全体でなく, 適当な $n_0 = 1, 2, \dots$ に対し $\mathbb{N} \cap [n_0, \infty)$ を定義域とすることもある.

例 1.2.2　$z \in \mathbb{C}$ に対し $|z| < 1$ なら $z^n \to 0$. 実際, $|z^n| = |z|^n \to 0$.

まず次に述べるように, 複素数列の収束 (有界性) は実部・虚部が共に収束する (有界である) ことと同値である.

命題 1.2.3　$a, b \in \mathbb{C}$, $(a_n), (b_n)$ を複素数列とする. このとき,

$$a_n \to a \Longleftrightarrow \operatorname{Re} a_n \to \operatorname{Re} a \text{ かつ } \operatorname{Im} a_n \to \operatorname{Im} a \Longleftrightarrow \overline{a_n} \to \overline{a}, \tag{1.33}$$

$$(a_n) \text{ が有界} \Longleftrightarrow (\operatorname{Re} a_n), (\operatorname{Im} a_n) \text{ が共に有界}. \tag{1.34}$$

証明　(1.9) より,

$$\left. \begin{array}{c} |\operatorname{Re} z| \\ |\operatorname{Im} z| \end{array} \right\} \leq |z| \leq |\operatorname{Re} z| + |\operatorname{Im} z|.$$

上式で $z = a_n - a$ として (1.33), また, $z = a_n$ として (1.34) を得る.　\\(^□^)/

系 1.2.4 (収束列は有界)　収束する複素数列は有界である.

証明　命題 1.2.3 より, 実数列の場合 [吉田 1, p.28, 命題 3.2.4] に帰着する.

\\(^□^)/

命題 1.2.5 (演算の連続性)　$a, b \in \mathbb{C}$, $(a_n), (b_n)$ を複素数列, $a_n \to a$, $b_n \to b$ とするとき,

$$a_n + b_n \to a + b, \quad a_n b_n \to ab.$$

特に $b_n \neq 0, b \neq 0$ を仮定すると,

$$a_n / b_n \to a / b.$$

証明　実数列の場合の証明 [吉田 1, p.29, 命題 3.2.5] を $\mathbb{C}$ の絶対値を用いて繰り返せばよい.　\\(^□^)/

1.3 / 関数の極限と連続性

複素関数, すなわち複素変数の複素数値関数の極限と連続性について述べる.

定義，性質共に実変数関数の場合と全く同じであるが，用語の確認のため一通り説明する．

定義 1.3.1 (関数の極限) $A \subset D \subset \mathbb{C}, f : D \longrightarrow \mathbb{C}, a, \ell \in \mathbb{C}$ とする．

▶ 次の条件が成り立てば，f は点 a で A からの**極限** ℓ を持つという：

$$A \text{内の点列} (a_n) \text{に対し} a_n \to a \text{なら} f(a_n) \to \ell.$$

また，このことを次のように記す：

$$\lim_{\substack{z \to a \\ z \in A}} f(z) = \ell \quad \text{あるいは} \quad f(z) \xrightarrow[z \in A]{z \to a} \ell.$$

特に $A = D$ なら f は点 a で**極限** ℓ を持つといい，次のように記す：

$$\lim_{z \to a} f(z) = \ell \quad \text{あるいは} \quad f(z) \xrightarrow{z \to a} \ell.$$

収束点列は有界だった (命題 1.2.3)．関数の極限の場合，これに対応するのが次の事実である．

命題 1.3.2 記号は定義 1.3.1 のとおり，$f(z) \xrightarrow[z \in A]{z \to a} \ell \in \mathbb{C}$ とする．このとき，ある $r \in (0, \infty)$ が存在し，f は $A \cap D(a, r)$ の上で有界となる．

証明 背理法による．結論を否定すると，任意の $n = 1, 2, \ldots$ に対し，f は $A \cap D(a, 1/n)$ 上で非有界である．したがって次のような点列 (a_n) が存在する：

$$a_n \in A, \ |a - a_n| < 1/n, \ |f(a_n)| \geq n.$$

この $a_n \in A$ について，$a_n \to a$ かつ $f(a_n) \nrightarrow \ell$．これは仮定に反する．\(^□^)/

定義 1.3.3 (関数の連続性) $D \subset \mathbb{C}, f : D \longrightarrow \mathbb{C}$ とする．

▶ $a \in D$ に対し次が成り立つなら，f は点 a で**連続**であるという：

$$f(z) \xrightarrow{z \to a} f(a). \tag{1.35}$$

▶ f がすべての $a \in D$ で連続なら f は D で**連続**という．特に D のとり方が了解ずみの場合は，単に**連続**ともいう．

▶ D を定義域とする複素数値関数で D 上連続なもの全体の集合を $C(D)$，あるいはより正確に $C(D \to \mathbb{C})$ と記す．

▶ $D' \subset \mathbb{C}$, $f : D \to D'$ は全単射，連続，かつ逆写像 f^{-1} も連続なら，写像 f は**同相**であるという．またこのとき，集合 D および D' も同相であるという．

> **注** (1.35) は次のように言い換えることができる (定義 1.3.1 参照)：
>
> D 内の点列 (a_n) に対し，$a_n \to a$ なら $f(a_n) \to f(a)$.

命題 1.3.4 $a \in D \subset \mathbb{C}$ とする．

a) $f_i : D \to \mathbb{C}$ $(i = 1, 2)$ が共に a で連続なら，$f_1 + f_2$, $f_1 f_2$ も a で連続である．

b) (**合成関数の連続性**) $f : D \to \mathbb{C}$, $g : f(D) \to \mathbb{C}$ とする．このとき，f が a で連続，かつ g が $f(a)$ で連続なら $g \circ f$ は a で連続である．

証明 $a_n \to a$ をみたす点列をとって考えれば容易に示せる． \\(^□^)/

例 1.3.5 (有理式) a) $n \in \mathbb{N}$, $c \in \mathbb{C}$ とする．次の形に表せる関数 $f : \mathbb{C} \to \mathbb{C}$ を**単項式**とよぶ：

$$f(z) = cz^n.$$

さらに，単項式の有限和で表される関数を**多項式**とよぶ．

b) 多項式 f, g に対し $D = \{g(z) \neq 0\}$ を定義域とする関数：

$$h(z) = f(z)/g(z)$$

を**有理式**とよぶ．このとき，$h \in C(D \to \mathbb{C})$.

証明 命題 1.3.4 a) を繰り返し用いることにより，多項式，有理式の連続性を得る． \\(^□^)/

定義 1.3.6 $D \subset \mathbb{C}$ に対し $f_n : D \to \mathbb{C}$ $(n \in \mathbb{N})$ はすべて有界とする．次が成立するとき，f_n $(n \geq 1)$ は f_0 に D 上**一様収束**するという：

$$\sup_{z \in D} |f_n(z) - f_0(z)| \xrightarrow{n \to \infty} 0.$$

> **命題 1.3.7**　$D \subset \mathbb{C}$ に対し，$f_0 : D \to \mathbb{C}$ は有界，$f_n : D \to \mathbb{C}$ $(n \in \mathbb{N}\backslash\{0\})$ はすべて有界かつ連続とする．f_n $(n \geq 1)$ が f_0 に D 上一様収束すれば，f_0 は連続である．

証明　[吉田 1, p.405, 定理 16.1.6] を参照されたい． $\backslash(\char`^\square\char`^)/$

問 1.3.1　連続関数 $f : \mathbb{C} \to \mathbb{R}$ に対し次の命題 a), b) は同値であることを示せ.

i) ある $r > 0$ および $a \in \overline{D}(0, r)$ に対し，$\inf_{|z|>r} f(z) \geq f(a)$.

ii) f は最小値を持つ.

問 1.3.2　$a_0, \ldots, a_m \in \mathbb{C}$ $(a_m \neq 0)$ とし，複素多項式 $f(z) = a_0 + a_1 z + \cdots + a_m z^m$ $(z \in \mathbb{C})$ に対し以下を示せ.

i) $|z| \to \infty$ なら $|f(z)| \to \infty$.

ii) $|f|$ は最小値を持つ.

問 1.3.3　$D_1, D_2 \subset \mathbb{C}$, $D = D_1 \cup D_2$, $f : D \to \mathbb{C}$, かつ f は D_1, D_2 それぞれ の上で連続とする．f が D 上連続であるためには次の条件が必要十分であることを示せ:

$$\begin{cases} z \in D_1, \ z_n \in D_2, \ z_n \xrightarrow{n \to \infty} z \implies f(z_n) \xrightarrow{n \to \infty} f(z), \\ z \in D_2, \ z_n \in D_1, \ z_n \xrightarrow{n \to \infty} z \implies f(z_n) \xrightarrow{n \to \infty} f(z). \end{cases} \quad (1.36)$$

問 1.3.4 $(\star)$　集合 $D \subset \mathbb{C}$ は実軸に関し対称 $(z \in D \Leftrightarrow \overline{z} \in D)$, $D_\pm = \{z \in D ; \pm \operatorname{Im} z \geq 0\}$ とする．$f : D \to \mathbb{C}$ が次の条件をみたすとき，f は反射的で あるということにする：$\overline{f(\overline{z})} = f(z)$ $(\forall z \in D)$. また，$f_+ : D_+ \to \mathbb{C}$ に対し $f : D \to \mathbb{C}$ が反射的かつ D_+ 上で f_+ と一致するとき，f を $f_|$ の反射的拡張と いうことにする．$f_+ : D_+ \to \mathbb{C}$ が与えられたとし，以下を示せ.

i) f_+ の反射的拡張 $f : D \to \mathbb{C}$ は一意的に定まり，次式で与えられる：

$$f(z) = \begin{cases} f_+(z), & z \in D_+, \\ \overline{f_+(\overline{z})}, & z \in D \backslash D_+. \end{cases} \quad (1.37)$$

ii) f_+ の反射的拡張が存在する $\Leftrightarrow f_+(D_+ \cap \mathbb{R}) \subset \mathbb{R}$.

iii) $f_+ : D_+ \to \mathbb{C}$ が連続なら (1.37) により定まる f は $D \backslash D_+$ 上連続である.

iv) $f_+ : D_+ \to \mathbb{C}$ が連続かつ $f_+(D_+ \cap \mathbb{R}) \subset \mathbb{R}$ をみたせば，f_+ の反射的拡張 $f : D \to \mathbb{C}$ は連続である．【ヒント】問 1.3.3.

注 問 1.3.4 は 4.2 節末の補足 (楕円関数の二重周期性の解説)，および例 5.5.3 に引用される．なお，問 1.3.4 では D の対称軸は実軸だが，問 1.3.4 は，対称軸が実軸に平行な直線 $\mathrm{Im}\, z = a$，さらに虚軸に平行な直線 $\mathrm{Re}\, z = a$ の場合にも一般化できる．問 1.3.4 における条件 $f(z) = \overline{f(\overline{z})}$ は，$\mathrm{Im}\, z = a$, $\mathrm{Re}\, z = a$ が対称軸の場合，それぞれ $f(z) = \overline{f(2a\mathbf{i} + \overline{z})}$, $f(z) = \overline{f(2a - \overline{z})}$ に置き換わる．問 1.3.4 における条件 $f_+(D_+ \cap \mathbb{R}) \subset \mathbb{R}$ は，「f_+ が対称軸上で実数値をとる」という条件に置き換わる．

問 1.3.5 $\mathbb{S}^2 = \{(X, Y, Z) \in \mathbb{R}^3 \;;\; X^2 + Y^2 + Z^2 = 1\}$, $N = (0,0,1)$ とする．次式が定める写像 $s: \mathbb{C} \to \mathbb{S}^2 \backslash \{N\}$ を**立体射影**という：

$$s(z) = \frac{1}{|z|^2 + 1} \left(2\,\mathrm{Re}\, z, 2\,\mathrm{Im}\, z, |z|^2 - 1 \right).$$

複素平面 $\mathbb{C}$ を $\{(X, Y, 0)\;;\; X, Y \in \mathbb{R}\} \subset \mathbb{R}^3$ と同一視するとき，z と N を結ぶ線分と $\mathbb{S}^2 \backslash \{N\}$ の交点が $s(z)$ である．以下を示せ：

i) 立体射影は全単射であり，逆写像は $s^{-1}(X, Y, Z) = \frac{X + \mathrm{i}Y}{1 - Z}$.

ii) $z \to \infty \Leftrightarrow s(z) \to N$.

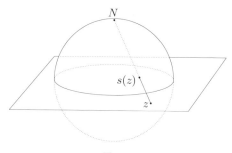

図 1.2

1.4 / 級数

本節では複素数列を一般項とする級数について述べる．ここでも多くの事柄が実数列を一般項とする級数と同様である．

定義 1.4.1 $a_n \in \mathbb{C}$ $(n \in \mathbb{N})$ とする．

▶ 次の形の数列 (A_n) を，a_n を一般項とする**級数**，あるいは (a_n) の**部分和**とよぶ：

$$A_n = \sum_{j=0}^{n} a_j. \tag{1.38}$$

▶ (1.38) に対し次の極限が存在すれば A を**級数の和**とよぶ：

$$A = \lim_{n \to \infty} A_n. \tag{1.39}$$

また，A を次のように記す：

$$\sum_{n=0}^{\infty} a_n. \tag{1.40}$$

(A_n) が収束するとき，級数 (A_n) は**収束**するという．一方，(a_n) が実数値かつ (A_n) が発散するとき，級数 (A_n) は**発散**するという．

> **注** 「級数」は本来数列 (1.38) の呼び名であり，その極限 (1.40) と区別すべきだが，級数自体を記号 (1.40) で表し，例えば「級数 (A_n) が収束（発散）する」という意味で「級数 $\sum_{n=0}^{\infty} a_n$ が収束（発散）する」という語法が習慣化している．言葉の乱用と言えなくもない一方，部分和に対し改めて記号を用意する必要もなく簡潔な語法である．本書でも，この語法に従うことにする．

級数の性質をいくつか述べる．

命題 1.4.2 複素数列 (a_n)，(b_n) に対し級数 $A = \sum_{n=0}^{\infty} a_n, B = \sum_{n=0}^{\infty} b_n$ を考える．このとき，

a) (**級数の線形性**) A, B が収束するとき，$c_1, c_2 \in \mathbb{C}$ に対し

$$\sum_{n=0}^{\infty} (c_1 a_n + c_2 b_n) \text{ が収束し，} = c_1 A + c_2 B. \tag{1.41}$$

b) (**級数の実部・虚部・共役**)

$$R \overset{\text{def}}{=} \sum_{n=0}^{\infty} \operatorname{Re} a_n, \quad I \overset{\text{def}}{=} \sum_{n=0}^{\infty} \operatorname{Im} a_n, \quad C \overset{\text{def}}{=} \sum_{n=0}^{\infty} \overline{a_n}$$

に対し，

$$A \text{ が収束} \iff R, I \text{ が共に収束} \iff C \text{ が収束} \tag{1.42}$$

$$\implies A = R + \mathrm{i}I, \quad \overline{A} = C. \tag{1.43}$$

c) (**級数に対する三角不等式**) A が収束するとき[3]，

---

[3] [吉田 1, p.67, 定理 5.1.4] より，(1.44) 右辺の級数の値は $[0, \infty]$ 内に確定する．

$$|A| \leq \sum_{n=0}^{\infty} |a_n|. \tag{1.44}$$

証明   [吉田 1, pp.67–68, 定理 5.1.5, 系 5.1.6] を参照されたい.   \(^□^)/

級数の収束は，次のように絶対収束と条件収束に分類される.

定義 1.4.3 (**絶対収束・条件収束**)   複素数列 (a_n) に対し，級数 $A \overset{\mathrm{def}}{=} \sum_{n=0}^{\infty} a_n$,
$A' \overset{\mathrm{def}}{=} \sum_{n=0}^{\infty} |a_n|$ を考える.

▶ $A' < \infty$ なら A は**絶対収束**するという．次に述べる命題 1.4.4 より，絶対収束
する級数は収束する.

▶ A が収束し，かつ $A' = \infty$ なら A は**条件収束**するという.

命題 1.4.4 (絶対収束 ⟹ 収束) $m \in \mathbb{N},\, a_n \in \mathbb{C},\, b_n \geq 0,\, |a_n| \leq b_n \ (n \geq m)$
とし，次の級数を考える.

$$A \overset{\mathrm{def}}{=} \sum_{n=0}^{\infty} a_n, \ \ A' \overset{\mathrm{def}}{=} \sum_{n=0}^{\infty} |a_n|, \ \ B \overset{\mathrm{def}}{=} \sum_{n=0}^{\infty} b_n.$$

このとき，

a) $B < \infty \implies A,\, A'$ は共に収束する.

b) $A' < \infty \implies A$ は収束する.

証明   [吉田 1, p.69, 命題 5.2.2] を参照されたい.   \(^□^)/

例 1.4.5   a) $S_p \overset{\mathrm{def}}{=} \sum_{n=1}^{\infty} \dfrac{1}{n^p}$ は $0 \leq p \leq 1$ なら ∞ に発散し，$p > 1$ なら収束する.

b) $A_p \overset{\mathrm{def}}{=} \sum_{n=1}^{\infty} \dfrac{(-1)^{n-1}}{n^p}$ は $0 < p \leq 1$ なら条件収束，$p > 1$ なら絶対収束する.

証明   a) については [吉田 1, p.90, 例 6.2.4]，b) については [吉田 1, p.73, 例
5.3.6] を参照されたい.   \(^□^)/

次の一般論は，等式 (2.2)，補題 5.6.1 の証明に応用される.

命題 1.4.6 (級数の積)　$a_n, b_n \in \mathbb{C}$, $c_n \overset{\text{def}}{=} \sum_{j=0}^{n} a_j b_{n-j}$ に対し以下の級数を考える:

$$A = \sum_{n=0}^{\infty} a_n, \quad B = \sum_{n=0}^{\infty} b_n, \quad C = \sum_{n=0}^{\infty} c_n.$$

このとき，A, B が共に絶対収束すれば C も絶対収束し，$C = AB$ が成立する.

証明　[吉田 1, p.81, 命題 6.1.2] を参照されたい.　　　　　　　　　　\\(^□^)/

問 1.4.1　$z \in \mathbb{C}$ に対し以下を示せ. $\sum_{n=0}^{\infty} z^n$ は $|z| < 1$ なら絶対収束し $1/(1-z)$ に等しい. また $|z| \geq 1$ なら収束しない.

1.5 / べき級数

$a_n \in \mathbb{C}$ $(n \in \mathbb{N})$, $z \in \mathbb{C}$ に対し次の形の級数を**べき級数**という:

$$f(z) = \sum_{n=0}^{\infty} a_n z^n. \tag{1.45}$$

指数関数をはじめとする初等関数は，べき級数で書き表せる. したがって，べき級数の性質を理解することは，初等関数を理解する上でも有用である. より一般に，複素関数論の主役でもある正則関数 (定義 3.2.1) は定義域に含まれる開円板内でべき級数に展開される (定理 5.1.1). このことから，正則関数の多くの性質がべき級数の性質を通じて理解される (5.1, 5.4 節参照).

まず，容易に証明できる性質を述べる.

命題 1.5.1 (べき級数の偶部・奇部・共役)　べき級数 (1.45) について，

a) $f(\pm z)$ が共に収束するとき，

$$\frac{f(z) + f(-z)}{2} = \sum_{n=0}^{\infty} a_{2n} z^{2n}, \quad \frac{f(z) - f(-z)}{2} = \sum_{n=0}^{\infty} a_{2n+1} z^{2n+1}. \tag{1.46}$$

b) (a_n) が実数列かつ，$f(z)$ が収束するとき，$f(\bar{z})$ も収束し，$\overline{f(z)} = f(\bar{z})$.

証明　a)

$$f(z) + f(-z) \overset{(1.41)}{=} \sum_{n=0}^{\infty} a_n(1 + (-1)^n)z^n = 2\sum_{n=0}^{\infty} a_{2n}z^{2n}.$$

となり，(1.46) の一方を得る．他方も同様である．

b) 命題 1.4.2 b) による．   \(^□^)/

次に，べき級数の標準的収束判定法を述べる．

命題 1.5.2 (べき級数の収束判定)　$r \in (0, \infty]$ とする．次が成立すれば，べき級数 (1.45) は $|z| < r$ の範囲で絶対収束する．

十分大きなすべての $n \in \mathbb{N}$ に対し $a_n \neq 0$ かつ

$$\frac{|a_{n+1}|}{|a_n|} \overset{n\to\infty}{\longrightarrow} \frac{1}{r}. \tag{1.47}$$

証明　$b_n = |a_n z^n|$ に対し $\sum_{n=0}^{\infty} b_n < \infty$ ならよい (命題 1.4.4)．$\frac{|z|}{r} < 1$ より $\frac{|z|}{r} < \rho < 1$ をみたす ρ をとれる．このとき，

$$\frac{b_{n+1}}{b_n} = \frac{|a_{n+1}||z|}{|a_n|} \overset{n\to\infty}{\longrightarrow} \frac{|z|}{r} < \rho.$$

ゆえに $\exists m \in \mathbb{N}, \forall n \geq m, b_{n+1}/b_n < \rho$．したがって $n \geq m+1$ なら $b_n \leq \rho^{n-m}b_m$．よって

$$\sum_{n=0}^{\infty} b_n \leq \sum_{n=0}^{m-1} b_n + \frac{b_m \rho}{1 - \rho} < \infty. \qquad\qquad \text{\(^□^)/}$$

次に絶対収束べき級数の連続性について述べる．

命題 1.5.3 (べき級数の連続性 I)　$0 < r < \infty,\ a_n \in \mathbb{C}$ に対し次を仮定する：

$$\sum_{n=0}^{\infty} |a_n| r^n < \infty.$$

このとき，(1.45) のべき級数 $f(z)$ は $|z| \leq r$ の範囲で絶対かつ，一様に収束し，かつこの範囲の z について連続である．

証明　$|z| \leq r$ とする. $|a_n z^n| \leq |a_n| r^n$ より, べき級数 (1.45) は絶対収束する. また, $f_N(z) = \sum_{n=0}^{N} a_n z^n$ とするとき,

$$|f(z) - f_N(z)| = \left| \sum_{n=N+1}^{\infty} a_n z^n \right| \overset{(1.44)}{\leq} \sum_{n=N+1}^{\infty} |a_n| r^n \overset{N \to \infty}{\longrightarrow} 0.$$

よって, 連続関数列 f_N は f に $|z| \leq r$ の範囲で一様収束する. ゆえに, 命題 1.3.7 より f はこの範囲で連続である. \(^□^)/

> **系 1.5.4**　$0 < r_0 \leq \infty$ に対し, べき級数 (1.45) が $|z| < r_0$ の範囲で絶対収束するなら, $f(z)$ は $|z| < r_0$ の範囲で連続である.

証明　任意の $r < r_0$ に対し, $f(z)$ が $|z| \leq r$ の範囲で連続なら十分である. ところが, $f(z)$ は $|z| \leq r$ の範囲で絶対収束するので, 命題 1.5.3 より結論を得る. \(^□^)/

(1.45) のべき級数 $f(z)$ は収束円 (問 1.5.1 参照) の内部においては絶対収束し命題 1.5.3 が適用されるが, 収束円周上の点 z においては条件収束する場合がある. このような場合でも適切な条件下で $f(z)$ は z において連続となりうる. 例えば次の命題はいくつかの初等関数のべき級数展開に適用できる (例 3.4.5, 3.4.7).

> **命題 1.5.5** (⋆) **(べき級数の連続性 II)**　(a_n) は非負単調減少数列で, $a_n \to 0$ とする. このとき, (1.45) のべき級数 $f(z)$ は $|z| \leq 1, z \neq 1$ の範囲で収束し, かつ, この範囲の z について連続である.

証明　$\varepsilon > 0$ を任意とし, $f(z)$ が $|z| \leq 1$ かつ $|z - 1| \geq \varepsilon$ の範囲で収束し, この範囲の z について連続であることをいえばよい. そこで以下, z はこの範囲とする. このとき,

1)　　　$g_n(z) \overset{\text{def}}{=} 1 + z + \cdots + z^n = \dfrac{1 - z^{n+1}}{1 - z}$ に対し $|g_n(z)| \leq \dfrac{2}{\varepsilon}$.

よって, $N \geq 0$ に対し,

2)　　　$\displaystyle\sum_{n=N+1}^{\infty} (a_n - a_{n+1})|g_n(z)| \overset{1)}{\leq} \frac{2}{\varepsilon} \sum_{n=N+1}^{\infty} (a_n - a_{n+1}) \leq \frac{2a_{N+1}}{\varepsilon}.$

さらに, $z^n = g_n(z) - g_{n-1}(z)$ に注意すると, $M > N$ に対し,

$$3) \quad \sum_{n=N+1}^{M} a_n z^n = \sum_{n=N+1}^{M} a_n g_n(z) - \sum_{n=N+1}^{M} a_n g_{n-1}(z)$$
$$= a_M g_M(z) + \sum_{n=N+1}^{M-1} (a_n - a_{n+1}) g_n(z) - a_{N+1} g_N(z).$$

2) と命題 1.4.4 より，3) の最右辺第 2 項は $M \to \infty$ で収束する．そこで，3) で $M \to \infty$ とすると，

$$4) \quad \sum_{n=N+1}^{\infty} a_n z^n = \sum_{n=N+1}^{\infty} (a_n - a_{n+1}) g_n(z) - a_{N+1} g_N(z).$$

特に，$f(z)$ の収束を得る．また，

$$\left| f(z) - \sum_{n=0}^{N} a_n z^n \right| = \left| \sum_{n=N+1}^{\infty} a_n z^n \right|$$
$$\overset{4)}{\leq} \sum_{n=N+1}^{\infty} (a_n - a_{n+1}) |g_n(z)| + a_{N+1} |g_N(z)|$$
$$\overset{1),\,2)}{\leq} \frac{4 a_{N+1}}{\varepsilon} \overset{N \to \infty}{\longrightarrow} 0. \tag{1.48}$$

よって，連続関数列 $f_N(z) \overset{\text{def}}{=} \sum_{n=0}^{N} a_n z^n$ は f に，$|z| \leq 1$ かつ $|z-1| \geq \varepsilon$ の範囲で一様収束する．ゆえに，命題 1.3.7 より f はこの範囲で連続である．\\(^□^)/

注　命題 1.5.5 の条件下で，$f(z)$ は $|z| < 1$ の範囲では絶対収束する．実際，仮定より $0 \leq a_n \leq a_0$．したがって $|z| < 1$ なら，

$$\sum_{n=0}^{\infty} |a_n z^n| \leq a_0 \sum_{n=0}^{\infty} |z|^n = \frac{a_0}{1 - |z|}.$$

したがって $|z| < 1$ の範囲での $f(z)$ の連続性は系 1.5.4 から従う．

命題 1.5.6（因数定理）　べき級数 (1.45) が $|z| < r$ $(0 < r \leq \infty)$ の範囲で絶対収束するとする．このとき，任意の $m \in \mathbb{N}\backslash\{0\}$ に対し次のべき級数 $g(z)$ も $|z| < r$ の範囲で絶対収束する：

$$g(z) = \sum_{n=0}^{\infty} a_{m+n} z^n.$$

また，$|z| < r$ の範囲で，

$$f(z) = \sum_{n=0}^{m-1} a_n z^n + z^m g(z). \tag{1.49}$$

特に，$a_k = 0 \ (0 \le k \le m-1)$ なら，

$$f(z) = z^m g(z). \tag{1.50}$$

証明　$g(z)$ の絶対収束は次のようにしてわかる．$z \ne 0$ としてよいので，

$$\sum_{n=m}^{\infty} |a_{m+n} z^n| = |z|^{-m} \sum_{n=m}^{\infty} |a_{m+n} z^{m+n}| \le |z|^{-m} \sum_{n=0}^{\infty} |a_n z^n| < \infty.$$

また，

$$z^m g(z) = \sum_{n=0}^{\infty} a_{m+n} z^{m+n} = \sum_{n=m}^{\infty} a_n z^n = f(z) - \sum_{n=0}^{m-1} a_n z^n.$$

よって (1.49) を得る．　　　　　　　　　　　　　　　　　　\(^□^)/

系 1.5.7　べき級数 (1.45) が $|z| < r \ (0 < r \le \infty)$ の範囲で絶対収束するとする．

a) (**零点の非集積性**) $f(0) = a_0 = 0$, かつ $\exists n \in \mathbb{N}, a_n \ne 0$ とする．このとき，次のような $\delta \in (0, r)$ が存在する．

$$0 < |z| < \delta \ \Rightarrow \ f(z) \ne 0. \tag{1.51}$$

b) (**係数の一意性**) 次の条件をみたす点列 $z_m \in \mathbb{C}$ が存在するなら，$a_n = 0$ $(\forall n \in \mathbb{N})$:

$$0 < |z_m| < r, \ f(z_m) = 0 \ (m \in \mathbb{N}), \ z_m \xrightarrow{m \to \infty} 0. \tag{1.52}$$

証明　a) $a_n \ne 0$ をみたす最小の $n \ge 1$ を m とし，命題 1.5.6 の g を考える．このとき，$g(0) = a_m \ne 0$. よって g の連続性より，ある $\delta \in (0, r)$ に対し，$0 < |z| < \delta \ \Rightarrow \ g(z) \ne 0$. これと (1.50) より結論を得る．

b) (1.52) をみたす z_m が存在すれば，f の連続性から $f(0) = a_0 = 0$. さらに (1.51) をみたす $\delta \in (0, r)$ は存在しない．したがって，$a_n = 0 \ (\forall n \in \mathbb{N})$. \(^□^)/

問 1.5.1　べき級数 (1.45) に対し以下を示せ．

i) $z \in \mathbb{C}, 0 < r < |z|$, かつ $f(z)$ が収束するなら，$C \stackrel{\text{def}}{=} \sum_{n=0}^{\infty} |a_n| r^n < \infty$. したがって，任意の $n \in \mathbb{N}$ に対し $|a_n| \le C r^{-n}$.

ii) ($\star$) $z \in \mathbb{C}$, $r_0 \overset{\text{def}}{=} \sup\{r \geq 0 \, ; \, \sum_{n=0}^{\infty} |a_n| r^n < \infty\}$ に対し，$|z| < r_0$ なら $f(z)$ は絶対収束し，$|z| > r_0$ なら $f(z)$ は収束しない．この r_0 を $f(z)$ の**収束半径**，また，$D(0, r_0)$ を**収束円**とよぶ．

問 1.5.2　べき級数 (1.45) が $|z| < r$ $(0 < r \leq \infty)$ の範囲で絶対収束するとき，以下を示せ．

i) f が偶関数 $\Leftrightarrow a_{2n+1} = 0$ $(n \in \mathbb{N})$.

ii) f が奇関数 $\Leftrightarrow a_{2n} = 0$ $(n \in \mathbb{N})$.

問 1.5.3　$0 < r < \infty$, $a_n \in \mathbb{C}$ に対し $\sum_{n=0}^{\infty} |a_n| r^{-n} < \infty$ を仮定する．このとき，$g(z) \overset{\text{def}}{=} \sum_{n=0}^{\infty} a_n z^{-n}$ は $|z| \geq r$ の範囲で絶対かつ一様に収束し，かつ，この範囲の z について連続であることを示せ．

問 1.5.4 ($\star$)　$z \in \mathbb{C}$, $b, c \in \mathbb{C} \backslash \{0\}$, $|z| < \min\{|b|, |c|\}$ とする．このとき，$f(z) = \frac{bc}{(b-z)(c-z)}$ を絶対収束するべき級数 $f(z) = \sum_{n=0}^{\infty} a_n z^n$ で表せることを示し a_n を求めよ．【ヒント】命題 1.4.6.

1.6 / 複素平面の位相

　本節では，複素平面の位相に関する基本概念，特に開集合，閉集合，連結性について述べる．本節の内容が実際に必要となるのは 3 章以後なので，必要が生じた時点で適宜参照されたい．

　本節を通じて，開円板 $D(a, r)$, 閉円板 $\overline{D}(a, r)$, 円周 $C(a, r)$ をそれぞれ (1.19), (1.20), (1.21) で定める．このとき，

- 開円板 $D(a, r)$ はその境界点，すなわち $C(a, r)$ 上の点を含まない．
- 一方，閉円板 $\overline{D}(a, r)$ は境界点，すなわち $C(a, r)$ 上の点をすべて含む．

　次に複素平面内の集合について，開集合・閉集合の概念を定義する．直観的には，開集合は開円板 $D(a, r)$ のように「境界点を含まない」集合，また，閉集合は閉円板 $\overline{D}(a, r)$ のように「境界点をすべて含む」集合である (問 1.6.1 参照).

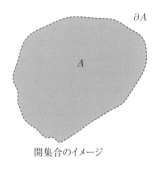

開集合のイメージ　　　　　　　　閉集合のイメージ

図 1.3

定義 **1.6.1**（**開集合・閉集合**）　$A \subset \mathbb{C}$ とする.

▶ $z \in \mathbb{C}$ に対し, $D(z,r) \subset A$ をみたす $r > 0$ が存在するとき, z を A の**内点**とよぶ. また, A の内点全体の集合を A° と記し, A の**開核**とよぶ.

▶ 次のような $z \in \mathbb{C}$ 全体の集合を $\overline{A}$ と記し, A の**閉包**とよぶ:

　　　　　点列 $z_n \in A$ で, $z_n \to z$ となるものが存在する.

また, 次の集合 ∂A を A の**境界**とよぶ:

$$\partial A \overset{\mathrm{def}}{=} \overline{A} \backslash A^\circ. \tag{1.53}$$

▶ $A = A^\circ$, すなわち A のすべての点が A の内点なら, A は**開**であるという. また, $A = \overline{A}$ なら A は**閉**であるという.

注　1) 任意の $A \subset \mathbb{C}$ に対し $A^\circ \subset A$. 実際, $A \neq \emptyset$ のとき, A の内点は定義により A に属する. また, 空集合はいかなる開円板も含まないから $\emptyset^\circ = \emptyset$.

2) 任意の $A \subset \mathbb{C}$ に対し $A \subset \overline{A}$. 実際, $A \neq \emptyset$ のとき, 任意の $z \in A$ に対し $z_n = z$ ($\forall n \in \mathbb{N}$) とすれば, $z_n \in A$ かつ $z_n \to z$. また, 空集合は点列を含まないから $\overline{\emptyset} = \emptyset$.

次の命題で, 有界閉集合の重要な性質を二つ述べる.

命題 1.6.2　集合 $A \subset \mathbb{C}$ は有界, 閉, かつ空でないとするとき,

a) (**ボルツァーノ・ワイエルシュトラスの定理**) 任意の点列 $z_n \in A$ に対し, ある $z \in A$ および自然数列 $k(1) < k(2) < \cdots$ が存在し, $z_{k(n)} \overset{n \to \infty}{\longrightarrow} z$.

b) (**最大・最小値存在定理**) $f : A \to \mathbb{R}$ が連続なら, ある $a, b \in A$ が存在し,

任意の $z \in A$ に対し $f(a) \leq f(z) \leq f(b)$.

証明　a) [吉田 1, pp.185–186, 定理 9.3.1] を参照されたい.

b) a の存在を示す (b についても同様である). $a_n \in A$ を $f(a_n) \overset{n \to \infty}{\longrightarrow} m \overset{\mathrm{def}}{=} \inf_{z \in A} f(z)$ となるようにとる. このとき, a) より, ある $a \in A$ および自然数列 $k(1) < k(2) < \cdots$ が存在し, $a_{k(n)} \overset{n \to \infty}{\longrightarrow} a$. このとき, f の連続性より, $f(a_{k(n)}) \overset{n \to \infty}{\longrightarrow} f(a)$ したがって $f(a) = m$.　　　　　　　　　　　\(^□^)/

命題 1.6.2 から, 問 1.6.13 を介して次の補題が示される. この補題は本書中幾度か用いられる (例えば, 命題 7.5.3, 補題 5.1.4, 定理 7.3.1 の証明).

補題 1.6.3　$A, B \subset \mathbb{C}$ に対し,

$$\rho(A, B) \overset{\mathrm{def}}{=} \begin{cases} \displaystyle\inf_{(a,b) \in A \times B} |a - b|, & A \neq \emptyset,\ B \neq \emptyset \text{ のとき,} \\ \infty, & A = \emptyset \text{ または } B = \emptyset \text{ のとき.} \end{cases}$$

A が閉, B が有界かつ閉, $A \neq \emptyset$, $B \neq \emptyset$ なら, 次をみたす $(a_0, b_0) \in A \times B$ が存在する.

$$\rho(A, B) = \inf_{(a,b) \in A \times B} |a - b| = |a_0 - b_0|.$$

したがって, 上の仮定に加え $A \cap B = \emptyset$ なら, $\rho(A, B) > 0$.

証明　$\beta \overset{\mathrm{def}}{=} \sup_{b \in B} |b|$ とし, 有界閉集合 A_0 を次のように定める:

$$A_0 = \{a \in A \,;\, |a| \leq \rho(A, B) + \beta + 1\}.$$

このとき, 次が成立する.

1)　$A_0 \neq \emptyset$, かつ $\rho(A, B) = \rho(A_0, B)$.

ひとまずこれを認める. すると $A_0 \times B \subset \mathbb{C} \times \mathbb{C}$ は有界, 閉, かつ空でないので, $A_0 \times B$ 上の連続関数 $(a, b) \mapsto |a - b|$ はある $(a_0, b_0) \in A_0 \times B$ で最小値をとる (問 1.6.13). ゆえに

$$\rho(A_0, B) = |a_0 - b_0|.$$

これと 1) より結論を得る.

1) は以下のように示される. $\rho(A, B)$ の定義から次のような $(a_1, b_1) \in A \times B$ が存在する:

$$|a_1 - b_1| \le \rho(A, B) + 1.$$

この a_1 に対し $|a_1| \le \rho(A, B) + \beta + 1$. よって $A_0 \neq \emptyset$. また, $z \notin A_0, b \in B$ なら

$$|z - b| \ge |z| - \beta \ge \rho(A, B) + 1.$$

ゆえに $\rho(A \backslash A_0, B) \ge \rho(A, B) + 1$. したがって

$$\rho(A, B) = \min\{\rho(A_0, B),\ \rho(A \backslash A_0, B)\} = \rho(A_0, B).$$

以上で 1) を得る. \\(^□^)/

開集合 D 上の正則関数の重要な性質の一つは, 零点が D 内に集積しないことである (系 5.4.5). この性質に関連する定義と補題を述べる.

定義 1.6.4 (集積点・孤立点) $A \subset \mathbb{C}$ とする.

▶ 点 $z \in \overline{A}$ が次の条件をみたすとき, z は A の**集積点**であるという:

点列 $z_n \in A \backslash \{z\}$ で, $z_n \to z$ となるものが存在する.

また, $z \in A$ が A の集積点でなければ, z は A の**孤立点**であるという:

補題 1.6.5 $D \subset \mathbb{C}$ を開とするとき, $A \subset D$ に対し, 以下の三条件は同値である:

a) A は D 内に集積点を持たない.

b) $D \backslash A$ は開, かつ A の各点は A の孤立点である.

c) 有界集合 $B \subset \mathbb{C}$ が $\overline{B} \subset D$ をみたせば, $A \cap B$ は有限集合である.

証明 a) $\Rightarrow$ b):A は D 内に集積点を持たないから, 特に A の各点は A の集積点ではない, すなわち A の孤立点である. 次に $z \in D \backslash A$ とする. D は開だから, $\exists r_1 \in (0, \infty), D(z, r_1) \subset D$. また, z は A の集積点でないので, $\exists r \in (0, r_1), D(z, r) \cap A = \emptyset$. ゆえに $D(z, r) \subset D \backslash A$. 以上より, $D \backslash A$ は開である.

a) $\Leftarrow$ b):A の各点は A の孤立点なので, A の集積点ではない. 一方, $D \backslash A$ は

開なので，$z \in D \backslash A$ に対し $\exists r \in (0, \infty)$, $D(z, r) \subset D \backslash A$. ゆえに A は $D \backslash A$ 内に集積点を持たない．以上より，A は D 内に集積点を持たない．

a) $\Rightarrow$ c)：対偶を示す．$A \cap B$ が無限個の相異なる点 a_n ($n \in \mathbb{N}$) を含むと仮定する．有界閉集合 $\overline{B}$ に対するボルツァーノ・ワイエルシュトラスの定理 (命題 1.6.2) より，部分列 $(a_{k(n)})$ および $z \in \overline{B}$ が存在し $a_{k(n)} \xrightarrow{n \to \infty} z$. $\overline{B} \subset D$ より $z \in D$. また，$\{a_{k(n)}\}_{n \in N}$ はすべて相異なるので，$\exists n_0 \in \mathbb{N}$, $\forall n \geq n_0$, $a_{k(n)} \neq z$, かつ $a_{k(n)} \xrightarrow{n \to \infty} z$. 以上から $z \in D$ は A の集積点である．

a) $\Leftarrow$ c)：対偶を示す．$z \in D$ が A の集積点とする．D は開なので $\exists r \in (0, \infty)$, $\overline{D}(z, r) \subset D$. このとき $A \cap D(z, r)$ は無限集合である (問 1.6.14). \(^□^)/

次に述べる，集合の連結性の概念は，正則関数の性質を議論する上でも重要な役割を果たす (例えば，命題 3.2.9，および 5.4 節の諸結果)．複素関数論では，開集合の連結性が特に重要である．そこで開集合の場合に，集合の連結性を定義する．

定義 1.6.6（連結性）

▶ 開集合 $A \subset \mathbb{C}$ が次の条件をみたすとき，A は**連結**であるという．

$$A_1, A_2 \subset \mathbb{C} \text{ が開,} \ A_1 \neq \emptyset, A_2 \neq \emptyset, A = A_1 \cup A_2 \implies A_1 \cap A_2 \neq \emptyset. \quad (1.54)$$

連結な開集合を**領域**とよぶ．

注 $A \subset \mathbb{C}$ が開と限らない場合には連結性の定義 (1.54) は次のように一般化される：

$$A_1, A_2 \subset \mathbb{C} \text{ が開,} \ A \cap A_1 \neq \emptyset, A \cap A_2 \neq \emptyset, A \subset A_1 \cup A_2$$
$$\implies A \cap A_1 \cap A_2 \neq \emptyset. \quad (1.55)$$

具体的な集合の連結性を判定するには，次の補題 1.6.7 を用いるとよい．

有界閉区間 $I = [\alpha, \beta]$ ($-\infty < \alpha < \beta < \infty$) で定義された連続関数 $g : I \to \mathbb{C}$ を**曲線**とよぶ．集合 $A \subset \mathbb{C}$, 点 $z, w \in A$ について $g(I) \subset A$, $g(\alpha) = z$, $g(\beta) = w$ なら，曲線 g は A 内で z, w **を結ぶ**という．A 内の任意の 2 点が，曲線によって A 内で結ばれるとき，A は**弧状連結**であるという．

補題 1.6.7 開集合 $A \subset \mathbb{C}$ が弧状連結なら連結である．

証明 $A_1, A_2 \subset \mathbb{C}$ が開，$A_1 \neq \emptyset$, $A_2 \neq \emptyset$, $A = A_1 \cup A_2$ と仮定し $A_1 \cap A_2 \neq \emptyset$

をいう. $z \in A_1$, $w \in A_2$ をとる. 仮定より連続な $g : [0,1] \to A$ で $g(0) = z$, $g(1) = w$ なるものが存在する. そこで,

$$s = \sup\{t \in [0,1] \,;\, g(t) \in A_1\}$$

とする. A_1 は開, g は連続だから $s > 0$. また,

1) $0 < \forall t < s$, $A_1 \cap g((t,s]) \neq \emptyset$.

これは s の定義による.

2) $g(s) \in A_2$.

実際, $s = 1$ なら $g(1) = w \in A_2$ より 2) を得る. そこで $s < 1$ とする. 2) は $g(s) \notin A_1$ と同値である. ところが $s < 1$ かつ $g(s) \in A_1$ なら A_1 が開かつ g が連続より, $s < \exists t_1 \leq 1$, $g([s,t_1)) \subset A_1$. これは s の定義に反する. 以上で 2) を得る.

3) $0 < \exists t_0 < s$, $g((t_0,s]) \subset A_2$.

A_2 は開かつ g は連続. ゆえに 2) より 3) を得る.

1) で特に $t = t_0$ とすると, 次のようにして結論 $(A_1 \cap A_2 \neq \emptyset)$ を得る.

$$\emptyset \overset{1)}{\neq} A_1 \cap g((t_0,s]) \overset{3)}{\subset} A_1 \cap A_2. \qquad \backslash(\verb|^|\square\verb|^|)/$$

注 $A \subset \mathbb{C}$ が開と限らない場合の連結性は条件 (1.55) により定められる. このときも補題 1.6.7 と同様に「弧状連結 $\Rightarrow$ 連結」だが, 逆は正しくない [松坂, pp. 205–206].

点 $z, w \in \mathbb{C}$ に対し次の曲線を z, w を結ぶ**線分**とよび, 記号 $[z,w]$ で表す:

$$g(t) \overset{\text{def}}{=} (1-t)z + tw \quad (t \in [0,1]).$$

(曲がってはいないが, 定義により「曲線」の一例である.) また, 点 $z_0, \ldots, z_n \in \mathbb{C}$ $(n \in \mathbb{N} \backslash \{0\})$ に対し, 線分:

$$[z_0, z_1], \; [z_1, z_2], \ldots, [z_{n-1}, z_n]$$

を上の順番で継ぎ足して得られる曲線 g を, z_0, z_n を結ぶ**折れ線**とよぶ. 特に, すべての $j = 1, \ldots, n$ に対し $z_j - z_{j-1} \in \mathbb{R} \cup i\mathbb{R}$ なら, 折れ線 g は**軸平行**であるという.

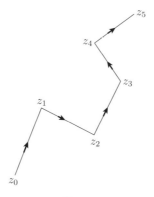

$$図 1.4$$

補題 1.6.8 開集合 $A \subset \mathbb{C}$, および $a \in A$ に対し $C_a \subset A$ を次のように定めるとき, C_a, $A \backslash C_a$ は共に開である:

$$C_a = \{ z \in A \,;\, a, z \text{ は } A \text{ 内の軸平行な折れ線で結べる } \}.$$

また, C_a 内の任意の2点は C_a 内の軸平行な折れ線で結ばれる. 特に C_a は弧状連結 (したがって 補題 1.6.7 より連結) である.

証明 1) C_a が開であること.
任意の $c \in C_a$ に対し, $c \in A$. A は開だから $D(c,r) \subset A$ をみたす $r > 0$ が存在する. $c \in C_a$ より a, c は A 内の軸平行な折れ線 g_1 で結べ, 一方, 任意の $z \in D(c,r)$ に対し c, z は $D(c,r)$ 内の (したがって A 内の) 軸平行な折れ線 g_2 で結べる. このとき, g_1, g_2 を継ぎ足して得られる軸平行な折れ線 g は A 内で a, z を結ぶ. ゆえに $D(c,r) \subset C_a$. 以上より C_a は開である.
2) $A \backslash C_a$ が開であること.
任意の $c \in A \backslash C_a$ に対し, A は開だから $D(c,r) \subset A$ をみたす $r > 0$ が存在する. 任意の $z \in D(c,r)$ に対し z, c は $D(c,r)$ 内の (したがって A 内の) 軸平行な折れ線 g_2 で結べる. もし $z \in C_a$ なら a, z は A 内の軸平行な折れ線 g_1 で結べる. このとき, g_1, g_2 を継ぎ足して得られる軸平行な折れ線 g は A 内で a, c を結ぶ (不合理). ゆえに $z \in A \backslash C_a$, したがって $D(c,r) \subset A \backslash C_a$ を得る. 以上より $A \backslash C_a$ は開である.

3) C_a 内の任意の 2 点は C_a 内の軸平行な折れ線で結ばれること.

$z_1, z_2 \in C_a$ を任意とする. このとき, $j = 1, 2$ に対し軸平行な折れ線 $g_j : [0,1] \to A$ で $g_j(0) = a$, $g_j(1) = z_j$ をみたすものが存在する. g_j 上の任意の点 $g_j(t)$ $(0 \leq t \leq 1)$ は軸平行な折れ線 $g_j : [0,t] \to A$ で a と結ばれているので $g_j([0,1]) \subset C_a$. したがって, 次の軸平行な折れ線 $g : [0,2] \to C_a$ が $g(0) = z_1$, $g(2) = z_2$ をみたす:

$$ g(t) = \begin{cases} g_1(1-t), & t \in [0,1], \\ g_2(t-1), & t \in [1,2]. \end{cases} \qquad \backslash(\char94\square\char94)/ $$

次の命題より, 開集合の連結性と弧状連結性は同値である. また, この命題は命題 3.1.2, 4.5.6 の証明にも用いられる.

命題 1.6.9 開集合 $A \subset \mathbb{C}$ に対し次の命題は同値である.

a) A は連結である.

b) 任意の $z, w \in A$ に対し A 内で z, w を結ぶ軸平行な折れ線が存在する.

c) A は弧状連結である.

証明 a) $\Rightarrow$ b): $a \in A$ を任意に固定し, $C_a \subset A$ を補題 1.6.8 のとおりとするとき $C_a = A$ をいう. そうすれば, C_a 内の任意の 2 点は C_a 内の軸平行な折れ線で結ばれることから結論を得る. 補題 1.6.8 より C_a, $A \backslash C_a$ は共に開である. 明らかに $A = C_a \cup (A \backslash C_a)$, $C_a \cap (A \backslash C_a) = \emptyset$. また, $a \in C_a$ より, $C_a \neq \emptyset$. よって, A の連結性から $A \backslash C_a = \emptyset$, すなわち $A = C_a$.

b) $\Rightarrow$ c): 軸平行な折れ線は曲線の特別な場合である.

c) $\Rightarrow$ a): 補題 1.6.7 による. $\qquad \backslash(\char94\square\char94)/$

問 1.6.1 $f : \mathbb{C} \to \mathbb{R}$ は連続とする. 以下を示せ.

i) $B \overset{\text{def}}{=} \{f(z) < 1\}$ は開, $C \overset{\text{def}}{=} \{f(z) \leq 1\}$ は閉である.

ii) 任意の $z \in \mathbb{C}$, $c \in (1, \infty)$ に対し, $f(z) < f(cz)$ を仮定するとき, $B \subset A \subset C$ なら, $A^\circ = B$, $\overline{A} = C$. したがって, $\partial A = \{f(z) = 1\}$.

問 1.6.2 $A \subset \mathbb{C}$ に対し以下を示せ.

i) $A^\circ = A \backslash \partial A$.

ii) $\overline{A} = A \cup \partial A$.

iii) A が開 $\Leftrightarrow A \cap \partial A = \emptyset$.

iv) A が閉 $\Leftrightarrow \partial A \subset A$.

問 1.6.3　$A, B \subset \mathbb{C}$ に対し以下を示せ.

i) $A \subset B$ なら $A^\circ \subset B^\circ$. したがって，特に $A \subset B$ かつ A が開なら $A \subset B^\circ$.

ii) $(A \cap B)^\circ = A^\circ \cap B^\circ$.

iii) $(A \cup B)^\circ \supset A^\circ \cup B^\circ$. また，$(A \cup B)^\circ \neq A^\circ \cup B^\circ$ となる例を挙げよ.

iv) A, B が開なら，$A \cup B, A \cap B$ も開.

問 1.6.4　Λ は集合，各 $\lambda \in \Lambda$ に対し $A_\lambda \subset \mathbb{C}$ は開とする.

i) $\bigcup_{\lambda \in \Lambda} A_\lambda$ は開であることを示せ.

ii) $\bigcap_{\lambda \in \Lambda} A_\lambda$ が開でない例を挙げよ.

問 1.6.5　$A, B \subset \mathbb{C}$ に対し以下を示せ.

i) $\overline{A}$ は閉.

ii) $A \subset B$ なら $\overline{A} \subset \overline{B}$. したがって，特に $A \subset B$ かつ B が閉なら $\overline{A} \subset B$.

iii) $\overline{A \cup B} = \overline{A} \cup \overline{B}$.

iv) $\overline{A \cap B} \subset \overline{A} \cap \overline{B}$. また，$\overline{A \cap B} \neq \overline{A} \cap \overline{B}$ となる例を挙げよ.

v) A, B が閉なら，$A \cup B, A \cap B$ も閉.

問 1.6.6　$A \subset \mathbb{C}$ に対し以下を示せ.

i) $\mathbb{C} \backslash A^\circ = \overline{\mathbb{C} \backslash A}$.

ii) A が開 $\Leftrightarrow \mathbb{C} \backslash A$ は閉.

問 1.6.7　Λ は集合，各 $\lambda \in \Lambda$ に対し $A_\lambda \subset \mathbb{C}$ は閉とする.

i) $\bigcap_{\lambda \in \Lambda} A_\lambda$ が閉であることを示せ.

ii) $\bigcup_{\lambda \in \Lambda} A_\lambda$ が閉でない例を挙げよ.

問 1.6.8　$A, B \subset \mathbb{C}, A \cup B = \mathbb{C}$ とする. このとき，$\partial A \subset \overline{B}$ を示せ.

問 1.6.9　$A, B \subset \mathbb{C}, f : A \to \mathbb{C}$ は連続，$f^{-1}(B) \stackrel{\text{def}}{=} \{z \in A \,;\, f(z) \in B\}$ とする. 以下を示せ.

i) A, B が開なら $f^{-1}(B)$ は開である.

ii) A, B が閉なら $f^{-1}(B)$ は閉である.

問 1.6.10 $A = \{a_n\}_{n\in\mathbb{N}} \subset \mathbb{C}$, $a_n \overset{n\to\infty}{\longrightarrow} a \in \mathbb{R}$ とする. 以下を示せ.

i) $b_n \in A$ $(n \in \mathbb{N})$, $b_n \overset{n\to\infty}{\longrightarrow} b$ なら $b \in A \cup \{a\}$.

ii) $\overline{A} = A \cup \{a\}$.

iii) $A \cup \{a\}$ は有界かつ閉である.

問 1.6.11 $D_1, D_2 \subset \mathbb{C}$, $D = D_1 \cup D_2$, $f : D \to \mathbb{C}$, かつ f は D_1, D_2 それぞれ の上で連続とする.

i) D_1, D_2 が共に開なら, f は D 上連続であることを示せ.

ii) D_1, D_2 の一方が開でなければ, f は D 上連続と限らないことを例示せよ.

問 1.6.12 $D \subset \mathbb{C}$, $f_n : D \to \mathbb{C}$ $(n \in \mathbb{N})$ とする. D に含まれるすべての有界閉 集合 $K \subset D$ に対し f_n が f_0 に K 上一様収束するとき, f_n は f に D 上**広義一様 収束**するという. $f_n, n \geq 1$ が D 上連続かつ f_0 に広義一様収束すれば, f_0 は D 上連続であることを示せ.

問 1.6.13 $A, B \subset \mathbb{C}$ が共に有界, 閉, かつ空でないとする. 以下を示せ.

i) 点列 $a_n \in A$, $b_n \in B$ に対し, ある $a \in A$, $b \in B$ および自然数列 $k(1) < k(2) < \cdots$ が存在し, $a_{k(n)} \overset{n\to\infty}{\longrightarrow} a$, $b_{k(n)} \overset{n\to\infty}{\longrightarrow} b$.

ii) $f : A \times B \to \mathbb{R}$ が連続なら, ある $(z_j, w_j) \in A \times B$ $(j = 0, 1)$ が存在し, 任 意の $(z, w) \in A \times B$ に対し $f(z_0, w_0) \leq f(z, w) \leq f(z_1, w_1)$.

問 1.6.14 $A \subset \mathbb{C}$ とする. $z \in \overline{A}$ が A の集積点なら, $|a_n - z| < |a_{n-1} - z|/2$ $(\forall n \geq 1)$ をみたす点列 $a_n \in A \backslash \{z\}$ の存在を示せ (このとき, $a_n \to z$, かつ a_n はすべて相異なるので, 任意の $r > 0$ に対し $A \cap (D(z,r)\backslash\{z\})$ は無限集合であ ることもわかる).

問 1.6.15 $D \subset \mathbb{C}$ は開, $f : D \to \mathbb{C}$ は連続とし, 次を仮定する:

$$\delta \overset{\text{def}}{=} \inf\{|f(z) - f(w)| \,;\, z, w \in D, f(z) \neq f(w)\} > 0.$$

以下を示せ.

i) $\forall a \in D$ に対し $\{z \in D \,;\, f(z) = f(a)\}$ は開.

ii) D が連結なら f は定数関数である.

問 1.6.16 $D_j \subset \mathbb{C}\,(j = 1, 2)$ が開, $D_1 \cap D_2 = \emptyset$ とするとき, $\partial D_j \cap (D_1 \cup D_2) = \emptyset$ $(j = 1, 2)$ を示せ.

問 1.6.17 $A \subset \mathbb{C}$ は領域, $B \subset \mathbb{C}$, $g : A \to B$ は連続, $\overline{g(A)} = B$ とする. また, $I \subset \mathbb{R}$ は開区間, $f : B \to I$ は連続, $f(B) = I$ とする. このとき, $(f \circ g)(A) = I$ を示せ.

Chapter
2

初等関数

指数，対数，三角比といった概念は古くから「計算手段」として知られていた．18 世紀，スイスの数学者オイラーはこれらを初めて「関数」として捉えただけでなく，複素変数へも拡張した．初等関数に関する記号の中にはオイラーの足跡が数多くうかがえる．関数を $f(x)$ と表記したのも彼が最初で，その他，足し算の $\sum$，虚数単位 $\mathbf{i}$，自然対数の底 e，sin, cos 等の記号も彼が最初に用いたといわれる．また，指数関数と三角関数の関係を示すオイラーの等式 (2.14) は複素関数論の発展を促した．

2.1 ╱ 指数関数

指数関数 e^x $(x \in \mathbb{R})$ の素朴な理解は「e を x 乗したもの」であるが，ここでは別の方法（べき級数）を用い指数関数を定義する．これは複素変数の場合も含む統一的な方法である．これにより，指数関数と三角関数の間の自然な関係も明らかとなる (命題 2.2.2)．

命題 2.1.1（指数関数） 次の級数は，すべての $z \in \mathbb{C}$ に対し絶対収束する：

$$\exp z \overset{\text{def}}{=} \sum_{n=0}^{\infty} \frac{z^n}{n!}. \tag{2.1}$$

また，関数 $\exp : \mathbb{C} \to \mathbb{C}$ $(z \mapsto \exp z)$ は連続である．この関数を**指数関数**とよぶ．

証明 $a_n \overset{\text{def}}{=} \frac{1}{n!}$ に対し $|a_{n+1}/a_n| = |1/(n+1)| \overset{n \to \infty}{\longrightarrow} 0$．ゆえに命題 1.5.2 より，級数 (2.1) はすべての $z \in \mathbb{C}$ に対し絶対収束する．したがって系 1.5.4 より関数 $\exp : \mathbb{C} \to \mathbb{C}$ $(z \mapsto \exp z)$ は連続である． \\(^□^)/

> 注 $z \in \mathbb{R}$ なら，(2.1) は実変数の指数関数に対するテイラー展開に他ならない．したがって，実変数の指数関数は，(2.1) により定まる複素変数の指数関数の特別な場合である．

次に指数関数の主な性質を述べる．中でも指数法則が基本的役割を果たす．

命題 2.1.2 (指数関数の性質 I) $z, w \in \mathbb{C}$ に対し，

$$\exp(z + w) = \exp z \exp w \quad (\textbf{指数法則}), \tag{2.2}$$

$$\overline{\exp z} = \exp \overline{z}, \tag{2.3}$$

$$\exp z \neq 0, \tag{2.4}$$

$$|\exp z| = \exp(\mathrm{Re}\, z). \tag{2.5}$$

証明   (2.2)：$a_n = \frac{z^n}{n!}$, $b_n = \frac{w^n}{n!}$ とすると，

$$1) \qquad c_n \overset{\mathrm{def}}{=} \sum_{j=0}^{n} a_j b_{n-j} = \frac{1}{n!} \sum_{j=0}^{n} \frac{n!}{j!(n-j)!} z^j w^{n-j} \overset{(1.16)}{=} \frac{1}{n!}(z+w)^n.$$

したがって，

$$\exp(z+w) \overset{1)}{=} \sum_{n=0}^{\infty} c_n \overset{命題\ 1.4.6}{=} \sum_{n=0}^{\infty} a_n \sum_{n=0}^{\infty} b_n \overset{(2.1)}{=} \exp z \exp w.$$

(2.3)：命題 1.5.1 (b) を (2.1) に適用．

(2.4)：$z \in \mathbb{C}$ に対し，

$$1 \overset{(2.1)}{=} \exp 0 \overset{(2.2)}{=} \exp(-z) \exp z, \quad \text{よって } \exp z \neq 0.$$

(2.5)：

$$\begin{aligned}
|\exp z|^2 &= \exp z \, \overline{\exp z} \overset{(2.3)}{=} \exp z \exp \overline{z} \\
&\overset{(2.2)}{=} \exp(z + \overline{z}) = \exp(2\,\mathrm{Re}\, z) \\
&\overset{(2.2)}{=} (\exp(\mathrm{Re}\, z))^2 .
\end{aligned}$$

また，$\mathrm{Re}\, z \in \mathbb{R}$ より $\exp(\mathrm{Re}\, z) > 0$．これと上式より (2.5) を得る．   \\(^□^)/

2.2 ╱ 双曲・三角関数

命題 2.2.1 (双曲関数) $z \in \mathbb{C}$ に対し,

$$\cosh z \overset{\text{def}}{=} \frac{\exp(z) + \exp(-z)}{2} \quad \textbf{(双曲余弦)},$$
$$\sinh z \overset{\text{def}}{=} \frac{\exp(z) - \exp(-z)}{2} \quad \textbf{(双曲正弦)}. \tag{2.6}$$

このとき, $\cosh : \mathbb{C} \to \mathbb{C}$ は偶関数, $\sinh : \mathbb{C} \to \mathbb{C}$ は奇関数で共に連続である. また, $z, w \in \mathbb{C}$ に対し,

$$\cosh z = \sum_{n=0}^{\infty} \frac{z^{2n}}{(2n)!}, \quad \sinh z = \sum_{n=0}^{\infty} \frac{z^{2n+1}}{(2n+1)!} \quad \textbf{(べき級数表示)} \tag{2.7}$$

$$\cosh(z+w) = \cosh z \cosh w + \sinh z \sinh w,$$
$$\sinh(z+w) = \cosh z \sinh w + \cosh w \sinh z. \quad \textbf{(加法定理)} \tag{2.8}$$

$$\exp z = \cosh z + \sinh z. \tag{2.9}$$

証明 (2.6) より, $\cosh, \sinh$ は, それぞれ偶関数, 奇関数である. それらの連続性は $\exp : \mathbb{C} \to \mathbb{C}$ の連続性 (命題 2.1.1) による.

(2.7): 命題 1.5.1 と (2.1) による.

(2.8): 指数関数の指数法則を用い, 容易に示せる.

(2.9): (2.6) から明らかである. \(^□^)/

注 (2.8) 第 1 式で $w = -z$ とすると,

$$\cosh^2 z - \sinh^2 z = 1, \quad z \in \mathbb{C}. \tag{2.10}$$

$\cosh, \sinh$ はそれぞれ hyperbolic cosine, hyperbolic sine の略である.

命題 2.2.2 (三角関数) $z \in \mathbb{C}$ に対し,

$$\cos z \overset{\text{def}}{=} \cosh(\mathbf{i}z) = \frac{\exp(\mathbf{i}z) + \exp(-\mathbf{i}z)}{2} \quad \textbf{(余弦)},$$
$$\sin z \overset{\text{def}}{=} \sinh(\mathbf{i}z)/\mathbf{i} = \frac{\exp(\mathbf{i}z) - \exp(-\mathbf{i}z)}{2\mathbf{i}} \quad \textbf{(正弦)}. \tag{2.11}$$

$\cos : \mathbb{C} \to \mathbb{C}$ は偶関数, $\sin : \mathbb{C} \to \mathbb{C}$ は奇関数で共に連続である. また $z, w \in \mathbb{C}$ に対し,

$$\cos z = \sum_{n=0}^{\infty} \frac{(\mathrm{i}z)^{2n}}{(2n)!} = \sum_{n=0}^{\infty} \frac{(-1)^n z^{2n}}{(2n)!},$$
$$\sin z = \frac{1}{\mathrm{i}} \sum_{n=0}^{\infty} \frac{(\mathrm{i}z)^{2n+1}}{(2n+1)!} = \sum_{n=0}^{\infty} \frac{(-1)^n z^{2n+1}}{(2n+1)!}.$$ **（べき級数表示）** (2.12)

$$\cos(z+w) = \cos z \cos w - \sin z \sin w,$$
$$\sin(z+w) = \cos z \sin w + \cos w \sin z.$$ **（加法定理）** (2.13)

$$\exp \mathrm{i}z = \cos z + \mathrm{i}\sin z. \ \textbf{（オイラーの等式）} \tag{2.14}$$

証明　双曲関数に対する結果に帰着する.　　　　　　　　\\(^□^)/

注　$z \in \mathbb{R}$ なら，(2.12) は実変数の三角関数に対するテイラー展開に他ならない. し
たがって，実変数の三角関数は，(2.11) により定まる複素変数の三角関数の特別な場
合である. また，(2.13) の第 1 式で $w = -z$ とすると，

$$\cos^2 z + \sin^2 z = 1, \ z \in \mathbb{C}. \tag{2.15}$$

● 本書では以後，実変数の三角関数の基本性質 (例えば [吉田 1, pp.104–105,
命題 6.5.2, 系 6.5.3]) は既知として話を進める.

電気工学では複素数，特にオイラーの等式 (2.14) が応用される. その典型例を
紹介する.

例 2.2.3 (⋆)**（交流回路に対するオームの法則）**　直流電圧 V の電源と強さ R (オー
ム) の抵抗をつないだ回路に流れる電流の強さ I は，オームの法則 $V = RI$ をみ
たす[1]. 交流回路においてはその類似が，複素数の世界で成立していることを示
す. 次の供給電圧を持つ交流電源を考える:

$$V(t) = V_0 \sin(\omega t), \ (t \in [0, \infty) \text{ は時刻}).$$

ここで $V_0 \in (0, \infty)$ は振幅，$\omega \in (0, \infty)$ は角速度 (=周波数 $\times 2\pi$) を表す. この交
流電源に，強さ R (オーム) の抵抗，誘導係数 L (ヘンリー) のコイル，および容

---

[1] 直流回路には (少なくとも理論上)，コイルやコンデンサーはつながない. 直流電流はコイ
ルを素通りするのでつなぐ意味がない. また，コンデンサーは直流電流を通さないので，
これまたつなぐ意味がない.

量 C (ファラッド) のコンデンサーを直列につなぐ $(R, L, C \in [0, \infty))$. そうすると次式で表される電流が流れる.

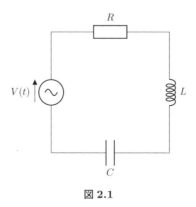

図 2.1

1) $\quad I(t) = I_0 \sin(\omega t - \phi)$.

電流は電圧 $V(t)$ と同じ周波数を持つが, 一般には電圧とは異なる振幅 $I_0 \in (0, \infty)$ と位相差 $\phi \in [-\pi/2, \pi/2]$ を伴う (問 2.2.4 参照). また, 回路内の電圧増減の釣り合い (キルヒホッフ第二法則) より, $I(t)$ と $V(t)$ の間には次の微分方程式が成立することが知られている.

2) $\quad V'(t) = RI'(t) + LI''(t) + C^{-1}I(t)$.

オームの法則の類似を説明するために, 複素電圧 $\mathbb{V}(t)$, 複素電流 $\mathbb{I}(t)$ を導入する.

$$\mathbb{V}(t) \stackrel{\text{def}}{=} V_0 \exp(\mathbf{i}\omega t) \stackrel{(2.14)}{=} V_0 \cos(\omega t) + \mathbf{i}V_0 \sin(\omega t)$$
$$= V\left(t + \frac{\pi}{2\omega}\right) + \mathbf{i}V(t),$$
$$\mathbb{I}(t) \stackrel{\text{def}}{=} I_0 \exp(\mathbf{i}(\omega t - \phi)) \stackrel{(2.14)}{=} I_0 \cos(\omega t - \phi) + \mathbf{i}V_0 \sin(\omega t - \phi)$$
$$= I\left(t + \frac{\pi}{2\omega}\right) + \mathbf{i}I(t).$$

すぐ後で説明するように, オームの法則が次の形で成立することが 2) から導かれる.

3) $\quad \mathbb{V}(t) = Z\mathbb{I}(t)$ ここで, $Z \stackrel{\text{def}}{=} R + \mathbf{i}\left(L\omega - \frac{1}{C\omega}\right)$.

Z は複素インピーダンスとよばれる.

以下, 2) から 3) を導く. 2) は, $\mathbb{V}(t), \mathbb{I}(t)$ の虚部 $V(t), I(t)$ に関する微分方程

式であるが, 2) は, t を $t + (\pi/2\omega)$ に置き換えても成立するので, $\mathbb{V}(t), \mathbb{I}(t)$ の実部も同じ微分方程式をみたす. したがって,

$$\mathbb{V}'(t) = R\mathbb{I}'(t) + L\mathbb{I}''(t) + C^{-1}\mathbb{I}(t).$$

$\mathbb{V}(t), \mathbb{I}(t)$ の定義より, $\mathbb{V}'(t) = \mathbf{i}\omega\mathbb{V}(t), \mathbb{I}'(t) = \mathbf{i}\omega\mathbb{I}(t), \mathbb{I}''(t) = -\omega^2\mathbb{I}(t).$ これを上式に代入すると,

$$\mathbf{i}\omega\mathbb{V}(t) = \mathbf{i}\omega R\mathbb{I}(t) - \omega^2 L\mathbb{I}(t) + C^{-1}\mathbb{I}(t)$$
$$= \mathbf{i}\omega\left(R + \mathbf{i}\left(L\omega - \frac{1}{C\omega}\right)\right)\mathbb{I}(t).$$

両辺を $\mathbf{i}\omega$ で割って 3) を得る.

命題 2.2.4 $z, w \in \mathbb{C}$ に対し,

$$\exp z = \exp w \iff z - w \in 2\pi\mathbf{i}\mathbb{Z}.$$

証明 $\exp z = \exp w \overset{(2.2)}{\iff} \exp(z - w) = 1.$ そこで, $z - w$ を改めて z と書くことにより $w = 0$ の場合に帰着する. 以下, $x = \operatorname{Re} z, y = \operatorname{Im} z$ とする.
$\Rightarrow$：$\exp z = 1$ なら $\exp x \overset{(2.5)}{=} |\exp z| = 1,$ よって $x = 0.$ また $\cos y \overset{(2.14)}{=} \operatorname{Re}(\exp(\mathbf{i}y)) \overset{x=0}{=} \operatorname{Re}(\exp z) = 1.$ よって $y \in 2\pi\mathbb{Z}.$ 以上より $z = x + \mathbf{i}y = \mathbf{i}y \in 2\pi\mathbf{i}\mathbb{Z}.$
$\Leftarrow$：$z = 2\pi\mathbf{i}n \ (n \in \mathbb{Z})$ なら,

$$\exp z = \exp(2\pi\mathbf{i}n) \overset{(2.14)}{=} \cos(2\pi n) + \mathbf{i}\sin(2\pi n) = 1. \qquad \backslash(^\square^)/$$

次の系は, 例えば正接・双曲正接の定義（定義 2.2.8）にも必要である：

系 2.2.5（双曲・三角関数の零点） $z \in \mathbb{C}$ に対し,

$$\cosh z = 0 \iff z \in \frac{\pi\mathbf{i}}{2} + \pi\mathbf{i}\mathbb{Z},$$
$$\cos z = 0 \iff z \in \frac{\pi}{2} + \pi\mathbb{Z},$$
$$\sinh z = 0 \iff z \in \pi\mathbf{i}\mathbb{Z},$$
$$\sin z = 0 \iff z \in \pi\mathbb{Z}.$$

証明　cosh z については次のようにしてわかる：

$$\cosh z = 0 \Longleftrightarrow \exp z + \exp(-z) = 0 \quad \Longleftrightarrow \quad \exp(2z) = -1$$
$$\Longleftrightarrow \exp(2z) = \exp(\mathbf{i}\pi) \overset{命題\ 2.2.4}{\Longleftrightarrow} 2z \in \pi\mathbf{i} + 2\pi\mathbf{i}\mathbb{Z}.$$

$\cos z$ については，$\cos z = \cosh(\mathbf{i}z)$ より，$\cosh z$ に帰着する．$\sinh z$, $\sin z$ も同様である．　　　　　　　　　　　　　　　　　　　　　　　　　\\(^□^)/

　オイラーの等式 (2.14) により，$\mathbb{R}^2 \backslash \{0\}$ での極座標表示は，複素平面では極形式表示に置き換わる．

命題 2.2.6（極形式）　$c \in \mathbb{R}$, $I = c + [-\pi, \pi)$, または $I = c + (-\pi, \pi]$ とするとき，次の写像は全単射である：

$$(r, \theta) \mapsto r\exp(\mathbf{i}\theta) : (0, \infty) \times I \longrightarrow \mathbb{C}\backslash\{0\}. \tag{2.16}$$

また，次の写像は全単射である：

$$\theta \mapsto \exp(\mathbf{i}\theta) : I \longrightarrow C(0,1). \tag{2.17}$$

証明　$f(x,y) = x + \mathbf{i}y$ $((x,y) \in \mathbb{R}^2)$ と定めると $f : \mathbb{R}^2 \to \mathbb{C}$ は全単射である．一方，次の写像 (極座標) が全単射であることはよく知られている[2]：

$$g : (r, \theta) \mapsto (r\cos\theta, r\sin\theta) : (0, \infty) \times I \longrightarrow \mathbb{R}^2\backslash\{0\}.$$

さらに，$(r, \theta) \in (0, \infty) \times I$ に対し，

$$(f \circ g)(r, \theta) = r\cos\theta + \mathbf{i}r\sin\theta \overset{(2.14)}{=} r\exp(\mathbf{i}\theta).$$

以上から写像 (2.16) は全単射である．全単射 (2.16) を $r = 1$ に制限して，全単射 (2.17) を得る．　　　　　　　　　　　　　　　　　　　　　　　　　\\(^□^)/

系 2.2.7（1 のべき根）　$m \in \mathbb{N}\backslash\{0\}$ に対し，

$$\{w \in \mathbb{C}\,;\, w^m = 1\} = \{\exp(2\pi k\mathbf{i}/m)\,;\, k = 0, 1, \ldots, m-1\}$$

---

[2] 例えば [吉田 1, p.108, 系 6.5.7].

証明　⊃ は明らかなので，⊂ を示す．$w \in \mathbb{C}$, $w^m = 1$ とする．命題 2.2.6 より $w = r\exp(\mathbf{i}\theta)$ をみたす $(r, \theta) \in (0, \infty) \times [0, 2\pi)$ が唯一存在する．この (r, θ) に対し，

1)　$r^m \exp(\mathbf{i}m\theta) = w^m = 1$

1) の両辺の絶対値をとると，$r^m = 1$. ゆえに $r = 1$. これと 1) より $\exp(\mathbf{i}m\theta) = 1$. したがって命題 2.2.4 より $m\theta \in 2\pi\mathbb{Z}$. さらに $\theta \in [0, 2\pi)$ より，$\theta = 2k\pi/m$ $(k = 0, 1, \dots, m-1)$. 以上より，$w = \exp(2\pi k\mathbf{i}/m)$ $(k = 0, 1, \dots, m-1)$.

\(^□^)/

定義 2.2.8（正接・双曲正接）

▶ $z \in \mathbb{C} \setminus \left(\frac{\pi}{2} + \pi\mathbb{Z}\right)$ に対し，

$$\tan z \stackrel{\text{def}}{=} \frac{\sin z}{\cos z} \quad (\text{正接}) \tag{2.18}$$

（上の z に対し系 2.2.5 より $\cos z \neq 0$）．

▶ $z \in \mathbb{C} \setminus \left(\frac{\pi\mathbf{i}}{2} + \pi\mathbf{i}\mathbb{Z}\right)$ に対し，

$$\tanh z \stackrel{\text{def}}{=} \frac{\sinh z}{\cosh z} \quad (\text{双曲正接}) \tag{2.19}$$

（上の z に対し系 2.2.5 より $\cosh z \neq 0$）．

注　$z \in \mathbb{R}$ なら，(2.18) は実変数の正接の定義と一致する．したがって，実変数の正接は，(2.18) により定まる複素変数の正接の特別な場合である．同様に，実変数の双曲正接は，(2.18) により定まる複素変数の双曲正接の特別な場合である．

問 2.2.1　以下を示せ：

$$2\sinh(|\operatorname{Re} z|) \leq |\exp(z) \pm \exp(-z)| \leq 2\cosh(|\operatorname{Re} z|), \quad z \in \mathbb{C},$$

$$2\sinh(|\operatorname{Im} z|) \leq |\exp(\mathbf{i}z) \pm \exp(-\mathbf{i}z)| \leq 2\cosh(|\operatorname{Im} z|), \quad z \in \mathbb{C}.$$

問 2.2.2　$\rho, z \in \mathbb{C}$ は $(1 - \rho\exp(\mathbf{i}z))(1 - \rho\exp(-\mathbf{i}z)) = 1 - 2\rho\cos z + \rho^2 \neq 0$ をみたすとする．以下を示せ：

$$\sum_{k=0}^{n} \rho^k \cos kz = \frac{1 - \rho\cos z + \rho^{n+1}(\rho\cos nz - \cos(n+1)z)}{1 - 2\rho\cos z + \rho^2}, \tag{2.20}$$

$$\sum_{k=0}^{n} \rho^k \sin kz = \frac{\rho\sin z + \rho^{n+1}(\rho\sin nz - \sin(n+1)z)}{1 - 2\rho\cos z + \rho^2}. \tag{2.21}$$

特に $|\rho|\exp(|\operatorname{Im} z|) < 1$ なら,

$$\sum_{k=0}^{\infty} \rho^k \cos kz = \frac{1 - \rho \cos z}{1 - 2\rho \cos z + \rho^2}, \quad \sum_{k=0}^{\infty} \rho^k \sin kz = \frac{\rho \sin z}{1 - 2\rho \cos z + \rho^2}. \quad (2.22)$$

問 2.2.3　以下を示せ.

i) $n \in \mathbb{Z}$ に対し $\int_0^{2\pi} \exp(\mathbf{i}n\theta)d\theta = 2\pi\delta_{n,0}$ (ただし, $\delta_{m,n}$ は $m = n$ なら 1, $m \neq n$ なら 0 を表す; クロネッカーのデルタ).

ii) $N \in \mathbb{N}\backslash\{0\}$, $c_{m,n} \in \mathbb{C}$ $(m, n = 0, 1, \ldots, N)$ とする. すべての $z \in \mathbb{C}$ に対し $\sum_{m,n=0}^{N} c_{m,n} z^m \overline{z}^n = 0$ なら, $c_{m,n} = 0$ $(m, n = 0, 1, \ldots, N)$.

問 2.2.4 ($\star$)　例 2.2.3 で述べた, 交流回路に対するオームの法則から, 電流の振幅 I_0, および位相差 ϕ を次のように表すことができることを示せ.

$$I_0 = V_0/|Z|, \quad \exp(\mathbf{i}\phi) = Z/|Z|.$$

問 2.2.5　$m \in \mathbb{N}\backslash\{0\}$, $w = \exp(2\pi\mathbf{i}/m)$ とする. 以下を示せ.

i) $n \in \mathbb{N}$ に対し, $\displaystyle\sum_{j=0}^{m-1} w^{nj} = \begin{cases} m, & n \in m\mathbb{N}, \\ 0, & n \notin m\mathbb{N}. \end{cases}$

ii) べき級数 $f(z) = \sum_{n=0}^{\infty} a_n z^n$ について, ある $z \in \mathbb{C}$ に対し, $f(w^j z)$ $(j = 0, 1, \ldots, m-1)$ がすべて収束するとき, $\sum_{n=0}^{\infty} a_{mn} z^{mn}$ も収束し, $\frac{1}{m}\sum_{j=0}^{m-1} f(w^j z)$ に等しい.

問 2.2.6 (正接の加法定理)　$z, w \in \mathbb{C}\backslash(\frac{\pi}{2} + \pi\mathbb{Z})$ に対し以下を示せ.

i) $\tan z \tan w = 1 \iff z + w \in \frac{\pi}{2} + \pi\mathbb{Z}$.

ii) $z + w \notin \frac{\pi}{2} + \pi\mathbb{Z}$ なら $\tan(z + w) = \dfrac{\tan z + \tan w}{1 - \tan z \tan w}$.

2.3 / 偏角・対数の主枝

定義 2.3.1 (偏角の主枝)

▶ $z \in \mathbb{C}\backslash\{0\}$ とする. 命題 2.2.6 より, 次をみたす $\theta \in (-\pi, \pi]$ が唯一つ存在する.

$$z = |z|\exp(\mathbf{i}\theta).$$

上の θ を $\operatorname{Arg} z$ と記し, **偏角の主枝**とよぶ.

注　1) $z \in \mathbb{C}\backslash\{0\}$ に対し，$\operatorname{Arg} z$ は z が正の実軸となす角を $(-\pi, \pi]$ の範囲で表す実数である．$\operatorname{Arg} z$ の定義より，

$$\theta = \operatorname{Arg} z \iff \theta \in (-\pi, \pi] \text{ かつ } z = |z| \exp(\mathbf{i}\theta). \tag{2.23}$$

2) $\exp(\mathbf{i}\theta)$ $(\theta \in \mathbb{R})$ は周期 2π を持つことから任意の $n \in \mathbb{Z}$ に対し，(2.23) と同様に，

$$\theta = 2\pi n + \operatorname{Arg} z \iff \theta \in 2\pi n + (-\pi, \pi] \text{ かつ } z = |z| \exp(\mathbf{i}\theta).$$

各 $n \in \mathbb{Z}$ に対し $2\pi n + \operatorname{Arg} z$ を偏角の**枝**，枝全体 $\arg z \overset{\text{def}}{=} \{2\pi n + \operatorname{Arg} z \,;\, n \in \mathbb{Z}\}$ (いわゆる多価関数) を「偏角」とよぶこともある．この用語によれば，偏角の主枝 $\operatorname{Arg} z$ は，枝の中の 1 本 ($n = 0$ の枝) である．また，個々の枝を区別せず，それらを mod 2π で同一視[3] すれば，主枝だけを取り出した場合に比べて議論が簡素化される．これに対し本書では，議論がやや窮屈になる代償を払いつつ主枝を精密に解析する．その理由として，ひとたび主枝を精密に理解すれば，そこから枝を mod 2π で同一視した理解を得るのは容易だが，逆はそうではない．また，この事情は，後述の対数 (定義 2.3.3)，べき乗 (定義 2.4.1)，逆三角関数 (2.5 節) でも同様である．一方で，枝を mod 2π で同一視することによる単純化にも，それなりの魅力はある．そこで，その魅力についても適宜紹介することにする (命題 2.3.2 および命題 2.3.4 直後の注).

偏角の主枝に関する代数的性質として，加法定理を述べる．

命題 2.3.2 (偏角の主枝に関する加法定理)　$z \in \mathbb{C}\backslash\{0\}$ に対し，

$$\operatorname{Arg} cz = \operatorname{Arg} z, \quad c > 0. \tag{2.24}$$

$$\operatorname{Arg} \frac{1}{z} = \begin{cases} -\operatorname{Arg} z, & z \in \mathbb{C}\backslash(-\infty, 0) \text{ なら,} \\ \pi, & z \in (-\infty, 0) \text{ なら.} \end{cases} \tag{2.25}$$

また，$z, w \in \mathbb{C}\backslash\{0\}$, $\operatorname{Arg} z + \operatorname{Arg} w - 2n\pi \in (-\pi, \pi]$ $(n = 0, \pm 1)$ なら，

$$\operatorname{Arg} zw = \operatorname{Arg} z + \operatorname{Arg} w - 2n\pi. \tag{2.26}$$

証明　(2.24)：(2.23) から明らかである．

(2.25)：$z \in \mathbb{C}\backslash\{0\}$ に対し，$z \overset{(2.23)}{=} |z| \exp(\mathbf{i}\operatorname{Arg} z)$. 両辺の逆数をとると，

1) $$1/z = |1/z| \exp(-\mathbf{i}\operatorname{Arg} z).$$

今，$z \in \mathbb{C}\backslash(-\infty, 0)$ とする．このとき，$\operatorname{Arg} z \in (-\pi, \pi)$ より $-\operatorname{Arg} z \in (-\pi, \pi)$.

---

[3] $a, b, c \in \mathbb{C}$ に対し $a - b$ が c の整数倍であるとき，$a \equiv b \pmod{c}$ と記す．この同値関係 $a \equiv b$ を「mod c での同一視」という．

よって，1) および (2.23) より $\mathrm{Arg}\,(1/z) = -\mathrm{Arg}\,z$.

一方，$z \in (-\infty, 0)$ なら $1/z \in (-\infty, 0)$ より $\mathrm{Arg}\,(1/z) = \pi$.

(2.26)：等式 $z = |z|\exp(\mathbf{i}\mathrm{Arg}\,z)$, $w = |w|\exp(\mathbf{i}\mathrm{Arg}\,w)$ を掛け合わせ，

$$zw = |zw|\exp(\mathbf{i}(\mathrm{Arg}\,z + \mathrm{Arg}\,w)) = |zw|\exp(\mathbf{i}(\mathrm{Arg}\,z + \mathrm{Arg}\,w - 2\pi n)).$$

また仮定より $\mathrm{Arg}\,z + \mathrm{Arg}\,w - 2\pi n \in (-\pi, \pi]$．よって (2.23) より (2.26) を得る.

\(^□^)/

注 (2.25) で $z \in (-\infty, 0)$ なら $\mathrm{Arg}\,(1/z) = \pi = 2\pi - \mathrm{Arg}\,z$. したがって，(2.25)，(2.26) を $\mathrm{mod}\,2\pi$ で考えると，任意の $z, w \in \mathbb{C}\backslash\{0\}$ に対し，

$$\mathrm{Arg}\,\frac{1}{z} \equiv -\mathrm{Arg}\,z, \quad \mathrm{Arg}\,zw \equiv \mathrm{Arg}\,z + \mathrm{Arg}\,w \;(\mathrm{mod}\,2\pi).$$

上式は，(2.25), (2.26) に比べ精密さは欠くが，その分，簡明である．上式より，Arg は乗法群 $\mathbb{C}\backslash\{0\}$ から加法群 $\mathbb{R}/(2\pi\mathbb{Z})$ への準同型写像である．また，その単位円板への制限は $\mathbb{R}/(2\pi\mathbb{Z})$ への同型写像である．

定義 2.3.3 (対数の主枝)

▶ $z \in (0, \infty)$ に対し $\log z$ は通常の対数を表すものとする．

▶ $z \in \mathbb{C}\backslash\{0\}$ に対し $\mathrm{Log}\,z \in \mathbb{C}$ を次のように定め，**対数の主枝** とよぶ:

$$\mathrm{Log}\,z \overset{\mathrm{def}}{=} \log|z| + \mathbf{i}\mathrm{Arg}\,z. \tag{2.27}$$

注 各 $n \in \mathbb{Z}$ に対し $\mathrm{Log}\,z + 2\pi n\mathbf{i}$ を対数の**枝**，枝全体 $\{\mathrm{Log}\,z + 2\pi n\mathbf{i}\,;\,n \in \mathbb{Z}\}$ を「対数」とよび，記号 $\log z$ で記すこともある[4]．この用語によれば，対数の主枝 $\mathrm{Log}\,z$ は，枝の中の 1 本 ($n = 0$ の枝) である．

対数の主枝に関する代数的性質として，加法定理を述べる．

命題 2.3.4 (対数の主枝に関する加法定理) $z \in \mathbb{C}\backslash\{0\}$ に対し，

$$\mathrm{Log}\,cz = \log c + \mathrm{Log}\,z,\; c > 0. \tag{2.28}$$

$$\mathrm{Log}\,\frac{1}{z} = \begin{cases} -\mathrm{Log}\,z, & z \in \mathbb{C}\backslash(-\infty, 0) \text{ なら}, \\ 2\pi\mathbf{i} - \mathrm{Log}\,z, & z \in (-\infty, 0) \text{ なら}. \end{cases} \tag{2.29}$$

---

[4] この記号 $\log z$ は 定義 2.3.3 で定めたものとは全く異なる．本書では以後この意味で $\log z$ を用いることはない．

また, $z, w \in \mathbb{C}\backslash\{0\}$, $\operatorname{Arg} z + \operatorname{Arg} w - 2n\pi \in (-\pi, \pi]$ $(n = 0, \pm 1)$ なら,

$$\operatorname{Log} zw = \operatorname{Log} z + \operatorname{Log} w - 2n\pi \mathbf{i}. \tag{2.30}$$

証明　$\operatorname{Log} z$ の定義式中の $\operatorname{Arg} z$ に命題 2.3.2 を適用すればよい.　　\\(^□^)/

注　(2.29), (2.30) を mod $2\pi \mathbf{i}$ で考えると, 任意の $z, w \in \mathbb{C}\backslash\{0\}$ に対し,

$$\operatorname{Log} \frac{1}{z} \equiv -\operatorname{Log} z, \quad \operatorname{Log} zw \equiv \operatorname{Log} z + \operatorname{Log} w \pmod{2\pi \mathbf{i}}.$$

上式は, (2.29), (2.30) に比べ精密さは欠くが, その分, 簡明である. また, 上式より Log は乗法群 $\mathbb{C}\backslash\{0\}$ から加法群 $\mathbb{C}/(2\pi \mathbf{i}\mathbb{Z})$ への準同型写像である.

複素変数の指数関数と対数の主枝は, 次に述べる意味で互いに逆関数の関係にある.

命題 2.3.5　$S_{2\pi n} = \{\operatorname{Im} z \in 2\pi n + (-\pi, \pi]\}$ $(n \in \mathbb{Z})$ とするとき,

$$z \in S_{2\pi n} \Longrightarrow \operatorname{Arg} \exp z = \operatorname{Im} z - 2\pi n, \ \operatorname{Log} \exp z = z - 2\pi n \mathbf{i}, \tag{2.31}$$

$$z \in \mathbb{C}\backslash\{0\} \Longrightarrow \operatorname{Log} z \in S_0, \ \exp \operatorname{Log} z = z. \tag{2.32}$$

さらに, 次の写像は共に全単射かつ互いに逆写像である :

$$\exp : S_0 \to \mathbb{C}\backslash\{0\}, \quad \operatorname{Log} : \mathbb{C}\backslash\{0\} \to S_0. \tag{2.33}$$

証明　(2.31) :

$$\exp z \overset{(2.2)}{=} \exp(\operatorname{Re} z) \exp(\mathbf{i} \operatorname{Im} z) \overset{(2.5)}{=} |\exp z| \exp(\mathbf{i} \operatorname{Im} z)$$
$$= |\exp z| \exp(\mathbf{i}(\operatorname{Im} z - 2\pi n)).$$

特に $z \in S_{2\pi n}$ なら上式と $\operatorname{Im} z - 2\pi n \in (-\pi, \pi]$ より

$$\operatorname{Arg} \exp z = \operatorname{Im} z - 2\pi n.$$

さらに, $|\exp z| \overset{(2.5)}{=} \exp(\operatorname{Re} z)$ より,

$$\operatorname{Log} \exp z \overset{(2.27)}{=} \log |\exp z| + \mathbf{i}\operatorname{Arg} \exp z \overset{(2.5),(2.31)}{=} \operatorname{Re} z + \mathbf{i}(\operatorname{Im} z - 2\pi n)$$
$$= z - 2\pi n \mathbf{i}.$$

(2.32) : $z \in \mathbb{C}\backslash\{0\}$ に対し $\operatorname{Im}\operatorname{Log} z \overset{(2.27)}{=} \operatorname{Arg} z \in (-\pi, \pi]$. ゆえに $\operatorname{Log} z \in S_0$. また,

$$\exp\operatorname{Log} z \overset{(2.27)}{=} \exp(\log|z|)\exp(\mathrm{i}\operatorname{Arg} z) \overset{(2.23)}{=} |z| \cdot \frac{z}{|z|} = z.$$

(2.31) の $n = 0$ の場合,および (2.32) から,(2.33) の写像は共に全単射かつ互いに逆写像である. \\(^□^)/

> **注** 上述 (2.32) と全く同様に,各 $n \in \mathbb{Z}$ に対し
>
> $$z \in \mathbb{C}\backslash\{0\} \implies \operatorname{Log} z + 2\pi n\mathrm{i} \in S_{2\pi n}, \ \exp(\operatorname{Log} z + 2\pi n\mathrm{i}) = z.$$
>
> (2.31) と上式より,次の写像は共に全単射かつ互いに逆写像である:
>
> $$\exp : S_{2\pi n} \to \mathbb{C}\backslash\{0\}, \quad \operatorname{Log} + 2\pi n\mathrm{i} : \mathbb{C}\backslash\{0\} \to S_{2\pi n}.$$
>
> したがって,対数の枝 $\operatorname{Log} + 2\pi n\mathrm{i}$ は $\exp$ を $S_{2\pi n}$ に制限した関数の逆関数である.

系 2.3.6 $z \in \mathbb{C}\backslash\{0\}$ に対し,

$$\{w \in \mathbb{C} \, ; \, \exp w = z\} = \{\operatorname{Log} z + 2\pi n\mathrm{i} \, ; \, n \in \mathbb{Z}\}.$$

証明 $z \overset{(2.32)}{=} \exp\operatorname{Log} z$ より,

$$w \in \mathbb{C}, \ \exp w = z \iff w \in \mathbb{C}, \ \exp w = \exp\operatorname{Log} z$$
$$\overset{命題\ 2.2.4}{\iff} \exists n \in \mathbb{Z}, \ w = \operatorname{Log} z + 2\pi n\mathrm{i}. \qquad \backslash(^□^)/$$

系 2.3.7 任意の $A \subset (-\pi, \pi]$ に対し,写像 $\exp$ は集合 $\{\operatorname{Im} z \in A\}$ から $\{z \in \mathbb{C}\backslash\{0\} \, ; \, \operatorname{Arg} z \in A\}$ への全単射である.

証明 $w \in \mathbb{C}\backslash\{0\}$, $\operatorname{Arg} w \in A$ とする. 系 2.3.6 より, $z \in \mathbb{C}$ が $w = \exp z$ をみたすことは, $z = z_n \overset{\text{def}}{=} \operatorname{Log} w + 2\pi n\mathrm{i}$ をみたす $n \in \mathbb{Z}$ の存在と同値である. またこのとき,

$$\operatorname{Im} z_n = \operatorname{Arg} w + 2\pi n \in A + 2\pi n.$$

よって, z_n のうち, $z = z_0$ のみが $\operatorname{Im} z \in A$ をみたす. \\(^□^)/

最後に,関数 Arg, Log の $\mathbb{C}\backslash\{0\}$ 上での連続性について述べる.

命題 2.3.8（偏角・対数の主枝の連続性）

a) Arg , Log は $\mathbb{C}\backslash(-\infty, 0]$ 上連続である.

b) $x_0 \in (-\infty, 0)$ に対し,

$$\lim_{\substack{z \to x_0 \\ \operatorname{Im} z \geq 0}} \operatorname{Arg} z = \pi, \qquad \lim_{\substack{z \to x_0 \\ \operatorname{Im} z < 0}} \operatorname{Arg} z = -\pi, \qquad (2.34)$$

$$\lim_{\substack{z \to x_0 \\ \operatorname{Im} z \geq 0}} \operatorname{Log} z = \log|x_0| + \pi\mathbf{i}, \quad \lim_{\substack{z \to x_0 \\ \operatorname{Im} z < 0}} \operatorname{Log} z = \log|x_0| - \pi\mathbf{i}. \quad (2.35)$$

特に Arg , Log は $(-\infty, 0)$ 上のすべての点で不連続である.

証明　準備として, 実変数の逆三角関数 (Arcsin , Arccos) について簡単に説明する.

- 連続な狭義単調増加関数 $\sin : [-\frac{\pi}{2}, \frac{\pi}{2}] \to [-1, 1]$ の逆関数を Arcsin: $[-1, 1] \to [-\frac{\pi}{2}, \frac{\pi}{2}]$ と記す.
- 連続な狭義単調減少関数 $\cos : [0, \pi] \to [-1, 1]$ の逆関数を Arccos: $[-1, 1] \to [0, \pi]$ と記す.

一般に, 連続な狭義単調増加 (減少) 関数の逆関数は連続である [吉田 1, p.41, 定理 3.4.7]. したがって Arcsin, Arccos は共に連続である.

a) 今, $z = x + \mathbf{i}y$ $(x, y \in \mathbb{R})$ とし, さらに

$$G_+ \overset{\text{def}}{=} \{z \in \mathbb{C} \, ; \, x > 0\}, \ H_+ \overset{\text{def}}{=} \{z \in \mathbb{C} \, ; \, y > 0\}, \ H_- \overset{\text{def}}{=} \{z \in \mathbb{C} \, ; \, y < 0\}.$$

(G_+, H_+, H_- は右半平面, 上半平面, 下半平面を表す). このとき, 逆三角関数の定め方より,

$$\operatorname{Arg} z = \begin{cases} \operatorname{Arcsin} \frac{y}{|z|}, & z \in G_+, \\ \operatorname{Arccos} \frac{x}{|z|}, & z \in H_+ \cup (-\infty, 0), \\ -\operatorname{Arccos} \frac{x}{|z|}, & z \in H_-. \end{cases} \qquad (2.36)$$

(2.36) の第 1, 2, 3 式より, Arg は開集合 G_+, H_+, H_- 上でそれぞれ連続である. したがって, Arg は $\mathbb{C}\backslash(-\infty, 0] = G_+ \cup H_+ \cup H_-$ で連続である (問 1.6.11). $\log|z|$ は $\mathbb{C}\backslash\{0\}$ 上で連続なので, Log は $\mathbb{C}\backslash(-\infty, 0]$ 上で連続である.

b) $x_0 \in (-\infty, 0)$, $z \to x_0$ なら $x/|z| \to x_0/|x_0| = -1$. したがって, 特に z が $\mathrm{Im}\, z \geq 0$ をみたしつつ x_0 に近づく場合は, (2.36) の第 2 式より,

$$\mathrm{Arg}\, z = \mathrm{Arccos}\, \frac{x}{|z|} \longrightarrow \mathrm{Arccos}\, (-1) = \pi.$$

一方, z が $\mathrm{Im}\, z < 0$ をみたしつつ x_0 に近づく場合は, (2.36) の第 3 式より,

$$\mathrm{Arg}\, z = -\mathrm{Arccos}\, \frac{x}{|z|} \longrightarrow -\mathrm{Arccos}\, (-1) = -\pi.$$

以上で (2.34) を得る. (2.35) は (2.34) に帰着する. \(^□^)/

系 2.3.9 任意の $A \subset (-\pi, \pi)$ に対し, 写像 exp は集合 $\{\mathrm{Im}\, z \in A\}$ から $\{z \in \mathbb{C} \backslash \{0\}\,;\, \mathrm{Arg}\, z \in A\}$ への同相写像である.

証明 ここで exp は系 2.3.6 より全単射, また 命題 2.1.1 より連続である. また, 逆写像 Log は 命題 2.3.8 より連続である. \(^□^)/

問 2.3.1 以下をを示せ.

i) $\theta \in (-\pi, \pi)$ に対し $\mathrm{Log}\, (1 + \exp(\mathbf{i}\theta)) = \log 2 + \log \cos \frac{\theta}{2} + \mathbf{i}\frac{\theta}{2}$.

ii) $\theta \in (0, 2\pi)$ に対し $\mathrm{Log}\, (1 - \exp(\mathbf{i}\theta)) = \log 2 + \log \sin \frac{\theta}{2} + \mathbf{i}\frac{\theta - \pi}{2}$.

なお, 問 2.3.1 の結果は問 2.4.2, 例 3.4.6 に応用される.

問 2.3.2 $c \in \mathbb{R}$, $S_c = \{\mathrm{Im}\, z \in c + (-\pi, \pi]\}$, $\mathrm{Log}\,_c z = \mathrm{Log}\, (\exp(-c\mathbf{i})z) + c\mathbf{i}$, $z \in \mathbb{C} \backslash \{0\}$ とするとき, 以下の写像は共に全単射であり, 互いに逆写像であることを示せ:

$$\exp : S_c \to \mathbb{C} \backslash \{0\}, \quad \mathrm{Log}\,_c : \mathbb{C} \backslash \{0\} \to S_c.$$

問 2.3.3 $n \in \mathbb{N}$, $f(z) = \sum_{j=0}^{n} c_{2j+1} z^{2j+1} + c_0$ ($c_0, c_{2n+1} \in (0, \infty)$, $c_1, \ldots, c_{2n-1} \in \mathbb{R}$) とする. $y \in \mathbb{R}$ に対し以下を示せ.

i) $\mathrm{Re}\, f(\mathbf{i}y) = c_0$, $\mathrm{Im}\, f(\mathbf{i}y) = -\mathrm{Im}\, f(-\mathbf{i}y) \overset{y \to \infty}{\longrightarrow} (-1)^n \times \infty$.

ii) $\mathrm{Arg}\, f(\mathbf{i}y) = -\mathrm{Arg}\, f(-\mathbf{i}y) \overset{y \to \infty}{\longrightarrow} (-1)^n \pi/2$.

iii) $\mathrm{Log}\, f(\mathbf{i}y) - \mathrm{Log}\, f(-\mathbf{i}y) \overset{y \to \infty}{\longrightarrow} (-1)^n \pi \mathbf{i}$.

なお, 問 2.3.3 の結果は例 6.4.3 に応用される.

2.4 / べき乗の主枝

$z \in (0, \infty)$, $\alpha \in \mathbb{R}$ に対し, べき乗 z^α は次のように定義される:

$$z^{\alpha} = \exp(\alpha \log z). \tag{2.37}$$

また，$z, w \in (0, \infty)$, $\alpha, \beta \in \mathbb{R}$ に対し，以下の演算法則が成立する：

$$z^{\alpha+\beta} = z^{\alpha} z^{\beta}, \ \log z^{\alpha} = \alpha \log z, \ (z^{\alpha})^{\beta} = z^{\alpha\beta}, \ (zw)^{\alpha} = z^{\alpha} w^{\alpha}. \tag{2.38}$$

本節ではべき乗 z^{α} を $z \in \mathbb{C} \backslash \{0\}$, $\alpha \in \mathbb{C}$ の場合に一般化し，それに伴う演算法則 (2.38) の一般化 (命題 2.4.2)，さらに関数 $z \mapsto z^{\alpha}$ の連続性 (命題 2.4.5) について述べる．まずは定義から始める．

定義 2.4.1 (べき乗)　$z \in \mathbb{C} \backslash \{0\}$, $\alpha \in \mathbb{C}$ とする．z^{α} を次のように定め，これをべき乗の**主枝**とよぶ：

$$z^{\alpha} \overset{\text{def}}{=} \exp(\alpha \mathrm{Log}\, z). \tag{2.39}$$

特に $z^{1/2}$ は $\sqrt{z}$ とも記す．

注　1) (2.39) で特に $z = e = \exp(1)$ とすると，$e^{\alpha} = \exp \alpha$ となり，指数関数 $\exp \alpha$ がべき乗 e^{α} に等しいことがわかる．

2) $\alpha \in \mathbb{Z}$ とする．このとき，(2.39) の z^{α} は通常のべき関数と一致する．実際 $\alpha \in \mathbb{N}$ なら

$$\exp(\alpha \mathrm{Log}\, z) = \exp(\underbrace{\mathrm{Log}\, z + \cdots + \mathrm{Log}\, z}_{\alpha}) \overset{(2.2)}{=} (\exp(\mathrm{Log}\, z))^{\alpha} \overset{(2.32)}{=} \underbrace{z \cdots z}_{\alpha}.$$

α が負の整数の場合も同様に

$$\exp(\alpha \mathrm{Log}\, z) = \underbrace{z^{-1} \cdots z^{-1}}_{|\alpha|}.$$

3) 今後，本書では特にことわらない限り，$z \in \mathbb{C} \backslash \{0\}$, $\alpha \in \mathbb{C}$ に対し z^{α} (あるいは $\sqrt{z}$) は (2.39) で定めた主枝とする．一方，各 $n \in \mathbb{Z}$ に対し，(2.39) の $\mathrm{Log}\, z$ を，対数の枝 $\mathrm{Log}\, z + 2\pi n i$ に置き換えた関数：$\exp(\alpha(\mathrm{Log}\, z + 2\pi n i)) = z^{\alpha} \exp(2\pi n \alpha i)$ を z^{α} の**枝**とよぶことがある．この用語によれば，主枝は枝の中の 1 本 ($n = 0$ としたもの) である．

次に，べき乗の主枝に関する演算法則を述べる．演算法則 (2.38) は $z, w \in \mathbb{C} \backslash \{0\}$, $\alpha, \beta \in \mathbb{C}$ に対し次のように一般化される．

命題 2.4.2 (べき乗の主枝に関する演算)　$z, w \in \mathbb{C} \backslash \{0\}$, $\alpha, \beta \in \mathbb{C}$ とする．このとき，

$$z^{\alpha+\beta} = z^{\alpha} z^{\beta}. \tag{2.40}$$

$n \in \mathbb{Z}$, $\mathrm{Im}(\alpha \mathrm{Log}\, z) \in 2\pi n + (-\pi, \pi]$ なら,

$$\mathrm{Log}\, z^{\alpha} = \alpha \mathrm{Log}\, z - 2\pi n \mathbf{i}, \tag{2.41}$$

$$\mathrm{Arg}\, z^{\alpha} = \mathrm{Im}(\alpha \mathrm{Log}\, z) - 2\pi n, \tag{2.42}$$

$$(z^{\alpha})^{\beta} = z^{\alpha\beta} \exp(-2\pi n\beta \mathbf{i}). \tag{2.43}$$

また, $n = 0, \pm 1$ に対し

$$\mathrm{Arg}\, z + \mathrm{Arg}\, w - 2n\pi \in (-\pi, \pi] \implies (zw)^{\alpha} = z^{\alpha} w^{\alpha} \exp(-2\pi n\alpha \mathbf{i}). \tag{2.44}$$

特に $c > 0$ に対し

$$(cz)^{\alpha} = c^{\alpha} z^{\alpha}. \tag{2.45}$$

証明 (2.40):

$$z^{\alpha+\beta} \overset{(2.39)}{=} \exp((\alpha+\beta)\mathrm{Log}\, z) \overset{(2.2)}{=} \exp(\alpha \mathrm{Log}\, z)\exp(\beta \mathrm{Log}\, z) \overset{(2.39)}{=} z^{\alpha} z^{\beta}.$$

(2.41): $w \overset{\mathrm{def}}{=} \alpha \mathrm{Log}\, z$ に対し, $\mathrm{Im}\, w \in 2\pi n + (-\pi, \pi]$ より,

$$\mathrm{Log}\, z^{\alpha} \overset{(2.39)}{=} \mathrm{Log}\, \exp w \overset{(2.31)}{=} w - 2\pi n\mathbf{i}.$$

(2.42): (2.41) の虚部をとればよい.

(2.43):

$$(z^{\alpha})^{\beta} \overset{(2.39)}{=} \exp(\beta \mathrm{Log}\, z^{\alpha}) \overset{(2.41)}{=} \exp(\alpha\beta \mathrm{Log}\, z - 2\pi n\beta \mathbf{i}) = z^{\alpha\beta} \exp(-2\pi n\beta \mathbf{i}).$$

(2.44):

$$(zw)^{\alpha} \overset{(2.39)}{=} \exp(\alpha \mathrm{Log}\,(zw))$$
$$\overset{(2.30)}{=} \exp(\alpha \mathrm{Log}\, z + \alpha \mathrm{Log}\, w - 2\pi n\alpha \mathbf{i}) \overset{(2.39)}{=} z^{\alpha} w^{\alpha} \exp(-2\pi n\alpha \mathbf{i}).$$

(2.45): (2.44) で $w = c$ とすると $\mathrm{Arg}\, z + \mathrm{Arg}\, c = \mathrm{Arg}\, z \in (-\pi, \pi]$ より $n = 0$ の場合になる. \(^□^)/

注 (2.40) より (2.38) の第 1 式 (指数法則) は, $z \in \mathbb{C}\backslash\{0\}$ の場合にも成立する. 一方, (2.41), (2.43), (2.44) より (2.38) の第 2 式以後は修正を伴った上で $z \in \mathbb{C}\backslash\{0\}$ の場合に拡張される. 例えば一般には $(z^{\alpha})^{\beta} = z^{\alpha\beta}$ は成立しないばかりか $(z^{\alpha})^{\beta} = (z^{\beta})^{\alpha}$ さえも不成立である (問 2.4.6).

例 2.4.3 $a, b, c, z \in \mathbb{C}$, $a \neq 0$,

$$s_\pm = \frac{-b \pm \sqrt{b^2 - 4ac}}{2a}, \quad \sigma_\pm = \frac{-b \pm \mathbf{i}\sqrt{4ac - b^2}}{2a}$$

とする (ただし $\sqrt{0} \overset{\text{def}}{=} 0$). このとき,

$$az^2 + bz + c = a(z - s_+)(z - s_-) = a(z - \sigma_+)(z - \sigma_-).$$

実際, $s_\pm$ について, $s_+ + s_- = -\frac{b}{a}$ は明らかである. また次の計算により $s_+ s_- = \frac{c}{a}$ もわかる:

$$4a^2 s_+ s_- = (-b + \sqrt{b^2 - 4ac})(-b - \sqrt{b^2 - 4ac}) = b^2 - (\sqrt{b^2 - 4ac})^2$$
$$\overset{(2.43)}{=} b^2 - (b^2 - 4ac) = 4ac.$$

以上より,

$$a(z - s_+)(z - s_-) = az^2 - a(s_+ + s_-) + as_+ s_- = az^2 + bz + c.$$

$\sigma_\pm$ についても同様である. 以上から $s_\pm$, $\sigma_\pm$ は共に方程式 $az^2 + bz + c = 0$ の 2 根の対である. どちらの対を採用してもよいが, 目的に応じ両者を使い分けることもある (例 2.4.4, 問 2.4.3, 補題 2.5.1).

> 注   問 2.4.1 より,
> $$s_\pm = \begin{cases} \sigma_\pm, & \text{Arg}\,(b^2 - 4ac) > 0\,\text{なら}, \\ \sigma_\mp, & \text{Arg}\,(b^2 - 4ac) \leq 0\,\text{なら}. \end{cases}$$

例 2.4.4 $b, c \in \mathbb{C}$ に対し, 方程式[5] $z^2 - 2bz + c^2 = 0$ の 2 根 $s_\pm \overset{\text{def}}{=} b \pm \sqrt{b^2 - c^2}$ (例 2.4.3 参照) は $s_+ s_- = c^2$ をみたすので, 次の 3 通りの可能性がある.

$$|s_\pm| = |c|, \quad |s_-| < |c| < |s_+|, \quad |s_+| < |c| < |s_-|.$$

係数 b, c に応じ, 上記可能性のどれが成立するかを調べる. この考察は後述のいくつかの場面で応用される (問 6.3.1, 6.3.2). $b, c \in \mathbb{C} \backslash \{0\}$, $b^2 \neq c^2$, $n = 0, \pm 1$,

$$\text{Arg}\,c \in (-\pi/2, \pi/2], \quad 2\text{Arg}\,c + \text{Arg}\left(\frac{b^2}{c^2} - 1\right) \in 2\pi n + (-\pi, \pi] \quad (2.46)$$

---

[5] 二次式定数項を敢えて c ではなく, c^2 という形にした. 任意の $z \in \mathbb{C}$ は $z = (\sqrt{z})^2$ ($\sqrt{0} = 0$) と表せるので, これにより一般性は失われない. また, そうすることで, その後の計算中の b, c の次数をそろえ, 式を見やすくできる.

とする. このとき, $\beta = b/c$ に対し,

$$(-1)^n(|s_+| - |s_-|) \begin{cases} = 0, & \beta \in [-1,1] \text{ なら}, \\ > 0, & \beta \notin [-1,1], \text{Arg}\,\beta \in (-\pi/2, \pi/2) \text{ なら}, \\ < 0, & \beta \notin [-1,1], \text{Arg}\,\beta \notin (-\pi/2, \pi/2) \text{ なら}. \end{cases} \quad (2.47)$$

証明 $s_\pm$ を b, c の関数として $s_{b,c,\pm}$ と記し, さらに $\delta_{b,c}$ を次のように定める:

$$\begin{aligned} \delta_{b,c} &\overset{\text{def}}{=} \tfrac{1}{4}(|s_{b,c,+}|^2 - |s_{b,c,-}|^2) \\ &= \tfrac{1}{4}(|b|^2 + 2\,\text{Re}(\overline{b}\sqrt{b^2 - c^2}) + |b^2 - c^2|) \\ &\quad - \tfrac{1}{4}(|b|^2 - 2\,\text{Re}(\overline{b}\sqrt{b^2 - c^2}) + |b^2 - c^2|) \\ &= \text{Re}(\overline{b}\sqrt{b^2 - c^2}). \end{aligned}$$

まず次を示す.

1) $$\delta_{b,c} = (-1)^n |c|^2 \delta_{\beta,1}.$$

まず $\text{Arg}\,c \in (-\pi/2, \pi/2)$ と (2.26) より, $\text{Arg}\,c^2 = 2\text{Arg}\,c$ に注意する. また, 問 2.4.1 より $\sqrt{c^2} = c$. さらに, $2\text{Arg}\,c + \text{Arg}\,(\beta^2 - 1) \in 2\pi n + (-\pi, \pi]$ と問 2.4.1 より

$$\begin{aligned} \sqrt{b^2 - c^2} = \sqrt{c^2(\beta^2 - 1)} &\overset{\text{問 2.4.1}}{=} (-1)^n \sqrt{c^2}\sqrt{\beta^2 - 1} \\ &= (-1)^n c\sqrt{\beta^2 - 1} = (-1)^n (|c|^2/\overline{c})\sqrt{\beta^2 - 1}. \end{aligned}$$

よって,

$$\delta_{b,c} = \text{Re}(\overline{b}\sqrt{b^2 - c^2}) = (-1)^n |c|^2 \text{Re}(\overline{\beta}\sqrt{\beta^2 - 1}) = (-1)^n |c|^2 \delta_{\beta,1}.$$

以上で 1) を得る.

1) より, (2.47) は左辺を $\delta_{\beta,1}$ におきかえて示せばよい.

2) $\beta \in [-1,1]$ の場合. $|s_{\beta,1,\pm}| = |\beta \pm \mathbf{i}\sqrt{1 - \beta^2}| = 1$. ゆえに 2) の場合, (2.47) は正しい.

3) $\beta \in \mathbf{i}\mathbb{R}\backslash\{0\}$ の場合. $\beta^2 \in (-\infty, 0)$. ゆえに, $\beta = \mathbf{i}t$ ($t \in \mathbb{R}$, $|t| = |\beta|$). よって

$$\overline{\beta}\sqrt{\beta^2 - 1} = -\mathbf{i}t\sqrt{-(t^2 + 1)} \overset{\text{問 2.4.1}}{=} t\sqrt{(t^2 + 1)} \in \mathbb{R}.$$

したがって $\delta_{\beta,1} = t\sqrt{1 + t^2}$. ゆえに 3) の場合, (2.47) は正しい.

4) $\beta \notin i\mathbb{R} \cup [-1,1]$ の場合. このとき, $\beta^2 \notin (-\infty,1]$. よって,

$$\sqrt{\beta^2-1} \overset{問 2.4.2}{=} \frac{|\beta^2-1|+\beta^2-1}{\sqrt{2(|\beta^2-1|+\mathrm{Re}(\beta^2-1))}}.$$

したがって, $\delta_{\beta,1} = \mathrm{Re}(\overline{\beta}\sqrt{\beta^2-1}))$ は $g(\beta) \overset{\mathrm{def}}{=} \mathrm{Re}(\overline{\beta}(|\beta^2-1|+\beta^2-1))$ の正数倍である. さらに $\beta \notin [-1,1]$ と問 1.1.3 より $\pm g(\beta) > 0 \iff \pm\mathrm{Re}\,\beta > 0$ (複号同順). 以上より, 4) の場合に (2.47) は正しい.   \(^□^)/

最後に, 関数 $z \mapsto z^\alpha$ の連続性について述べる.

命題 2.4.5 (べき乗の主枝の連続性)　$\alpha \in \mathbb{C}$ に対し

a) $z \mapsto z^\alpha$ は $\mathbb{C}\backslash(-\infty,0]$ 上連続である.

b) $x_0 \in (-\infty,0)$ に対し,

$$\lim_{\substack{z \to x_0 \\ \mathrm{Im}\,z \geq 0}} z^\alpha = |x_0|^\alpha \exp(\alpha\pi\mathbf{i}), \quad \lim_{\substack{z \to x_0 \\ \mathrm{Im}\,z < 0}} z^\alpha = |x_0|^\alpha \exp(-\alpha\pi\mathbf{i}). \quad (2.48)$$

特に $\alpha \notin \mathbb{Z}$ なら $z \mapsto z^\alpha$ は $(-\infty,0)$ 上のすべての点で不連続である.

c)

$$|z^\alpha| = |z|^{\mathrm{Re}\,\alpha}\exp(-\mathrm{Im}\,\alpha\,\mathrm{Arg}\,z) \begin{cases} \leq |z|^{\mathrm{Re}\,\alpha}\exp(|\mathrm{Im}\,\alpha|\pi), \\ \geq |z|^{\mathrm{Re}\,\alpha}\exp(-|\mathrm{Im}\,\alpha|\pi), \end{cases} \quad (2.49)$$

$$\lim_{\substack{z \to 0 \\ z \neq 0}} |z^\alpha| = \begin{cases} 0, & \mathrm{Re}\,\alpha > 0 \text{ なら,} \\ \infty, & \mathrm{Re}\,\alpha < 0 \text{ なら,} \end{cases} \quad \lim_{\substack{|z| \to \infty \\ z \neq 0}} |z^\alpha| = \begin{cases} \infty, & \mathrm{Re}\,\alpha > 0 \text{ なら,} \\ 0, & \mathrm{Re}\,\alpha < 0 \text{ なら.} \end{cases} \quad (2.50)$$

特に $\mathrm{Re}\,\alpha > 0$ なら, $0^\alpha = 0$ と定めることで, $z \mapsto z^\alpha$ は $z=0$ で連続, したがって $\mathbb{C}\backslash(-\infty,0)$ で連続である.

証明　a) $f: z \mapsto \exp z$ は $\mathbb{C}$ 上連続 (命題 2.1.1), $g: z \mapsto \alpha\mathrm{Log}\,z$ は $\mathbb{C}\backslash(-\infty,0]$ 上連続 (命題 2.3.8) である. ゆえに $f \circ g: z \mapsto z^\alpha$ は $\mathbb{C}\backslash(-\infty,0]$ 上連続である.
b) $\mathrm{Im}\,z > 0$ かつ $z \to x_0$ とするとき, (2.35) より $\mathrm{Log}\,z \to \log|x_0|+\pi\mathbf{i}$. よって,

$$z^\alpha \overset{(2.39)}{=} \exp(\alpha\mathrm{Log}\,z) \longrightarrow \exp(\alpha\log|x_0|+\alpha\pi\mathbf{i}) = |x_0|^\alpha\exp(\alpha\pi\mathbf{i}).$$

よって (2.48) の第 1 式を得る. 第 2 式も同様である. また, $\alpha \notin \mathbb{Z}$ なら命題

2.2.4 より, (2.48) の二つの極限は一致しない. したがって $\alpha \notin \mathbb{Z}$ なら $z \mapsto z^\alpha$ は $(-\infty, 0)$ 上のすべての点で不連続である.

c) $\operatorname{Re}\alpha = \alpha_1$, $\operatorname{Im}\alpha = \alpha_2$ とすると,

$$1) \quad \begin{cases} \alpha\operatorname{Log} z \overset{(2.27)}{=} (\alpha_1 + i\alpha_2)(\log|z| + i\operatorname{Arg} z) \\ \quad = \alpha_1\log|z| - \alpha_2\operatorname{Arg} z + i(\alpha_1\operatorname{Arg} z + \alpha_2\log|z|). \end{cases}$$

したがって,

$$|z^\alpha| \overset{(2.39)}{=} |\exp(\alpha\operatorname{Log} z)| \overset{(2.5)}{=} \exp(\operatorname{Re}(\alpha\operatorname{Log} z))$$
$$\overset{1)}{=} \exp(\alpha_1\log|z| - \alpha_2\operatorname{Arg} z) = |z|^{\alpha_1}\exp(-\alpha_2\operatorname{Arg} z).$$

これで, (2.49) 左側の等式を得る. また, これと $\operatorname{Arg} z \in (-\pi, \pi]$ より (2.49) 右側の不等式を得る. (2.49) 右側の不等式より (2.50) を得る.   \\(^□^)/

> **注** $\operatorname{Re}\alpha = 0$, $\operatorname{Arg} z = \theta \in (-\pi, \pi]$ とする. このとき, (2.49) より, $|z^\alpha| = \exp(-\theta\operatorname{Im}\alpha)$. このことから, $\operatorname{Re}\alpha = 0$, $\operatorname{Im}\alpha \neq 0$ のとき, $|z^\alpha|$ は (したがって z^α は) $|z| \to 0, \infty$ において極限を持たない.

問 2.4.1 以下を示せ.

i) $c \in (0, \infty)$ なら, $\sqrt{-c} = i\sqrt{c}$.

ii) $z, w \in \mathbb{C}\backslash\{0\}$ に対し

$$\sqrt{zw} = (-1)^n\sqrt{z}\sqrt{w}, \quad n = 0, \pm 1, \operatorname{Arg} z + \operatorname{Arg} w \in 2n\pi + (-\pi, \pi] \text{ なら,}$$
$$\sqrt{-z} = \begin{cases} i\sqrt{z}, & \operatorname{Arg} z \leq 0 \text{ なら,} \\ -i\sqrt{z}, & \operatorname{Arg} z > 0 \text{ なら.} \end{cases}$$

問 2.4.2 $z \in \mathbb{C}\backslash(-\infty, 0]$ に対し次を示せ:

$$\sqrt{z} = \sqrt{|z|}\frac{|z| + z}{||z| + z|} = \frac{|z| + z}{\sqrt{2(|z| + \operatorname{Re} z)}},$$

特に, $\operatorname{Re}\sqrt{z} = \sqrt{\frac{|z| + \operatorname{Re} z}{2}}$. なお, 本問は問 2.4.3 に応用される.

問 2.4.3 $b \in \mathbb{C}$, $c \in (0, \infty)$ とする. 2 次方程式 $z^2 - 2bz + c^2 = 0$ の解 $\sigma_\pm = b \pm i\sqrt{c^2 - b^2}$ (例 2.4.3 参照) に対し以下を示せ.

i)
$$b \in (-\infty, -c] \cup [c, \infty) \Longrightarrow \sigma_{\pm} = b \mp \sqrt{b^2 - c^2},$$
$$b \in (-\infty, -c] \Longrightarrow \sigma_+ \in (-\infty, -c], \ \sigma_- \in [-c, 0),$$
$$b \in [c, \infty) \Longrightarrow \sigma_+ \in (0, c], \ \sigma_- \in [c, \infty),$$
$$b \notin (-\infty, -c] \cup [c, \infty) \Longrightarrow \operatorname{Im} \sigma_- < 0 < \operatorname{Im} \sigma_+.$$

【ヒント】 $b \notin (-\infty, -c] \cup [c, \infty)$ の場合に問 2.4.2 を用いよ.

ii) 特に $b \in (-c, c)$ なら, $\sqrt{\sigma_{\pm}} = \sqrt{\frac{c+b}{2}} \pm \mathbf{i}\sqrt{\frac{c-b}{2}}$.

なお, 問 2.4.3 は補題 2.5.1, 問 6.3.4, 6.3.6 に応用される.

問 2.4.4 $a_n \in \mathbb{C}$ $(n \in \mathbb{N})$ に関する次の漸化式を解け. $a_0 = \mathbf{i}$, $a_{n+1} = a_n^{\mathbf{i}}$.

問 2.4.5 $z \in \mathbb{C} \backslash \{0\}$, $\alpha \in (-1, 1)$ に対し $\operatorname{Log}(z^\alpha) = \alpha \operatorname{Log} z$, $\operatorname{Arg}(z^\alpha) = \alpha \operatorname{Arg} z$ を示せ.

問 2.4.6 $0 < \alpha < \beta$, $z \in \mathbb{C} \backslash \{0\}$, $\pi/\alpha < \operatorname{Arg} z < 2\pi/\beta$ とする. 以下を示せ:
$\beta \notin \mathbb{Z}$ なら $(z^\alpha)^\beta \neq z^{\alpha\beta}$. また, $\beta - \alpha \notin \mathbb{Z}$ なら $(z^\alpha)^\beta \neq (z^\beta)^\alpha$. 特に, $1 < \alpha < \beta < 2$ なら $((-1)^\alpha)^\beta$, $((-1)^\beta)^\alpha$, $(-1)^{\alpha\beta}$ はすべて相異なる.

問 2.4.7 実数 $a < b$ および $\alpha \in \mathbb{C}$ $(\operatorname{Re} \alpha > 0)$ に対し $J = (-\infty, a) \cup (b, \infty)$, $f(z) = (-(z-a)(z-b))^\alpha$ $(z \in \mathbb{C}, 0^\alpha \overset{\text{def}}{=} 0)$ とする. f は $\mathbb{C} \backslash J$ 上連続であることを示せ. なお, 本問は補題 2.5.1 の証明に引用される.

問 2.4.8 実数 $a_1 < a_2 < \cdots < a_m$ $(m \geq 2)$ に対し $f(z) \overset{\text{def}}{=} \prod_{j=1}^{m}(z - a_j)^{1/m}$ は $\mathbb{C} \backslash [a_1, a_m]$ 上連続であること, および $f((-\infty, a_1)) \subset (-\infty, 0)$ を示せ. なお, 本問は問 5.5.3 に続く.

問 2.4.9 $s \in \mathbb{C}$, $\operatorname{Re} s > 1$ とする. 以下を示せ.

i) 有界複素数列 (a_n) に対し級数 $\sum_{n=1}^{\infty} \frac{a_n}{n^s}$ は絶対収束する. この級数を**ディリクレ級数**, 特に $\zeta(s) \overset{\text{def}}{=} \sum_{n=1}^{\infty} \frac{1}{n^s}$ を**リーマンのゼータ関数**という.

ii)
$$\sum_{n=0}^{\infty} \frac{1}{(2n+1)^s} = \left(1 - \frac{1}{2^s}\right)\zeta(s), \quad \sum_{n=1}^{\infty} \frac{(-1)^{n-1}}{n^s} = \left(1 - \frac{1}{2^{s-1}}\right)\zeta(s) \quad (2.51)$$

したがって $\zeta(s)$, $\sum_{n=0}^{\infty} \frac{1}{(2n+1)^s}$, $\sum_{n=1}^{\infty} \frac{(-1)^{n-1}}{n^s}$ のいずれか一つから残り二つ

が求められる. なお, 例 3.4.6 で $\zeta(2) = \pi^2/6$ を示す. また問 5.6.5 で $\zeta(2k)$ $(k \in \mathbb{N} \backslash \{0\})$ の値を求める.

問 2.4.10 $s \in \mathbb{C}, \operatorname{Re} s > 0$ に対し次のように定まる $\Gamma(s)$ を**ガンマ関数**とよぶ:

$$\Gamma(s) \stackrel{\text{def}}{=} \int_0^\infty x^{s-1} \exp(-x) \, dx. \tag{2.52}$$

上式右辺の広義積分の絶対収束, および $n \in \mathbb{N}$ に対し以下を示せ:

$$\Gamma(s+1) = s\Gamma(s), \tag{2.53}$$

$$\Gamma(n+s) = (s+n-1)(s+n-2)\cdots(s+1)s\Gamma(s), \tag{2.54}$$

$$\Gamma(n+1) = n!, \tag{2.55}$$

$$\Gamma(s) = c^s \int_0^\infty x^{s-1} \exp(-cx) \, dx, \ \ c > 0. \tag{2.56}$$

注   一般に $s \in \mathbb{C}, \operatorname{Re} s > 0$, および連続関数 $f : (0, \infty) \to \mathbb{C}$ に対し, 次の積分 $F(s)$ が収束するとき, $F(s)$ を f の**メリン変換**という:

$$F(s) \stackrel{\text{def}}{=} \int_0^\infty f(x) x^{s-1} dx.$$

ガンマ関数は $f(x) = \exp(-x)$ のメリン変換である. さらなるメリン変換の例として, (2.57)–(2.59) を参照されたい.

問 2.4.11 $s \in \mathbb{C}, \operatorname{Re} s > 1$ とする. リーマンのゼータ関数 $\zeta(s)$, ガンマ関数 $\Gamma(s)$ (問 2.4.9, 2.4.10 参照) に対し以下の等式を示せ.

$$\int_0^\infty \frac{x^{s-1}}{\exp x - 1} \, dx = \Gamma(s)\zeta(s), \tag{2.57}$$

$$\int_0^\infty \frac{x^{s-1}}{\sinh x} \, dx = 2\left(1 - \frac{1}{2^s}\right)\Gamma(s)\zeta(s), \tag{2.58}$$

$$\int_0^\infty \frac{x^{s-1}}{\cosh x} \, dx = 2\Gamma(s) \sum_{n=0}^\infty \frac{(-1)^n}{(2n+1)^s}. \tag{2.59}$$

$s = 2k \ (k \in \mathbb{N})$ の場合の (2.58) の値については (5.29), $s = 2k+1 \ (k \in \mathbb{N})$ の場合の (2.59) の値については (6.32) を参照されたい.

2.5 / (⋆) 逆三角関数

以下, $z \in \mathbb{C} \backslash \{0\}$ に対し $\sqrt{z}$ は $z^{1/2}$ の主枝, すなわち $\exp(\frac{1}{2}\operatorname{Log} z)$ を表すものとする. また, $\sqrt{0} = 0$ とする. このとき $z \mapsto \sqrt{z}$ は $\mathbb{C} \backslash (-\infty, 0)$ 上連続である

(命題 2.4.5). また, 本節を通じて, 次の記号を用いる:

$$H_\pm = \{\pm \operatorname{Im} z > 0\},$$
$$J = (-\infty, -1) \cup (1, \infty), \quad \overline{J} = (-\infty, -1] \cup [1, \infty). \tag{2.60}$$

逆正弦関数の導入に先立ち補題を準備する.

補題 2.5.1 関数 $\sigma_\pm : \mathbb{C} \to \mathbb{C}$, および**ジュウコフスキー変換** $\tau : \mathbb{C}\backslash\{0\} \to \mathbb{C}$ を次のように定める:

$$\sigma_\pm(z) \stackrel{\text{def}}{=} z \pm \mathbf{i}\sqrt{1 - z^2}, \quad \tau(z) \stackrel{\text{def}}{=} \frac{z + z^{-1}}{2}.$$

このとき次の二つの写像 (2.61) および (2.62) は全単射, 逆写像はそれぞれ σ_+, σ_- である (以下, $H_\pm$, J, $\overline{J}$ は (2.60) 参照):

$$\tau : H_+ \cup (-\infty, -1] \cup (0, 1] \longrightarrow \mathbb{C}, \tag{2.61}$$

$$\tau : H_- \cup [-1, 0) \cup [1, \infty) \longrightarrow \mathbb{C}. \tag{2.62}$$

また, $\tau(H_\pm \cup \{-1, 1\}) = \mathbb{C}\backslash J$, $\tau(H_\pm) = \mathbb{C}\backslash\overline{J}$, さらに写像 $\tau : H_\pm \cup \{-1, 1\} \to \mathbb{C}\backslash J$ は同相である.

証明 写像 (2.61) は全単射, σ_+ はその逆写像, $\tau(H_+) = \mathbb{C}\backslash\overline{J}$, $\tau(H_+ \cup \{-1, 1\}) = \mathbb{C}\backslash J$, および σ_+ が $\mathbb{C}\backslash J$ 上連続であることを示す ((2.61) の代わりに (2.62) を考え, σ_+, H_+ を σ_-, H_- で置き換えても証明は同様である). 数段階に分けて示す.

1) $z \in \mathbb{C}$ に対し, $\sigma_+(z) \neq 0$, $\sigma_+(z)^{-1} = \sigma_-(z)$, $\tau \circ \sigma_+(z) = z$.

実際, $\sigma_\pm(z)$ は σ についての二次方程式 $\sigma^2 - 2z\sigma + 1 = 0$ の解だから, 解と係数の関係より $\sigma_+(z)\sigma_-(z) = 1$. よって $\sigma_+(z) \neq 0$, $\sigma_+(z)^{-1} = \sigma_-(z)$. また,

$$\tau \circ \sigma_+(z) = (\sigma_+(z) + \sigma_-(z))/2 = z.$$

2) σ_+ は $\mathbb{C}\backslash J$ 上連続.

問 2.4.7 より $z \mapsto \sqrt{1 - z^2}$ は $\mathbb{C}\backslash J$ 上連続である. よって σ_+ は $\mathbb{C}\backslash J$ 上連続である.

3) $\sigma_+((-\infty, -1]) \subset (-\infty, -1]$, $\sigma_+([1, \infty)) \subset (0, 1]$, $\sigma_+(\mathbb{C}\backslash\overline{J}) \subset H_+$. したがって, $\sigma_+(\mathbb{C}) \subset H_+ \cup (-\infty, -1] \cup (0, 1]$.

問 2.4.3 による.

4)　$\tau : H_+ \cup (-\infty, -1] \cup (0, 1] \to \mathbb{C}$ は全単射.

$\tau : (-\infty, -1] \to (-\infty, -1]$, $\tau : (0, 1] \to [1, \infty)$ は共に全単射だから, $\tau : H_+ \to \mathbb{C}\backslash \overline{J}$ が全単射ならよい.

(全射性):$z \in \mathbb{C}\backslash \overline{J}$ を任意とする. このとき $\sigma_+(z) \overset{3)}{\in} H_+$. さらに $\tau \circ \sigma_+(z) \overset{1)}{=} z$.

(単射性):$z \in H_+$, $\tau(z) = w \in \mathbb{C}\backslash \overline{J}$ とし, $z = \sigma_+(w)$ をいう. $\tau(z) = w$ から $z^2 - 2wz + 1 = 0$ を得るが, この二次方程式の解は $z = \sigma_\pm(w)$. $w \in \mathbb{C}\backslash \overline{J}$ より $\sigma_+(w) \overset{3)}{\in} H_+$, $\sigma_-(w) \overset{1)}{=} \sigma_+(w)^{-1} \in H_-$ (一般に $z \in H_+ \ \Leftrightarrow \ z^{-1} \in H_-$). ゆえに $z \in H_+$ をみたす解は $z = \sigma_+(w)$ のみである.

上記 4) の証明中の議論より, $\tau(H_+) = \mathbb{C}\backslash \overline{J}$, さらに $\tau(\pm 1) = \pm 1$ より $\tau(H_+ \cup \{-1, 1\}) = \mathbb{C}\backslash J$. 　　　　　　　　\\(^□^)/

命題 2.5.2 (逆正弦)　次の関数 $\mathrm{Arcsin} : \mathbb{C} \to \mathbb{C}$ を**逆正弦**関数とよぶ[6]:

$$\mathrm{Arcsin}\, z \overset{\mathrm{def}}{=} \frac{1}{\mathbf{i}} \mathrm{Log}\,(\sqrt{1 - z^2} + \mathbf{i}z). \tag{2.63}$$

$D = \{|\mathrm{Re}\, z| < \frac{\pi}{2}\}$, $K = \left(-\frac{\pi}{2} + \mathbf{i}[0, \infty)\right) \cup \left(\frac{\pi}{2} + \mathbf{i}(-\infty, 0]\right)$ とするとき, 次の写像は全単射かつ互いに逆写像である:

$$\sin : D \cup K \to \mathbb{C}, \quad \mathrm{Arcsin} : \mathbb{C} \to D \cup K.$$

また, $\sin(D \cup \{-\frac{\pi}{2}, \frac{\pi}{2}\}) = \mathbb{C}\backslash J$ ((2.60) 参照), かつ写像 $\sin : D \cup \{-\frac{\pi}{2}, \frac{\pi}{2}\} \to \mathbb{C}\backslash J$ は同相である.

証明　補題 2.5.1 の記号を用いると, $\sin z = \tau(\exp(\mathbf{i}z)/\mathbf{i})$. また,

$$\mathbf{i}K = \left(-\frac{\pi}{2}\mathbf{i} + (-\infty, 0]\right) \cup \left(\frac{\pi}{2}\mathbf{i} + [0, \infty)\right).$$

これより, $\exp : \mathbf{i}K \to \mathbf{i}[-1, 0) \cup \mathbf{i}[1, \infty)$ が全単射であることがわかる. また, 系 2.3.9 より写像 $\exp : \{|\mathrm{Im}\, z| < \frac{\pi}{2}\} \to \{\mathrm{Re}\, z > 0\}$ は同相である. さらに, $\tau : H_- \cup [-1, 0) \cup [1, \infty) \to \mathbb{C}$ は全単射である (補題 2.5.1). 以上より, $\sin : D \cup K \to \mathbb{C}$ は次の四つの写像の合成であり, 各段階が全単射である.

---

[6] (2.63) 式右辺の Log の中身 $= \mathbf{i}\sigma_-(z) \neq 0$ (補題 2.5.1 参照).

1) $\left\{\begin{array}{l} D \cup K \xrightarrow{\times \mathbf{i}} \{|\operatorname{Im} z| < \frac{\pi}{2}\} \cup \mathbf{i}K \xrightarrow{\exp} \{\operatorname{Re} z > 0\} \cup \mathbf{i}[-1,0) \cup \mathbf{i}[1,\infty) \\ \xrightarrow{\times(1/\mathbf{i})} H_- \cup [-1,0) \cup [1,\infty) \xrightarrow{\tau} \mathbb{C}. \end{array}\right.$

また，1) で定義域 $D \cup K$ を $D \cup \{-\frac{\pi}{2}, \frac{\pi}{2}\}$ に制限すると，

2) $\left\{\begin{array}{l} D \cup \{-\frac{\pi}{2}, \frac{\pi}{2}\} \xrightarrow{\times \mathbf{i}} \{|\operatorname{Im} z| < \frac{\pi}{2}\} \cup \{-\frac{\pi\mathbf{i}}{2}, \frac{\pi\mathbf{i}}{2}\} \xrightarrow{\exp} \{\operatorname{Re} z > 0\} \cup \{-\mathbf{i}, \mathbf{i}\} \\ \xrightarrow{\times(1/\mathbf{i})} H_- \cup \{-1, 1\} \xrightarrow{\tau} \mathbb{C}\backslash J. \end{array}\right.$

2) において $\tau : H_- \cup \{-1, 1\} \to \mathbb{C}\backslash J$ は同相である (補題 2.5.1)．ゆえに 2) の合成の各段階は同相である．以上より写像 $\sin : D \cup \{-\frac{\pi}{2}, \frac{\pi}{2}\} \to \mathbb{C}\backslash J$ は同相である．また，1) で $\exp$ の逆写像は Log (命題 2.3.5)，τ の逆写像は σ_- である (補題 2.5.1)．そこで，1) の合成を逆に辿ると，次のようになる：

$$D \cup K \xleftarrow{\times(1/\mathbf{i})} \{|\operatorname{Im} z| < \frac{\pi}{2}\} \cup \mathbf{i}K \xleftarrow{\operatorname{Log}} \{\operatorname{Re} z > 0\} \cup \mathbf{i}[-1,0) \cup \mathbf{i}[1,\infty)$$
$$\xleftarrow{\times \mathbf{i}} H_- \cup [-1,0) \cup [1,\infty) \xleftarrow{\sigma_-} \mathbb{C}.$$

以上より，$\sin z = \tau(\exp(\mathbf{i}z)/\mathbf{i})$ の逆写像は $\frac{1}{\mathbf{i}}\operatorname{Log}(\mathbf{i}\sigma_-(z))$ と表される．\\(^□^)/

注 1) 命題 2.5.2 より Arcsin は $\mathbb{C}\backslash J$ 上連続である一方，J 上では不連続である (問 2.5.2).

2) 各 $n \in \mathbb{Z}$ に対し $\operatorname{Arcsin} z + 2\pi n$ を逆正弦の**枝**，枝全体 $\operatorname{arcsin} z \overset{\text{def}}{=} \{\operatorname{Arcsin} z + 2\pi n ; n \in \mathbb{Z}\}$ を「逆正弦」とよぶこともある．この用語によれば，命題 2.5.2 の $\operatorname{Arcsin} z$ は，枝の中の 1 本 ($n = 0$ の枝：主枝) である．

逆正接関数の導入に先立ち補題を準備する．

補題 2.5.3 $f(z) = \mathbf{i}\frac{1+z}{1-z}$ $(z \in \mathbb{C}\backslash\{1\})$ とする．このとき，

a) 写像 $f : \mathbb{C}\backslash\{1\} \to \mathbb{C}\backslash\{-\mathbf{i}\}$ は同相であり，$g(z) \overset{\text{def}}{=} \frac{\mathbf{i}z+1}{\mathbf{i}z-1}$ はその逆写像である[7].

b) $f(\mathbb{C}\backslash[0,\infty)) = \mathbb{C}\backslash\mathbf{i}\overline{J}$ ((2.60) 参照).

証明 a) 問 1.1.6 iii) より f, g は共に全単射，互いに逆写像である．また，f, g の連続性は明らかである．

b) 容易にわかるように，$f([0,1)) = \mathbf{i}[1,\infty)$, $f((1,\infty)) = \mathbf{i}(-\infty,-1)$. よって

---

[7] g はケイリー変換である (問 1.1.9).

$$f(\mathbb{C}\backslash[0,\infty)) = f(\mathbb{C}\backslash\{1\})\backslash\,(f([0,1))\cup f((1,\infty)))$$
$$= (\mathbb{C}\backslash\{-\mathbf{i}\})\backslash\,(\mathbf{i}[1,\infty)\cup\mathbf{i}(-\infty,-1)) = \mathbb{C}\backslash\mathbf{i}\overline{J}. \qquad \backslash(\char`^\Box\char`^)/$$

> **命題 2.5.4 (逆正接)**　次の関数を**逆正接**関数とよぶ：
>
> $$\mathrm{Arctan}\,z \overset{\mathrm{def}}{=} \frac{1}{2\mathbf{i}}\mathrm{Log}\,\frac{1+\mathbf{i}z}{1-\mathbf{i}z},\ \ z\in\mathbb{C}\backslash\{-\mathbf{i},\mathbf{i}\}. \qquad (2.64)$$
>
> $D=\{|\,\mathrm{Re}\,z|<\frac{\pi}{2}\}$, $L=\left(-\frac{\pi}{2}+\mathbf{i}(0,\infty)\right)\cup\left(\frac{\pi}{2}+\mathbf{i}(-\infty,0)\right)$ とするとき，以下の写像は共に全単射，かつ互いに逆写像である：
>
> $$\tan:D\cup L\to\mathbb{C}\backslash\{-\mathbf{i},\mathbf{i}\},\ \ \mathrm{Arctan}:\mathbb{C}\backslash\{-\mathbf{i},\mathbf{i}\}\to D\cup L.$$
>
> また，$\tan(D)=\mathbb{C}\backslash\mathbf{i}\overline{J}$ ((2.60) 参照)，$\tan:D\to\mathbb{C}\backslash\mathbf{i}\overline{J}$ は同相である.

証明　補題 2.5.3 の記号を用いると，$\tan z = f(-\exp(2\mathbf{i}z))$. また，
$$2\mathbf{i}L = ((-\infty,0)-\pi\mathbf{i})\cup((0,\infty)+\pi\mathbf{i}).$$
これから，$\exp:2\mathbf{i}L\to(-\infty,-1)\cup(-1,0)$ が全単射であることがわかる. また系 2.3.9 より $\exp:\{|\,\mathrm{Im}\,z|<\pi\}\to\mathbb{C}\backslash(-\infty,0]$ は同相である. さらに，写像 $f:\mathbb{C}\backslash\{0,1\}\to\mathbb{C}\backslash\{-\mathbf{i},\mathbf{i}\}$ は同相である (補題 2.5.3). 以上より，$\tan:D\cup L\to\mathbb{C}\backslash\{-\mathbf{i},\mathbf{i}\}$ は次の四つの写像の合成であり，各段階が全単射である.

1) $D\cup L \xrightarrow{\times 2\mathbf{i}} \{|\,\mathrm{Im}\,z|<\pi\}\cup(2\mathbf{i}L) \xrightarrow{\exp} \mathbb{C}\backslash\{-1,0\} \xrightarrow{\times(-1)} \mathbb{C}\backslash\{0,1\}$
$\xrightarrow{f} \mathbb{C}\backslash\{-\mathbf{i},\mathbf{i}\}$.

また，1) において $\exp$ の逆写像は Log (命題 2.3.5)，f の逆写像は g である (補題 2.5.3). そこで，1) を逆に辿ると次のようになる：

$D\cup L \xleftarrow{\times(1/2\mathbf{i})} \{|\,\mathrm{Im}\,z|<\pi\}\cup(2\mathbf{i}L) \xleftarrow{\mathrm{Log}} \mathbb{C}\backslash\{-1,0\} \xleftarrow{\times(-1)} \mathbb{C}\backslash\{0,1\} \xleftarrow{g} \mathbb{C}\backslash\{-\mathbf{i},\mathbf{i}\}$.
以上より，$\tan z = f(-\exp(2\mathbf{i}z))$ の逆写像は $\frac{1}{2\mathbf{i}}\mathrm{Log}\,(-g(z))$ と表される.

また，1) で定義域 $D\cup L$ を D に制限し，$f(\mathbb{C}\backslash[0,\infty))=\mathbb{C}\backslash\mathbf{i}\overline{J}$ (補題 2.5.3) に注意すると，

2) $D \xrightarrow{\times 2\mathbf{i}} \{|\,\mathrm{Im}\,z|<\pi\} \xrightarrow{\exp} \mathbb{C}\backslash(-\infty,0] \xrightarrow{\times(-1)} \mathbb{C}\backslash[0,\infty) \xrightarrow{f} \mathbb{C}\backslash\mathbf{i}\overline{J}$.

よって，$\tan(D)=\mathbb{C}\backslash\mathbf{i}\overline{J}$. また，2) の合成の各段階が同相である. ゆえに $\tan:D\to\mathbb{C}\backslash\mathbf{i}\overline{J}$ は同相である. $\hfill \backslash(\char`^\Box\char`^)/$

注　1) 命題 2.5.4 より Arctan は $\mathbb{C}\backslash \mathrm{i}\overline{J}$ 上連続である一方，$\mathrm{i}J$ 上では不連続である (問 2.5.2).

2) 各 $n \in \mathbb{Z}$ に対し Arctan $z + \pi n$ を逆正弦の**枝**，枝全体 arctan $z \overset{\text{def}}{=} \{$Arctan $z + \pi n$; $n \in \mathbb{Z}\}$ を「逆正弦」とよぶこともある. この用語によれば，命題 2.5.4 の Arctan z は，枝の中の 1 本 ($n = 0$ の枝：主枝) である.

問 2.5.1　以下の等式を示せ.

i) $\cos(\mathrm{Arcsin}\, z) = \sqrt{1 - z^2}$, $z \in \mathbb{C}$.

ii) $\cos^2(\mathrm{Arctan}\, z) = \frac{1}{1+z^2}$, $z \in \mathbb{C}\backslash\{-\mathrm{i}, \mathrm{i}\}$.

問 2.5.2　以下を示せ.

i) Arcsin は J 上不連続である.

ii) Arctan は $\mathrm{i}J$ 上不連続である.

2.6 ╱ (★) 初等関数のリーマン面 I

　B. リーマンは論文『アーベル関数の理論』(1857 年) の中で，複素変数の対数やべき根のように，枝分かれのある関数 (いわゆる多価関数) の枝を連続につなげ，全体として一価関数として確定させる着想を述べた. その要点は，複数の複素平面を貼り付けて得られる曲面を関数の定義域と考えることであった. なお，この着想が生まれた背景については 4.2 節末の補足で触れる. リーマンの着想は後に H. ワイルにより厳密に定式化され，今日「リーマン面」とよばれる概念が確立した (1915 年). リーマン面はさらに多様体へと一般化され，現代数学の基本語彙として定着している.

　この補足では，枝分かれのある関数の例として対数関数と m 乗根をとり，対応するリーマン面を概説する.

例 2.6.1 (対数のリーマン面)　集合 $\mathbb{S}_n$ ($n \in \mathbb{Z}$) を次のように定める：

$$\mathbb{S}_n = \{(z, \theta_n(z)) ; z \in \mathbb{C}\backslash\{0\}\}, \quad \text{ここで, } \theta_n(z) = 2\pi n + \mathrm{Arg}\, z.$$

集合 $\mathbb{S} = \bigcup_{n\in\mathbb{Z}} \mathbb{S}_n$ を対数の**リーマン面**とよぶ. また $\mathbb{S}$ 内の 2 点 $\mathbf{z} = (z, \theta_n(z))$, $\mathbf{z}' = (z', \theta_{n'}(z'))$ に対し，その距離を次のように定める：

$$\rho(\mathbf{z}, \mathbf{z}') = |z - z'| + |\theta_n(z) - \theta_{n'}(z')|.$$

さらに，$\mathbf{z}, \mathbf{z}' \in \mathbb{S}$ に対し，$\mathbf{z} \to \mathbf{z}' \overset{\text{def}}{\iff} \rho(\mathbf{z}, \mathbf{z}') \to 0$ とする．

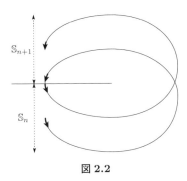

図 2.2

リーマン面 $\mathbb{S}$ の特性として，

1)　$z' \in \mathbb{C} \backslash (-\infty, 0]$ なら，各 $n \in \mathbb{Z}$ に対し命題 2.3.8 より，$z \to z' \Rightarrow$ $\theta_n(z) \to \theta_n(z')$．

一方で，

2)　各 $\mathbb{S}_n$ の第二象限 $(\pi/2 < \operatorname{Arg} z \le \pi)$ は，次の意味において，$(-\infty, 0)$ を 境界として $\mathbb{S}_{n+1}$ の第三象限 $(-\pi < \operatorname{Arg} z \le -\pi/2)$ に接合されている．

実際，$(z, \theta_{n+1}(z)) \in \mathbb{S}_{n+1}$ において $z \in \mathbb{C} \backslash \{0\}$ が $\operatorname{Im} z < 0$ をみたしつつ $z' \in (-\infty, 0)$ に近づくと，$\theta_{n+1}(z) = 2(n+1)\pi + \operatorname{Arg} z \to (2n+1)\pi = \theta_n(z')$ より，

$$(z, \theta_{n+1}(z)) \to (z', \theta_n(z')).$$

2) より，$\mathbb{S}$ 全体は上・下共に無限階の螺旋階段状の構造を持ち，各 $\mathbb{S}_n$ が階段 1 周分に相当する．また，$\mathbb{S}$ がこの構造を持つことにより，

3)　対数のすべての枝 $\operatorname{Log} z + 2\pi n \mathbf{i}$ $(n \in \mathbb{Z})$ を $\mathbb{S}$ 上でひとつながりの連続関数 として定義することができる．

3) を実現するため，$\operatorname{Log}_{\mathbb{S}} : \mathbb{S} \to \mathbb{C}$ を次のように定める：

$$\mathbf{z} = (z, \theta_n(z)) \in \mathbb{S}_n \implies \operatorname{Log}_{\mathbb{S}} \mathbf{z} = \operatorname{Log} z + 2n\pi \mathbf{i}.$$

$\operatorname{Log}_{\mathbb{S}}$ の連続性を示すため，$n \in \mathbb{Z}$, $z \in \mathbb{C} \backslash \{0\}$ を任意，点列 $\mathbf{z}_k \in \mathbb{S}$ が $\mathbf{z}_k \overset{k \to \infty}{\longrightarrow}$ $\mathbf{z} \overset{\text{def}}{=} (z, \theta_n(z))$ をみたすとし，$\operatorname{Log}_{\mathbb{S}} \mathbf{z}_k \overset{k \to \infty}{\longrightarrow} \operatorname{Log}_{\mathbb{S}} \mathbf{z}$ をいう．$z \notin (-\infty, 0)$ の場

合は，1）より結論を得る．問題は $z \in (-\infty, 0)$, $\mathbf{z}_k = (z_k, \theta_{n+1}(z_k))$, $\mathrm{Im}\, z_k < 0$, $z_k \xrightarrow{k \to \infty} z$ の場合である．ところがこのとき，(2.35) より，

$$\mathrm{Log}_{\mathbb{S}}\, \mathbf{z}_k = \mathrm{Log}\, z_k + 2(n+1)\pi \mathbf{i} \xrightarrow{k \to \infty} \log|z| + (2n+1)\pi \mathbf{i}$$
$$= \mathrm{Log}\, z + 2n\pi \mathbf{i} = \mathrm{Log}_{\mathbb{S}}\, \mathbf{z}.$$

また，上で定めた $\mathrm{Log}_{\mathbb{S}}$ を用い，$(z, \theta_n(z)) \in \mathbb{S}$ に $(z, \mathrm{Log}_{\mathbb{S}}(z, \theta_n(z)))$ を対応させると，系 2.3.6 より

4)　上の対応は $\mathbb{S}$ から $\{(z,w) \in \mathbb{C} \times \mathbb{C}\,;\, \exp w = z\}$ への全単射である．

こう見ると対数関数は，むしろリーマン面という土壌において生き生きと枝を伸ばす 1 本の木のように見える．なお，原点 0 そのものは $\mathbb{S}_n$ に含まれないが，リーマン面 $\mathbb{S}$ 上で，原点の周りを 1 周すると，回る向きに応じ $\mathrm{Log}_{\mathbb{S}}$ の値が $\pm 2\pi \mathbf{i}$ だけ変化し，対数の枝から枝への乗り換えが生じる．この意味で原点は $\mathbb{S}$ の分岐点とよばれる．

例 2.6.2（m 乗根のリーマン面）　集合 $\mathbb{S}_n$ $(n \in \mathbb{Z})$ は 例 2.6.1 のとおりとする．自然数 $m \geq 2$ に対し，集合 $\mathbb{S} \overset{\mathrm{def}}{=} \bigcup_{n=0}^{m-1} \mathbb{S}_n$ を m 乗根の**リーマン面**とよぶ．また $\mathbb{S}$ 内の 2 点 $\mathbf{z} = (z, \theta_n(z))$, $\mathbf{z}' = (z', \theta_{n'}(z'))$ に対し，その距離を次のように定める：

$$\rho(\mathbf{z}, \mathbf{z}') = |z - z'| + \min_{\ell \in \mathbb{Z}} |\theta_n(z) - \theta_{n'}(z') - 2\pi \ell m|.$$

さらに，$\mathbf{z}, \mathbf{z}' \in \mathbb{S}$ に対し，$\mathbf{z} \to \mathbf{z}' \overset{\mathrm{def}}{\Longleftrightarrow} \rho(\mathbf{z}, \mathbf{z}') \to 0$ とする．このとき，対数のリーマン面の場合と同様に，m 乗根のリーマン面も次の特性を持つ：

1)　$z' \in \mathbb{C} \backslash (-\infty, 0]$ なら，各 $n \in \mathbb{Z}$ に対し 命題 2.3.8 より $z \to z' \Rightarrow \theta_n(z) \to \theta_n(z')$．また，各 $\mathbb{S}_n$ $(0 \leq n \leq m-2)$ の第二象限 $(\pi/2 < \mathrm{Arg}\, z \leq \pi)$ は $(-\infty, 0)$ を境界として，$\mathbb{S}_{n+1}$ の第三象限 $(-\pi < \mathrm{Arg}\, z \leq -\pi/2)$ と接合されている．

さらに，m 乗根のリーマン面の場合は，

2)　$\mathbb{S}_{m-1}$ の第二象限 $(\pi/2 < \mathrm{Arg}\, z \leq \pi)$ は $(-\infty, 0)$ を境界として，$\mathbb{S}_0$ の第三象限 $(-\pi < \mathrm{Arg}\, z \leq -\pi/2)$ と接合されている．

実際，$(z, \theta_0(z)) \in \mathbb{S}_0$ において $z \in \mathbb{C} \backslash \{0\}$ が $\mathrm{Im}\, z < 0$ をみたしつつ $z' \in (-\infty, 0)$

に近づくと，$\theta_0(z) = \operatorname{Arg} z \to -\pi, \theta_{m-1}(z') = (2m-1)\pi$ より，

$$\rho((z, \theta_0(z)), (z', \theta_{m-1}(z'))) = |z - z'| + \min_{\ell \in \mathbb{Z}} |\theta_0(z) - (2m-1)\pi - 2\ell m\pi|$$
$$\to \min_{\ell \in \mathbb{Z}} |2m\pi - 2\ell m\pi| = 0.$$

1) より，$\mathbb{S}$ は m 階層の螺旋階段状の構造を持ち，各 $\mathbb{S}_n$ が階段 1 周分に相当する．さらに，2) は，螺旋階段を最上層まで登り屋上へぬけると，実は階段の一番下に逆戻りしていることを意味する．また，1), 2) により，

3) m 乗根のすべての枝 $z^{1/m} \exp\left(\frac{2\pi n \mathbf{i}}{m}\right)$ $(n = 0, 1, \ldots, m-1)$ を $\mathbb{S}$ 上でひとつながりの連続関数として定義することができる．

3) を実現するため，$\mathbf{z} \mapsto \mathbf{z}_{\mathbb{S}}^{1/m} : \mathbb{S} \to \mathbb{C}$ を次のように定める：

$$\mathbf{z} = (z, \theta_n(z)) \in \mathbb{S}_n \implies \mathbf{z}_{\mathbb{S}}^{1/m} = z^{1/m} \exp\left(\frac{2\pi n \mathbf{i}}{m}\right).$$

$\mathbf{z}_{\mathbb{S}}^{1/m}$ の連続性を示すため，$n \in \{0, 1, \ldots, m-1\}, z \in \mathbb{C} \setminus \{0\}$ を任意，点列 $\mathbf{z}_k \in \mathbb{S}$ が $\mathbf{z}_k \overset{k \to \infty}{\longrightarrow} \mathbf{z} \overset{\text{def}}{=} (z, \theta_n(z))$ をみたすとし，$(\mathbf{z}_k)_{\mathbb{S}}^{1/m} \overset{k \to \infty}{\longrightarrow} \mathbf{z}_{\mathbb{S}}^{1/m}$ をいう．$z \notin (-\infty, 0)$ の場合は，1) および命題 2.4.5 より結論を得る．$z \in (-\infty, 0), \mathbf{z}_k = (z_k, \theta_{n+1}(z_k))$ $(n = 0, \ldots, m-2), \operatorname{Im} z_k < 0, z_k \overset{k \to \infty}{\longrightarrow} z$ の場合は対数のリーマン面の場合と同様である．問題は $n = m-1, z \in (-\infty, 0), \mathbf{z}_k = (z_k, \theta_0(z_k)), \operatorname{Im} z_k < 0, z_k \overset{k \to \infty}{\longrightarrow} z$ の場合である．ところがこのとき，(2.35) より，

$$(\mathbf{z}_k)_{\mathbb{S}}^{1/m} = \exp\left(\frac{1}{m}\operatorname{Log} z_k\right) \overset{k \to \infty}{\longrightarrow} \exp\left(\frac{1}{m}(\log|z| - \pi\mathbf{i})\right) = \exp\left(\frac{1}{m}(\operatorname{Log} z - 2\pi\mathbf{i})\right)$$
$$= \exp\left(\frac{1}{m}(\operatorname{Log} z + 2(m-1)\pi\mathbf{i})\right) = \mathbf{z}_{\mathbb{S}}^{1/m}.$$

また，上で定めた $\mathbf{z}_{\mathbb{S}}^{1/m}$ を用い，$(z, \theta_n(z)) \in \mathbb{S}$ に $(z, (z, \theta_n(z))_{\mathbb{S}}^{1/m})$ を対応させると，

4) 上の対応は $\mathbb{S}$ から $\{(z, w) \in \mathbb{C} \times \mathbb{C} \,;\, w^m = z\}$ への全単射である．

なお，原点 0 そのものは $\mathbb{S}_n$ に含まれないが，リーマン面 $\mathbb{S}$ 上で，原点の周りを 1 周すると，回る向きに応じ $\mathbf{z}_{\mathbb{S}}^{1/m}$ の値が $\times \exp(\pm 2\pi \mathbf{i}/m)$ だけ変化し，m 乗根の枝から枝への乗り換えが生じる．この意味で原点は $\mathbb{S}$ の分岐点とよばれる．

Chapter 3

複素微分

　本章では複素関数に対する微分，すなわち複素微分を論じる．開集合 $D \subset \mathbb{C}$ で定義された関数 $f: D \to \mathbb{C}$ に対し，次のような $\gamma \in \mathbb{C}$ が存在するとき，f は z で複素微分可能であるという：

$$w \in D \backslash \{z\},\ w \to z \implies \frac{f(w) - f(z)}{w - z} \to \gamma \tag{3.1}$$

（より詳しくは定義 3.2.1 参照）．なお，開集合を定義域とし，その各点で複素微分可能な関数は正則関数とよばれ，複素関数論の主役を演じる．本書でも本章以降の全体を通じその性質を探求する．複素微分の定義 (3.1) は見かけ上，実一変数関数の微分と同じである．したがって複素微分には実一変数関数の微分と同様の性質も多い．これらの性質については主に 3.2–3.5 節で述べる．一方で，3.6 節以降で次第に明らかになるように，微分可能な実変数関数と複素微分可能な複素関数の性質は大きく異なる．$x, y \in \mathbb{R}$，f の実部・虚部をそれぞれ u, v とし次の実二変数関数を考える：

$$(x, y) \mapsto f(x + \mathbf{i}y) = u(x + \mathbf{i}y) + \mathbf{i}v(x + \mathbf{i}y). \tag{3.2}$$

実二変数関数 (3.2) が微分可能であるためには，u, v がそれぞれ x, y について滑らかであればよく，u, v の間に特別な関係は必要ない．一方，複素関数 f が点 $z = x + \mathbf{i}y$ $(x, y \in \mathbb{R})$ において複素微分可能なら，u, v は次の等式をみたす（命題 3.6.1）：

$$u_x(z) = v_y(z), \quad u_y(z) = -v_x(z) \quad \text{（コーシー・リーマン方程式）}$$

（下付き添え字 x, y はそれぞれ x, y での偏微分を表す）．上式が表す，f の実部・虚部の密接な関係は，複素関数 f の複素微分可能性が実二変数関数 (3.2) の微分可能性と大きく異なることを示している．また，適切な仮定のもとで f の複素

微分可能性とコーシー・リーマン方程式は同値である (定理 3.7.4). その意味で
コーシー・リーマン方程式は f の複素微分可能性を特徴づける. なお, コーシー・
リーマン方程式は次のように一つの式にまとめることもできて, この形の方が使
いやすい局面も少なくない:
$$f_x(z) + \mathbf{i}f_y(z) = 0.$$
正則関数の持つ著しい諸性質は 4 章以降でより明らかとなるが, 本章においても
すでにその一側面が現れる.

3.1 / 準備：複素変数関数の偏微分

複素変数 $z = x + \mathbf{i}y$ $(x, y \in \mathbb{R})$ を持つ関数の, 変数 x, y について偏微分の意味
を, 以下のように自然に規約する.

定義 3.1.1 $D \subset \mathbb{C}$ は開, $f : D \to \mathbb{C}$, $c = a + \mathbf{i}b \in D$ $(a, b \in \mathbb{R})$,
$$U = \{(x, y) \in \mathbb{R}^2 \,;\, x + \mathbf{i}y \in D\}$$

とする. 実二変数関数
$$(x, y) \mapsto f(x + \mathbf{i}y) : U \to \mathbb{C} \tag{3.3}$$
が点 (a, b) において変数 x について偏微分可能であるとき, 複素変数関数 $f : D \to \mathbb{C}$
は点 c において x について偏微分可能であるといい, その偏微分係数を次のよう
に定める:
$$f_x(c) = \frac{\partial}{\partial x}f(c) \overset{\text{def}}{=} \left.\frac{\partial}{\partial x}f(x + \mathbf{i}y)\right|_{(x,y)=(a,b)}. \tag{3.4}$$
同様に, 関数 (3.3) が点 (a, b) において変数 y について偏微分可能であるとき, 複
素変数関数 $f : D \to \mathbb{C}$ は点 c において y について偏微分可能であるといい, その
偏微分係数を次のように定める:
$$f_y(c) = \frac{\partial}{\partial y}f(c) \overset{\text{def}}{=} \left.\frac{\partial}{\partial y}f(x + \mathbf{i}y)\right|_{(x,y)=(a,b)}. \tag{3.5}$$

命題 3.1.2 $D \subset \mathbb{C}$ は領域, $f : D \to \mathbb{C}$ とする. すべての $z \in D$ で f が
x, y について偏微分可能かつ $f_x(z) = f_y(z) = 0$ なら f は D 上定数である.

証明 次をいえばよい.

1)　任意の $z, w \in D$ に対し $f(z) = f(w)$.

ところが, 命題 1.6.9 より, z, w を D 内で結ぶ軸平行な折れ線 g が存在する. g は次のように表される, 座標軸に平行な n 個の線分を継ぎ足して得られる：

$$g_j(t) = z_{j-1} + t(z_j - z_{j-1}) \quad (t \in [0,1], j = 1, \ldots, n, z_0 = z, z_n = w)$$

もし $f(z_{j-1}) = f(z_j)$ $(\forall j = 1, \ldots, n)$ なら, $f(z) = f(z_0) = f(z_1) = \cdots = f(z_{n-1}) = f(z_n) = f(w)$ より 1) がいえる. そのためには任意の $j = 1, \ldots, n$ に対し次をいえばよい.

2)　$f \circ g_j$ は $[0,1]$ 上可微分かつ, 任意の $t \in [0,1]$ に対し $(f \circ g_j)'(t) = 0$.

実際, 2) なら $f \circ g_j$ は $[0,1]$ 上定数である. 特に $f(z_{j-1}) = (f \circ g_j)(0) = (f \circ g_j)(1) = f(z_j)$.

以下, 2) を示す. まず $h \in \mathbb{R}, z_j - z_{j-1} = h$ とする. $0, h$ を両端点とする閉区間 I に対し $t \mapsto ht$ $([0,1] \to I)$ および $x \mapsto f(z_{j-1} + x)$ $(I \to \mathbb{C})$ という二つの実一変数関数の合成に対する連鎖律より, $(f \circ g_j)(t)$ は $\forall t \in [0,1]$ で可微分かつ,

$$(f \circ g_j)'(t) = f_x(z_{j-1} + ht)h = 0.$$

一方, $h \in \mathbb{R}, z_j - z_{j-1} = \mathbf{i}h$ なら, $t \mapsto ht$ $([0,1] \to I)$ および $y \mapsto f(z_{j-1} + \mathbf{i}y)$ $(I \to \mathbb{C})$ という二つの実一変数関数の合成に対する連鎖律より, $(f \circ g_j)(t)$ は $\forall t \in [0,1]$ で可微分かつ,

$$(f \circ g_j)'(t) = f_y(z_{j-1} + \mathbf{i}ht)h = 0. \qquad \backslash(^\wedge_\square{}^\wedge)/$$

3.2 ／ 複素微分の定義と基本的性質

複素関数に対し, その複素微分を次のように定める.

定義 3.2.1（複素微分）　$D \subset \mathbb{C}$ は開, $f: D \to \mathbb{C}, z \in D$ とする.

▶ 次のような $\gamma \in \mathbb{C}$ が存在するとき, f は z で**複素微分可能**であるという：

$$w \in D \backslash \{z\}, w \to z \implies \frac{f(w) - f(z)}{w - z} \to \gamma. \tag{3.6}$$

このとき γ を, f の z における**複素微分係数**といい, $f'(z)$ と記す.

▶ f が D の各点で複素微分可能なら, f は D 上**正則**であるという.

定義 3.2.1 を見る限り，複素微分の定義は，実一変数関数の微分の定義における変数を形式的に複素数に一般化したものに過ぎない．正則関数が，微分可能な実一変数関数とは全く異なる顕著な性質を持つこと (本節冒頭の説明参照) がこの定義だけからは信じ難いくらいである．実一変数関数とは全く異なる顕著な性質の探求はもう少し先の楽しみにとっておくこととし，本節ではむしろ複素微分と実一変数関数の微分の類似性を用い，複素微分が実一変数関数の微分と同様の性質を持つという側面を見ていく．

命題 3.2.2 $f : D \to \mathbb{C}$ は定義 3.2.1 のとおり，f が z で複素微分可能とする．このとき，次のような $r \in (0, \infty)$ が存在する：

$$D(z, r) \subset D, \quad かつ \quad \sup\left\{\left|\frac{f(w) - f(z)}{w - z}\right| ; w \in D(z, r) \setminus \{z\}\right\} < \infty. \quad (3.7)$$

特に，f は z で連続である．

証明 D は開なので，$D(z, r_0) \subset D$ をみたす $r_0 \in (0, \infty)$ が存在する．また，$w \in D(z, r_0) \setminus \{z\}$ を変数とする関数 $(f(w) - f(z))/(w - z)$ は $w \to z$ で極限 $\gamma \in \mathbb{C}$ を持つことと命題 1.3.2 より，ある $r \in (0, r_0]$ に対し (3.7) が成立する．

$$\backslash(\verb|^|_\square\verb|^|)/$$

命題 3.2.3 D は定義 3.2.1 のとおり，$f, g : D \to \mathbb{C}$ が z で複素微分可能とする．

a) $f + g$ は z で複素微分可能かつ，

$$(f + g)'(z) = f'(z) + g'(z). \quad (3.8)$$

b) fg は z で複素微分可能かつ，

$$(fg)'(z) = f'(z)g(z) + f(z)g'(z). \quad (3.9)$$

c) $g(z) \neq 0$ なら f/g は z で複素微分可能かつ，

$$\left(\frac{f}{g}\right)'(z) = \frac{f'(z)g(z) - f(z)g'(z)}{g(z)^2}. \quad (3.10)$$

証明　実変数関数の場合と同様である.　　　　　　　　　\(^□^)/

例 3.2.4　$n \in \mathbb{N} \backslash \{0\}$ とする.　このとき,

a) z^n は $\mathbb{C}$ 上正則かつ $(z^n)' = nz^{n-1}$, $z \in \mathbb{C}$.

b) z^{-n} は $\mathbb{C} \backslash \{0\}$ 上正則かつ $(z^{-n})' = -nz^{-n-1}$, $z \in \mathbb{C} \backslash \{0\}$.

証明　a)：複素微分の定義より, すべての $z \in \mathbb{C}$ で z は複素微分可能かつ $z' = 1$. これと, 命題 3.2.3 b) を用いた帰納法より結論を得る.

b)：すべての $z \in \mathbb{C}$ で z は複素微分可能かつ $z' = 1$. これと, 命題 3.2.3 c) より, z^{-1} はすべての $z \in \mathbb{C} \backslash \{0\}$ で複素微分可能かつ $(z^{-1})' = -z^{-2}$. さらに命題 3.2.3 b) を用いた帰納法より結論を得る.　\(^□^)/ またつまらぬ関数を微分してしまった.[1]

　次に正則関数の合成に対する連鎖律を述べる.　この連鎖律は例えば, 例 3.2.7, 3.3.3, 3.3.4 で応用される.　証明は実一変数関数に対する連鎖率と同様であるが, 念のため本節末の補足で述べる.

命題 3.2.5 (連鎖律 I)　$D_1, D_2 \subset \mathbb{C}$ は開, $f : D_1 \to \mathbb{C}$, $g : D_2 \to D_1$, $z \in D_2$ とし, 次を仮定する.

　　　g が点 z で複素微分可能かつ f が点 $g(z)$ で複素微分可能.

このとき, $f \circ g$ は点 z で複素微分可能かつ,

$$(f \circ g)'(z) = f'(g(z)) g'(z). \tag{3.11}$$

特に, f が D_1 上正則かつ g が D_2 上正則なら, $f \circ g$ は D_2 上正則かつ, すべての点 $z \in D_2$ で (3.11) が成立する.

---

[1] 「またつまらぬ関数を微分してしまった」について, アニメ『ルパン三世』(原作：モンキー・パンチ) の登場人物, 石川五ェ門は, 車やヘリコプター, さらには戦闘機までをも両断する斬鉄剣の使い手である.　また「またつまらぬ物を斬ってしまった」は, ひと仕事の後の彼の決め台詞である.　著者はこれを, 講義で関数を微分した後の決め台詞として拝借している.

系 3.2.6 $D_1 \subset \mathbb{C}$ は開, $f : D_1 \to \mathbb{C}$, $c \in \mathbb{C}$, $z \in D_2 \overset{\text{def}}{=} \{cz \in D_1\}$ とする. このとき, f が点 cz で複素微分可能なら,

$$(f(cz))' = cf'(cz). \tag{3.12}$$

特に, f が D_1 上正則なら $z \mapsto f(cz)$ は D_2 上正則かつ, すべての点 $z \in D_2$ で (3.12) が成立する.

証明 命題 3.2.5 で $g(z) = cz$ の場合である. \\(^□^)/

例 3.2.7 (初等関数の微分)

a) 定数 $c \in \mathbb{C}$ に対し $z \mapsto \exp(cz)$ ((2.1) 参照) は $\mathbb{C}$ 上正則かつ, $z \in \mathbb{C}$ に対し,

$$(\exp(cz))' = c\exp(cz). \tag{3.13}$$

b) $\cosh, \sinh, \cos, \sin$ ((2.6), (2.11) 参照) は $\mathbb{C}$ 上正則かつ

$$\cosh' = \sinh, \quad \sinh' = \cosh, \quad \cos' = -\sin, \quad \sin' = \cos. \tag{3.14}$$

c) $\tanh$ ((2.19) 参照) は $D_1 \overset{\text{def}}{=} \mathbb{C} \backslash \left(\frac{\mathbf{i}\pi}{2} + \pi\mathbf{i}\mathbb{Z}\right)$ 上正則かつ,

$$\tanh' = 1/\cosh^2. \tag{3.15}$$

d) $\tan$ ((2.18) 参照) は $D_2 \overset{\text{def}}{=} \mathbb{C} \backslash \left(\frac{\pi}{2} + \pi\mathbb{Z}\right)$ 上正則かつ,

$$\tan' = 1/\cos^2. \tag{3.16}$$

証明 a) 系 3.2.6 より $c = 1$ の場合に帰着するので, $c = 1$ の場合のみ示す. まず次に注意する. $h \in \mathbb{C}$ に対し,

$$|\exp h - 1 - h| \overset{(2.1)}{\leq} \sum_{n=2}^{\infty} \frac{|h|^n}{n!} = |h|^2 \sum_{n=0}^{\infty} \frac{|h|^n}{(n+2)!} \leq \frac{|h|^2}{2} \sum_{n=0}^{\infty} \frac{|h|^n}{n!} = \frac{|h|^2}{2} \exp|h|.$$

ゆえに, $h \in \mathbb{C} \backslash \{0\}$, $h \to 0$ なら

$$1) \qquad \left| \frac{\exp h - 1}{h} - 1 \right| \leq \frac{|h|}{2} \exp|h| \longrightarrow 0.$$

このとき, $w \in \mathbb{C} \backslash \{z\}$, $w \to z$ なら $h \overset{\text{def}}{=} w - z \neq 0$, $h \to 0$. よって

$$\frac{\exp w - \exp z}{w - z} = \exp z \frac{\exp h - 1}{h} \overset{1)}{\longrightarrow} \exp z.$$

b) cosh , sinh , cos, sin を exp で書き表す定義式（命題 2.2.1, 2.2.2）と a) による.

c) b) より cosh , sinh は $\mathbb{C}$ 上正則である. また, 系 2.2.5 より, $z \in D_1 \Leftrightarrow$ cosh $\neq 0$. よって, 命題 3.2.3 c) より, $\tanh = \sinh / \cosh$ は D_1 上正則であり,

$$\tanh{}' = \left(\frac{\sinh}{\cosh}\right)' \overset{(3.10)}{=} \frac{\overset{\cosh}{\overbrace{\sinh{}'}} \cdot \cosh - \sinh z \cdot \overset{\sinh}{\overbrace{\cosh{}'}}}{\cosh{}^2} \overset{(2.10)}{=} \frac{1}{\cosh{}^2}.$$

d) c) で定義した D_1 に対し, $D_2 = \{\mathbf{i}z \in D_1\}$. また, $z \in D_2$ に対し $\tan z = \frac{1}{\mathbf{i}}\tanh(\mathbf{i}z)$. よって c) と系 3.2.6 より tan は D_2 上正則かつ, $z \in D_2$ に対し,

$$\tan'(z) = \frac{1}{\mathbf{i}} \cdot \mathbf{i}\tanh{}'(\mathbf{i}z) = \frac{1}{\cosh{}^2(\mathbf{i}z)} = \frac{1}{\cos^2(z)}.$$

\(^□^)/

　本節における以後の目標は命題 3.2.9 である. そのために補題を用意する. この補題は今後も度々応用される.

補題 3.2.8 (連鎖律 II)　$I \subset \mathbb{R}$ を区間, $D \subset \mathbb{C}$ を開集合, $t \in I$, $g : I \to D$, $f : D \to \mathbb{C}$, g は t で微分可能[2]かつ f は $g(t)$ で複素微分可能とする. このとき, $f \circ g$, $\overline{f \circ g}$ は t で微分可能かつ,

$$(f \circ g)'(t) = f'(g(t))\, g'(t), \quad \left(\overline{f \circ g}\right)'(t) = \overline{f'(g(t))\, g'(t)}. \tag{3.17}$$

特に, f が D 上正則, g が I 上 C^1 級なら, $f \circ g$, $\overline{f \circ g}$ も I 上 C^1 級である.

証明　命題 3.2.5 と同様に, (3.17) の第 1 式を得る. 一方, 一般に $h : I \to \mathbb{C}$ が t で微分可能とするとき, 容易にわかるように, $\left(\overline{h(t)}\right)' = \overline{h'(t)}$. これを $h = f \circ g$ に適用し, (3.17) の第 2 式を得る. 特に, f が D 上正則, g が I 上 C^1 級なら, (3.17) より $f \circ g$, $\overline{f \circ g}$ は I 上連続な導関数を持つ. したがって C^1 級である.

\(^□^)/

---

[2] I が左 (右) 端点を含むとき, その端点における微分は, 右 (左) 微分とする.

> **命題 3.2.9** $D \subset \mathbb{C}$ は開, $f : D \to \mathbb{C}$ とする. このとき,
>
> a) f が $z \in D$ で複素微分可能なら, f は z において x, y について偏微分可能 (定義 3.1.1 参照) かつ
>
> $$f_x(z) = f'(z), \ \ f_y(z) = \mathbf{i}f'(z). \tag{3.18}$$
>
> 特に,
>
> $$f_x(z) + \mathbf{i}f_y(z) = 0. \tag{3.19}$$
>
> b) D が領域, f が D 上正則, かつすべての $z \in D$ で $f'(z) = 0$ なら f は D 上定数である.

証明 a) $z \in D$ を任意とする. D は開なので $D(z,r) \subset D$ をみたす $r \in (0, \infty)$ が存在する. そこで補題 3.2.8 を $g_1(t) = z + t$, $g_2(t) = z + \mathbf{i}t$ $(t \in (-r, r))$ に適用すれば,

$$f_x(z) = f'(z), \ \ f_y(z) = \mathbf{i}f'(z).$$

b) 仮定と (3.18) より, すべての $z \in D$ で $f_x(z) = f_y(z) = 0$. これと 命題 3.1.2 より結論を得る. $\backslash(\hat{}_\square\hat{})/$

注 命題 3.2.9 より, f が $z \in D$ で複素微分可能なら, 本章冒頭の導入部で述べたコーシー・リーマン方程式 (3.19) を得る. コーシー・リーマン方程式を掘り下げる楽しみは, もう少し後 (3.6, 3.7 節) にとっておき, 今は一旦素通りする.

補足 (⋆) (命題 3.2.5 の証明) $z_n \in D_2 \backslash \{z\}$ かつ $z_n \to z$ をみたす任意の点列 (z_n) に対し次をいえばよい:

1) $$\frac{f(g(z_n)) - f(g(z))}{z_n - z} \stackrel{n \to \infty}{\longrightarrow} f'(g(z)) g'(z).$$

一方, 仮定より,

2) $$\frac{g(z_n) - g(z)}{z_n - z} \stackrel{n \to \infty}{\longrightarrow} g'(z).$$

• $g(z_n) = g(z)$ をみたす n が有限個の場合: このとき, $\exists n_0 \in \mathbb{N}$, $\forall n \geq n_0$, $g(z_n) \neq g(z)$. また, 命題 3.2.2 より, $g(z_n) \stackrel{n \to \infty}{\longrightarrow} g(z)$. よって $n \geq n_0$ に対し,

$$\frac{f(g(z_n)) - f(g(z))}{z_n - z} = \frac{f(g(z_n)) - f(g(z))}{g(z_n) - g(z)} \frac{g(z_n) - g(z)}{z_n - z} \stackrel{n \to \infty}{\longrightarrow} f'(g(z)) g'(z).$$

以上で 1) を得る.

- $g(z_n) = g(z)$ をみたす n が無限個存在する場合：このとき，自然数列 $k(1) < k(2) < \cdots < k(n) \to \infty$ ですべての $n \in \mathbb{N}$ に対し $g(z_{k(n)}) = g(z)$ をみたすものが存在する．2) は z_n を $z_{k(n)}$ におきかえても成立することから $g'(z) = 0$ を得る．また，命題 3.2.2 より，次のような $r \in (0, \infty)$ が存在する．

3) $D(g(z), r) \subset D_1$, かつ $M \overset{\text{def}}{=} \sup \left\{ \left| \dfrac{f(w) - f(g(z))}{w - g(z)} \right| ; w \in D(g(z), r) \backslash \{g(z)\} \right\}$
$< \infty$.

命題 3.2.2 より，$g(z_n) \overset{n \to \infty}{\longrightarrow} g(z)$. ゆえに $\exists n_0 \in \mathbb{N}, \forall n \geq n_0, g(z_n) \in D(g(z), r)$. 今 $\varepsilon > 0$ を任意とする．2) と $g'(z) = 0$ より，

4) $\exists n_1 \geq n_0, \forall n \geq n_1, \left| \dfrac{g(z_n) - g(z)}{z_n - z} \right| < \dfrac{\varepsilon}{M}$.

このとき，$n \geq n_1$ なら

5) $\left| \dfrac{f(g(z_n)) - f(g(z))}{z_n - z} \right| < \varepsilon$.

実際，$n \geq n_1$ かつ $g(z_n) = g(z)$ なら 5) は左辺 $= 0$ で成立する．また，$n \geq n_1$ かつ $g(z_n) \neq g(z)$ なら

$$\left| \frac{f(g(z_n)) - f(g(z))}{z_n - z} \right| = \left| \frac{f(g(z_n)) - f(g(z))}{g(z_n) - g(z)} \right| \left| \frac{g(z_n) - g(z)}{z_n - z} \right| \overset{3),4)}{\leq} M \cdot \frac{\varepsilon}{M} = \varepsilon.$$

5) より，

$$\frac{f(g(z_n)) - f(g(z))}{z_n - z} \overset{n \to \infty}{\longrightarrow} 0 = g'(z).$$

以上で 1) を得る．   \\(^□^)/

問 3.2.1 記号は定義 3.2.1 のとおり，$D^* \overset{\text{def}}{=} \{\overline{z} \in D\}$, $f^*(z) \overset{\text{def}}{=} \overline{f(\overline{z})}$ $(z \in D^*)$ とする．このとき，$z \in D^*$ に対し f が $\overline{z}$ で複素微分可能なら，f^* は z で複素微分可能かつ $(f^*)'(z) = \overline{f'(\overline{z})}$ であることを示せ．特に f が D 上正則なら，f^* も D^* 上正則である．

問 3.2.2 $f : D(a, r) \backslash \{a\} \to \mathbb{C}$ は正則とする．以下を示せ．

i) $F(z) \overset{\text{def}}{=} f(z) + f(2a - z)$ $(z \in D(a, r) \backslash \{a\})$ は正則である．

ii) $h : D(a, r) \to \mathbb{C}$ は正則かつ次をみたすとする：

$$f(z) = (z - a)^{-1} h(z), \quad \forall z \in D(a, r) \backslash \{a\}.$$

このとき，$F(a) = 2h'(a)$ と定めれば，$F : D(a, r) \to \mathbb{C}$ は連続である．

問 3.2.2 の結果は補題 4.8.3 で引用する．また．問 3.2.2 は問 6.1.1 により一般化される．

問 3.2.3　$D \subset \mathbb{C}$ は領域 $f, g : D \to \mathbb{C}$ は正則，かつ D 上 $g \neq 0,\, f'g = fg'$ とする．このとき，f/g は定数であることを示せ．

3.3 / 逆関数の複素微分

定義 3.3.1　$D_1, D_2 \subset \mathbb{C}$ は開，$f : D_1 \to D_2$ は全単射かつ正則，かつ逆関数 $f^{-1} : D_2 \to D_1$ が正則であるとき，関数 f は **正則同型**[3] であるという．

次の命題 3.3.2 は今後，対数関数・逆三角関数などの具体例に応用される．

命題 3.3.2 (逆関数の複素微分)　$D_1, D_2 \subset \mathbb{C}$ は開，$f : D_1 \to D_2$ は全単射，$g : D_2 \to D_1$ をその逆関数，$z \in D_2$ とし，次を仮定する：

$$f \text{ が点 } g(z) \text{ で複素微分可能，} f'(g(z)) \neq 0, \text{ かつ } g \text{ が点 } z \text{ で連続．} \quad (3.20)$$

このとき，g は点 z で複素微分可能かつ，

$$g'(z) = \frac{1}{f'(g(z))}. \quad (3.21)$$

したがって，次の仮定のもとで $f : D_1 \to D_2$ は正則同型である：

$$f \text{ が } D_1 \text{ 上正則，} f' \text{ が } D_1 \text{ 内に零点を持たない，かつ } g \text{ が } D_2 \text{ 上連続．} \quad (3.22)$$

証明　$w \neq z,\, w \to z$ とすると，$g(w) \neq g(z), g(w) \to g(z)$．したがって，

$$\frac{g(w) - g(z)}{w - z} = \frac{g(w) - g(z)}{f(g(w)) - f(g(z))} \longrightarrow \frac{1}{f'(g(z))}. \qquad \backslash(\verb|^|\square\verb|^|)/$$

注　D_1 を領域とする．このとき開写像定理 (命題 6.5.2) によれば，仮定 (3.22) における g の連続性は，$f : D_1 \to D_2$ は全単射かつ正則であるという仮定から自動的に従う．

---

[3] **解析的同型**とよばれることもある．例えば [杉浦, II, p.351, 定義 3].

例 3.3.3 (対数の主枝・べき関数の主枝の微分)

a) $\operatorname{Log} z$ は $\mathbb{C}\backslash(-\infty, 0]$ 上正則かつ

$$(\operatorname{Log} z)' = \frac{1}{z}. \tag{3.23}$$

b) $\alpha \in \mathbb{C}$, $z \in \mathbb{C}\backslash\{0\}$ に対し z^α ((2.39) 参照) は $\mathbb{C}\backslash(-\infty, 0]$ 上正則かつ

$$(z^\alpha)' = \alpha z^{\alpha-1}. \tag{3.24}$$

証明 a) $D = \{|\operatorname{Im} z| < \pi\}$ とする. $\exp$ は D 上正則かつ $\exp' = \exp \neq 0$ (例 3.2.7). また $\operatorname{Log} : \mathbb{C}\backslash(-\infty, 0] \to D$ は連続 (命題 2.3.8) かつ $\exp : D \to \mathbb{C}\backslash(-\infty, 0]$ の逆関数である (系 2.3.7). よって, 命題 3.3.2 より, $\operatorname{Log} : \mathbb{C}\backslash(-\infty, 0] \to D$ は正則である. さらに,

$$1) \qquad (\exp)'(\operatorname{Log} z) = \exp(\operatorname{Log} z) = z.$$

よって,

$$(\operatorname{Log} z)' \overset{(3.21)}{=} \frac{1}{(\exp)'(\operatorname{Log} z)} \overset{1)}{=} \frac{1}{z}.$$

b) $z^\alpha \overset{(2.39)}{=} \exp(\alpha \operatorname{Log} z) = f \circ g(z)$, ただし $f(z) = \exp(\alpha z)$, $g(z) = \operatorname{Log} z$. よって,

$$(z^\alpha)' \overset{(3.11)}{=} f'(g(z))\, g'(z) \overset{(3.13),\,(3.23)}{=} \alpha \exp(\alpha \operatorname{Log} z)\frac{1}{z} = \alpha z^{\alpha-1}. \qquad \backslash(^\wedge\square^\wedge)/$$

例 3.3.4 (⋆) (逆三角関数の微分) $\overline{J} = (-\infty, -1] \cup [1, \infty)$ とする.

a) $\operatorname{Arcsin} z$ は $\mathbb{C}\backslash\overline{J}$ 上正則かつ,

$$(\operatorname{Arcsin} z)' = \frac{1}{\sqrt{1-z^2}}. \tag{3.25}$$

b) $\operatorname{Arctan} z$ は $\mathbb{C}\backslash \mathbf{i}\overline{J}$ 上正則かつ,

$$(\operatorname{Arctan} z)' = \frac{1}{1+z^2}. \tag{3.26}$$

証明 $D = \{|\operatorname{Re} z| < \pi/2\}$ とする.

a) $\sin : D \to \mathbb{C}\backslash\overline{J}$, $\operatorname{Arcsin} : \mathbb{C}\backslash\overline{J} \to D$ は, 互いに逆関数であり共に連続である (命題 2.5.2 直後の注). また, $\sin$ は D 上で正則かつ $\sin' = \cos \neq 0$ (系 2.2.5, 例 3.2.7). よって, 命題 3.3.2 より, $\operatorname{Arcsin} : \mathbb{C}\backslash\overline{J} \to D$ は正則である. $(\operatorname{Arcsin} z)'$ は (3.21) と問 2.5.1 を用いて求めることもできるが (問 3.3.2), ここでは (2.63) から直接計算する.

1)　　　　　$(\text{Arcsin}\,z)' \overset{(2.63)}{=} \dfrac{1}{\mathbf{i}}(\text{Log}\,(\sqrt{1-z^2}+\mathbf{i}z))'$

$\overset{(3.23),(3.11)}{=} \dfrac{1}{\mathbf{i}}\dfrac{1}{\sqrt{1-z^2}+\mathbf{i}z}(\sqrt{1-z^2}+\mathbf{i}z)'.$

さらに

$$(\sqrt{1-z^2}+\mathbf{i}z)' \overset{(3.24),(3.11)}{=} \dfrac{-z}{\sqrt{1-z^2}}+\mathbf{i} = \dfrac{-z+\mathbf{i}\sqrt{1-z^2}}{\sqrt{1-z^2}} = \mathbf{i}\dfrac{\sqrt{1-z^2}+\mathbf{i}z}{\sqrt{1-z^2}}.$$

上式と 1) より (3.25) を得る.

b) $\tan : D \to \mathbb{C}\backslash\mathbf{i}\overline{J}$, $\text{Arctan} : \mathbb{C}\backslash\mathbf{i}\overline{J} \to D$ は互いに逆関数であり共に連続である (命題 2.5.4). また, $\tan$ は D 上で正則かつ $\tan' = 1/\cos^2 \neq 0$ (系 2.2.5, 例 3.2.7). よって, 命題 3.3.2 より, $\text{Arctan} : \mathbb{C}\backslash\mathbf{i}\overline{J} \to D$ は正則である. $(\text{Arctan}\,z)'$ は (3.21) と問 2.5.1 を用いて求めることもできるが (問 3.3.2), ここでは (2.64) から直接計算する:

$$(\text{Arctan}\,z)' \overset{(2.64)}{=} \dfrac{1}{2\mathbf{i}}\left(\text{Log}\,\dfrac{1+\mathbf{i}z}{1-\mathbf{i}z}\right)' \overset{(3.23),(3.11)}{=} \dfrac{1}{2\mathbf{i}}\dfrac{1-\mathbf{i}z}{1+\mathbf{i}z}\left(\dfrac{1+\mathbf{i}z}{1-\mathbf{i}z}\right)'$$

$$\overset{(3.10)}{=} \dfrac{1}{2\mathbf{i}}\dfrac{1-\mathbf{i}z}{1+\mathbf{i}z}\dfrac{2\mathbf{i}}{(1-\mathbf{i}z)^2} = \dfrac{1}{1+\mathbf{i}z}\dfrac{1}{1-\mathbf{i}z} = \dfrac{1}{1+z^2}. \qquad \backslash(\text{\^{}}_\square\text{\^{}})/$$

問 3.3.1 　記号は 問 1.1.6 のとおり, $A \in GL(\mathbb{C})$ とする. このとき, $f_A : U_A \to V_A$ は正則同型であることを示せ.

問 3.3.2 　(3.21) と問 2.5.1 を用い $(\text{Arcsin}\,z)'$, $(\text{Arctan}\,z)'$ を求めよ.

問 3.3.3 　$D_1 = \{|\,\text{Im}\,z| < \frac{\pi}{2}\}$, $D_2 = \{|\,\text{Re}\,z| < \frac{\pi}{2}\}$, $G_+ = \{\text{Re}\,z > 0\}$ とする. 以下を示せ.

i)　$f(z) = \dfrac{z+z^{-1}}{2}$ $(z \in \mathbb{C}\backslash\{0\})$ に対し, $f(G_+) \subset G_+$.

ii)　$\{\cosh z \,;\, z \in D_1\} \subset G_+$, $\{\cos z \,;\, z \in D_2\} \subset G_+$.

iii)　$\text{Log}\cosh z$ は領域 D_1 上で, 正則かつ $(\text{Log}\cosh z)' = \tanh z$. また, $\text{Log}\,\cos z$ は領域 D_2 上で, 正則かつ $(\text{Log}\,\cos z)' = -\tan z$.

3.4 / べき級数の複素微分

$r \in (0,\infty]$, $a_n \in \mathbb{C}$ $(n \in \mathbb{N})$ とし, 次のべき級数を考える:

$$f(z) = \sum_{n=0}^{\infty} a_n z^n, \quad z \in D(0,r). \tag{3.27}$$

本節では，べき級数 (3.27) がすべての $z \in D(0, r)$ に対し絶対収束すれば，f は $D(0, r)$ 上正則かつ導関数 $f'(z)$ は次のように表示されることを示す (命題 3.4.1).

$$f'(z) = \sum_{n=1}^{\infty} n a_n z^{n-1} \quad (右辺は絶対収束). \tag{3.28}$$

この事実から帰納的に，f は $D(0, r)$ 上で任意回複素微分可能であることが従う (系 3.4.2).

命題 3.4.1 から，多くの初等関数のべき級数展開が得られる (例 3.4.5, 3.4.7, 命題 3.5.3, 例 3.5.6). さらに，正則関数は定義域内の開円板においてべき級数に展開されることと系 3.4.2 を併せると，任意の正則関数が任意回複素微分可能であることが従う (定理 5.1.1).

命題 3.4.1 (べき級数の正則性)　べき級数 (3.27) がすべての $z \in D(0, r)$ に対し絶対収束するとする．このとき，f は $D(0, r)$ 上正則かつ $z \in D(0, r)$ に対し，(3.28) が成立する．

命題 3.4.1 の証明に先立ち，その重要な系を述べる．

系 3.4.2　命題 3.4.1 と同じ仮定のもとで，f は $D(0, r)$ 上で任意回複素微分可能である．そこで，f の m 階導関数を $f^{(m)}$ と記すとき，$z \in D(0, r)$, $m = 1, 2, \ldots$ に対し

$$f^{(m)}(z) = \sum_{n=m}^{\infty} n(n-1)\cdots(n-m+1) a_n z^{n-m} \quad (右辺は絶対収束). \tag{3.29}$$

特に，

$$f^{(m)}(0) = m!\, a_m \quad \textbf{(べき級数の係数と微分の関係)}. \tag{3.30}$$

証明　命題 3.4.1 から帰納的に結論を得る．　　　　　　　　　\\(^□^)/

> **注**　正則関数は定義域に含まれる開円板内でべき級数に展開される (定理 5.1.1). この事実と系 3.4.2 より，正則関数は無限回複素微分可能であり，したがってその任意階の導関数も正則であることが従う．

以下命題 3.4.1 を示す．そのために補題を準備する．

補題 3.4.3　$r \in (0, \infty)$, $z, w \in D(0, r)$, $n \in \mathbb{N}$ とするとき，

$$|w^n - z^n - nz^{n-1}(w - z)| \le \tfrac{1}{2}n(n-1)r^{n-2}|w - z|^2.$$

証明　$n = 0,1$ なら示すべき式は自明（両辺は共に 0）なので $n \ge 2$ としてよい．$f(t) \stackrel{\text{def}}{=} (z + t(w - z))^n$ $(t \in [0,1])$ に対し，微積分の基本公式を 2 回用いて，

1)
$$\begin{aligned}
&w^n - z^n - nz^{n-1}(w - z) \\
&= f(1) - f(0) - f'(0) = \int_0^1 (f'(s) - f'(0))ds = \int_0^1 \left(\int_0^s f''(t)dt \right) ds.
\end{aligned}$$

また，$t \in [0,1]$ に対し $|z + t(w - z)| \le r$ より，

2)　$|f''(t)| = n(n-1)|z + t(w - z)|^{n-2}|w - z|^2 \le n(n-1)r^{n-2}|w - z|^2.$

1), 2) より結論を得る．　　　　　　　　　　　　　　　　　　　　　\\(^□^)/

補題 3.4.4　べき級数 (3.27) が，すべての $z \in D(0,r)$ に対し絶対収束するとする．また，$p_n \in \mathbb{C}$ $(n \in \mathbb{N})$ が任意の $\delta \in (0,1)$ に対し $p_n\delta^n \xrightarrow{n \to \infty} 0$ をみたすとする．このとき，次のべき級数もすべての $z \in D(0,r)$ に対し絶対収束する：

$$\sum_{n=0}^{\infty} p_n a_n z^n.$$

証明　$z \in D(0,r)$ に対し $|z| < \rho < r$ となる ρ をとる．このとき仮定より

1)
$$\sum_{n=0}^{\infty} |a_n|\rho^n < \infty.$$

一方，

$$|p_n|(|z|/\rho)^n \xrightarrow{n \to \infty} 0.$$

よって，

$$\exists n_1 \in \mathbb{N},\ \forall n \ge n_1,\ |p_n|(|z|/\rho)^n \le 1.$$

したがって $n \ge n_1$ に対し $|p_n a_n||z|^n \le |a_n|\rho^n$．これと 1) より結論を得る．

\\(^□^)/

命題 3.4.1 の証明　$z \in D(0,r)$ とし，$|z| < \rho < r$ となる ρ をとる．$w \to z$ のとき，$|w| < \rho$ としてよい．このとき，補題 3.4.3 より，

1)
$$|w^n - z^n - nz^{n-1}(w-z)| \leq \tfrac{1}{2}n(n-1)|w-z|^2\rho^{n-2}.$$

したがって, $w \neq z$, $w \to z$ なら,

$$\left| \frac{f(w) - f(z)}{w - z} - \sum_{n=1}^{\infty} na_n z^{n-1} \right| \overset{(3.27)}{=} \left| \sum_{n=1}^{\infty} a_n \left(\frac{w^n - z^n}{w - z} - nz^{n-1} \right) \right|$$

$$\leq \sum_{n=1}^{\infty} |a_n| \left| \frac{w^n - z^n}{w - z} - nz^{n-1} \right|$$

$$\overset{1)}{\leq} |w - z| \underbrace{\sum_{n=1}^{\infty} n(n-1)|a_n|\rho^{n-2}}_{\text{補題 3.4.4 より有限}} \longrightarrow 0.$$

以上より, (3.28) を得る. また補題 3.4.4 より (3.28) 右辺は $D(0,r)$ 上絶対収束する. \\(\^□\^)/

例 3.4.5 (対数の主枝のべき級数) $z \in \mathbb{C}\backslash\{1\}$, $|z| \leq 1$ なら,

$$-\mathrm{Log}\,(1 - z) = \sum_{n=1}^{\infty} \frac{z^n}{n}. \tag{3.31}$$

特に $z = -1$ とすれば,

$$\log 2 = \sum_{n=1}^{\infty} \frac{(-1)^{n-1}}{n}.$$

証明 (3.31) 右辺を $f(z)$ とおく. $f(z)$ は $|z| \leq 1$, $z \neq 1$ の範囲で収束し, 連続である (命題 1.5.5). また, $-\mathrm{Log}\,(1 - z)$ もこの範囲で連続である (命題 2.3.8).

まず $|z| < 1$ の範囲で (3.31) を示す. この範囲で $f(z)$ は絶対収束するので, べき級数の正則性 (命題 3.4.1) より, $f(z)$ は $|z| < 1$ の範囲で正則かつ,

$$f'(z) \overset{(3.28)}{=} \sum_{n=1}^{\infty} z^{n-1} \overset{\text{問 } 1.4.1}{=} \frac{1}{1 - z} = (-\mathrm{Log}\,(1 - z))'.$$

したがって, 命題 3.2.9 より $f(z) = -\mathrm{Log}\,(1 - z) + c$ (c は定数). さらに $z = 0$ とし, $c = 0$. 以上より $|z| < 1$ の範囲で (3.31) を得る.

次に $|z| = 1$, $z \neq 1$ とする. $|z_n| < 1$, $z_n \to z$ なる点列に対し, $-\mathrm{Log}\,(1-z_n) = f(z_n)$. そこで $n \to \infty$ とすれば, (3.31) 両辺の z における連続性より (3.31) を得る. \\(\^□\^)/

例 3.4.6 (⋆)　以下の等式が成立する：

$$\frac{\pi-\theta}{2}=\sum_{n=1}^{\infty}\frac{\sin n\theta}{n},\ \theta\in(0,2\pi),\qquad(3.32)$$

$$\frac{(2\pi-\theta)\theta}{4}=\sum_{n=1}^{\infty}\frac{1-\cos n\theta}{n^2},\ \theta\in[0,2\pi].\qquad(3.33)$$

$\theta=\pi/2$ の場合の (3.32) から次を得る：

$$\frac{\pi}{4}=\sum_{n=0}^{\infty}\frac{(-1)^n}{2n+1}\quad(\textbf{ライプニッツの級数}).\qquad(3.34)$$

一方，$\theta=\pi$ の場合の (3.33) と (2.51) から以下を得る：

$$\frac{\pi^2}{8}=\sum_{n=0}^{\infty}\frac{1}{(2n+1)^2},\ \frac{\pi^2}{6}=\sum_{n=1}^{\infty}\frac{1}{n^2},\ \frac{\pi^2}{12}=\sum_{n=1}^{\infty}\frac{(-1)^{n-1}}{n^2}.\qquad(3.35)$$

証明　(3.32)：

$$\frac{\pi-\theta}{2}\overset{問 2.3.1}{=}-\mathrm{Im}\,\mathrm{Log}\,(1-\exp(\mathbf{i}\theta))\overset{(3.31)}{=}\sum_{n=1}^{\infty}\frac{\sin n\theta}{n}.$$

(3.33)：$\theta=0,2\pi$ なら等式両辺は共に $=0$. ゆえに $\theta\in(0,2\pi)$ の場合に示せば十分である. そこで $\varepsilon>0$ を $\varepsilon<\theta<2\pi-\varepsilon$ となるようにとる. (3.32) 右辺の級数を $f(\theta)$ と書く. このとき，命題 1.5.5 の証明より，級数 $f(\theta)$ は $\theta\in[\varepsilon,2\pi-\varepsilon]$ について一様収束する. よって項別積分により

$$\int_\varepsilon^\theta f(t)dt=\sum_{n=1}^{\infty}\frac{1}{n}\int_\varepsilon^\theta\sin(nt)\,dt$$
$$=\sum_{n=1}^{\infty}\frac{\cos n\varepsilon-\cos n\theta}{n^2}\xrightarrow{\varepsilon\to0}\sum_{n=1}^{\infty}\frac{1-\cos n\theta}{n^2}.$$

一方，(3.32) 左辺について，

$$\int_\varepsilon^\theta\frac{\pi-t}{2}dt=\left[\frac{(2\pi-t)t}{4}\right]_\varepsilon^\theta\xrightarrow{\varepsilon\to0}\frac{(2\pi-\theta)\theta}{4}.$$

以上で (3.33) を得る.

(3.34)：(3.32) で $\theta=\pi/2$ とすると，左辺 $=\pi/4$. また，

$$右辺=\sum_{n=1}^{\infty}\frac{\sin(n\pi/2)}{n}=\sum_{n:奇数}\frac{\sin(n\pi/2)}{n}=\sum_{n=0}^{\infty}\frac{\sin\left(n\pi+\frac{\pi}{2}\right)}{2n+1}=\sum_{n=0}^{\infty}\frac{(-1)^n}{2n+1}.$$

(3.35)：(3.35) の 3 式の右辺を順に S_1, S_2, S_3 とする．S_1 を求めれば (2.51) より S_2, S_3 も求まる．(3.33) で $\theta = \pi$ として

$$\frac{\pi^2}{4} = \sum_{n=1}^{\infty} \frac{1-(-1)^n}{n^2} = \sum_{n:\text{奇数}} \frac{2}{n^2} + \sum_{n \geq 2:\text{偶数}} \frac{0}{n^2} = 2S_1.$$

よって $S_1 = \dfrac{\pi^2}{8}$.

\(^□^)/

> **注**　等式 (3.32) は $\theta = 0, 2\pi$ では成立しない（左辺 $\neq 0$, 右辺=0）．したがって右辺は $\theta = 0, 2\pi$ で不連続である．この例は，連続関数列の極限が不連続な例として，アーベルが提示したことでよく知られている (1826 年)．等式 (3.35) はオイラーによる (1735 年)．オイラーはさらに $\sum_{n=1}^{\infty} \frac{1}{n^k}$, $k = 4, 6, 8, 10, 12$ も求めた (問 5.6.5 参照).

例 3.4.7 ($\star$) (逆正接のべき級数)　$z \in \mathbb{C}\backslash\{\pm\mathbf{i}\}$, $|z| \leq 1$ なら，

$$\text{Arctan}\, z = \sum_{n=0}^{\infty} \frac{(-1)^n z^{2n+1}}{2n+1}. \tag{3.36}$$

特に $z = 1$ として (3.34) を得る.

証明　$g(z) \overset{\text{def}}{=} \sum_{n=0}^{\infty} \frac{z^n}{2n+1}$ は $z \in \mathbb{C}\backslash\{1\}$, $|z| \leq 1$ の範囲で収束し，連続である（命題 1.5.5）．そこで (3.36) 右辺を $f(z)$ とおくと，$f(z) = zg(-z^2)$ は $z \in \mathbb{C}\backslash\{\pm\mathbf{i}\}$, $|z| \leq 1$ の範囲で収束し，連続である．また，$\text{Arctan}\, z$ もこの範囲で連続である（命題 2.5.4）．ゆえに両者が $|z| < 1$ の範囲で一致すれば十分である (例 3.4.5 の証明参照)．$f(z)$ は $|z| < 1$ の範囲で絶対収束するので，べき級数の正則性（命題 3.4.1）より，$f(z)$ は $|z| < 1$ の範囲で正則かつ,

1)
$$f'(z) \overset{(3.28)}{=} \sum_{n=0}^{\infty} (-1)^n z^{2n}.$$

ゆえに,

$$(\text{Arctan}\, z)' \overset{(3.26)}{=} \frac{1}{1+z^2} = \sum_{n=0}^{\infty} (-1)^n z^{2n} \overset{1)}{=} f'(z).$$

したがって，命題 3.2.9 より $\text{Arctan}\, z = f(z) + c$ (c は定数)．さらに $z = 0$ とし，$c = 0$.

\(^□^)/

問 3.4.1 (負べきのべき級数)　$r \in (0, \infty]$ とする．級数 $g(z) \overset{\text{def}}{=} \sum_{n=0}^{\infty} \frac{a_n}{z^n}$ が $|z| > 1/r$ の範囲で絶対収束すれば，この範囲で正則であることを示せ.

問 3.4.2 (⋆) (3.31) から以下を導け.

i) $\theta \in (0, 2\pi)$ に対し, $\log 2 + \log \sin \frac{\theta}{2} = -\sum_{n=1}^{\infty} \frac{\cos n\theta}{n}$. 【ヒント】問 2.3.1.

ii) $\theta \in [0, 2\pi]$ に対し, $\theta \log 2 + 2\int_0^{\theta/2} \log \sin t\, dt = -\sum_{n=1}^{\infty} \frac{\sin n\theta}{n^2}$.

iii) $\int_0^{\frac{\pi}{2}} \log \sin t\, dt = -\frac{\pi}{2}\log 2$.

問 3.4.3 (⋆) (3.33), (3.35) から以下を導け.

i) $\theta \in [0, 2\pi]$ に対し, $\frac{\theta(\pi-\theta)(2\pi-\theta)}{12} = \sum_{n=1}^{\infty} \frac{\sin n\theta}{n^3}$.

ii) $\frac{\pi^3}{32} = \sum_{n=0}^{\infty} \frac{(-1)^n}{(2n+1)^3}$ (この等式の一般化については (6.34) を参照されたい).

3.5 (⋆) 一般二項展開

複素数 $\alpha \in \mathbb{C}$, $z \in \mathbb{C}\backslash(-\infty, -1]$ に対し, べき乗の主枝 $(1+z)^\alpha$ は z を変数とし正則である (例 3.3.3). 本節では, $(1+z)^\alpha$ に対し $|z| < 1$ の範囲でのべき級数展開を求める (命題 3.5.3). このべき級数展開は二項展開 ($\alpha \in \mathbb{N}$ の場合) の一般化であることから, 一般二項展開とよばれる. さらに, 一般二項展開 ($\alpha = -1/2$ の場合) の応用として, 逆正弦関数のべき級数展開を求める (例 3.5.6).

技術的補題から始める.

補題 3.5.1 $p \in \mathbb{R}$, $m \in \mathbb{N}$, $m \geq 2$ とし, $r_n > 0$ $(n \in \mathbb{N})$ が次をみたすとする:

$$\frac{r_n}{r_{n-1}} \leq 1 + \frac{p}{n}, \quad \forall n \geq m. \tag{3.37}$$

このとき, m, p のみに依存する定数 C が存在し, $\forall n \in \mathbb{N}\backslash\{0\}$ に対し,

$$r_n \leq Cn^p.$$

証明 $x \in [0, 1)$ に対し, 次の初等的不等式に注意する.

1) $$1 + px \leq \begin{cases} (1-x)^{-p}, & (p \geq 0), \\ (1+x)^p, & (p < 0). \end{cases}$$

まず $p \geq 0$ とする. $n \geq m$ に対し,

2) $$\frac{r_n}{r_{n-1}} \leq 1 + \frac{p}{n} \overset{1)}{\leq} \left(1 - \frac{1}{n}\right)^{-p} = \left(\frac{n}{n-1}\right)^p.$$

ゆえに,

$$r_n = r_{m-1} \prod_{j=m}^{n} \frac{r_j}{r_{j-1}} \overset{2)}{\leq} r_{m-1} \prod_{j=m}^{n} \left(\frac{j}{j-1} \right)^p = r_{m-1} \left(\frac{n}{m-1} \right)^p.$$

$p < 0$ でも同様である. \qquad \\(\^口\^)/

$\alpha \in \mathbb{C},\ n \in \mathbb{N}$ に対し**一般二項係数** $\binom{\alpha}{n}$ を次で定める：

$$\binom{\alpha}{n} = \begin{cases} \alpha(\alpha-1)\cdots(\alpha-n+1)/n!, & n \geq 1, \\ 1, & n = 0. \end{cases} \tag{3.38}$$

補題 3.5.2　$a_n = \binom{\alpha}{n}$ $(\alpha \in \mathbb{C}\backslash\mathbb{N},\ n \in \mathbb{N})$, $p = |\operatorname{Im}\alpha| - \operatorname{Re}\alpha - 1$,

$$m = \min\{n \in \mathbb{N} \cap [2,\infty)\,;\ n \geq \operatorname{Re}\alpha + 1\}$$

とする.

a) $n \geq m$ なら, $\left| \dfrac{a_n}{a_{n-1}} \right| \leq 1 + \dfrac{p}{n}$.

b) α のみに依存する定数 C が存在し, $\forall n \in \mathbb{N}\backslash\{0\}$ に対し, $|a_n| \leq C n^p$.

c) $\alpha \in [-1,\infty)$, $n \geq m$ なら, $(-1)^n a_n$ は定符号, $|a_n| \leq |a_{n-1}|$.

証明　a)

1) $$\frac{a_n}{a_{n-1}} = \frac{\alpha+1-n}{n} = \frac{\alpha+1}{n} - 1.$$

$n \geq m$ とする. このとき,

2) $$\left| \operatorname{Re}\left(\frac{\alpha+1}{n} - 1 \right) \right| = \left| \frac{\operatorname{Re}\alpha+1}{n} - 1 \right| = 1 - \frac{\operatorname{Re}\alpha+1}{n}$$

ゆえに,

$$\left| \frac{a_n}{a_{n-1}} \right| \overset{1)}{\leq} \left| \operatorname{Re}\left(\frac{\alpha+1}{n} - 1 \right) \right| + \left| \operatorname{Im}\left(\frac{\alpha+1}{n} - 1 \right) \right|$$

$$\overset{2)}{=} 1 - \frac{\operatorname{Re}\alpha+1}{n} + \frac{|\operatorname{Im}\alpha|}{n} = 1 + \frac{p}{n}.$$

b) a) および 補題 3.5.1 による.

c) $n \geq m$ なら, 1) より $\frac{a_n}{a_{n-1}} \in [-1,0]$. \qquad \\(\^口\^)/

命題 3.5.3 (一般二項展開)　$|z| < 1$ なら,

$$(1+z)^\alpha = \sum_{n=0}^{\infty} \binom{\alpha}{n} z^n \quad \text{(右辺は絶対収束)}. \tag{3.39}$$

証明 $z \in D(0,1)$ に対し，示すべき等式の左辺，右辺をそれぞれ $g(z)$, $f(z)$ とおく．補題 3.4.4，補題 3.5.2 b) より $f(z)$ は $|z| < 1$ で絶対収束する．以下，$f(z) = g(z)$ をいう．べき関数の微分（例 3.3.3）より，

1) $g'(z) = \alpha(1+z)^{\alpha-1}$，したがって $(1+z)g'(z) = \alpha g(z)$.

また，

2) $$(1+z)f'(z) = \alpha f(z).$$

実際，

$$(1+z)f'(z) \overset{\text{命題 3.4.1}}{=} (1+z)\sum_{n=0}^{\infty}\binom{\alpha}{n}nz^{n-1} = \sum_{n=0}^{\infty}\binom{\alpha}{n}nz^{n-1} + \sum_{n=0}^{\infty}\binom{\alpha}{n}nz^n$$

$$= \sum_{n=0}^{\infty}\left\{\binom{\alpha}{n+1}(n+1) + \binom{\alpha}{n}n\right\}z^n$$

$$\overset{\text{問 3.5.1}}{=} \sum_{n=0}^{\infty}\alpha\binom{\alpha}{n}z^n = \alpha f(z).$$

よって，

$$f'(z)g(z) - g'(z)f(z) \overset{1),\,2)}{=} \frac{\alpha f(z)g(z) - \alpha g(z)f(z)}{1+z} = 0.$$

$\forall z \in \mathbb{C}$ に対し $\exp z \neq 0$ なので $g(z) = \exp(\alpha \mathrm{Log}\,(1+z)) \neq 0$. したがって，問 3.2.3 より $D(0,1)$ 上 $f/g = c$（定数）．さらに，$c = (f/g)(0) = 1/1 = 1$. \(^□^)/

ニュートンは，遅くとも 1665 年には一般二項展開が $\alpha \in \mathbb{Q}$ の場合に成立することを発見し，最初の何項かを具体的に書き下した.

命題 3.5.4

a) $\mathrm{Re}\,\alpha > |\mathrm{Im}\,\alpha|$ なら，等式 (3.39) の右辺は $|z| \leq 1$ の範囲で絶対収束し，この範囲で等式が成立する.

b) $\alpha \in [-1, \infty)$ なら，等式 (3.39) の右辺は $|z| \leq 1$, $z \neq -1$ の範囲で収束し，この範囲で等式が成立する.

証明 等式 (3.39) の左辺，右辺をそれぞれ $g(z)$, $f(z)$ とおく.

a) $\operatorname{Re}\alpha > |\operatorname{Im}\alpha| \geq 0$ より，g は $\mathbb{C}\backslash(-\infty,-1)$ で連続である．一方，補題 3.5.2 より $p = |\operatorname{Im}\alpha| - \operatorname{Re}\alpha - 1 < -1$ に対し $|a_n| \leq Cn^p$ ($n \geq m$). ゆえに級数 $f(z)$ は $|z| \leq 1$ の範囲で絶対収束する．よって命題 1.5.3 より，$f(z)$ は $|z| \leq 1$ の範囲で連続である．さらに，命題 3.5.3 より，$|z| < 1$ なら $g(z) = f(z)$. 以上を併せて結論を得る.

b) g は $\mathbb{C}\backslash(-\infty,-1]$ で連続である．一方，級数 $f(z)$ で，$n \geq m$ の部分を取り出すと，補題 3.5.2 c) より，

$$\sum_{n=m}^{\infty} a_n z^n = \frac{(-1)^m a_m}{|a_m|} \sum_{n=m}^{\infty} |a_n|(-z)^n.$$

命題 1.5.5 より，上記級数は $\{|z| \leq 1,\, z \neq -1\}$ の範囲で収束し，この範囲で連続である．さらに，命題 3.5.3 より，$|z| < 1$ なら $g(z) = f(z)$. 以上を併せて結論を得る. \(^□^)/

例 3.5.5 $n \in \mathbb{N}$ に対し，**二重階乗**を次のように定める：

$$(2n-1)!! = \begin{cases} 1, & n = 0 \\ 1\cdot 3 \cdots (2n-1), & n \geq 1, \end{cases} \qquad (2n)!! = \begin{cases} 1, & n = 0 \\ 2\cdot 4 \cdots (2n), & n \geq 1. \end{cases} \tag{3.40}$$

次は容易にわかる：

$$b_n \stackrel{\text{def}}{=} (-1)^n \binom{-1/2}{n} = \frac{(2n-1)!!}{(2n)!!} = \frac{1}{2^{2n}} \binom{2n}{n}, \quad n \in \mathbb{N}.$$

上記 b_n は，硬貨を $2n$ 回投げて丁度 n 回表が出る確率を表し，Arcsin のべき級数展開にも登場する（例 3.5.6）．$|z| \leq 1,\, z \neq -1$ なら，命題 3.5.4 より，

$$\frac{1}{\sqrt{1+z}} = \sum_{n=0}^{\infty} (-1)^n b_n z^n. \tag{3.41}$$

例 3.5.6（Arcsin のべき級数） (b_n) を例 3.5.5 のとおり，$z \in \mathbb{C}$, $|z| \leq 1$ とするとき，

$$\operatorname{Arcsin} z = \sum_{n=0}^{\infty} \frac{b_n z^{2n+1}}{2n+1} \quad (\text{右辺は絶対収束}). \tag{3.42}$$

証明 (3.42) の右辺と書く．補題 3.5.2 より $|b_n| \leq Cn^{-1/2}$ ($n \geq 0$, C は定数). よって $f(z)$ は $|z| \leq 1$ の範囲で絶対収束する．よって命題 1.5.3 より，$f(z)$ は

$|z| \leq 1$ の範囲で連続である. 一方, Arcsin もこの範囲で連続である (命題 2.5.2).
以上より $|z| < 1$ に対し $f(z) = \mathrm{Arcsin}\, z$ をいえばよい. $|z| < 1$ なら,

$$f'(z) \overset{命題\ 3.4.1}{=} \sum_{n=0}^{\infty} b_n z^{2n} \overset{(3.41)}{=} \frac{1}{\sqrt{1-z^2}} \overset{(3.25)}{=} (\mathrm{Arcsin}\, z)'$$

以上と命題 3.2.9 より $|z| < 1$ なら $\mathrm{Arcsin}\, z - f(z) = c$ (定数). さらに $c =$
$\mathrm{Arcsin}\, 0 - f(0) = 0$.   \(^□^)/

問 3.5.1 一般二項係数 (3.38) について以下を示せ.

i) $\binom{\alpha-1}{n-1} + \binom{\alpha-1}{n} = \binom{\alpha}{n}$.

ii) $\binom{\alpha}{n+1}(n+1) + \binom{\alpha}{n}n = \alpha\binom{\alpha}{n}$.

iii) $\binom{-\alpha}{n} = (-1)^n \binom{\alpha+n-1}{n}$.

3.6 / コーシー・リーマン方程式 I

本節では, 本章冒頭で紹介したコーシー・リーマン方程式を論じる.

コーシー・リーマン方程式 (命題 3.6.1) は, ダランベール (1752 年), 次いでオ
イラー (1797 年) により, 2 次元流体の速度場に対する偏微分方程式として導出さ
れた. 19 世紀になると, コーシーにより, この偏微分方程式と複素関数の複素微
分可能性との関係が認識された (1825–1851 年にわたる複数の著作). さらにリー
マンはその学位論文 (1851 年) において, コーシー・リーマン方程式を, 複素関
数論の基礎方程式と位置づけた.

命題 3.6.1 $D \subset \mathbb{C}$ は開, $f : D \to \mathbb{C}$, $u = \mathrm{Re}\, f$, $v = \mathrm{Im}\, f$, $z \in D$ とする.

a) f が z において x, y について偏微分可能なら, 以下の等式 (3.43) と, 等
式の組 (3.44) は同値である.

$$f_x(z) + \mathbf{i} f_y(z) = 0, \tag{3.43}$$

$$u_x(z) = v_y(z), \quad u_y(z) = -v_x(z). \tag{3.44}$$

等式 (3.43), または等式の組 (3.44) を**コーシー・リーマン方程式**とよぶ.

b) f が z において複素微分可能なら, f は z においてコーシー・リーマン方
程式をみたす.

証明　a) 微分の線形性より,

1) $$f_x(z) = u_x(z) + \mathbf{i}v_x(z), \quad f_y(z) = u_y(z) + \mathbf{i}v_y(z).$$

ゆえに

$$f_x(z) + \mathbf{i}f_y(z) \overset{1)}{=} u_x(z) - v_y(z) + \mathbf{i}(v_x(z) + u_y(z)).$$

よって (3.43) と (3.44) は同値である.

b) 命題 3.2.9 ですでに述べた.　　　　　　　　　　　　　　　　\(^□^)/

> **注**　命題 3.6.1 において, b) の逆は正しくない (例 3.6.3). 一方, f に全微分可能性 (定義 3.7.1) を仮定すると, b) の逆が成立する (定理 3.7.4).

命題 3.6.1 の系として, f が z で複素微分可能とするとき, $\operatorname{Re} f, \operatorname{Im} f, \overline{f}$ は多くの場合 z で複素微分不可能であることがわかる. 例えば $f(z) = z$ はすべての z で複素微分可能だが, 次の系 3.6.2 より, $\operatorname{Re} z, \operatorname{Im} z, \overline{z}$ はすべての z で複素微分不可能である.

系 3.6.2　記号は命題 3.6.1 のとおり, f は z で複素微分可能, $f_{\alpha,\beta} = \alpha f + \beta \overline{f}$ $(\alpha, \beta \in \mathbb{C})$ とする. このとき,

$$f_{\alpha,\beta} \text{ が } z \text{ で複素微分可能} \iff \beta = 0, \text{ または } f'(z) = 0. \tag{3.45}$$

特に, D が領域, $\beta \neq 0$, $f, f_{\alpha,\beta}$ が共に D 上正則なら, f は D 上定数である.

証明　$\Rightarrow$：$f_{\alpha,\beta}$ が z で複素微分可能なら, $f_{\alpha,\beta}$ に対するコーシー・リーマン方程式 (3.43) より

1) $0 = (f_{\alpha,\beta})_x(z) + \mathbf{i}(f_{\alpha,\beta})_y(z) = \alpha f_x(z) + \beta \overline{f_x(z)} + \mathbf{i}\alpha f_y(z) + \mathbf{i}\beta \overline{f_y(z)}.$

一方, f に対する (3.43) より $\mathbf{i}f_y(z) = -f_x(z)$, $\mathbf{i}\overline{f_y(z)} = \overline{f_x(z)}$. これを 1) 右辺の第 3, 4 項に代入し,

1) 右辺 $= \alpha f_x(z) + \beta \overline{f_x(z)} - \alpha f_x(z) + \beta \overline{f_x(z)} = 2\beta \overline{f_x(z)} \overset{(3.18)}{=} 2\beta \overline{f'(z)}.$

よって, $\beta = 0$ または $f'(z) = 0$.

$\Leftarrow$：$\beta = 0$ なら, $f_{\alpha,\beta} = \alpha f$ は z で複素微分可能である. そこで, $f'(z) = 0$ とする. $f_{\alpha,\beta}$ は $f, \overline{f}$ の複素線形結合なので, $\overline{f}$ が z で複素微分可能ならよい.

$w \in D \backslash \{z\}$ とする. このとき $\left| \overline{\frac{w-z}{w-z}} \right| = 1$. ゆえに $w \to z$ のとき,

$$\frac{\overline{f}(w) - \overline{f}(z)}{w - z} = \overline{\frac{w-z}{w-z}} \overline{\left(\frac{f(w) - f(z)}{w - z} \right)} \longrightarrow 0.$$

特に, D が領域, $\beta \neq 0$, $f, f_{\alpha, \beta}$ が共に D 上正則なら, (3.45) と命題 3.2.9 より f は D 上定数である.　　　　　　　　　　　　　　　　　　\\(^□^)/

　次の例の $f : \mathbb{C} \to \mathbb{C}$ は原点で複素微分不可能だが, 原点を含め, すべての点でコーシー・リーマン方程式をみたす (命題 3.6.1 b) の逆に対する反例).

例 3.6.3　$f : \mathbb{C} \to \mathbb{C}$ を次のように定める:

$$f(z) = \begin{cases} \exp\left(-1/z^4 \right), & z \neq 0 \text{ なら}, \\ 0, & z = 0 \text{ なら}. \end{cases}$$

このとき,

a) f はすべての $z \in \mathbb{C}$ で x, y について偏微分可能かつコーシー・リーマン方程式をみたす.

b) f は原点で不連続である, 特に原点で複素微分不可能である.

証明　a) 例 3.2.4, 3.2.7, および命題 3.2.5 より, f は $\mathbb{C} \backslash \{0\}$ 上正則である. ゆえに f は $\mathbb{C} \backslash \{0\}$ 上で x, y について偏微分可能かつコーシー・リーマン方程式をみたす (命題 3.6.1). さらに, $\mathbf{i}^4 = 1$ より $t \in \mathbb{R}$ に対し,

$$f(t) = f(\mathbf{i}t) = \begin{cases} \exp\left(-1/t^4 \right), & t \neq 0 \text{ なら}, \\ 0, & t = 0 \text{ なら}. \end{cases}$$

ゆえに $f(t)$, $f(\mathbf{i}t)$ は共に $t = 0$ で無限回微分可能かつ微分係数 $= 0$ である ([吉田 1, p.180, 例 8.9.3] 参照). よって f は原点で x, y について偏微分可能かつ $f_x(0) = f_y(0) = 0$, 特に原点でコーシー・リーマン方程式をみたす.

b) $\omega = \exp(\mathbf{i}\pi/4)$ に対し $\omega^4 = -1$. ゆえに $t \in \mathbb{R} \backslash \{0\}$ に対し $f(\omega t) = \exp(1/t^4)$ $\overset{t \to 0}{\longrightarrow} \infty$. したがって, f は原点で不連続, 特に原点で複素微分不可能である (命題 3.2.2).　　　　　　　　　　　　　　　　　　　　　　　\\(^□^)/

例 3.6.4 (正則多項式の特徴づけ)　多項式 $p : \mathbb{C}^2 \to \mathbb{C}$ に対し,

$$p(z, \overline{z}) \text{ が } z \in \mathbb{C} \text{ について正則} \iff p(z, w) = p(z, 0), \ \forall z, \forall w \in \mathbb{C}. \quad (3.46)$$

証明 ⇐ は明らかなので ⇒ を示す. 高々 n 次の多項式 $p(z, w)$ は次のように表される:

$$1) \qquad p(z, w) = \sum_{\ell+m \leq n} c_{\ell,m} z^\ell w^m, \ \ c_{\ell,m} \in \mathbb{C}.$$

$z = x + \mathbf{i}y \ (x, y \in \mathbb{R})$, $\ell, m \in \mathbb{N}$ とするとき

$$2) \qquad \left(\frac{\partial}{\partial x} + \mathbf{i}\frac{\partial}{\partial y}\right)(z^\ell \overline{z}^m) = \begin{cases} 2mz^\ell \overline{z}^{m-1}, & m \geq 1 \text{ なら}, \\ 0, & m = 0 \text{ なら}. \end{cases}$$

実際, $q = z^\ell \overline{z}^m$ に対し,

$$q_x = \ell z^{\ell-1} \overline{z}^m + mz^\ell \overline{z}^{m-1}, \ \ q_y = \mathbf{i}\ell z^{\ell-1}\overline{z}^m - \mathbf{i}mz^\ell \overline{z}^{m-1}.$$

ここで, 上の 2 式共に $\ell = 0$ の場合は右辺第 1 項は 0 と解釈する. 同様に $m = 0$ の場合は右辺第 2 項は 0 と解釈する. よって,

$$q_x + \mathbf{i}q_y = \ell z^{\ell-1}\overline{z}^m + mz^\ell \overline{z}^{m-1} - \ell z^{\ell-1}\overline{z}^m + mz^\ell \overline{z}^{m-1} = 2mz^\ell \overline{z}^{m-1}.$$

以上で 2) を得る.

$p(z, \overline{z})$ が正則なら,

$$0 \overset{(3.43)}{=} p(z, \overline{z})_x + \mathbf{i}p(z, \overline{z})_y \overset{1), 2)}{=} 2 \sum_{\substack{\ell+m \leq n, \\ m \geq 1}} mc_{\ell,m} z^\ell \overline{z}^{m-1}.$$

これと問 2.2.3 より, $m \geq 1$ なら $c_{\ell,m} = 0$. 以上から

$$p(z, w) \overset{1)}{=} \sum_{\ell=0}^n c_{\ell,0} z^\ell = p(z, 0). \qquad\qquad \backslash(\hat{}_\square{}\hat{})/$$

注 例 3.6.4 では簡単のため p を多項式としたが, それは本質的ではない. 適切な条件を仮定すれば, p がより一般の関数の場合にも (3.46) が成立する.

定義 3.6.5 $U \subset \mathbb{R}^2$ を開, $f : U \to \mathbb{C}$ とする.

▶ 各点 $(x, y) \in U$ で偏微分 f_x, f_y が存在して連続なら f は U 上 C^1 級であるといい, U 上の C^1 級関数 $f : U \to \mathbb{C}$ 全体の集合を $C^1(U)$ と記す.

▶ 偏導関数 f_x, f_y が共に U 上 C^1 級なら, f は U 上 C^2 級であるといい, U 上の C^2 級関数 $f : U \to \mathbb{C}$ 全体の集合を $C^2(U)$ と記す.

注　定義 3.6.5 において $f : U \to \mathbb{C}$ に対する偏微分 $\frac{\partial^2}{\partial x^2} f, \frac{\partial^2}{\partial y^2} f, \frac{\partial^2}{\partial x \partial y} f, \frac{\partial^2}{\partial y \partial x} f$ を
それぞれ $f_{x,x}, f_{y,y}, f_{y,x}, f_{x,y}$ とも書く．このとき，$f \in C^2(U)$ なら $f_{x,y} = f_{y,x}$
[吉田 1, p.300, 命題 13.3.3]．

定義 3.6.6　$D \subset \mathbb{C}$ は開，

$$U = \{(x,y) \in \mathbb{R}^2 \ ; \ x + \mathbf{i}y \in D\}$$

とする．関数 $f : D \to \mathbb{C}$ の集合 $C^m(D)$ $(m = 1,2)$ を次のように定める：

$$f \in C^m(D) \quad \overset{\text{def}}{\Longleftrightarrow} \quad \text{関数 } (x,y) \mapsto f(x+\mathbf{i}y) \text{ が } C^m(U) \text{ の元.} \tag{3.47}$$

また，$f \in C^2(D), z \in D$ に対し，偏導関数 $\frac{\partial^2}{\partial x^2} f : D \to \mathbb{C}$ を次のように定める：

$$\frac{\partial^2}{\partial x^2} f(z) \overset{\text{def}}{=} \frac{\partial^2}{\partial x^2} f(x+\mathbf{i}y) \bigg|_{(x,y)=(\mathrm{Re}\, z,\, \mathrm{Im}\, z)}. \tag{3.48}$$

さらに，$\frac{\partial^2}{\partial y^2} f, \frac{\partial^2}{\partial x \partial y} f, \frac{\partial^2}{\partial y \partial x} f, \frac{\partial^2}{\partial y \partial x} f$ も同様に定め，それぞれ $f_{x,x}, f_{y,y}, f_{y,x}$,
$f_{x,y}$ とも書く．定義 3.6.5 直後の注より $f_{x,y} = f_{y,x}$.

定義 3.6.7　$D \subset \mathbb{C}$ は開，$h : D \to \mathbb{C}$ とする．$h \in C^2(D)$ かつ D 上で次が成
立するとき，h は U 上**調和**であるという：

$$\triangle h \overset{\text{def}}{=} h_{xx} + h_{yy} = 0. \tag{3.49}$$

また，作用素 $\triangle : h \mapsto \triangle h$ を**ラプラシアン**という．

命題 3.6.8　$D \subset \mathbb{C}$ を開とするとき，$f \in C^2(D)$ に対し

$$\triangle f = \left(\frac{\partial}{\partial x} - \mathbf{i}\frac{\partial}{\partial y}\right)(f_x + \mathbf{i}f_y) = \left(\frac{\partial}{\partial x} + \mathbf{i}\frac{\partial}{\partial y}\right)(f_x - \mathbf{i}f_y). \tag{3.50}$$

特に $f \in C^2(D)$ が D 上正則なら，$f, \overline{f}$ は D 上調和である．

証明

$$\left(\frac{\partial}{\partial x} - \mathbf{i}\frac{\partial}{\partial y}\right)(f_x + \mathbf{i}f_y) = (f_x + \mathbf{i}f_y)_x - \mathbf{i}(f_x + \mathbf{i}f_y)_y$$
$$= f_{x,x} + \mathbf{i}f_{y,x} - \mathbf{i}f_{x,y} + f_{y,y} = \triangle f.$$

同様に，

$$\left(\frac{\partial}{\partial x} + \mathbf{i}\frac{\partial}{\partial y}\right)(f_x - \mathbf{i}f_y) = \triangle f.$$

特に $f \in C^2(D)$ が D 上正則なら,

$$f_x + \mathbf{i}f_y \overset{(3.43)}{=} 0, \quad \overline{f}_x - \mathbf{i}\overline{f}_y = \overline{(f_x + \mathbf{i}f_y)} \overset{(3.43)}{=} 0.$$

これと (3.50) より $\triangle f = \triangle \overline{f} = 0$. \(^□^)/

例 3.6.9 $(\star)$**(調和多項式の特徴づけ)** 多項式 $p : \mathbb{C}^2 \to \mathbb{C}$ に対し,

$$p(z, \overline{z}) \text{ が } z \in \mathbb{C} \text{ について調和}$$

$$\Longleftrightarrow p(z, w) = p(z, 0) + p(0, w) - p(0, 0), \ \forall z, \forall w \in \mathbb{C}.$$

証明 p を高々 n 次の多項式とすると, $p(z, w)$ は次のように表される :

1) $$p(z, w) = \sum_{\ell + m \leq n} c_{\ell, m} z^\ell w^m, \ c_{\ell, m} \in \mathbb{C}.$$

一方, $\ell, m \in \mathbb{N}$ に対し

2) $$\triangle(z^\ell \overline{z}^m) = \begin{cases} 4\ell m z^{\ell-1}\overline{z}^{m-1}, & \ell, m \geq 1 \text{ なら}, \\ 0, & \ell = 0, \text{ または } m = 0 \text{ なら}. \end{cases}$$

実際, $q = z^\ell \overline{z}^m$ に対し,

$$q_x = \ell z^{\ell-1}\overline{z}^m + m z^\ell \overline{z}^{m-1},$$

$$q_{xx} = \ell(\ell-1)z^{\ell-2}\overline{z}^m + 2\ell m z^{\ell-1}\overline{z}^{m-1} + m(m-1)z^\ell \overline{z}^{m-2},$$

$$q_y = \mathbf{i}\ell z^{\ell-1}\overline{z}^m - \mathbf{i}m z^\ell \overline{z}^{m-1},$$

$$q_{yy} = -\ell(\ell-1)z^{\ell-2}\overline{z}^m + 2\ell m z^{\ell-1}\overline{z}^{m-1} - m(m-1)z^\ell \overline{z}^{m-2}.$$

上式において ℓ が掛かった項は $\ell = 0$ のとき 0, $\ell(\ell-1)$ が掛かった項は $\ell = 0, 1$ のとき 0 と規約する. $m, m(m-1)$ が掛かった項についても同様である. 上式より 2) を得る.

$\Rightarrow$:

$$0 = \triangle p(z, \overline{z}) \overset{1), 2)}{=} 4 \sum_{\substack{\ell + m \leq n, \\ \ell, m \geq 1}} \ell m c_{\ell, m} z^{\ell-1}\overline{z}^{m-1}.$$

これと問 2.2.3 より, $\ell, m \geq 1$ なら $c_{\ell, m} = 0$. 以上から

$$p(z, w) = c_{0,0} + \sum_{\ell=1}^n c_{\ell, 0} z^\ell + \sum_{m=1}^n c_{0, m} w^m$$

$$= p(0, 0) + (p(z, 0) - p(0, 0)) + (p(0, w) - p(0, 0))$$

$$= p(z, 0) + p(0, w) - p(0, 0).$$

⇐：z^k $(k = 0, 1, \ldots, n)$ は $\mathbb{C}$ 上正則かつ C^2 なので命題 3.6.8 より $z^k, \overline{z^k}$ $(k = 0, 1, \ldots, n)$ の複素線形和は調和である. \(^□^)/

> **注** 例 3.6.9 において，$h_1(z) \overset{\text{def}}{=} p(z, 0) - p(0, 0)$, $h_2(z) \overset{\text{def}}{=} \overline{p(0, \overline{z})}$ は共に z の みの ($\overline{z}$ を含まない) 多項式なので正則である．さらに $h(z) \overset{\text{def}}{=} p(z, \overline{z})$ が調和なら，$h = h_1 + \overline{h_2}$ が成立する．この意味で，例 3.6.9 は問 4.5.4 (後述) の特別な場合で ある.

問 3.6.1 $D \subset \mathbb{C}$ を開，$f : D \to \mathbb{C}$, $u = \operatorname{Re} f$, $v = \operatorname{Im} f$, $c \in D$, f は c で複素 微分可能とする．次を示せ：
$$|f'(c)|^2 = \det \begin{pmatrix} u_x(c) & u_y(c) \\ v_x(c) & v_y(c) \end{pmatrix}.$$

問 3.6.2 $D \subset \mathbb{C}$ を開，$f : D \to \mathbb{C}$, $c \in D$, f は c で複素微分可能とする．次を 示せ：
$$|f|^2 \text{ が } c \text{ で複素微分可能} \iff f(c) = 0, \text{ または } f'(c) = 0.$$

問 3.6.3 $D \subset \mathbb{C}$ を領域，$f : D \to \mathbb{C}$ を正則とする．以下を示せ.

i) $|f(z)|$ が D 上定数なら，f は定数である.

ii) $\lambda, \mu \in \mathbb{R}$, $\lambda \neq \mu$, かつ $\lambda \operatorname{Re} f + \mathbf{i}\mu \operatorname{Im} f$ が D 上定数なら，f は定数である.

> **注** 開写像定理 (命題 6.5.2) を認めれば，問 3.6.3 の結果は明らかとなる.

問 3.6.4 $\operatorname{Arg} : \mathbb{C} \backslash (-\infty, 0] \to (-\pi, \pi)$ が x, y について偏微分可能であることを 示し，$(\operatorname{Arg})_x$, $(\operatorname{Arg})_y$ を求めよ.

3.7 / (⋆) コーシー・リーマン方程式 II

複素変数関数は複素微分可能点でコーシー・リーマン方程式をみたす (命題 3.6.1)．本節では，全微分可能性という仮定 (定義 3.7.1) のもとで複素微分可能 性とコーシー・リーマン方程式が同値であることを示す (定理 3.7.4)．また，そ の応用として複素微分可能性と等角性の関係を論じる (命題 3.7.8).

簡単な注意から始める．$(\alpha_1, \alpha_2), (\beta_1, \beta_2) \in \mathbb{R}^2$, $\alpha = \alpha_1 + \mathbf{i}\alpha_2, \beta = \beta_1 + \mathbf{i}\beta_2$ と するとき，
$$\operatorname{Re}(\overline{\alpha}\beta) = \operatorname{Re}(\alpha\overline{\beta}) = \alpha_1\beta_1 + \alpha_2\beta_2. \tag{3.51}$$
したがって，$\operatorname{Re}(\overline{\alpha}\beta)$ は，$\alpha, \beta \in \mathbb{C}$ を $(\alpha_1, \alpha_2), (\beta_1, \beta_2) \in \mathbb{R}^2$ と同一視した上で の，それらの内積である.

等式 (3.51) に注意すると，実二変数関数の全微分 [吉田 1, p.282, 定義 13.1.2] を，複素変数関数の場合に次のように翻訳できる.

定義 3.7.1 (**全微分**) $D \subset \mathbb{C}$ は開，$z \in D$ とする.

▶ $u : D \to \mathbb{R}$ に対し次のような $\alpha \in \mathbb{C}$ が存在するとき，u は点 z で**全微分可能**であるという.

$w \in D \backslash \{z\}, w \to z$ のとき，
$$\frac{u(w) - u(z) - \text{Re}(\overline{\alpha}(w - z))}{w - z} \longrightarrow 0. \tag{3.52}$$

このとき α を，u の点 z における**全微分係数**という.

▶ $f : D \to \mathbb{C}$ に対し，$\text{Re}\, f, \text{Im}\, f$ が共に点 z で全微分可能なら，f は点 z で全微分可能であるという.

注 1) 定義 3.7.1 の全微分係数 α は，もし存在すれば一意である (命題 3.7.2).
2) $u \in C^1(D)$ なら，u は各点 $z \in D$ で全微分可能である [吉田 1, p.284, 命題 13.1.6].

まず全微分可能性から，全方向への方向微分可能性を導く.

命題 3.7.2 $D \subset \mathbb{C}$ は開，$z \in D, u : D \to \mathbb{R}$ は z において全微分可能かつ全微分係数 $\alpha \in \mathbb{C}$ を持つとする. このとき，任意の $\lambda \in \mathbb{C}$ に対し，

$$(-\varepsilon, \varepsilon) \ni t \mapsto u(z + \lambda t) \quad (\varepsilon > 0 \text{ は十分小})$$

は $t = 0$ で微分可能かつ

$$\frac{d}{dt} u(z + \lambda t) \bigg|_{t=0} = \text{Re}(\overline{\alpha}\lambda). \tag{3.53}$$

特に u は z において各座標 x, y で偏微分可能かつ，

$$\alpha = u_x(z) + \mathbf{i} u_y(z). \tag{3.54}$$

証明 $\lambda = 0$ なら (3.53) の両辺は 0. よって $\lambda \neq 0$ としてよい. (3.52) で特に $w = z + \lambda t \ (t \in \mathbb{R} \backslash \{0\}, t \to 0)$ とすると，

$$1) \quad \frac{u(z + \lambda t) - u(z)}{t} - \text{Re}(\overline{\alpha}\lambda) = \lambda \frac{u(w) - u(z) - \text{Re}(\overline{\alpha}(w - z))}{w - z} \xrightarrow{(3.52)} 0.$$

よって (3.53) 左辺の微分係数が存在し，右辺に等しい．1) で $\lambda = 1$ とすることで，偏微分係数 $u_x(z)$ の存在，および $u_x(z) = \mathrm{Re}\,\overline{\alpha} = \mathrm{Re}\,\alpha$ を得る．また，1) で $\lambda = \mathbf{i}$ とすることで，偏微分係数 $u_y(z)$ の存在，および $u_y(z) = \mathrm{Re}(\overline{\alpha}\mathbf{i}) = \mathrm{Im}\,\alpha$ を得る．以上から (3.54) が従う．　　　　　　　　　　　　　　　　　\\(^□^)/

系 3.7.3　$D \subset \mathbb{C}$ は開，$z \in D$, $f : D \to \mathbb{C}$ は点 z で全微分可能とする．このとき，$\mathrm{Re}\,f$, $\mathrm{Im}\,f$ の全微分係数 α, β に対し，

$$\alpha + \mathbf{i}\beta = f_x(z) + \mathbf{i}f_y(z).$$

特に，

$$\alpha + \mathbf{i}\beta = 0 \iff f \text{ は点 } z \text{ でコーシー・リーマン方程式 (3.43) をみたす.}$$

証明　$u = \mathrm{Re}\,f$, $v = \mathrm{Im}\,f$ とする．等式 (3.54) を v に対し適用し，$\beta = v_x(z) + \mathbf{i}v_y(z)$．これと (3.54) を併せ，

$$\alpha + \mathbf{i}\beta = u_x(z) + \mathbf{i}u_y(z) + \mathbf{i}v_x(z) - v_y(z) = f_x(z) + \mathbf{i}f_y(z).$$

上式より結論を得る．　　　　　　　　　　　　　　　　　　　　　　　\\(^□^)/

定理 3.7.4（複素微分可能性とコーシー・リーマン方程式の同値性）　$D \subset \mathbb{C}$ は開，$f : D \to \mathbb{C}$, $z \in D$ とする．このとき以下は同値である．

a) f は z で複素微分可能である．

b) f は z で全微分可能かつコーシー・リーマン方程式 (3.43) をみたす．

さらに，a), b) を共に仮定し，$\mathrm{Re}\,f$, $\mathrm{Im}\,f$ の z における全微分係数をそれぞれ α, β，また f の z における複素微分係数を γ とするとき，

$$\gamma = \overline{\alpha} = \mathbf{i}\overline{\beta}. \tag{3.55}$$

証明　$u = \mathrm{Re}\,f$, $v = \mathrm{Im}\,f$ とする．

a) ⇒ b)：f は z で複素微分可能かつ，複素微分係数 γ を持つとする．$w \in D \backslash \{z\}$, $w \to z$ とすると，

1) $$\frac{f(w)-f(z)-\gamma(w-z)}{w-z} = \frac{f(w)-f(z)}{w-z} - \gamma \xrightarrow{(3.6)} 0.$$

よって，

$$\frac{1}{|w-z|}|u(w)-u(z)-\mathrm{Re}(\gamma(w-z))| \le \frac{1}{|w-z|}|f(w)-f(z)-\gamma(w-z)| \xrightarrow{1)} 0.$$

したがって，

2) u は z で全微分可能かつ，全微分係数 $\overline{\gamma}$ を持つ．

また，$\mathrm{Re}(-\mathbf{i}c) = \mathrm{Im}\, c \ (c \in \mathbb{C})$ に注意し，

$$\begin{aligned}
&\frac{1}{|w-z|}|v(w)-v(z)-\mathrm{Re}(-\mathbf{i}\gamma(w-z))| \\
&= \frac{1}{|w-z|}|v(w)-v(z)-\mathrm{Im}(\gamma(w-z))| \\
&\le \frac{1}{|w-z|}|f(w)-f(z)-\gamma(w-z)| \xrightarrow{1)} 0.
\end{aligned}$$

よって，

3) v は z において全微分可能かつ，全微分係数 $\overline{-\mathbf{i}\gamma} = \mathbf{i}\overline{\gamma}$ を持つ．

2), 3) より特に (3.55) を得る．これと系 3.7.3 よりコーシー・リーマン方程式 (3.43) を得る．

a) $\Leftarrow$ b)：u, v が z で全微分可能，それぞれの全微分係数を α, β とする．このとき，コーシー・リーマン方程式 (3.43) と系 3.7.3 より

4) $\alpha + \mathbf{i}\beta = 0$.

ゆえに $\overline{\alpha} = \mathbf{i}\overline{\beta}$．これと $\mathrm{Im}(\mathbf{i}c) = \mathrm{Re}\, c \ (c \in \mathbb{C})$ より，

5) $\mathrm{Im}(\overline{\alpha}(w-z)) = \mathrm{Im}(\mathbf{i}\overline{\beta}(w-z)) = \mathrm{Re}(\overline{\beta}(w-z))$.

$w \in D\backslash\{z\}$, $w \to z$ とすると，

$$\delta_1(z,w) \overset{\text{def}}{=} \frac{u(w)-u(z)-\mathrm{Re}(\overline{\alpha}(w-z))}{w-z} \xrightarrow{(3.52)} 0,$$

$$\delta_2(z,w) \overset{\text{def}}{=} \frac{v(w)-v(z)-\mathrm{Im}(\overline{\alpha}(w-z))}{w-z} \overset{5)}{=} \frac{v(w)-v(z)-\mathrm{Re}(\overline{\beta}(w-z))}{w-z} \xrightarrow{(3.52)} 0.$$

以上から，

$$\frac{f(w)-f(z)}{w-z} - \overline{\alpha} = \delta_1(z,w) + \mathbf{i}\delta_2(z,w) \longrightarrow 0.$$

よって，f は z で複素微分可能かつ，複素微分係数 $\overline{\alpha}$ を持つ． \\(^□^)/

注　定理 3.7.4 から $f : D \to \mathbb{C}$ が正則であることと，条件 b) が任意の $z \in D$ に対し成立することは同値である．これがさらに次の条件と同値であることも知られている (ルーマン・メンショフの定理)．

　c) f は D 上連続，D の各点で偏微分可能かつコーシー・リーマン方程式 (3.43) をみたす．

例 3.7.5　$D \subset \mathbb{C}$ は開，$h : D \to \mathbb{C}$ は調和とする（定義 3.6.7 参照）．このとき，

$$f \overset{\text{def}}{=} (\operatorname{Re}h)_x - \mathbf{i}(\operatorname{Re}h)_y, \quad g \overset{\text{def}}{=} (\operatorname{Im}h)_y + \mathbf{i}(\operatorname{Im}h)_x$$

は共に D 上正則である．

証明　$h \in C^2(D)$ より $f \in C^1(D)$．したがって f は D 上全微分可能である．一方，

$$f_x + \mathbf{i}f_y = (\operatorname{Re}h)_{xx} - \mathbf{i}(\operatorname{Re}h)_{yx} + \mathbf{i}((\operatorname{Re}h)_{xy} - \mathbf{i}(\operatorname{Re}h)_{yy})$$

$$= (\operatorname{Re}h)_{xx} + (\operatorname{Re}h)_{yy} + \mathbf{i}((\operatorname{Re}h)_{xy} - (\operatorname{Re}h)_{yx}) = 0.$$

ゆえに f はコーシー・リーマン方程式 $f_x + \mathbf{i}f_y = 0$ をみたす．以上と定理 3.7.4 より f は D 上正則である．同様に g も D 上正則である．　　　\\(^□^)/

以下では，複素微分可能性と等角性の関係を論じる．

定義 3.7.6　$D \subset \mathbb{C}$ は開，$z \in D$, $f : D \to \mathbb{C}$ は点 z で全微分可能とする．このとき，$V_{f,z} : \mathbb{C} \to \mathbb{C}$ を次のように定める：

$$V_{f,z}(\lambda) = \frac{d}{dt}f(z + \lambda t)\Big|_{t=0}, \quad \lambda \in \mathbb{C}. \tag{3.56}$$

次の条件がみたされるとき，f は点 z において等角であるという：

$$V_{f,z} \text{ は単射，かつ } \operatorname{Arg}\frac{V_{f,z}(\lambda_1)}{V_{f,z}(\lambda_2)} = \operatorname{Arg}\frac{\lambda_1}{\lambda_2}, \ \forall\lambda_1, \forall\lambda_2 \in \mathbb{C}\backslash\{0\}. \tag{3.57}$$

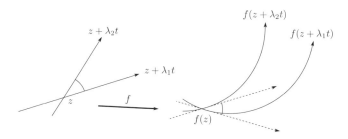

図 3.1

等角性の定義 (3.57) において, $\mathrm{Arg}\,\frac{\lambda_1}{\lambda_2}$ は, 直線 $z + \lambda_j t$ $(j = 1, 2, t \in \mathbb{R})$ が, 点 z においてなす角を表す. 一方, $\mathrm{Arg}\,\frac{V_{f,z}(\lambda_1)}{V_{f,z}(\lambda_2)}$ は, 線分の像 $f(z + \lambda_j t)$ $(j = 1, 2, t \in (-\varepsilon, \varepsilon), \varepsilon > 0$ は十分小$)$ の $t = 0$ における接線が点 $f(z)$ においてなす角を表す. この意味で, (3.57) の等式は f が「角度を変えない」ことを表す.

定義 3.7.6 において $\mathrm{Re}\,f, \mathrm{Im}\,f$ それぞれの z における全微分係数を α, β とする. このとき,

$$V_{f,z}(\lambda) = \tfrac{1}{2}(\overline{\alpha} + \mathbf{i}\overline{\beta})\lambda + \tfrac{1}{2}(\alpha + \mathbf{i}\beta)\overline{\lambda}. \tag{3.58}$$

実際,

$$
\begin{aligned}
V_{f,z}(\lambda) &\overset{(3.53)}{=} \mathrm{Re}(\overline{\alpha}\lambda) + \mathbf{i}\,\mathrm{Re}(\overline{\beta}\lambda) \overset{(1.11)}{=} \tfrac{1}{2}\left(\overline{\alpha}\lambda + \alpha\overline{\lambda} + \mathbf{i}\overline{\beta}\lambda + \mathbf{i}\beta\overline{\lambda}\right) \\
&= \tfrac{1}{2}(\overline{\alpha} + \mathbf{i}\overline{\beta})\lambda + \tfrac{1}{2}(\alpha + \mathbf{i}\beta)\overline{\lambda}.
\end{aligned}
$$

一方, 特に f が z で複素微分可能であると仮定すると, $V_{f,z}$ の定義式 (3.56) と連鎖律 (補題 3.2.8) より

$$V_{f,z}(\lambda) = f'(z)\lambda. \tag{3.59}$$

したがって, さらに $f'(z) \neq 0$ を仮定すれば, f は点 z において等角である. 実は, この逆も成立する (命題 3.7.8). それを示すために次の補題を準備する.

補題 3.7.7 (3.58) を一般化して, $A, B \in \mathbb{C}$ に対し $V : \mathbb{C} \to \mathbb{C}$ を次のように定める:

$$V(\lambda) = A\lambda + B\overline{\lambda}, \quad \lambda \in \mathbb{C}.$$

このとき,

$A \neq 0$ かつ $B = 0$

$\Longleftrightarrow V$ は単射, かつ $\mathrm{Arg}\,\dfrac{V(\lambda_1)}{V(\lambda_2)} = \mathrm{Arg}\,\dfrac{\lambda_1}{\lambda_2}, \quad \forall\lambda_1, \forall\lambda_2 \in \mathbb{C}\backslash\{0\}.$

証明 $\Rightarrow$ は明らかなので逆を示す. $\lambda = t + \mathbf{i}$ $(t \in \mathbb{R})$ とすると,

$$V(\lambda) = t(A + B) + \mathbf{i}(A - B), \quad V(1) = A + B.$$

$V(0) = 0$ と V の単射性より $0 \neq V(1) = A + B$, $0 \neq V(\mathbf{i}) = \mathbf{i}(A - B)$. そこで $C = (A - B)/(A + B) \neq 0$ とする. このとき,

$$1) \qquad \mathrm{Arg}\,(t+\mathbf{i}C) = \mathrm{Arg}\,\frac{V(\lambda)}{V(1)} = \mathrm{Arg}\,\lambda = \mathrm{Arg}\,(t+\mathbf{i}).$$

1) で $t=0$ とすると，$\mathrm{Arg}\,(\mathbf{i}C) = \pi/2$. ゆえに $C \in (0,\infty)$. 特に $A \neq 0$. 次に 1) で $t=1$ とすると，$\mathrm{Arg}\,(1+\mathbf{i}C) = \pi/4$. よって $C=1$, ゆえに $B=0$.

\(^□^)/

定理 3.7.4，補題 3.7.7 より次の命題を得る.

命題 3.7.8 $D \subset \mathbb{C}$ は開，$f : D \to \mathbb{C}, z \in D$ とする. このとき，以下の条件は同値である.

a) f は点 z で複素微分可能かつ $f'(z) \neq 0$.

b) f は点 z で全微分可能かつ等角である.

証明 a) $\Rightarrow$ b)：定理 3.7.4 より，f は点 z で全微分可能である. また，(3.59) と $f'(z) \neq 0$ より，f は点 z で等角である.

a) $\Leftarrow$ b)：$\mathrm{Re}\,f, \mathrm{Im}\,f$ の点 z における全微分係数を α, β とする. f は点 z で等角なので (3.58) と補題 3.7.7 より

$$1) \qquad \overline{\alpha} + \mathbf{i}\overline{\beta} \neq 0, \quad \alpha + \mathbf{i}\beta = 0.$$

$f_x(z) + \mathbf{i}f_y(z) \overset{\text{系 }3.7.3}{=} \alpha + \mathbf{i}\beta \overset{1)}{=} 0$. ゆえに定理 3.7.4 より，$f$ は z で複素微分可能である. また (3.55) より，$f'(z) = \overline{\alpha} = \mathbf{i}\overline{\beta}$. よって $f'(z) = \frac{1}{2}(\overline{\alpha} + \mathbf{i}\overline{\beta}) \overset{1)}{\neq} 0$.

\(^□^)/

Chapter
4
コーシーの定理

　本章の主題はコーシーの定理である．コーシーの定理は複素関数論における最も基本的な定理であり，本書でも 5 章以降の内容の基盤となる．準備としてまず 4.1 節で複素平面内の曲線に関する基本的用語を定義した後，4.2 節で区分的 C^1 級曲線 $C \subset \mathbb{C}$ に沿った複素関数 f の線積分 (複素線積分) $\int_C f$ を定義する．コーシーの定理は，ごく大雑把には次のように述べることができる．$D \subset \mathbb{C}$ が開，$f : D \to \mathbb{C}$ が正則とするとき，区分的 C^1 級閉曲線 $C \subset D$ に対し，

$$\text{「}C \text{ が } D \text{ に属さない点を囲まない」} \tag{4.1}$$

$$\Longrightarrow \int_C f = 0. \tag{4.2}$$

より厳密には「」つきの条件 (4.1) の定式化が問題となり，この部分の定式化に応じ，コーシーの定理にもいくつかの種類がある (系 4.3.3，定理 4.6.6，7.3.1，7.5.4)．本章では証明が比較的簡単なものから次のように段階を追いつつ述べる．

- 初等的コーシーの定理 (系 4.3.3)
- 星形領域に対するコーシーの定理 (定理 4.6.6)

　コーシーは 1825 年，コーシーの定理の原型を提示し，後にグリーンの定理に基づく証明を与えた (1846 年，系 4.3.3 の証明参照)．この方法では被積分関数 f の導関数 f' の連続性を仮定する必要があったが，この仮定は後にグールサ，プリングスハイムによる新しい証明により取り除かれた (命題 4.6.2 の証明参照)．本章も図らずしてこの歴史に沿って展開する．読者諸氏は上記段階を辿ることで，少しずつ上がってゆく証明の難度に慣れながら進むことができる．

　一方，場合によっては，必ずしも上記全段階を辿ることなく適宜途中下車し，5 章以降に進むこともできる．途中下車の方法をいくつか紹介する．

- 定理 4.6.6 の証明は読まず，その結果を認め 5 章以降に進むこともできる (補題 5.1.2 の証明を除けば，5 章以降を読むために定理 4.6.6 の証明は必要ない).

- さらに初等的コーシーの定理 (系 4.3.3) は，証明が比較的容易な上に多くの具体的応用に有効である．厳密な論理の立場からは 5 章以降の内容は定理 4.6.6 に基づくが，論理の細部を無視すれば系 4.3.3 をそれらの代用物と考え，5 章以降を読み進むこともできる．特に，応用が主目的であったり，手早く概要を知りたい読者諸氏にとってはそのような読み方も選択肢となりうる．

4.1 / 曲線に関する用語

本節では，次節以降の準備として複素平面内の曲線に関する用語の意味を定める．本節を通じ $I = [\alpha, \beta]$ $(-\infty < \alpha < \beta < \infty)$ とする．

▶ 連続関数 $g : I \to \mathbb{C}$ を**曲線**，あるいは C^0 **級曲線**とよび，$g(\alpha)$ をその**始点**，$g(\beta)$ をその**終点**，また，集合 $g(I) \subset \mathbb{C}$ をその**跡**とよぶ．特に $g(\alpha) = g(\beta)$ なら g を**閉曲線**という．また，次の i) または ii) をみたすとき，g を**単純曲線**という．

i) g は閉曲線ではなく，$g : I \to \mathbb{C}$ は単射，

ii) g は閉曲線であり，$g : [\alpha, \beta) \to \mathbb{C}$ は単射．

曲線には始点 $g(\alpha)$ から終点 $g(\beta)$ に向かう向きがついているとし，向きを含めて図示するときには，$g(I)$ 上に，$g(\alpha)$ から $g(\beta)$ に向かう向きの矢印を描くことにする．曲線 g に対し次で定める $h : I \to \mathbb{C}$ を**逆向き**曲線という：

$$h(t) = g(\alpha + (\beta - t)), \quad t \in I.$$

このとき，$g(I) = h(I)$ だが，両者を図示すると，矢印の向きが逆になる．曲線を大文字の C などの記号で書くことも多く，その場合 C の逆向き曲線は C^{-1} と書く．後に C 上の線積分を考える際に，C 上の線積分と C^{-1} 上の線積分とは符号が逆になる ((4.12) 参照)．その意味でも両者の区別が必要である．

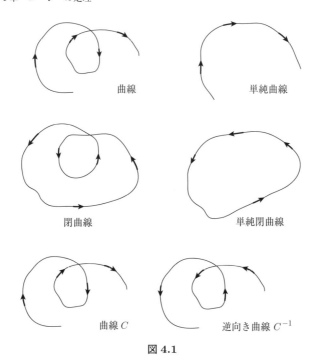

曲線
単純曲線

閉曲線
単純閉曲線

曲線 C
逆向き曲線 C^{-1}

図 4.1

▶ 曲線 g が連続な導関数 $g' : I \to \mathbb{C}$ を持つとき，g は C^1 **級曲線**であるという．ここで，$g'(\alpha)$ は右微分，$g'(\beta)$ は左微分とする．

記号上の規約：上述のように，曲線 $g : [\alpha, \beta] \to \mathbb{C}$ を大文字 C などで表すことがあるが，その際，例えば $g(t)$ $(t \in [0,1])$ と $h(t) \overset{\text{def}}{=} g(2t)$ $(t \in [0, 1/2])$ のように

$$「軌道と向きが同じ」曲線は同じ大文字 (例えば C) で表す. \qquad (4.3)$$

応用上の規約としては (4.3) で十分ともいえるが，以下でこの規約をより正確に述べる ((4.4) 参照)．$J = [\sigma, \tau] \subset \mathbb{R}$ $(\sigma < \tau)$ とする．$\varphi : J \to I$ $(= [\alpha, \beta])$ が連続，狭義単調増加，$\varphi(\sigma) = \alpha$，$\varphi(\tau) = \beta$ なら，φ を J から I への C^0 **級変数変換**という．J から I への C^0 変数変換 φ が C^1 級，かつすべての $t \in J$ で $\varphi'(t) > 0$ なら，φ を J から I への C^1 **級変数変換**という．$r = 0, 1$ に対し，φ が J から I への C^r 級変数変換なら，逆関数 φ^{-1} は I から J への C^r 級変数変換である．また，C^r 級曲線 $g : I \to \mathbb{C}, h : J \to \mathbb{C}$，および C^r 級変数変換 $\varphi : J \to I$ に対し

$$h = g \circ \varphi \iff h \circ \varphi^{-1} = g.$$

g, h が上の関係にあるとき，両者は C^r **級変数変換で移り合う**という．以上の用語のもと，(4.3) のより正確な意味は次のとおりである：

C^r 級変数変換で移り合う C^r 級曲線は同じ文字 (例えば C) で表す．　(4.4)

この規約は，集合論の言葉でいうと，C^r 級曲線全体を「C^r 級変数変換で移りあう」という同値関係で類別し，各同値類を大文字で表すことに他ならない (定義 0.0.5 参照)．

C^1 級曲線の簡単な例を二つ挙げる．実は今後現れるほとんどの具体例は，この二つのいずれか，あるいはそれらの継ぎ足し ((4.5) 参照) で尽くされる．

例 4.1.1　a) (線分) $z_0, z_1 \in \mathbb{C}$ に対し $g : [0,1] \to \mathbb{C}$ を $g(t) = (1-t)z_0 + tz_1$ と定めると，g は C^1 級曲線であり，その始点は z_0，終点は z_1，この曲線を $[z_0, z_1]$ と記す．

b) (円弧) $a \in \mathbb{C}$, $r > 0$, $0 \leq \theta_0 < \theta_1 \leq \theta_0 + 2\pi$, $z_j = a + r\exp(\mathbf{i}\theta_j)$ $(j = 0, 1)$ とし，$g : [\theta_0, \theta_1] \to \mathbb{C}$ を $g(t) = a + r\exp(\mathbf{i}t)$ と定めると，g は C^1 級曲線であり，円周 $C(a, r)$ 上で，中心 a を左手に見て始点 z_0 から終点 z_1 に至る円弧を表す．g の定める向きを**反時計回りの向き**という．特に $\theta_1 = \theta_0 + 2\pi$ なら g は円周 $C(a, r)$ を反時計回りに一周する C^1 級単純閉曲線である．

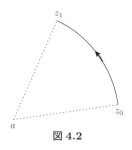

図 4.2

以後，特にことわらない限り円弧，円周の向きは反時計回りとする．

▶ $g : I \to \mathbb{C}$ を曲線とする．適切に分点

$$\alpha = \gamma_0 < \gamma_1 < \cdots < \gamma_{n-1} < \gamma_n = \beta$$

をとることにより，各 $g : [\gamma_{j-1}, \gamma_j] \to \mathbb{C}$ $(j = 1, \ldots, n)$ が C^1 級曲線となるとき，g は**区分的 C^1 級曲線**であるという．

▶ $j = 1, 2$ に対し，$g_j : [\alpha_j, \beta_j] \to \mathbb{C}$ $(-\infty < \alpha_j < \beta_j < \infty)$ を曲線とする．$g_1(\beta_1) = g_2(\alpha_2)$ なら，g_1, g_2 は**継ぎ足し可能**であるという．またこのとき，$g : [\alpha_1, \beta_1 + (\beta_2 - \alpha_2)] \to \mathbb{C}$ を次のように定め，これを g_1, g_2 の**継ぎ足し**とよぶ：

$$g(t) = \begin{cases} g_1(t), & t \in [\alpha_1, \beta_1], \\ g_2(\alpha_2 + (t - \beta_1)), & t \in [\beta_1, \beta_1 + (\beta_2 - \alpha_2)]. \end{cases}$$

より一般に $j = 1, \ldots, n$ に対し，$g_j : [\alpha_j, \beta_j] \to \mathbb{C}$ $(-\infty < \alpha_j < \beta_j < \infty)$ を曲線とする．$g_j(\beta_j) = g_{j+1}(\alpha_{j+1})$ $(j = 1, \ldots, n-1)$ なら $g_1, \ldots, g_n$ は**継ぎ足し可能**であるという．またこのとき，$\gamma_0 < \gamma_1 < \cdots < \gamma_n$, $g : [\gamma_0, \gamma_n] \to \mathbb{C}$ を次のように定め，g を $g_1, \ldots, g_n$ の**継ぎ足し**とよぶ：

$$\gamma_0 = \alpha_1, \ \gamma_j = \gamma_{j-1} + \beta_j - \alpha_j \quad (j = 1, \ldots, n),$$

$$g(t) = g_j(\alpha_j + (t - \gamma_{j-1})), \ t \in [\gamma_{j-1}, \gamma_j] \quad (j = 1, \ldots, n). \tag{4.5}$$

曲線 $C_1, \ldots, C_n$ をこの順番で継ぎ足して得られる曲線 C を次のように表す：

$$C = C_1 \cdots C_n. \tag{4.6}$$

注　例えば，$C_1 C_2$, $C_2 C_1$ は同義でない．実際，C_1, C_2 が継ぎ足し可能 $(g_1(\beta_1) = g_2(\alpha_2))$ で $C_1 C_2$ が定義できても，それだけでは C_2, C_1 が継ぎ足し可能 $(g_2(\beta_2) = g_1(\alpha_1))$ とは限らないから，一般には $C_2 C_1$ は定義できない．$C_1 C_2$ を $C_1 + C_2$ と記す教科書も多いが，上記理由により本書では乗法的記号 $C_1 C_2$ を採用する．

例 4.1.2 a) (折れ線) $z_0, \ldots, z_n \in \mathbb{C}$, $g_j(t) = (1 - t)z_{j-1} + t z_j$ $(t \in [0, 1]$, $j = 1, \ldots, n)$ とするとき，$g_1, \ldots, g_n$ の継ぎ足しは，z_0, z_n を結ぶ折れ線である．

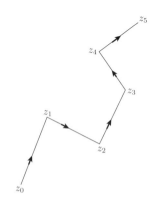

図 4.3

b) (扇形の周) $a \in \mathbb{C}$, $r > 0$, $0 \leq \theta_0 < \theta_1 \leq \theta_0 + 2\pi$, $z_j = a + r \exp(\mathbf{i}\theta_j)$ $(j = 0, 1)$ とし，曲線 g_1, g_2, g_3 を次のように定める：

$$g_1(t) = (1 - t)z_1 + ta, \quad t \in [0, 1],$$
$$g_2(t) = (1 - t)a + tz_0, \quad t \in [0, 1],$$
$$g_3(t) = a + r \exp(\mathbf{i}t), \quad t \in [\theta_0, \theta_1].$$

このとき，g_1, g_2, g_3 の継ぎ足しは，扇形

$$\{a + \rho \exp(\mathbf{i}t) \,;\, \rho \in [0, r], \, t \in [\theta_0, \theta_1]\}$$

の周を反時計回り $(z_1 \to a \to z_0 \to z_1)$ に回る，区分的 C^1 級単純閉曲線である．

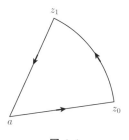

図 4.4

4.2 / 複素線積分

$[\alpha, \beta] \subset \mathbb{R}$, $h : [\alpha, \beta] \to \mathbb{C}$ は区分的に連続，すなわちある分点 $\alpha = \gamma_0 < \gamma_1 < \cdots < \gamma_{n-1} < \gamma_n = \beta$ $(n \in \mathbb{N} \backslash \{0\})$ に対し h は各小区間 $[\gamma_{j-1}, \gamma_j]$ $(j = 1, \ldots, n)$ 上で連続とする．このとき，$h : [\alpha, \beta] \to \mathbb{C}$ の積分を次のように定める：

$$\int_\alpha^\beta h(t)dt = \sum_{j=1}^n \int_{\gamma_{j-1}}^{\gamma_j} h(t)dt. \tag{4.7}$$

定義 4.2.1 (複素線積分)　$I = [\alpha, \beta] \subset \mathbb{R}$, $g : I \to \mathbb{C}$ を区分的 C^1 級曲線とし，g を大文字 C で表す．

▶ C の跡 $g(I)$ に対し，関数 $f : g(I) \to \mathbb{C}$ が連続なら，「$f : C \to \mathbb{C}$ は連続である」あるいは「f は C 上連続である」という．

▶ 連続関数 $f : C \to \mathbb{C}$ の，曲線 C に沿った**複素線積分** $\int_C f$ ($\int_C f(z)dz$ とも記す) を次のように定める:

$$\int_C f = \int_C f(z)dz \overset{\text{def}}{=} \int_\alpha^\beta f(g(t))g'(t)dt. \tag{4.8}$$

ここで，関数 $f(g(t))g'(t)$ は区分的に連続なので，(4.8) 右辺の積分は (4.7) により定まる.

▶ 連続関数 $f : C \to \mathbb{C}$ の，曲線 C に沿った**弧長積分** $\int_C f(z)|dz|$ を次のように定める:

$$\int_C f(z)|dz| \overset{\text{def}}{=} \int_\alpha^\beta f(g(t))|g'(t)|dt. \tag{4.9}$$

特に，次の定積分を C の**弧長**とよぶ:

$$\ell(C) \overset{\text{def}}{=} \int_C |dz| = \int_\alpha^\beta |g'(t)|dt. \tag{4.10}$$

注　定義 4.2.1 において複素線積分 (4.8)，弧長積分 (4.9) の値は，区分的 C^1 級変換で移り合う範囲において径数づけ (C を $g : [\alpha, \beta] \to \mathbb{C}$ によって表すこと) の仕方によらない. そのことを確かめる. C が C^1 級曲線 $C_1, \ldots, C_n$ の継ぎ足しとすれば，各 C_j ($j = 1, \ldots, n$) 上での積分が径数づけの仕方によらないことをいえばよい. したがって始めから C が C^1 級曲線の場合を考えればよい. C の径数づけ $g : [\alpha, \beta] \to \mathbb{C}$, $h : [\sigma, \tau] \to \mathbb{C}$ および C^1 級変数変換 $\varphi : [\sigma, \tau] \to [\alpha, \beta]$ が $h = g \circ \varphi$ をみたすとする. まず，複素線積分 (4.8) について，

$$\int_\sigma^\tau f(h(s))h'(s)ds = \int_\sigma^\tau f(g(\varphi(s)))g'(\varphi(s))\varphi'(s)ds$$
$$= \int_\alpha^\beta f(g(t))g'(t)dt \quad (\text{積分変数の変換 } t = \varphi(s)).$$

弧長積分 (4.9) についても同様である.

　複素線積分 (4.8) は複素数値実一変数関数の積分の特別な場合に過ぎないので，積分が持つ通常の性質の反映として，以下の補題を得る.

補題 4.2.2　C を $\mathbb{C}$ 内の区分的 C^1 級曲線，C^{-1} をその逆向き曲線，$f, f_1, f_2 : C \to \mathbb{C}$ を連続とする. このとき以下が成立する:

$$\int_C (af_1 + bf_2) = a \int_C f_1 + b \int_C f_2 \quad (a, b \in \mathbb{C}), \tag{4.11}$$

$$\int_{C^{-1}} f = - \int_C f, \tag{4.12}$$

$$\left| \int_C f \right| \le \int_C |f(z)||dz|. \tag{4.13}$$

また，区分的 C^1 級曲線 C_1, C_2 が継ぎ足し可能かつ $C = C_1 C_2$ なら，

$$\int_C f = \int_{C_1} f + \int_{C_2} f. \tag{4.14}$$

補題 4.2.3 C を $\mathbb{C}$ 内の区分的 C^1 級曲線，$f, f_n : C \to \mathbb{C}$ $(n \in \mathbb{N})$ は連続とする．

a) f_n が f に C 上一様収束するとき，

$$\int_C f_n \overset{n\to\infty}{\longrightarrow} \int_C f. \tag{4.15}$$

b) 関数項級数 $f = \sum_{n=0}^{\infty} f_n$ が C 上一様収束するとき，

$$\int_C f = \sum_{n=0}^{\infty} \int_C f_n. \tag{4.16}$$

証明 a)

$$\left| \int_C f_n - \int_C f \right| \overset{(4.11)}{=} \left| \int_C (f_n - f) \right|$$
$$\overset{(4.13)}{\leq} \int_C |f_n(z) - f(z)||dz| \leq \max_{z \in C} |f_n(z) - f(z)| \ell(C) \overset{n\to\infty}{\longrightarrow} 0.$$

b) 部分和 $\sum_{n=0}^{N} f_n$ に a) を適用する． \\(^□^)/

以下，複素線積分の応用例で，今後役立つものをいくつか紹介する．まず準備から始める．次の等式は容易に示すことができるが，今後具体例に度々登場する．$n \in \mathbb{Z}$ に対し，

$$\int_0^{2\pi} \exp(int) dt \overset{問 2.2.3}{=} 2\pi \delta_{n,0} \tag{4.17}$$

（ただし，$\delta_{m,n}$ は $m = n$ なら 1，$m \neq n$ なら 0 を表す：**クロネッカーのデルタ**）．

$$\int_0^{\pi} \exp(int) dt = \begin{cases} \pi, & n = 0, \\ [\exp(int)/(in)]_0^{\pi} = 0, & n \text{ が偶数かつ } n \neq 0, \\ [\exp(int)/(in)]_0^{\pi} = 2i/n, & n \text{ が奇数}. \end{cases} \tag{4.18}$$

例 4.2.4　$a \in \mathbb{C}, r > 0, n \in \mathbb{Z}$ に対し,

$$\int_{C(a,r)} (z-a)^{n-1} dz = 2\pi \mathbf{i} \delta_{n,0}, \tag{4.19}$$

証明　円周 $C(a,r)$ を $g(t) = a + r \exp(\mathbf{i}t)$ $(t \in [0, 2\pi])$ と表すと, $g'(t) = \mathbf{i}r \exp(\mathbf{i}t)$ より,

$$\int_{C(a,r)} (z-a)^{n-1} dz \overset{(4.8)}{=} \int_0^{2\pi} (g(t)-a)^{n-1} g'(t) dt$$

$$= \mathbf{i}r^n \int_0^{2\pi} \exp(\mathbf{i}nt) dt \overset{(4.17)}{=} 2\pi \mathbf{i} \delta_{n,0}. \qquad \backslash(^\wedge\square^\wedge)/$$

補題 4.2.3 および 例 4.2.4 を用い, ローラン級数 (4.20) の係数に対する積分表示 (特に係数の一意性) を得る.

例 4.2.5 (ローラン係数の積分表示・一意性)　$r \in (0, \infty)$, $c_n \in \mathbb{C}$ $(n \in \mathbb{Z})$ に次を仮定する:

$$\sum_{n=0}^\infty |c_n| r^n + \sum_{n=1}^\infty |c_{-n}| r^{-n} < \infty.$$

このとき, 任意の $a \in \mathbb{C}$ に対し次の級数 (**ローラン級数**) $f(z)$ は $z \in C(a,r)$ に対し絶対かつ一様に収束し, $C(a,r)$ 上で連続である:

$$f(z) = \sum_{n=0}^\infty c_n (z-a)^n + \sum_{n=1}^\infty c_{-n} (z-a)^{-n}. \tag{4.20}$$

また, 任意の $n \in \mathbb{Z}$ に対し

$$c_n = \frac{1}{2\pi \mathbf{i}} \int_{C(a,r)} \frac{f(z)}{(z-a)^{n+1}} dz.$$

証明　$f(z) = f_+(z) + f_-(z)$, ここで

$$f_+(z) = \sum_{n=0}^\infty c_n (z-a)^n, \quad f_-(z) = \sum_{n=1}^\infty c_{-n} (z-a)^{-n}.$$

$f_\pm(z)$ はそれぞれ命題 1.5.3, 問 1.5.3 より, $z \in C(a,r)$ に対し絶対かつ一様に収束し, $C(a,r)$ 上で連続である. したがって, $f(z)$ は $z \in C(a,r)$ に対し絶対かつ一様に収束し, $C(a,r)$ 上で連続である. さらに, $g_n(z) \overset{\mathrm{def}}{=} (z-a)^n$ $(n \in \mathbb{Z})$ に対し, 補題 4.2.3 および 例 4.2.4 より,

$$\int_C f g_{-(n+1)} = \int_C \sum_{m \in \mathbb{Z}} c_m g_{m-n-1} \overset{(4.16)}{=} \sum_{m \in \mathbb{Z}} c_m \int_C g_{m-n-1} \overset{(4.19)}{=} 2\pi \mathbf{i} c_n.$$

$$\backslash(^\wedge\square^\wedge)/$$

例 4.2.7 のために補題を用意する.

補題 4.2.6 $z_0, z_1, w \in \mathbb{C}$ が $\inf_{c \in [z_0, z_1]} |c - w| \geq r > 0$ をみたすとき,任意の $n \in \mathbb{N} \backslash \{0\}$ に対し,

$$|(w-z_1)^{-n} - (w-z_0)^{-n} - n(w-z_0)^{-n-1}(z_1-z_0)| \leq \tfrac{1}{2}n(n+1)r^{-n-2}|z_1-z_0|^2.$$

証明 $f(t) \overset{\text{def}}{=} (w - z_0 - t(z_1 - z_0))^{-n}$ $(t \in [0,1])$ に対し,微積分の基本公式を 2 回用いて,

$$\begin{aligned}
&(w - z_1)^{-n} - (w - z_0)^{-n} - n(w - z_0)^{-n-1}(z_1 - z_0) \\
1) \quad &= f(1) - f(0) - f'(0) = \int_0^1 (f'(s) - f'(0))ds \\
&= \int_0^1 \left(\int_0^s f''(t)dt \right) ds.
\end{aligned}$$

また,$t \in [0,1]$ に対し $|w - z_0 - t(z_1 - z_0)| \geq r$ より,

$$\begin{aligned}
2) \quad |f''(t)| &= n(n+1)|w - z_0 - t(z_1 - z_0)|^{-n-2}|z_1 - z_0|^2 \\
&\leq n(n+1)r^{-n-2}|z_1 - z_0|^2.
\end{aligned}$$

1), 2) より結論を得る. \(^□^)/

次の例は命題 5.3.1,定理 7.3.1 の証明でも引用する.

例 4.2.7 $C \subset \mathbb{C}$ は区分的 C^1 級曲線,$f : C \to \mathbb{C}$ は連続とし,$F : \mathbb{C} \backslash C \to \mathbb{C}$ を次のように定める:

$$F(z) = \int_C \frac{f(w)}{w - z} dw.$$

このとき,F は $\mathbb{C} \backslash C$ 上で任意回複素微分可能かつ,任意の $n \in \mathbb{N}$ に対し n 階導関数 $F^{(n)} : \mathbb{C} \backslash C \to \mathbb{C}$ $(F^{(0)} \overset{\text{def}}{=} F)$ は次のように表される:

$$F^{(n)}(z) = n! \int_C \frac{f(w)}{(w - z)^{n+1}} dw. \tag{4.21}$$

証明 $z_0 \in \mathbb{C} \backslash C$ を任意とし,F の z_0 における n 回複素微分可能性および (4.21) の成立を,n に関する帰納法で示す.$n = 0$ の場合は自明である.$n \geq 1$ とし,$n-1$ まで主張が正しいとする.$\mathbb{C} \backslash C$ は開だから,$D(z_0, 2r) \subset \mathbb{C} \backslash C$ をみたす $r \in (0, \infty)$ が存在する.さらに,$z \neq z_0, z \to z_0$ とするとき,$z \in D(z_0, r)$

としてよい. 以上より任意の $w \in C$ に対し $\inf_{c \in [z_0, z]} |c - w| \geq r > 0$. ゆえに,
$M \overset{\text{def}}{=} \sup_{w \in C} |f(w)|$ に対し,

$$\left| \frac{F^{(n-1)}(z) - F^{(n-1)}(z_0)}{z - z_0} - n! \int_C \frac{f(w)}{(w-z)^{n+1}} dw \right|$$

$$\overset{(4.13)}{\leq} \frac{(n-1)!}{|z - z_0|} \int_C \left| \frac{1}{(w-z)^n} - \frac{1}{(w-z_0)^n} - \frac{n(z-z_0)}{(w-z_0)^{n+1}} \right| |f(w)||dw|$$

$$\overset{\text{補題 4.2.6}}{\leq} \frac{1}{2}(n+1)! \, r^{-n-2} M \ell(C) |z - z_0| \longrightarrow 0.$$

よって, n でも主張は正しい. \\(^□^)/

問 4.2.1 $D \subset \mathbb{C}$ は開, $C \subset D$ は区分的 C^1 級曲線, $h : D \to \mathbb{C}$ は正則とする. また, C を $g : [\alpha, \beta] \to D$ と表すとき, $h \circ g : [\alpha, \beta] \to \mathbb{C}$ と表される曲線を $h(C)$ と記す. このとき, $h(C)$ は区分的 C^1 級であり, 連続関数 $f : h(C) \to \mathbb{C}$ に対し次の等式をみたすことを示せ:
$$\int_{h(C)} f = \int_C (f \circ h) h'.$$

問 4.2.2 $r \in (0, \infty)$, $f : C(a, 1/r) \to \mathbb{C}$ は連続とするとき, 次を示せ:
$$\int_{C(a, 1/r)} f = \int_{C(a, r)} f\left(a + \frac{1}{z-a}\right) \frac{1}{(z-a)^2} dz.$$

問 4.2.3 閉曲線 $C \subset \mathbb{C}$ が区分的 C^1 級関数 $g : [0, 2\gamma] \to \mathbb{C}$ $(\gamma > 0)$ により表され, かつ g は $g(t) = -g(t - \gamma)$, $\forall t \in [\gamma, 2\gamma]$ をみたすとする. また $f : C \to \mathbb{C}$ は連続かつ $\forall z \in C$ に対し $f(z) = f(-z)$ をみたすとする. このとき, $\int_C f = 0$ を示せ.

問 4.2.4 区分的 C^1 級閉曲線 C, および $n \in \mathbb{N} \backslash \{0\}$ に対し, C を n 回継ぎ足した閉曲線を C^n, C^{-1} を n 回継ぎ足した閉曲線を C^{-n} とする (C^n は C を, C と同じ向きに n 周する. また C^{-n} は C を, C と逆向きに n 周する). このとき, 連続関数 $f : C \to \mathbb{C}$, および $n \in \mathbb{Z} \backslash \{0\}$ に対し, $\int_{C^n} f = n \int_C f$ を示せ:

問 4.2.5 レムニスケート[1]: $g(t) = \sqrt{1 - t^2}(\sqrt{2 - t^2} + \mathbf{i}t)$ $(t \in [0, 1])$ に対し $g([0, \tau])$ $(\tau \leq 1)$ の弧長 $\ell(\tau)$ について次を示せ:
$$\ell(\tau) = \int_0^\tau \frac{dt}{\sqrt{p(t)}}, \quad \text{ここで,} \quad p(t) = (2 - t^2)(1 - t^2). \tag{4.22}$$

---

[1] レムニスケートは極座標による次の表示がむしろ標準的である:$h(\theta) = \sqrt{\cos 2\theta}(\cos\theta + \mathbf{i}\sin\theta)$ $(\theta \in [0, \beta/2])$. この表示から変数変換 $t = \sqrt{1 - \cos 2\theta}$ により $g(t)$ を得る.

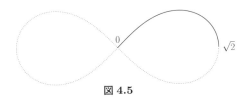

図 4.5

注　(4.22) の積分 $\ell(\tau)$ を**第一種楕円積分**とよぶ．$\ell : [0,1] \to [0,\ell(1)]$ は狭義単調増加かつ滑らかなので，**楕円関数**とよばれる滑らかな逆関数 $\tau : [0,\ell(1)] \to [0,1]$ を持つ．等式 $s = \ell(\tau(s))$ を s で微分すれば，$(x,y) = (\tau(s),\tau'(s))$ は代数方程式 $y^2 = p(x)$ を解くことがわかる．これは，楕円関数は，適切に複素変数に拡張されることにより代数関数体 [及川, p.173] を生成することを示唆する．実際，ガウスは楕円関数を複素変数に拡張し，楕円関数が二つの独立な周期を持つことを発見した (1797年)．これについては本節末の補足で，もう少し詳しく説明する．

問 4.2.6 ($\star$)　楕円積分 (4.22) の変数 τ をすべての実数に拡張するために広義積分 $\ell(\tau)$ ($\tau \in \mathbb{R}$) により定める：

$$\ell(\tau) = \int_0^\tau \frac{dt}{f(t)}, \quad \text{ここで}\ f(t) = \begin{cases} \sqrt{p(t)}, & |t| \leq 1 \text{ のとき}, \\ \mp \mathbf{i}\sqrt{-p(t)}, & 1 < \pm t \leq \sqrt{2} \text{ のとき}, \\ -\sqrt{p(t)}, & |t| > \sqrt{2} \text{ のとき}. \end{cases}$$
$$(4.23)$$

(一見すると $1 < \pm t < 2$ のとき $f(t) = \pm \mathbf{i}\sqrt{-p(t)}$ の方が自然に思えるが，敢えて符号を逆にする)．$a = \ell(1)$ とするとき，$\ell : \mathbb{R} \to \mathbb{C}$ による以下の対応が全単射であることを示せ：

$$[-1,1] \to [-a,a], \quad [1,\sqrt{2}] \to a + \mathbf{i}[0,a], \quad [-\sqrt{2},-1] \to -a + \mathbf{i}[0,a],$$
$$[\sqrt{2},\infty) \to (0,a] + a\mathbf{i}, \quad (-\infty,-\sqrt{2}] \to [-a,0) + a\mathbf{i}.$$

【ヒント】対応 $[1,\sqrt{2}] \longrightarrow a + \mathbf{i}[0,a]$ を調べるには積分 $\int_1^\tau \frac{dt}{\sqrt{-p(t)}}$ ($1 \leq \tau \leq \sqrt{2}$) で，変数変換 $t = \sqrt{2-s^2}$ を考える．また，対応 $[\sqrt{2},\infty) \longrightarrow [a+a\mathbf{i},a\mathbf{i})$ を調べるには積分：$\int_{\sqrt{2}}^\tau \frac{dt}{\sqrt{p(t)}}$ ($\sqrt{2} \leq \tau < \infty$) で，変数変換 $t = \sqrt{(2-s^2)/(1-s^2)}$ を考える．

問 4.2.7　$a,b \in H_+ \overset{\mathrm{def}}{=} \{\mathrm{Im}\, z > 0\}$ とする．また，H_+ 内の区分的 C^1 級曲線 C に対し $\rho(C) = \int_C \frac{|dz|}{\mathrm{Im}\, z}$ とする．以下を示せ．

i) $\mathrm{Re}\, a = \mathrm{Re}\, b$, $\mathrm{Im}\, a < \mathrm{Im}\, b$ のとき，a,b を結ぶ線分 C に対し $\rho(C) = \log(\mathrm{Im}\, b/\mathrm{Im}\, a)$.

ii) $\operatorname{Re} b < \operatorname{Re} a$ のとき, $c \in \mathbb{R}$, $r \in (0,\infty)$ を $a,b \in C(c,r)$ となるようにとる. a,b を H_+ 内で結ぶ $C(c,r)$ の孤 C に対し, $\cosh \rho(C) = 1 + \frac{|a-b|^2}{2\operatorname{Im} a \operatorname{Im} b}$.

> **注**　問 4.2.7 i), ii) それぞれで C は上半平面 H_+ の**ポアンカレ計量**に関し a,b を結ぶ測地線であり, また $\rho(C)$ は a,b 間の距離を表す.

問 4.2.8　例 4.2.5 の仮定のもとで, 以下を示せ.

i) $f(2a - z) = f(z) \ (\forall z \in C(a,r)) \iff c_{2n+1} = 0 \ (\forall n \in \mathbb{Z})$.

ii) $f(2a - z) = -f(z) \ (\forall z \in C(a,r)) \iff c_{2n} = 0 \ (\forall n \in \mathbb{Z})$.

問 4.2.9　例 4.2.7 の F に対し次を示せ: $\displaystyle\lim_{|z|\to\infty} z^n F^{(n)}(z) = 0 \ (\forall n \in \mathbb{N})$. なお, 問 4.2.9 は定理 7.3.1 の証明でも引用する.

問 4.2.10　$a_n, b_n \in \mathbb{C}$, $\sum_{n=0}^{\infty} |a_n| < \infty$, $\sum_{n=0}^{\infty} |b_n| < \infty$ とする. べき級数 $f(z) = \sum_{n=0}^{\infty} a_n z^n$, $g(z) = \sum_{n=0}^{\infty} b_n z^n$ に対し次を示せ:

$$\int_{C(0,1)} \frac{f(z)\overline{g(z)}}{z}\, dz = 2\pi \mathrm{i} \sum_{n=0}^{\infty} a_n \overline{b_n}.$$

補足 ($\star$) (楕円関数の二重周期性)　この補足では, 問 4.2.5 直後の余談の続きとして, 楕円関数 τ の複素変数への拡張方法, またその結果としての二重周期性を説明する. 余談であることを言い訳に, 一部については証明を省く.

まず, (4.22) の楕円積分 $\ell(\tau)$ を複素変数に拡張する. まず $\ell : \mathbb{R} \to \mathbb{C}$ を (4.23) より定め, $a \stackrel{\text{def}}{=} \ell(1)$ とする. 問 4.2.6 より,

1)　$\pm a, \pm a + a\mathbf{i}$ を頂点とする長方形の内部を R とするとき, $\ell(\mathbb{R}) = \partial R \backslash \{ai\}$.

次に, $H_+ = \{\operatorname{Im} z > 0\}$, $\overline{H}_+ = \{\operatorname{Im} z \geq 0\}$, とするとき, $\ell : \mathbb{R} \to \mathbb{R}$ は次の性質を持つ連続関数 $\ell : \overline{H}_+ \to \mathbb{C}$ に拡張される.

2)　$\ell : \overline{H}_+ \to \overline{R} \backslash \{ai\}$ は同相, かつ $\ell : H_+ \to R$ は正則同型である.

2) の証明は割愛する (シュワルツ・クリストフェル変換 [Ahl, p.236] の特別な場合).

ℓ の性質 1), 2) より

3)　$\ell : \overline{H}_+ \to \overline{R} \backslash \{ai\}$ の逆関数 $\tau : \overline{R} \backslash \{ai\} \to \overline{H}_+$ は同相, R 上正則, かつ $\tau(\partial R \backslash \{ai\}) = \mathbb{R}$ をみたす.

さらに, $\Gamma \stackrel{\text{def}}{=} \{2ma + (2n+1)a\mathbf{i} \,;\, m,n \in \mathbb{Z}\}$ とし, 以下に述べる手順により, τ を $\mathbb{C} \backslash \Gamma$ 上の連続関数に拡張することができる. まず $\mathbb{C} \backslash \Gamma$ は周も含めた長方形

$\overline{R}$ を次のように平行移動した長方形 (Γ の点は除く) の全体で埋め尽くせること
に注意する ($\mathbb{C}\backslash\Gamma$ のタイル張り).

$$\overline{R}(m,n) \stackrel{\mathrm{def}}{=} (\overline{R} + 2ma + na\mathbf{i})\backslash\Gamma, \ \ m,n \in \mathbb{Z}.$$

τ の拡張の第一段階として, $\overline{R}$ と 1 辺を共有する長方形 $\overline{R}(\pm 1, 0)$, $\overline{R}(0, \pm 1)$
を考える. 最も単純な場合として, $\overline{R}(0, -1)$ を例にとると, $\tau(\partial R\backslash\{a\mathbf{i}\}) = \mathbb{R}$ に
注意し問 1.3.4 を適用すれば, $\overline{R}(0, -1)$ 上での τ の値を次式で定めることにより
(実軸に関する鏡像), τ を $\overline{R} \cup \overline{R}(0, -1)$ 上に連続拡張することができる:

$$\tau(z) \stackrel{\mathrm{def}}{=} \overline{\tau(\overline{z})}, \ z \in \overline{R} - a\mathbf{i}.$$

長方形 $\overline{R}(\pm 1, 0)$, $\overline{R}(0, 1)$ についても, これらの長方形上での τ の値を次のよう
に定めれば同様の連続拡張が可能である:

$$\tau(z) \stackrel{\mathrm{def}}{=} \begin{cases} \overline{\tau(\pm 2a - \overline{z})}, & z \in \overline{R}(\pm 1, 0), \\ \overline{\tau(2a\mathbf{i} + \overline{z})}, & z \in \overline{R}(0, 1). \end{cases}$$

以下順次, 共有する辺に関する鏡像を作ることにより, τ の定義域はすべての
$\overline{R}(m,n)$ 上に拡張され, 結果として τ は $\mathbb{C}\backslash\Gamma$ 上の連続関数に拡張される[2].

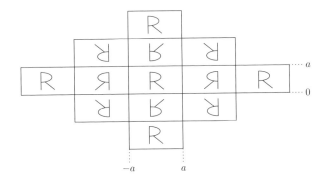

図 4.6

このとき, $\tau : \mathbb{C}\backslash\Gamma \to \mathbb{C}$ は次の二重周期性を持つ:

$$\tau(z + 4a) = \tau(z + 2a\mathbf{i}) = \tau(z), \ \forall z \in \mathbb{C}\backslash\Gamma. \tag{4.24}$$

[2] シュワルツの鏡像原理 (例 5.5.3) より拡張された τ は $\mathbb{C}\backslash\Gamma$ 上正則である.

実際，拡張の仕方から，$\tau : \overline{R}(m+2, n) \to \mathbb{C}$ は $\tau : \overline{R}(m, n) \to \mathbb{C}$ を実軸方向に $4a$ だけ平行移動したものと一致する．ゆえに $\tau(z + 4a) = \tau(z)$．$\tau(z + 2a\mathbf{i}) = \tau(z)$ も同様に説明できる．なお，楕円関数の二重周期性 (4.24) は代数方程式 $w^2 = p(z)$ $(z, w \in \mathbb{C})$ のリーマン面 (例 6.8.1 の $m = 2$ の場合) がトーラス $\{t_1 \cdot 4a + t_2 \cdot 2a\mathbf{i} ; t_1, t_2 \in \mathbb{R}/\mathbb{Z}\}$ と正則同型であることの反映でもある [今吉・谷口, pp.7–9]．

　ガウスは 1797 年にすでに楕円関数の二重周期性 (4.24) を発見していたが，公表しなかった．後にアーベル，ヤコビはこの事実を再発見し (アーベルの論文出版は 1827 年)，楕円関数の研究を深化させると共に，より一般的な代数関数 (楕円関数のように代数方程式の解として得られる関数．一般には枝分かれを伴う) の研究へと発展させた．さらにリーマンは，これらの研究に位相幾何的視界を切り開き，代数関数体と閉リーマン面の対応 [及川, p.169, 定理 4.14] に結実させた (1851 年)．これら一連の研究から，複素関数論はもちろんのこと，代数学，幾何学，解析学にわたる現代数学の多くの基本的概念や手法が生み出された．それにしても，21 世紀の数学をもってしてなお手ごわい研究対象に，19 世紀以前の数学者達が当時の限られた手法だけを頼りに果敢に挑んでいたことには畏敬の念を新たにする．

4.3 / 初等的コーシーの定理

　コーシーの定理は，領域 D 上の正則関数 f が D 内の区分的 C^1 級閉曲線 C に対し，領域 D，閉曲線 C に対する適切な条件下で次をみたすことを主張する：

$$\int_C f = 0. \tag{4.25}$$

　今後，定理 4.6.6 で，複素関数論を厳密に展開するために十分一般的な条件下のコーシーの定理を述べるが，その証明はやや技巧的である．そこで本節では $f \in C^1(D)$ という条件を付加し，複素型グリーンの定理を経由することにより，(4.25) をより平易に導出する (初等的コーシーの定理：系 4.3.3)．初等的コーシーの定理の魅力は，証明の平易さにもかかわらず多くの具体例に応用できる点である．

　複素平面内の領域の形状に関する条件を提示する．具体例に現れる多くの領域

がこの条件をみたす.

定義 4.3.1（**縦線型・横線型領域**）　$A \subset \mathbb{C}$ を領域とする.

▶ 有界閉区間 $[x_1, x_2]$ および区分的 C^1 級関数 $h_1, h_2 : [x_1, x_2] \to \mathbb{R}$ で次のような
ものが存在するとき，A を**縦線型**であるという：

$$
\begin{aligned}
&x \in (x_1, x_2) \text{ なら } h_1(x) < h_2(x), \\
&A = \{z = x + \mathbf{i}y \,;\, x \in (x_1, x_2),\, y \in (h_1(x), h_2(x))\}.
\end{aligned}
\tag{4.26}
$$

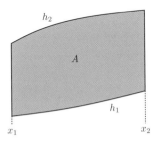

図 4.7

　A の境界 ∂A は区分的 C^1 級閉曲線である．∂A の向きであり，$\{(x, h_1(x))\}_{x \in [x_1, x_2]}$
上で x が増加する向きを**反時計回り**の向きとよぶ.

▶ 有界閉区間 $[y_1, y_2]$ および区分的 C^1 級関数 $g_1, g_2 : [y_1, y_2] \to \mathbb{R}$ で次のような
ものが存在するとき，A は**横線型**であるという：

$$
\begin{aligned}
&y \in (y_1, y_2) \text{ なら } g_1(y) < g_2(y), \\
&A = \{z - x + \mathbf{i}y \,;\, y \in (y_1, y_2),\, x \in (g_1(y), g_2(y))\}.
\end{aligned}
\tag{4.27}
$$

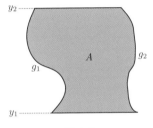

図 4.8

A の境界 ∂A は区分的 C^1 級閉曲線である．∂A の向きであり，$\{(g_2(y), y)\}_{y \in [y_1, y_2]}$ 上で y が増加する向きを**反時計回り**の向きとよぶ．

領域 A が縦線型であるとは，A が h_2, h_1 のグラフによって上下から挟まれた図形であることを意味する．同様に，領域 A が横線型であるとは，A が g_1, g_2 のグラフによって左右から挟まれた図形であることを意味する．

定理 4.3.2（複素型グリーンの定理）　有界領域 A は縦線型かつ横線型とする．また，$D \subset \mathbb{C}$ は開，$\overline{A} \subset D$, $f \in C^1(D \to \mathbb{C})$ なら，

$$\int_{\partial A} f = \mathbf{i} \int\!\!\int_A (f_x + \mathbf{i} f_y)\, dxdy, \tag{4.28}$$

ここで ∂A の向きは反時計回りとする．

定理 4.3.2 の証明には，複素線積分の実軸・虚軸方向への分解 (4.29) を用いる．区分的 C^1 級曲線 $g : [\alpha, \beta] \to \mathbb{C}$ を C で表す．連続関数 $f : C \to \mathbb{C}$ の実軸方向の線積分 $\int_C f d\operatorname{Re} = \int_C f(z) d\operatorname{Re} z$, 虚軸方向の線積分 $\int_C f d\operatorname{Im} = \int_C f(z) d\operatorname{Im} z$ を次のように定める：

$$\begin{aligned} \int_C f d\operatorname{Re} &= \int_C f(z) d\operatorname{Re} z \overset{\text{def}}{=} \int_\alpha^\beta f(g(t))(\operatorname{Re} g)'(t)\, dt, \\ \int_C f d\operatorname{Im} &= \int_C f(z) d\operatorname{Im} z \overset{\text{def}}{=} \int_\alpha^\beta f(g(t))(\operatorname{Im} g)'(t)\, dt. \end{aligned} \tag{4.29}$$

定義から明らかに

$$\int_C f = \int_C f d\operatorname{Re} + \mathbf{i} \int_C f d\operatorname{Im}. \tag{4.30}$$

(4.29) の線積分に対しても，それらの値は，区分的 C^1 級変換で移りあう範囲において径数づけの仕方によらないことが，複素線積分 $\int_C f$ の場合と同様にしてわかる．また，複素線積分の基本性質（補題 4.2.2, 4.2.3）は (4.29) の線積分に対しても同様に成立する．

定理 4.3.2 の証明　関数 g_j, h_j $(j = 1, 2)$ を (4.26), (4.27) のようにとる．曲線 H_1, H_2, 線分 J_1, J_2 を次のように定める：

$$H_1 = \{x + \mathbf{i} h_1(x) \, ; \, x \in [x_1, x_2]\}, \qquad H_2 = \{x + \mathbf{i} h_2(x) \, ; \, x \in [x_1, x_2]\},$$
$$J_1 = \{x_1 + \mathbf{i} y \, ; \, y \in [h_1(x_1), h_2(x_1)]\}, \quad J_2 = \{x_2 + \mathbf{i} y \, ; \, y \in [h_1(x_2), h_2(x_2)]\}.$$

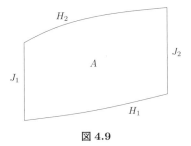

図 4.9

このとき，閉曲線 ∂A は H_1, J_2, H_2^{-1}, J_1^{-1} をこの順で継ぎ足して得られる．また，J_1, J_2 は虚軸に平行なので，

$$\int_{J_1} f\, d\operatorname{Re} = \int_{J_2} f\, d\operatorname{Re} = 0.$$

よって

1) $\displaystyle \int_{\partial A} f\, d\operatorname{Re} = \left(\int_{H_1} + \int_{J_2} - \int_{H_2} - \int_{J_1} \right) f\, d\operatorname{Re} = \left(\int_{H_1} - \int_{H_2} \right) f\, d\operatorname{Re}.$

また，$x \in (x_1, x_2)$ を任意に固定するとき，$\overline{A} \subset D$ より，

$$\{x + \mathbf{i}y \,;\, y \in [h_1(x), h_2(x)]\} \subset D.$$

さらに $f \in C^1(D \to \mathbb{C})$ より $y \mapsto f(x + \mathbf{i}y)$ は区間 $[h_1(x), h_2(x)]$ 上 C^1 級である．したがって，微積分の基本公式 [吉田 1, p.226, 定理 11.2] より

2) $\displaystyle \int_{h_1(x)}^{h_2(x)} f_y(x + \mathbf{i}y)\, dy = f(x + \mathbf{i}h_2(x)) - f(x + \mathbf{i}h_1(x)).$

よって，

$$
\begin{aligned}
-\iint_A f_y\, dx\, dy &= -\int_{x_1}^{x_2} \left(\int_{h_1(x)}^{h_2(x)} f_y\, dy \right) dx \\
&\overset{2)}{=} -\int_{x_1}^{x_2} \left(f(x + \mathbf{i}h_2(x)) - f(x + \mathbf{i}h_1(x)) \right) dx \\
&\overset{(4.29)}{=} \left(\int_{H_1} - \int_{H_2} \right) f\, d\operatorname{Re} \overset{1)}{=} \int_{\partial A} f\, d\operatorname{Re}. \tag{4.31}
\end{aligned}
$$

一方，曲線 G_1, G_2，線分 I_1, I_2 を次のように定める：

$G_1 = \{g_1(y) + \mathbf{i}y \,;\, y \in [y_1, y_2]\}$, $G_2 = \{g_2(y) + \mathbf{i}y \,;\, y \in [y_1, y_2]\}$,

$I_1 = \{x + \mathbf{i}y_1 \,;\, x \in [g_1(y_1), g_2(y_1)]\}$, $I_2 = \{x + \mathbf{i}y_2 \,;\, x \in [g_1(y_2), g_2(y_2)]\}$.

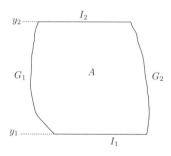

図 4.10

このとき，閉曲線 ∂A は I_1, G_2, I_2^{-1}, G_1^{-1} を，この順で継ぎ足して得られる．また，I_1, I_2 は実軸に平行なので，

$$\int_{I_1} f\,d\operatorname{Im} = \int_{I_2} f\,d\operatorname{Im} = 0.$$

よって

3) $\quad\displaystyle\int_{\partial A} f\,d\operatorname{Im} = \left(\int_{I_1} + \int_{G_2} - \int_{I_2} - \int_{G_1}\right) f\,d\operatorname{Im} = \left(\int_{G_2} - \int_{G_1}\right) f\,d\operatorname{Im}.$

また，$y \in (y_1, y_2)$ を任意に固定するとき，$\overline{A} \subset D$ より，

$$\{x + \mathbf{i}y \,;\, x \in [g_1(y), g_2(y)]\} \subset D.$$

さらに $f \in C^1(D \to \mathbb{C})$ より $x \mapsto f(x + \mathbf{i}y)$ は区間 $[g_1(y), g_2(y)]$ 上 C^1 級である．したがって，微積分の基本公式 [吉田 1, p.226, 定理 11.2] より

4) $\qquad\displaystyle\int_{g_1(y)}^{g_2(y)} f_x(x + \mathbf{i}y)dx = f(g_2(y) + \mathbf{i}y) - f(g_1(y) + \mathbf{i}y).$

よって，

$$
\begin{aligned}
\iint_A f_x\,dxdy &= \int_{y_1}^{y_2}\left(\int_{g_1(y)}^{g_2(y)} f_x\,dx\right) dy \\
&\overset{4)}{=} \int_{y_1}^{y_2}\left(f(g_2(y) + \mathbf{i}y) - f(g_1(y) + \mathbf{i}y)\right) dy \\
&\overset{(4.29)}{=} \left(\int_{G_2} - \int_{G_1}\right) f\,d\operatorname{Im} \overset{3)}{=} \int_{\partial A} f\,d\operatorname{Im}. \qquad (4.32)
\end{aligned}
$$

よって

$$\iint_A (-f_y + \mathbf{i}f_x)\,dxdy \overset{(4.31),(4.32)}{=} \int_{\partial A} f\,d\operatorname{Re} + \mathbf{i}\int_{\partial A} f\,d\operatorname{Im} \overset{(4.30)}{=} \int_{\partial A} f.$$

以上で (4.28) を得る. \(^□^)/

注 定理 4.3.2 の証明中で得られた等式 (4.31), (4.32) より,$f, g \in C^1(D \to \mathbb{C})$ なら,

$$\int_{\partial A} f\,d\mathrm{Re} + \int_{\partial A} g\,d\mathrm{Im} = \int\int_A (-f_y + g_x)\,dxdy. \tag{4.33}$$

複素型グリーンの定理 (4.28) に対し,上の等式 (4.33) を単に,グリーンの定理とよ ぶ.ここでは,領域 A が縦線型かつ横線型という簡単な場合を考えた.より一般的な 条件下でのグリーンの定理については,[杉浦, II, pp.175–176] を参照されたい.

次の系は,本節後半で述べる様々な応用例の基礎となる.

系 4.3.3（初等的コーシーの定理） 有界領域 A は縦線型かつ横線型とする. また,$D \subset \mathbb{C}$ は開,$\overline{A} \subset D, f \in C^1(D \to \mathbb{C}), f$ は A 上正則なら,

$$\int_{\partial A} f = 0, \tag{4.34}$$

ここで ∂A の向きは反時計回りとする.

証明 f が A 上正則なら,(4.28) 右辺において,$f_x + \mathbf{i}f_y \overset{(3.43)}{=} 0.$ \(^□^)/

4.4 / 初等的コーシーの定理を応用した計算例

系 4.3.3 の応用例として補題 4.4.2, 4.4.5,さらにそれらの具体例として例 4.4.4, 4.4.6 を紹介する.

まず,補題 4.4.2,例 4.4.4 への布石として,実一変数関数の広義積分について よく知られた事実 [吉田 1, p.261, 例 12.3.2] を引用する.

補題 4.4.1 連続関数 $f: \mathbb{R} \to \mathbb{C}$,および $a \in \mathbb{R}$ に対し,次の広義積分の一 方が収束すれば他方も収束し,両者は等しい:

$$\int_{-\infty}^{\infty} f(x)dx, \quad \int_{-\infty}^{\infty} f(x+a)dx.$$

この類似として,次の補題が成立する.

補題 4.4.2　$c \in \mathbb{C}$, $b = \operatorname{Im} c \neq 0$ とし，以下を仮定する.

- $D \subset \mathbb{C}$ は開，かつ次をみたす：

$$
D \supset \begin{cases} \{0 \leq \operatorname{Im} z \leq b\}, & b > 0 \text{ なら}, \\ \{b \leq \operatorname{Im} z \leq 0\}, & b < 0 \text{ なら}. \end{cases}
$$

- $f : D \to \mathbb{C}$ は正則，C^1 級，かつ次をみたす[3]：

$$
\lim_{|x| \to \infty} \int_0^b f(x + t\mathbf{i}) \, dt = 0. \tag{4.35}
$$

このとき，次の広義積分の一方が収束すれば他方も収束し，両者は等しい：

$$
\int_{-\infty}^{\infty} f(x) \, dx, \quad \int_{-\infty}^{\infty} f(x + c) \, dx.
$$

証明　$\ell, r > 0$ とし，$-\ell, r, r + b\mathbf{i}, -\ell + b\mathbf{i}$ を頂点とする長方形の積分路に系 4.3.3 を適用し，

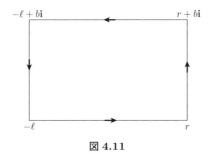

図 4.11

1) $$\int_{[-\ell, r]} f + \int_{[r, r+\mathbf{i}b]} f + \int_{[r+\mathbf{i}b, -\ell+\mathbf{i}b]} f + \int_{[-\ell+\mathbf{i}b, -\ell]} f = 0.$$

$\ell, r \to \infty$ とすると，

---

[3] 条件 (4.35) は補題 4.4.2 の証明中で考える長方形において，縦の辺に沿った線積分が，$\ell, r \to \infty$ の極限において消えるための条件である.

$$\int_{-\ell}^{r} f(x)dx - \int_{-\ell}^{r} f(x+\mathbf{i}b)dx = \int_{[-\ell,r]} f + \int_{[r+\mathbf{i}b,-\ell+\mathbf{i}b]} f$$

$$\overset{1)}{=} -\int_{[-\ell+\mathbf{i}b,-\ell]} f - \int_{[r,r+\mathbf{i}b]} f$$

$$= -\mathbf{i}\int_{0}^{b} f(-\ell+\mathbf{i}t)dt - \mathbf{i}\int_{0}^{b} f(r+\mathbf{i}t)dt \overset{(4.35)}{\longrightarrow} 0.$$

以上より，次の広義積分の一方が収束すれば他方も収束し，両者は等しい.

$$\int_{-\infty}^{\infty} f(x)\,dx, \quad \int_{-\infty}^{\infty} f(x+b\mathbf{i})\,dx.$$

さらに，連続関数 $x \mapsto f(x+b\mathbf{i})$ に補題 4.4.2 を適用することにより，次の広義積分の一方が収束すれば他方も収束し，両者は等しい：

$$\int_{-\infty}^{\infty} f(x+b\mathbf{i})\,dx, \quad \int_{-\infty}^{\infty} f(x+a+b\mathbf{i})\,dx.$$

以上より補題の結論を得る. \\(^□^)/

注 補題 4.4.2 の証明中，系 4.3.3 を用い 1) を示したが，系 4.3.3 の代わりに星形領域に対するコーシーの定理 (定理 4.6.6) を用いてもよい. またその場合，f が C^1 級であることは仮定する必要がない. さらに具体的な応用例では，ほとんどすべての場合 f は原始関数を持つ. その場合は 命題 4.5.6 により 1) を示すこともできる.

以下の応用例では，次のよく知られた定積分を用いる.

補題 4.4.3 $c \in \mathbb{R}\backslash\{0\}$ に対し，

$$\int_{0}^{\infty} \exp\left(-c^2 x^2\right) dx = \frac{\sqrt{\pi}}{2|c|}. \tag{4.36}$$

証明[4] 変数変換により $c=1$ の場合に帰着する. そこで $0 \le \varepsilon < r \le \infty$ に対し $I(\varepsilon,r) = \int_{\varepsilon}^{r} \exp\left(-x^2\right) dx$ とする. 特に $0 < \varepsilon < r < \infty$ とするとき，

1)
$$I(\varepsilon,r)I(0,r) = \left(\int_{\varepsilon}^{r} \exp\left(-x^2\right) dx\right)\left(\int_{0}^{r} \exp\left(-y^2\right) dy\right)$$

$$= \int_{\varepsilon}^{r}\left(\int_{0}^{r} \exp\left(-x^2-y^2\right) dy\right) dx.$$

---

[4] この証明には次のような確率論的背景がある. 独立な正値確率変数 X, Y の分布が共に密度 $\frac{2}{\sqrt{\pi}}\exp(-x^2)$ を持つとき，正値確率変数 Y/X の分布は密度 $\frac{2}{\pi}\frac{1}{1+x^2}$ を持つ. 留数定理 (定理 6.2.1) による証明は問 6.3.8 を参照されたい.

一方，$x \in [\varepsilon, r]$ を固定するとき，

$$\int_0^r \exp\left(-x^2 - y^2\right) dy \overset{y=xt}{=} x \int_0^{r/x} \exp\left(-(1+t^2)x^2\right) dt.$$

これを 1) に代入し，x, t の積分順序を交換すると[5]：

2)
$$\begin{aligned}
I(\varepsilon, r)I(0, r) &= \int_\varepsilon^r \left(\int_0^{r/x} \exp\left(-(1+t^2)x^2\right) dt\right) x\, dx \\
&= \int_0^{r/\varepsilon} \left(\int_\varepsilon^{m(r,t)} \exp\left(-(1+t^2)x^2\right) x\, dx\right) dt,
\end{aligned}$$

ここで，$m(r, t) = r \min\{1, 1/t\}$. 一方，$t \in (0, r/\varepsilon]$ を固定するとき，

$$\begin{aligned}
\int_\varepsilon^{m(r,t)} \exp\left(-(1+t^2)x^2\right) x\, dx &= -\tfrac{1}{2}\left[\frac{\exp\left(-(1+t^2)x^2\right)}{1+t^2}\right]_{x=\varepsilon}^{x=m(r,t)} \\
&= \frac{\exp\left(-(1+t^2)\varepsilon^2\right) - \exp\left(-(1+t^2)m(r,t)^2\right)}{2(1+t^2)}.
\end{aligned}$$

これを 2) に代入し，

3)
$$\begin{aligned}
I(\varepsilon, r)I(0, r) &= \tfrac{1}{2}\int_0^{r/\varepsilon} \frac{\exp\left(-(1+t^2)\varepsilon^2\right)}{1+t^2}\, dt \\
&\quad - \tfrac{1}{2}\int_0^{r/\varepsilon} \frac{\exp\left(-(1+t^2)m(r,t)^2\right)}{1+t^2}\, dt.
\end{aligned}$$

3) の第 1 項について，$1 - \exp\left(-(1+t^2)\varepsilon^2\right) \le (1+t^2)\varepsilon^2$ より，

4)
$$\begin{aligned}
0 &\le \int_0^{r/\varepsilon} \frac{dt}{1+t^2} - \int_0^{r/\varepsilon} \frac{\exp\left(-(1+t^2)\varepsilon^2\right)}{1+t^2}\, dt \\
&= \int_0^{r/\varepsilon} \frac{1 - \exp\left(-(1+t^2)\varepsilon^2\right)}{1+t^2}\, dt \le (r/\varepsilon) \cdot \varepsilon^2 = r\varepsilon.
\end{aligned}$$

一方，3) の第 2 項について，$(1+t^2)m(r,t)^2 \ge r^2$ より，

5) $\quad 0 \le \int_0^{r/\varepsilon} \frac{\exp\left(-(1+t^2)m(r,t)^2\right)}{1+t^2} dt \le \exp\left(-r^2\right)\int_0^\infty \frac{dt}{1+t^2} \overset{r\to\infty}{\longrightarrow} 0.$

4), 5) に注意して，3) で $\varepsilon \to 0$，次いで $r \to \infty$ とすると

$$I(0, \infty)^2 = \tfrac{1}{2}\int_0^\infty \frac{dt}{1+t^2} \overset{t=\tan\theta}{=} \tfrac{1}{2}\int_0^{\pi/2} d\theta = \frac{\pi}{4}.$$

ゆえに $I(0, \infty) = \sqrt{\pi}/2$. \(^□^)/

---

[5] 積分順序の交換については，例えば [吉田 1, p.353, 系 15.1.3] を参照されたい．なお，積分順序交換後の変数 x には，$x \in [\varepsilon, r]$ に加え $xt \le r$ という新たな制約が生じるため，積分区間は $[\varepsilon, m(r, t)]$ となる．

例 4.4.4 $c \in \mathbb{C}$ に対し，$F(c) \stackrel{\text{def}}{=} \displaystyle\int_{-\infty}^{\infty} \exp\left(-x^2 - 2cx\right) dx = \sqrt{\pi} \exp\left(c^2\right).$

証明 $F(0) \stackrel{(4.36)}{=} \sqrt{\pi}$ は既知とし，$c \neq 0$ の場合を示す．次の正則関数 f に補題 4.4.2 を応用する：

$$f(z) \stackrel{\text{def}}{=} \exp(-z^2), \ z \in \mathbb{C}.$$

この f に対し，

$$\int_{-\infty}^{\infty} f(x)\, dx \stackrel{(4.36)}{=} \sqrt{\pi},$$

$$\int_{-\infty}^{\infty} f(x + c)\, dx = \exp(-c^2) \int_{-\infty}^{\infty} \exp(-x^2 - 2cx)\, dx.$$

よって次をいえればよい：

1) $$\int_{-\infty}^{\infty} f(x)\, dx = \int_{-\infty}^{\infty} f(x + c)\, dx.$$

今，$b = \operatorname{Im} c$ とするとき，$x \in \mathbb{R}$, $t \in [0,1]$ なら，

$$|f(x + bt\mathbf{i})| = |\exp(-(x^2 - b^2 t^2) - 2\mathbf{i}btx)| = \exp(-(x^2 - b^2 t^2)) \leq \exp(-x^2 + b^2).$$

よって $|x| \to \infty$ で，

$$\left| \int_0^1 f(x + bt\mathbf{i})\, dt \right| \leq \int_0^1 |f(x + bt\mathbf{i})|\, dt \leq \exp(-x^2 + b^2) \longrightarrow 0.$$

これと補題 4.4.2 より，1) を得る．   \\(^□^)/

次の応用例 (補題 4.4.5，例 4.4.6) への布石として，実一変数関数の広義積分に関し，よく知られた事実を思い出しておく．

関数 $f : [0, \infty) \to \mathbb{C}$ が広義可積分なら，$c > 0$ に対し，次の広義積分の一方が収束すれば他方も収束し，両者は等しい：

$$\int_0^{\infty} f(x)\, dx, \ c \int_0^{\infty} f(cx)\, dx.$$

この類似として，次の補題が成立する．

補題 4.4.5 $D \subset \mathbb{C}$ を領域，$a, b \in (0, \infty)$ とし，以下を仮定する：

$$\{\operatorname{Im} z \geq 0, \ a \operatorname{Im} z \leq b \operatorname{Re} z\} \subset D. \tag{4.37}$$

$f : D \to \mathbb{C}$ は正則かつ C^1 級，また，

$$\int_0^{br} f(ar + \mathbf{i}y)\, dy \overset{r \to \infty}{\longrightarrow} 0. \tag{4.38}$$

このとき，$c = a + \mathbf{i}b$ に対し次の広義積分の一方が収束すれば他方も収束し，両者は等しい：

$$\int_0^\infty f(x)\, dx, \ c \int_0^\infty f(cx)\, dx.$$

証明　頂点 $0, ar, cr$ を持つ三角形の積分路に系 4.3.3 を適用し[6]，

1) $$\int_{[0,ar]} f + \int_{[ar,cr]} f + \int_{[cr,0]} f = 0.$$

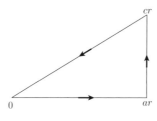

図 4.12

$r \to \infty$ とすると，

$$\int_0^{ar} f(x)\, dx - c \int_0^r f(cx)\, dx$$

$$= \int_{[0,ar]} f + \int_{[cr,0]} f \overset{1)}{=} - \int_{[ar,cr]} f = - \int_0^{br} f(ar + \mathbf{i}y)\, dy \overset{(4.38)}{\longrightarrow} 0. \quad \backslash(\char`\^\square\char`\^)/$$

注　補題 4.4.5 の証明をよく見ると，補題 4.4.5 を以下のように変形できることもわかる.

1) $a, b \in (0, \infty)$ の代わりに $a \in (0, \infty)$, $b \in (-\infty, 0)$ を仮定する場合は，(4.37) の代わりに次を仮定することにより，補題はそのまま成立する：

$$\{\operatorname{Im} z \leq 0 \leq \operatorname{Re} z, \ a \operatorname{Im} z \leq b \operatorname{Re} z\} \subset D.$$

---

[6] 条件 (4.38) は三角形の縦の辺に沿った線積分が，$r \to \infty$ の極限において消えるための条件である.

2) $a, b \in (0, \infty)$ の代わりに $a \in (-\infty, 0)$, $b \in (0, \infty)$ を仮定する場合は，(4.37) の
代わりに次を仮定する：

$$\{\operatorname{Re} z \leq 0 \leq \operatorname{Im} z,\ |a|\operatorname{Im} z \leq b|\operatorname{Re} z|\} \subset D.$$

さらに，(4.38) を仮定するとき，次の広義積分の一方が収束すれば他方も収束し，
両者は等しい：

$$\int_{-\infty}^{0} f(x)dx,\quad -c\int_{0}^{\infty} f(cx)dx.$$

次の例より，等式 (4.36) は c が適切な範囲の複素数の場合に拡張される．

例 4.4.6　$c \in \mathbb{C}\backslash\mathbf{i}\mathbb{R}$, $|\operatorname{Im} c| \leq |\operatorname{Re} c|$ なら，

$$F(c) \stackrel{\text{def}}{=} \int_{0}^{\infty} \exp\left(-c^2 x^2\right) dx = \frac{\sqrt{\pi}}{2c} \times \left\{ \begin{array}{ll} 1, & \operatorname{Re} c > 0\ \text{なら}, \\ -1, & \operatorname{Re} c < 0\ \text{なら}. \end{array} \right.$$

特に $c = (1 \pm \mathbf{i})/\sqrt{2}$ (したがって $c^2 = \pm\mathbf{i}$) のとき，広義積分 $F(c)$ を**フレネル積
分**とよぶ．

証明　$a = \operatorname{Re} c$, $b = \operatorname{Im} c$ とする．$b = 0$ の場合は (4.36) そのものなので $b \neq 0$
とする．また $b > 0$ の場合に等式が示せれば，その共役をとることにより $b < 0$
の場合を得る．そこで以下，$0 < b \leq |a|$ とする．まず $a > 0$ の場合を考える．次
の関数 f に補題 4.4.5 を応用する：

$$f(z) \stackrel{\text{def}}{=} \exp(-z^2),\ z \in \mathbb{C}.$$

このとき，もし補題 4.4.5 の条件 (4.38) が成り立てば，次のようにして結論を
得る：

$$c\int_{0}^{\infty} \exp(-c^2 x^2)\, dx = c\int_{0}^{\infty} f(cx)\, dx \stackrel{\text{補題 4.4.5}}{=} \int_{0}^{\infty} f(x)\, dx \stackrel{(4.36)}{=} \frac{\sqrt{\pi}}{2}.$$

以下，条件 (4.38) の成立を示す．$r > 0$, $y \geq 0$ に対し

1)　　$|f(ar + \mathbf{i}y)| = |\exp(-a^2 r^2 + y^2 - 2\mathbf{i}ary)| = \exp(-a^2 r^2 + y^2).$

また問 4.4.1 より，

2)　　$$\int_{0}^{r} \exp(y^2)\, dy \leq \frac{\exp(r^2) - 1}{r}.$$

次のようにして (4.38) を得る：

$$\left| \int_0^{br} f(ar + \mathbf{i}y)\, dy \right| \le \int_0^{br} |f(ar + \mathbf{i}y)|\, dy$$

$$\overset{1)}{=} \exp(-a^2 r^2) \int_0^{br} \exp(y^2)\, dy \overset{2)}{\le} \frac{\exp(-(a^2 - b^2)r^2)}{br} \overset{r \to \infty}{\longrightarrow} 0.$$

$a < 0$ の場合は，$-c = |a| - b\mathbf{i}$ と $F(c) = F(-c)$ より，

$$F(c) = F(-c) = \frac{\sqrt{\pi}}{2(-c)} = -\frac{\sqrt{\pi}}{2c}. \qquad \backslash(\char`\^\square\char`\^)/$$

> **注**　$\mathrm{Re}(c^2) = (\mathrm{Re}\,c)^2 - (\mathrm{Im}\,c)^2$ より広義積分 $F(c)$ は $|\mathrm{Re}\,c| > |\mathrm{Im}\,c|$ なら絶対収束，$|\mathrm{Re}\,c| = |\mathrm{Im}\,c|$ なら条件収束する．また，$|\mathrm{Re}\,c| < |\mathrm{Im}\,c|$ なら広義積分 $F(c)$ は収束しない (問 4.4.2)．

問 4.4.1　$r > 0$ に対し $\int_0^r \exp(t^2)\, dt \le (\exp(r^2) - 1)/r$ を示せ．

問 4.4.2　例 4.4.6 で，$|\mathrm{Re}\,c| < |\mathrm{Im}\,c|$ とした場合，広義積分 $F(c)$ は収束しないことを示せ．

問 4.4.3　$0 < p < 1$ に対し次を示せ[7]：

$$I(p) \overset{\mathrm{def}}{=} \int_0^\infty \frac{\sin x}{x^p}\, dx = \frac{1}{1-p} \int_0^\infty \sin(x^{\frac{1}{1-p}})\, dx.$$

問 4.4.4　$a \in \mathbb{C}\backslash\mathbf{i}\mathbb{R}$, $|\mathrm{Re}\,a| \ge |\mathrm{Im}\,a|$, $b \in \mathbb{C}$ とする．さらに条件 i) $|\mathrm{Re}\,a| > |\mathrm{Im}\,a|$, または ii) $b/a^2 \in \mathbb{R}$ を仮定するとき次を示せ：

$$F(a,b) \overset{\mathrm{def}}{=} \int_{-\infty}^\infty \exp\left(-a^2 x^2 - 2bx\right) dx = \frac{\sqrt{\pi}}{a} \exp\left(\frac{b^2}{a^2}\right) \times \begin{cases} 1, & \mathrm{Re}\,a > 0 \text{ なら,} \\ -1, & \mathrm{Re}\,a < 0 \text{ なら.} \end{cases}$$

この等式は 例 4.4.4, 4.4.6 両方を同時に一般化する．

問 4.4.5　$c \in \mathbb{C}$, $\mathrm{Re}\,c > 0$, $n \in \mathbb{N}$ とする．以下を示せ．

i) $\int_0^\infty x^n \exp(-cx)\, dx = n!/c^{n+1}$.

　【ヒント】$f(z) = z^n \exp(-z)$ $(z \in \mathbb{C})$ に補題 4.4.5 を適用．

ii) $\int_0^\infty x^n \exp(-x^{1/4}) \sin(x^{1/4})\, dx = 0$. したがって連続関数 $g(x) \overset{\mathrm{def}}{=} \exp(-x^{1/4})$ $\times \sin(x^{1/4})$ は恒等的に零ではなく，かつすべての $n \in \mathbb{N}$ に対し $\int_0^\infty x^n g(x)\, dx = 0$ をみたす (モーメント問題に対するスチルチェスの反例，1894 年).

---

[7] この問と例 4.4.6 より，$I(1/2) = \sqrt{\pi}/2$ を得る．また，関連した広義積分については問 4.8.2 を参照されたい．

4.5 / 原始関数

本章における次の目標は星形領域に対するコーシーの定理（定理 4.6.6）を示すことである．その過程において正則関数に対する原始関数という概念，特に以下で述べる命題 4.5.6 が重要な役割を果たす．

関数 $f, F : I \to \mathbb{C}$ $(I = [a,b] \subset \mathbb{R})$ に対し，F が I 上微分可能かつ，すべての $t \in I$ に対し $F'(t) = f(t)$ なら，F を f の原始関数という．F が f の原始関数であり，かつ f が I 上連続なら，次の「微積分の基本公式」が成立する：

$$F(b) - F(a) = \int_a^b f(t)dt. \tag{4.39}$$

4.5 節では，原始関数の概念および微積分の基本公式 (4.39) を複素変数関数に拡張する．

定義 4.5.1（**原始関数**）　開集合 $D \subset \mathbb{C}$ 上の複素数値関数 F, f について次の条件がみたされるとき，F を f の**原始関数**という：

$$F \text{ は } D \text{ 上正則かつすべての } z \in D \text{ に対し } F'(z) = f(z). \tag{4.40}$$

> **命題 4.5.2**　開集合 $D \subset \mathbb{C}$ 上の複素数値関数 f, F, G について，
>
> a) F を f の原始関数とするとき，
>
> $$G - F = c \text{ (定数)} \implies G \text{ は } f \text{ の原始関数}.$$
>
> また，D が連結なら逆も正しい．
>
> b) f が原始関数を持つとする．このとき，任意の $a \in D, b \subset \mathbb{C}$ に対し f の原始関数 F で $F(a) = b$ をみたすものが存在する．また D が連結なら，この F は一意的である．

証明　a) $\Rightarrow$：明らか．
$\Leftarrow$：$(G-F)' = f - f = 0$．したがって，D が連結なら命題 3.2.9 より $G - F = c$（定数）．
b) F_0 を任意の原始関数とする．
（F の存在）：$F(z) \overset{\text{def}}{=} F_0(z) - F_0(a) + b$ は所期のものである．

(F の一意性)：D が連結なら，a) より，任意の原始関数 F は $F(z) = F_0(z) + c$ (c は定数) と表せる．さらに $F(a) = b$ より $c = -F_0(a) + b$. \(^□^)/

例 4.5.3 開集合 $D \subset \mathbb{C}$, $f : D \to \mathbb{C}$, およびその原始関数 F の具体例を列挙する ($\overline{J} = (-\infty, -1] \cup [1, \infty)$)：

表 4.1

D	$f = F'$	f の原始関数 F
$\mathbb{C}$	z^n $(n \in \mathbb{N})$	$z^{n+1}/(n+1)$
$\mathbb{C}\backslash\{0\}$	z^n $(n \in \mathbb{Z}, n \leq -2)$	$z^{n+1}/(n+1)$
$\mathbb{C}$	$\exp(cz)$ $(c \in \mathbb{C}\backslash\{0\})$	$\exp(cz)/c$
$\mathbb{C}$	$\cosh z$	$\sinh z$
$\mathbb{C}$	$\sinh z$	$\cosh z$
$\mathbb{C}$	$\cos z$	$\sin z$
$\mathbb{C}$	$\sin z$	$-\cos z$
$\mathbb{C}\backslash(-\infty, 0]$	$1/z$	$\mathrm{Log}\, z$
$\mathbb{C}\backslash(-\infty, 0]$	$\mathrm{Log}\, z$	$z\mathrm{Log}\, z - z$,
$\mathbb{C}\backslash(-\infty, 0]$	z^α $(\alpha \in \mathbb{C}\backslash\{-1\})$	$z^{\alpha+1}/(\alpha+1)$
$|\mathrm{Im}\, z| < \frac{\pi}{2}$	$\tanh z$	$\mathrm{Log}\cosh z$
$|\mathrm{Re}\, z| < \frac{\pi}{2}$	$\tan z$	$-\mathrm{Log}\cos z$
$\mathbb{C}\backslash \mathbf{i}\overline{J}$	$\frac{1}{z^2+1}$	$\mathrm{Arctan}\, z$
$\mathbb{C}\backslash\overline{J}$	$\frac{1}{\sqrt{1-z^2}}$	$\mathrm{Arcsin}\, z$

証明 各例について F は D 上正則かつ $F' = f$ が確認できる． \(^□^)/

以下で，$z, w \in \mathbb{C}$ $(z \neq w)$ に対し，線分 $[z, w]$ の向きは，z を始点，w を終点となる (z から w に至る) ようにとる．

補題 4.5.4 $D \subset \mathbb{C}$ は開，$f : D \to \mathbb{C}$ は連続，$z \in D$ とする．このとき，$w \in D\backslash\{z\}$, $w \to z$ なら，

$$\frac{1}{w - z} \int_{[z,w]} f \longrightarrow f(z).$$

証明 $\frac{1}{w-z}\int_{[z,w]}dz'=1$ に注意して,

1)
$$\left(\frac{1}{w-z}\int_{[z,w]}f\right)-f(z)=\frac{1}{w-z}\int_{[z,w]}f(z')dz'-f(z)\cdot\frac{1}{w-z}\int_{[z,w]}dz'$$
$$=\frac{1}{w-z}\int_{[z,w]}(f(z')-f(z))dz'.$$

f は z で連続なので, $\forall\varepsilon>0$ に対し次のような $\delta>0$ が存在する:

2)
$$z'\in D,\ |z'-z|<\delta\implies|f(z')-f(z)|<\varepsilon.$$

今, $|w-z|<\delta$ とする. このとき, $z'\in[z,w]$ についても $|z'-z|<\delta$ なので,

3)
$$|1)\text{ 右辺 }|\overset{(4.13)}{\leq}\frac{1}{|w-z|}\int_{[z,w]}|f(z')-f(z)||dz'|\overset{2)}{\leq}\varepsilon.$$

1), 3) より, 結論を得る. \(^□^)/

次の命題は, 微積分の基本公式 (4.39) を複素変数関数に拡張したものである.

命題 4.5.5 開集合 $D\subset\mathbb{C}$ 上の複素数値関数 F,f について f は連続とする. 以下は同値である.

a) F は f の原始関数である.

b) D 内の区分的 C^1 級曲線 C が始点 z, 終点 w を持つとき,
$$\int_C f=F(w)-F(z). \tag{4.41}$$

c) 任意の $z\in D$ に対し次をみたす $r>0$ が存在する. $D(z,r)\subset D$ かつ任意の $w\in D(z,r)$ に対し,
$$\int_{[z,w]}f=F(w)-F(z). \tag{4.42}$$

証明 a) $\Rightarrow$ b):C を $g:[\alpha,\beta]\to\mathbb{C}$ で表す. g は区分的に C^1 級なので, 分点 $\alpha=\gamma_0<\gamma_1<\cdots<\gamma_{n-1}<\gamma_n=\beta$ を適切にとれば g は各小区間 $[\gamma_{j-1},\gamma_j]$ $(j=1,\ldots,n)$ 上 C^1 級である. このとき,

1)
$$\int_{\gamma_{j-1}}^{\gamma_j} f\left(g(t)\right) g'(t)\, dt = \int_{\gamma_{j-1}}^{\gamma_j} F'\left(g(t)\right) g'(t)\, dt$$
$$\overset{(3.17)}{=} \int_{\gamma_{j-1}}^{\gamma_j} (F \circ g)'(t)\, dt \overset{(4.39)}{=} (F \circ g)(\gamma_j) - (F \circ g)(\gamma_{j-1}).$$

ゆえに,

$$\int_C f \overset{(4.8)}{=} \int_\alpha^\beta f\left(g(t)\right) g'(t)\, dt = \sum_{j=1}^n \int_{\gamma_{j-1}}^{\gamma_j} f\left(g(t)\right) g'(t)\, dt$$
$$\overset{1)}{=} \sum_{j=1}^n ((F \circ g)(\gamma_j) - (F \circ g)(\gamma_{j-1}))$$
$$= (F \circ g)(\beta) - (F \circ g)(\alpha) = F(w) - F(z).$$

b) $\Rightarrow$ c)：D は開なので，任意の $z \in D$ に対し $D(z,r) \subset D$ をみたす $r > 0$ が存在する．このとき，任意の $w \in D(z,r)$ に対し，$[z,w]$ は D 内の C^1 級曲線で，始点 z，終点 w を持つので (4.41) の特別な場合として (4.42) を得る．

a) $\Leftarrow$ c)：$w \in D(z,r) \backslash \{z\}$, $w \to z$ とすると，

$$\frac{F(w) - F(z)}{w - z} \overset{(4.42)}{=} \frac{1}{w - z} \int_{[z,w]} f \overset{補題\ 4.5.4}{\longrightarrow} f(z).$$

よって F は f の原始関数である．   \(^□^)/

命題 4.5.6 $D \subset \mathbb{C}$ は開，$f : D \to \mathbb{C}$ は連続なら，以下の 3 条件について a) $\Rightarrow$ b) $\Leftrightarrow$ c) が成立する．特に，D が連結なら 3 条件は同値である：

a) f は D 上で原始関数を持つ．

b) D 内の任意の区分的 C^1 級閉曲線 C に対し，$\int_C f = 0.$

c) D 内の区分的 C^1 級曲線 C_0, C_1 が始点，終点を共有するなら $\int_{C_0} f = \int_{C_1} f.$

証明 a) $\Rightarrow$ b)：f が原始関数 F を持てば (4.41) が成立する．特に C が閉曲線なら $z = w$ より $\int_C f = 0$.

b) $\Rightarrow$ c)：D 内の区分的 C^1 級曲線 C_0, C_1 が始点，終点を共有するとき，C_0 に C_1^{-1} を継ぎ足した曲線 $C \subset D$ は区分的 C^1 級閉曲線である．

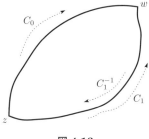

図 4.13

またこのとき,

1) $$\int_C f \overset{(4.14)}{=} \int_{C_0} f + \int_{C_1^{-1}} f \overset{(4.12)}{=} \int_{C_0} f - \int_{C_1} f.$$

仮定より, 1) の左辺 $= 0$ となり結論を得る.

b) $\Leftarrow$ c)：区分的 C^1 級閉曲線 C を $g : [\alpha, \beta] \to \mathbb{C}$ で表す. $\gamma = (\alpha + \beta)/2$ に対し, $(g(t))_{t \in [\alpha, \gamma]}$, $(g(\beta - (t - \gamma)))_{t \in [\gamma, \beta]}$ が表す曲線をそれぞれ C_0, C_1 とするとき, これらは共に始点 $g(\alpha) = g(\beta)$, 終点 $g(\gamma)$ を持つ. また, $C = C_0 C_1^{-1}$. このとき再び 1) が成立するが, 仮定より 1) の右辺 $= 0$ となり結論を得る.

a) $\Leftarrow$ c)：(D は連結) $F : D \to \mathbb{C}$ を適切に定め, それが命題 4.5.5 の条件 c) をみたすことをいう.

F の定義：$a \in D$ を任意に固定する. また, $z \in D$ に対し D 内で a から z に至る折れ線全体の集合を $\mathscr{C}(a, z)$ とする. このとき命題 1.6.9 より, 任意の $z \in D$ に対し $\mathscr{C}(a, z) \neq \emptyset$. そこで $z \in D$ に対し $C \in \mathscr{C}(a, z)$ を任意にとり次のように定める：

$$F(z) = \int_C f .$$

仮定より任意の $C_0, C_1 \in \mathscr{C}(a, z)$ に対し $\int_{C_0} f = \int_{C_1} f$. よって $F(z)$ の値は $C \in \mathscr{C}(a, z)$ の選び方に依らず定まる.

F が命題 4.5.5 の条件 c) をみたすこと：$z \in D$ を任意とする. このとき, $D(z, r) \subset D$ となる $r > 0$ が存在する. さらに任意の $w \in D(z, r)$ に対し $[z, w] \subset D(z, r) \subset D$. ゆえに, $C \in \mathscr{C}(a, z)$ に対し, C に $[z, w]$ を継ぎ足した折れ線を C_w とするとき, $C_w \in \mathscr{C}(a, w)$. したがって, $F(w) = \int_{C_w} f$. 以上より,

$$F(w) - F(z) = \int_{C_w} f - \int_C f \overset{(4.14)}{=} \int_{[z, w]} f.$$

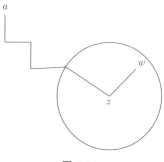

図 4.14

以上より命題 4.5.5 の条件 c) がみたされる.   \(^□^)/

> **注**   領域 D が星形 (より一般に単連結), かつ $f : D \to \mathbb{C}$ が正則なら命題 4.5.6 の
> a), b), c) がすべて成立する (定理 4.6.6, 7.5.4).

例 4.5.7 $n \in \mathbb{Z}, D = \mathbb{C} \backslash \{0\}$ とすると $f_n(z) \overset{\text{def}}{=} z^n$ は D 上正則である. さらに,
$n \neq -1$ なら $F_n(z) \overset{\text{def}}{=} z^{n+1}/(n+1)$ が D において f_n の原始関数である. 一方,
f_{-1} は D 上で原始関数を持たない. 実際, 単位円周 $C(0,1)$ に対し例 4.2.4 より

$$\int_{C(0,1)} f_{-1} = \int_{C(0,1)} \frac{dz}{z} = 2\pi\mathbf{i}.$$

よって, 命題 4.5.6 の条件 b) がみたされない. 一方, $\theta \in (-\pi, \pi]$ を任意に固定し

$$D_\theta = \mathbb{C} \backslash \{\exp(\mathbf{i}\theta)t \,;\, t \geq 0\}, \quad F_{-1}(z) = \mathrm{Log}\left(-\exp(-\mathbf{i}\theta)z\right) \quad (z \in D_\theta)$$

とする. このとき F_{-1} は D_θ において f_{-1} の原始関数である. 実際, F_{-1} は次の
二つの正則関数の合成なので正則である:

$$z \mapsto -\exp(-\mathbf{i}\theta)z \,:\, D_\theta \longrightarrow \mathbb{C} \backslash (-\infty, 0],$$
$$z \mapsto \mathrm{Log}\, z \,:\, \mathbb{C} \backslash (-\infty, 0] \longrightarrow \mathbb{C}.$$

また, $z \in D_\theta$ とし, 上記合成に連鎖律 (命題 3.2.5) を適用すると,

$$F_{-1}'(z) = (\mathrm{Log}\,)'(-\exp(-\mathbf{i}\theta)z) \times (-\exp(-\mathbf{i}\theta))$$
$$= \frac{1}{-\exp(-\mathbf{i}\theta)z} \times (-\exp(-\mathbf{i}\theta)) = \frac{1}{z}.$$

ゆえに F_{-1} は D_θ において f_{-1} の原始関数である.

問 4.5.1（部分積分公式） $D \subset \mathbb{C}$ は開，$f, g : D \to \mathbb{C}$ は正則かつ C^1 級，$C \subset D$ は区分的 C^1 級曲線で始点 a，終点 b を持つとする．以下を示せ:

$$\int_C f'g = [fg]_a^b - \int_C fg'. \tag{4.43}$$

【ヒント】fg は $f'g + fg'$ の原始関数．

特に C が閉曲線なら，

$$\int_C f'g = -\int_C fg'. \tag{4.44}$$

問 4.5.2 $r \in (0, \infty]$, $a_n \in \mathbb{C}$ $(n \in \mathbb{N})$ とし，べき級数 $f(z) = \sum_{n=0}^{\infty} a_n z^n$ がすべての $z \in D(0, r)$ に対し絶対収束するとする．このとき，次のべき級数 $F(z)$ がすべての $z \in D(0, r)$ に対し絶対収束し，F は f の原始関数であることを示せ:

$$F(z) = \sum_{n=0}^{\infty} \frac{a_n}{n+1} z^{n+1}.$$

問 4.5.3 $D \subset \mathbb{C}$ は領域，$f : D \to \mathbb{C} \backslash \{0\}$ は正則とする．以下を示せ.

i) 正則関数 $g : D \to \mathbb{C}$ であり $f(z) = \exp g(z)$ $(\forall z \in D)$ をみたすものが存在すれば，g は D 上 f'/f の原始関数である．

ii) $a \in D$, $b \in \mathbb{C}$, $f(a) = \exp b$ とする．f'/f が D 上で原始関数を持つとき，正則関数 $g : D \to \mathbb{C}$ であり $f(z) = \exp g(z)$ $(\forall z \in D)$, $g(a) = b$ をみたすものが唯一つ存在する．

問 4.5.4 $D \subset \mathbb{C}$ は領域，$h : D \to \mathbb{C}$ は調和とする（定義 3.6.7 参照）．例 3.7.5 より $f \overset{\text{def}}{=} (\operatorname{Re} h)_x - \mathbf{i}(\operatorname{Re} h)_y$, $g \overset{\text{def}}{=} (\operatorname{Im} h)_y + \mathbf{i}(\operatorname{Im} h)_x$ は共に D 上正則である．さらに f, g が共に D 上で原始関数を持つなら，正則関数 $h_j : D \to \mathbb{C}$ $(j = 1, 2)$ であり D 上 $h = h_1 + \overline{h_2}$ をみたすものが存在することを示せ．

問 4.5.5 $D \subset \mathbb{C}$ は領域，$f : D \to \mathbb{C}$ は正則かつ C^1 級とする．D 内の区分的 C^1 級曲線 C が始点 z，終点 w を持ち，$f(C) \cap (-\infty, 0] = \emptyset$ をみたすとき，次を示せ:

$$\operatorname{Log} f(w) - \operatorname{Log} f(z) = \int_C \frac{f'}{f}.$$

4.6 / 星形領域に対するコーシーの定理

本節では星形領域に対するコーシーの定理（定理 4.6.6）を示す．すでに述べた初等的コーシーの定理 (系 4.3.3) とは異なり，定理 4.6.6 では被積分関数 f の

導関数 f' の連続性を仮定しないことが大きな理論的利点である．導関数 f' の連続性を仮定することなくコーシーの定理を示す研究はグールサによって始められた (1884 年)．本節で述べる証明はプリングスハイムによる (1903 年)．

　定理 4.6.6 の証明に重要な役割を果たすのが，多角形積分路に対するコーシーの定理（命題 4.6.2）である．

定義 4.6.1　相異なる n 個の点 $z_1, \cdots, z_n \in \mathbb{C}$ $(n \geq 3)$ が，ある $a \in \mathbb{C}$ および $0 \leq \theta_1 < \cdots < \theta_n < 2\pi$ を用い，

$$z_j = a + |z_j - a| \exp(\mathrm{i}\theta_j), \quad j = 1, \ldots, n \tag{4.45}$$

と表されるとする．このとき線分：

$$[z_1, z_2], \ [z_2, z_3], \ldots, [z_{n-1}, z_n], \ [z_n, z_1]$$

を継ぎ足して得られる折れ線を **n 角形**とよぶ．

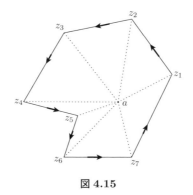

図 4.15

C の向きは**反時計回り** $(z_1 \to z_2 \to \cdots \to z_n \to z_1)$ と規約する．

命題 4.6.2（多角形積分路に対するコーシーの定理）　開集合 $D \subset \mathbb{C}$ は n 角形 C $(n \geq 3)$ の周および内部を含むとする．このとき，$f : D \to \mathbb{C}$ が正則なら

$$\int_C f = 0. \tag{4.46}$$

注　命題 4.6.2 の $n = 3$ の場合を定理 4.6.6 の証明に，$n = 4$ の場合を補題 5.1.2 の証明に用いる.

命題 4.6.2 の証明は後回しにし，まず命題 4.6.2 から星形領域に対するコーシーの定理を示す.

定義 4.6.3　$a \in A \subset \mathbb{C}$ とする. 任意の $z \in A$ に対し $[a, z] \subset A$ なら A は a に関し **星形** であるという.

図 4.16

例 4.6.4　a) $A \subset \mathbb{C}$ とする. 任意の $a, b \in A$ に対し $[a, b] \subset A$ なら A は **凸** であるという. D が凸なら D は星形でもある. 円板，三角形の内部，長方形の内部は凸である.

b) 記号は定義 4.6.1 のとおりとするとき，n 角形 C に囲まれた領域 A は点 a に関して星形である.

次の補題は，定理 4.6.6 の証明において鍵となる.

補題 4.6.5　領域 $D \subset \mathbb{C}$ は点 a について星形，$f : D \to \mathbb{C}$ は連続とする. このとき，次の2条件は同値である.

a) f は D 上で原始関数を持つ.

b) 点 a を1頂点とし，かつ周および内部が D に含まれる任意の三角形に対し，その周 C が $\displaystyle \int_C f = 0$ をみたす.

証明　a) $\Rightarrow$ b)：C は区分的 C^1 級閉曲線なので，命題 4.5.6 より a) から b)

を得る.

a) ⇐ b)：D はある $a \in D$ に関し星形なので，任意の $z \in D$ に対し，$[a,z] \subset D$. そこで次のように定めた F が f の原始関数であることをいう.

1)
$$F(z) \overset{\text{def}}{=} \int_{[a,z]} f.$$

そのために次に注意する.

2)　任意の $z \in D$ に対し $r > 0$ が存在し，任意の $w \in D(z,r)$ に対し，$\triangle azw$
（azw を頂点とする三角形）の周と内部が D に含まれる.

図 4.17

　実際，D は開なので $D(z,r) \subset D$ をみたす $r > 0$ が存在する. このとき，$D(z,r)$ は開円板なので任意の $w \in D(z,r)$ に対し，$[z,w] \subset D(z,r) \subset D$. 特に任意の $b \in [z,w]$ に対し，$b \in D$. さらに，D は a に関し星形なので，$[a,b] \subset D$. これは，$\triangle azw$ の周と内部が D に含まれることを意味する. よって 2) が示された.

　2) で，$\triangle azw$ の周を C とすると，仮定より，

3)
$$\int_C f = 0.$$

ゆえに

$$0 \overset{3)}{=} \int_C f \overset{(4.14)}{=} \int_{[a,z]} f + \int_{[z,w]} f + \int_{[w,a]} f$$
$$\overset{1),\ (4.12)}{=} F(z) - \int_{[w,z]} f - F(w).$$

したがって，

$$F(w) - F(z) = \int_{[z,w]} f.$$

以上より命題 4.5.5 の条件 c) がみたされる．ゆえに F は f の原始関数である．

\(^□^)/

定理 4.6.6（星形領域に対するコーシーの定理）　領域 $D \subset \mathbb{C}$ は星形，$f : D \to \mathbb{C}$ は正則とする．このとき，

a) f は D 上で原始関数を持つ．

b) D 内の任意の区分的 C^1 級閉曲線 C に対し，$\displaystyle\int_C f = 0.$

c) D 内の区分的 C^1 級曲線 C_0, C_1 が始点，終点を共有するなら $\displaystyle\int_{C_0} f = \int_{C_1} f.$

証明　命題 4.5.6 より a), b), c) は同値，したがって a) を示せば十分である．ところが，f の正則性と命題 4.6.2 より補題 4.6.5 の条件 b) がみたされる．したがって，f は D 上で原始関数を持つ．

\(^□^)/

注　上記証明では，多角形積分路に対するコーシーの定理 (命題 4.6.2) から，星形領域に対するコーシーの定理 (定理 4.6.6) を導いた．逆に星形領域に対するコーシーの定理 (定理 4.6.6) から，多角形積分路に対するコーシーの定理 (命題 4.6.2) を導くこともできる (問 4.6.3)．

問 4.6.1　$A \subset \mathbb{C}$ に関し以下を示せ．

i) A が $a \in A$ に関し星形，$b \in A \backslash \{a\}$，$L = \{a + t(b - a)\,;\, t \geq 1\}$ とするとき，$A \backslash L$ は a に関し星形である．

ii) A は凸，$a, b \in A$, $a \neq b$, $L = \{a + t(b - a)\,;\, t \geq 1\}$ とするとき，$A \backslash L$ は a に関し星形である．

問 4.6.2 ($\star$)　$A \subset \mathbb{C}$ は領域，$a \in A$ とする．A が a に関し星形であるためには，次の性質を持つ関数 $R : [-\pi, \pi] \to (0, \infty]$ の存在が必要十分であることを示せ：

$$\inf_{\theta \in [-\pi, \pi]} R(\theta) > 0, \quad \text{かつ} \quad A = \{a + r \exp(\mathbf{i}\theta)\,;\, \theta \in [-\pi, \pi],\, r \in [0, R(\theta))\}.$$

$$(4.47)$$

注　問 4.6.2 で A は有界かつ星形 (したがって $R : [-\pi, \pi] \to (0, \infty)$ は有界)，$g(\theta) = a + R(\theta)\exp(\mathbf{i}\theta)$ $(\theta \in [-\pi, \pi])$ とする．このとき，(4.47) より $\partial A = \{g(\theta)\,;\, \theta \in [-\pi, \pi]\}$．さらに，$g : [-\pi, \pi] \to \mathbb{C}$ が区分的 C^1 級なら，∂A は**区分的に C^1 級**であるといい，∂A の向きは g の始点から終点に向かう向きとする．

問 4.6.3 (⋆)　$D \subset \mathbb{C}$ は開，A は $\overline{A} \subset D$ をみたす有界な星形領域とする.

i) $\overline{A} \subset B \subset D$ をみたす有界な星形領域 B の存在を示せ.

ii) $f : D \to \mathbb{C}$ が正則かつ，A の境界 ∂A が区分的 C^1 級とする (問 4.6.2 直後の注参照). 星形領域に対するコーシーの定理 (定理 4.6.6) を用い $\int_{\partial A} f = 0$ を示せ.

4.7 / (⋆) 命題 4.6.2 の証明

以下で命題 4.6.2 を示す. そのために補題を二つ準備する. 一つ目の補題は，区間縮小法の二次元への拡張である.

補題 4.7.1　空でない有界閉集合の列 $K_n \subset \mathbb{C}$ $(n \in \mathbb{N})$ が次をみたすとする:

$$K_0 \supset K_1 \supset \cdots \ \ \text{かつ} \ \ \delta_n \overset{\text{def}}{=} \mathrm{diam}(K_n) \longrightarrow 0.$$

((1.22) 参照). このとき，ある $a \in \mathbb{C}$ が存在し，任意の $n \in \mathbb{N}$ に対し，

$$a \in K_n \subset \overline{D}(a, \delta_n).$$

証明　K_n から任意に a_n を選び，次を示す.

1)　a_n がある $a \in \mathbb{C}$ に収束する.

$b_n, c_n \in \mathbb{R}$ を次のように定める[8]:

$$b_n = \inf\{\mathrm{Re}\, z \,;\, z \in K_n\}, \ \ c_n = \sup\{\mathrm{Re}\, z \,;\, z \in K_n\}.$$

このとき，$K_n \supset K_{n+1}$ により，b_n は単調増加，c_n は単調減少，さらに，

$$c_n - b_n \le \mathrm{diam}(K_n) \longrightarrow 0.$$

---

[8] K_n は有界かつ閉，$z \mapsto \mathrm{Re}\, z$ は連続なので inf, sup は実際にはそれぞれ min, max である.

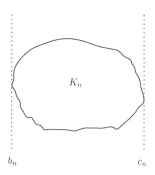

K_n

b_n　　　c_n

図 4.18

以上と，区間縮小法 ([吉田 1, p.45, 系 3.5.2]) より，b_n, c_n は共にある $b \in \mathbb{R}$ に収束する．これと $b_n \leq \mathrm{Re}\, a_n \leq c_n$ より，$\mathrm{Re}\, a_n \to b$．同様の議論より，$\mathrm{Im}\, a_n$ も収束し，結果として a_n が収束する．

次に 1) から結論を導く．$n \in \mathbb{N}$ を任意に固定するとき，$m \geq n$ なら $a_m \in K_m \subset K_n$．ここで $m \to \infty$ とすると K_n は閉なので $a \in K_n$．また，$a \in K_n$ より，任意の $x \in K_n$ に対し $|x - a| \leq \mathrm{diam}(K_n) = \delta_n$．よって $K_n \subset \overline{D}(a, \delta_n)$.

\(^□^)/

> **補題 4.7.2**　$a \in \mathbb{C}, R > 0, f : D(a, R) \to \mathbb{C}$ は連続かつ点 a で複素微分可能とする．このとき，任意の $\varepsilon > 0$ に対しある $\delta \in (0, R)$ が存在し，$\overline{D}(a, \delta)$ 内の任意の区分的 C^1 級閉曲線 C に対し
> $$\left| \int_C f \right| \leq \varepsilon \ell(C) \sup_{z \in C} |z - a|. \tag{4.48}$$

証明　一次関数 $g(z) \overset{\text{def}}{=} f(a) + f'(a)(z-a)$ は原始関数 $f(a)z + f'(a)(z-a)^2/2$ を持つ．ゆえに命題 4.5.6 より，任意の区分的 C^1 級閉曲線 C に対し

1)
$$\int_C g = 0.$$

一方，f の a における複素微分可能性より，任意の $\varepsilon > 0$ に対し $\delta > 0$ が十分小さければ，$z \in \overline{D}(a, \delta)$ に対し

2)　　　$|f(z) - g(z)| = |f(z) - f(a) - f'(a)(z-a)| \leq \varepsilon |z - a|.$

よって $C \subset \overline{D}(a, \delta)$ なら

$$\left| \int_C f \right| \overset{1)}{=} \left| \int_C (f - g) \right| \overset{(4.13)}{\leq} \int_C |f(z) - g(z)| |dz|$$

$$\overset{2)}{\leq} \varepsilon \int_C |z - a| |dz| \leq \varepsilon \ell(C) \sup_{z \in C} |z - a|. \qquad \backslash(\hat{}_{\square}\hat{})/$$

以上の補題を用い，命題 4.6.2 を示す.

命題 4.6.2 の証明　まず $n = 3$ の場合に帰着させる. C の頂点 $z_1, \ldots, z_n$ が (4.45) のように表せるとする. C を n 個の三角形 $C_j = \triangle a z_j z_{j+1}$ $(j = 1, \ldots, n,$ また，便宜上 $z_{n+1} \overset{\mathrm{def}}{=} z_1)$ に分解し，各 C_j の向きは通常どおり反時計回りとする.

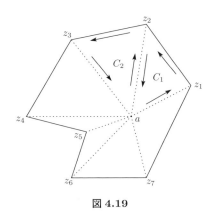

図 4.19

このとき，

$$\int_{C_j} f = \left(\int_{[a, z_j]} + \int_{[z_j, z_{j+1}]} + \int_{[z_{j+1}, a]} \right) f = \left(\int_{[a, z_j]} + \int_{[z_j, z_{j+1}]} - \int_{[a, z_{j+1}]} \right) f.$$

上式両辺で $j = 1, \ldots, n$ について和をとると，右辺において $\int_{[z_j, z_{j+1}]} f$ $(j = 1, \ldots, n)$ は一度ずつ足される. また，$\pm \int_{[a, z_j]} f$ $(j = 1, \ldots, n)$ もそれぞれ一度ずつ足され，互いに打ち消し合う (図 4.19 で見るとわかりやすい). その結果，

$$1) \qquad \sum_{j=1}^{n} \int_{C_j} f = \sum_{j=1}^{n} \int_{[z_j, z_{j+1}]} f = \int_C f.$$

ゆえに，各 $j = 1, \ldots, n$ に対し $\int_{C_j} f = 0$ ならよい. そこで，以下では $n = 3$ の場合を示す. $L \overset{\mathrm{def}}{=} \mathrm{diam}(C)$ なら $\ell(C) \leq 3L$. C の頂点を反時計回りの順に z_1, z_2, z_3 とする. また，C の辺 $[z_3, z_1], [z_1, z_2], [z_2, z_3]$ の中点を順に m_1, m_2, m_3 とする.

$\triangle m_1 m_2 m_3$ の 3 辺により三角形 C は以下の四つの合同三角形 Γ_j $(j = 1, \dots, 4)$ に分解される:

$$\Gamma_1 = \triangle z_1 m_2 m_1, \ \ \Gamma_2 = \triangle z_2 m_3 m_2, \ \ \Gamma_3 = \triangle z_3 m_1 m_3, \ \ \Gamma_4 = \triangle m_1 m_2 m_3.$$

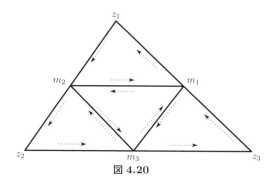

図 4.20

各 Γ_j に通常どおり反時計回りの向きをつけると,1) と同様に,

$$\int_C f = \sum_{j=1}^{4} \int_{\Gamma_j} f.$$

そこで,$\left| \int_{\Gamma_j} f \right|$ が最大になる三角形 Γ_j を C_1 と名づけると,

$$\mathrm{diam}(C_1) = L/2, \ \ \ell(C_1) \le 3L/2,$$

$$\left| \int_C f \right| \le \sum_{j=1}^{4} \left| \int_{\Gamma_j} f \right| \le 4 \left| \int_{C_1} f \right|.$$

三角形 C_1 は 3 辺の中点を結ぶ 3 本の線分により四つの合同三角形に分解される.これらから上と同様に C_2 を選ぶと,

$$\mathrm{diam}(C_2) = L/4, \ \ \ell(C_2) \le 3L/4, \ \ \left| \int_{C_1} f \right| \le 4 \left| \int_{C_2} f \right|.$$

以下,同様の手続きにより三角形の列 C_n $(n = 1, 2, \dots)$ が選ばれ,

$$2) \qquad \mathrm{diam}(C_n) = L/2^n, \ \ \ell(C_n) \le 3L/2^n, \ \ \left| \int_C f \right| \le 4^n \left| \int_{C_n} f \right|.$$

C_n にその内部を加えた閉集合を K_n とすると,$K_1 \supset K_2 \supset \cdots$ かつ,

$$\mathrm{diam}(K_n) = \mathrm{diam}(C_n) = L/2^n \longrightarrow 0.$$

ゆえに補題 4.7.1 より,ある $a \in \mathbb{C}$ が存在し,

3)　任意の $n \in \mathbb{N}$ に対し, $a \in K_n \subset \overline{D}(a, L/2^n)$.

今, f は点 a で複素微分可能である. そこで任意の $\varepsilon > 0$ に対し δ を補題 4.7.2 のようにとる. $L/2^n < \delta$ をみたす n に対し, $C_n \overset{3)}{\subset} \overline{D}(a, \delta)$. そこで閉曲線 C_n に補題 4.7.2 を適用すると,

4)
$$\left| \int_{C_n} f \right| \overset{(4.48)}{\le} \varepsilon \ell(C_n) \sup_{z \in C_n} |z-a| \overset{2),\,3)}{\le} 3\varepsilon L^2/4^n.$$

2), 4) より
$$\left| \int_C f \right| \le 3\varepsilon L^2.$$

$\varepsilon > 0$ は任意なので結論を得る.　　　　　　　　　　　　　　\\(^□^)/

4.8 ／ 星形領域に対するコーシーの定理を応用した計算例

4.4 節で, 初等的コーシーの定理を応用した定積分の計算例を述べた. 4.4 節の例では, 積分路およびその内部で被積分関数が正則であることを利用し, コーシーの定理を適用した.

これに対し本節では, 本来想定される積分路上に被積分関数の特異点がある例を述べる. そこで積分路に対し, 特異点を迂回する修正を施した上で星形領域に対するコーシーの定理を適用し, その後で迂回路を 1 点に縮める極限をとる. その際に次の補題が重要な役割を果たす.

補題 4.8.1　$a, \lambda \in \mathbb{C}$, $R \in (0, \infty]$, $f : D(a, R) \backslash \{a\} \to \mathbb{C}$ は連続かつ次をみたすとする :
$$(z-a)f(z) \xrightarrow[z \ne a]{z \to a} \lambda. \tag{4.49}$$
また, $\varepsilon \in (0, R)$, $\alpha < \beta \le \alpha + 2\pi$ に対し, $a + \varepsilon \exp(\mathbf{i}\theta)$ $(\theta \in [\alpha, \beta])$ で表される円弧を $C_{\varepsilon, \alpha, \beta}(a)$ と記す. このとき,
$$\int_{C_{\varepsilon, \alpha, \beta}(a)} f \xrightarrow{\varepsilon \to 0} \mathbf{i}(\beta - \alpha)\lambda. \tag{4.50}$$

証明

1)
$$\int_{C_{\varepsilon, \alpha, \beta}(a)} \frac{1}{z-a}\, dz = \mathbf{i} \int_\alpha^\beta d\theta = \mathbf{i}(\beta - \alpha),$$

2) $\displaystyle\int_{C_{\varepsilon,\alpha,\beta}(a)} \frac{1}{|z-a|}|dz| = \int_\alpha^\beta d\theta = \beta - \alpha,$

3) $\displaystyle\int_{C_{\varepsilon,\alpha,\beta}(a)} f = \int_{C_{\varepsilon,\alpha,\beta}(a)} \frac{(z-a)f(z)-\lambda}{z-a}\,dz + \lambda \int_{C_{\varepsilon,\alpha,\beta}(a)} \frac{1}{z-a}\,dz.$

以上より,

$$\left|\int_{C_{\varepsilon,\alpha,\beta}(a)} f - \mathbf{i}(\beta-\alpha)\lambda\right| \overset{1),3)}{=} \left|\int_{C_{\varepsilon,\alpha,\beta}(a)} \frac{(z-a)f(z)-\lambda}{z-a}\,dz\right|$$

$$\overset{(4.13)}{\le} \int_{C_{\varepsilon,\alpha,\beta}(a)} \frac{|(z-a)f(z)-\lambda|}{|z-a|}|dz|$$

$$\overset{2)}{\le} (\beta-\alpha)\sup_{z\in C_{\varepsilon,\alpha,\beta}(a)}|(z-a)f(z)-\lambda| \overset{\varepsilon\to 0}{\longrightarrow} 0.$$

$$\backslash(^\square{}^)/$$

注　特に, $f:D(a,R)\backslash\{a\} \to \mathbb{C}$ が正則, a が f の除去可能特異点, または一次の極 (定義 6.1.1) なら, (6.7) より $\lambda = \mathrm{Res}(f,a)$ に対し (4.49) がみたされ, その結果 (4.50) が成立する.

例 4.8.4 の前にさらに補題を二つ準備する.

補題 4.8.2　$\ell, r \in (0,\infty)$, $h \in \mathbb{R}\backslash\{0\}$ に対し線分 Γ_j $(j=1,2,3)$ を次のように定める:

$$\Gamma_1 = [r, r+\mathbf{i}h],\ \Gamma_2 = [-\ell+\mathbf{i}h, r+\mathbf{i}h],\ \Gamma_3 = [-\ell, -\ell+\mathbf{i}h].$$

さらに, $\Gamma = \bigcup_{j=1}^3 \Gamma_j$, $f:\Gamma \to \mathbb{C}$ は連続かつ, $C,\alpha,\beta > 0$ に対し次をみたすとする:

$$|f(z)| \le \frac{C}{|\mathrm{Re}\,z|^\alpha + |\mathrm{Im}\,z|^{1+\beta}},\quad z\in\Gamma. \tag{4.51}$$

このとき, $\gamma = \alpha\beta/(1+\beta)$, $C_1 \overset{\mathrm{def}}{=} C\left(1+\frac{1}{\beta}\right)$ に対し,

$$\left|\int_{\Gamma_1} f\right| \le \frac{C_1}{r^\gamma},\ \left|\int_{\Gamma_2} f\right| \le \frac{C(\ell+r)}{|h|^{1+\beta}},\ \left|\int_{\Gamma_3} f\right| \le \frac{C_1}{\ell^\gamma}. \tag{4.52}$$

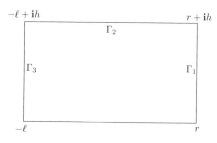

図 4.21

　証明　$h > 0$ の場合に示す ($h < 0$ の場合も同様). 線分 Γ_1 を $r + \mathrm{i}t$ ($t \in [0, h]$) と表す. $\delta \overset{\text{def}}{=} \alpha/(1+\beta) = \alpha - \gamma$ (したがって $\gamma = \alpha - \delta = \beta\delta$) に対し

$$\left| \int_{\Gamma_1} f \right| \leq C \int_0^h \frac{dt}{r^\alpha + t^{1+\beta}} \leq C \left(\int_0^{r^\delta} + \int_{r^\delta}^\infty \right) \frac{dt}{r^\alpha + t^{1+\beta}}$$

$$\leq C \int_0^{r^\delta} \frac{dt}{r^\alpha} + C \int_{r^\delta}^\infty \frac{dt}{t^{1+\beta}} = \frac{C}{r^{\alpha-\delta}} + C \left[-\frac{1}{\beta t^\beta} \right]_{r^\delta}^\infty$$

$$= \frac{C}{r^{\alpha-\delta}} + \frac{C}{\beta r^{\beta\delta}} = \frac{C_1}{r^\gamma}.$$

$\left| \int_{\Gamma_3} f \right|$ の評価も同様である. また, 線分 Γ_2 を $t + \mathrm{i}h$ ($t \in [-\ell, r]$) と表すと

$$\left| \int_{\Gamma_2} f \right| \leq C \int_{-\ell}^r \frac{dt}{|t|^\alpha + h^{1+\beta}} \leq C \int_{-\ell}^r \frac{dt}{h^{1+\beta}} = \frac{C(\ell + r)}{h^{1+\beta}}.$$

$$\backslash(^\square^)/$$

　注　条件 (4.51) が, $\alpha = 1 + \beta$ および, ある C に対し成立することは, 次の条件と同値である:

$$z \in \Gamma \implies |f(z)| \leq \frac{C_0}{|z|^{1+\beta}}.$$

実際, 問 1.1.4 より $2^{-\beta}|z|^{1+\beta} \leq |\operatorname{Re} z|^{1+\beta} + |\operatorname{Im} z|^{1+\beta} \leq 2|z|^{1+\beta}$. したがって, $z \neq 0$ なら

$$\frac{1}{2|z|^{1+\beta}} \leq \frac{1}{|\operatorname{Re} z|^{1+\beta} + |\operatorname{Im} z|^{1+\beta}} \leq \frac{2^\beta}{|z|^{1+\beta}}.$$

以下では次の記号を用いる. $a \in \mathbb{C}$, $r > 0$ に対し,

$$C_+(a, r) = \{|z - a| = r, \ \operatorname{Im} z \geq \operatorname{Im} a\},$$

$$C_-(a, r) = \{|z - a| = r, \ \operatorname{Im} z \leq \operatorname{Im} a\}.$$

また，$C_{\pm}(a,r)$ の向きは a を中心に反時計回りとする．

補題 4.8.3 $h:\mathbb{C}\to\mathbb{C}$ は正則とし，$f:\mathbb{C}\backslash\{0\}\to\mathbb{C}$ を次のように定める：

$$f(z) = z^{-1}h(z), \quad \forall z \in \mathbb{C}\backslash\{0\}.$$

さらに，ある $C,R,\alpha,\beta>0$ に対し次を仮定する：

$$\operatorname{Im} z \geq 0, \ |z| \geq R \implies |f(z)| \leq \frac{C}{|\operatorname{Re} z|^{\alpha} + |\operatorname{Im} z|^{1+\beta}}.$$

このとき，

$$\text{広義積分 } I \overset{\text{def}}{=} \int_0^{\infty}(f(x)+f(-x))\,dx \text{ が存在し，} I = \pi\mathbf{i}h(0). \qquad (4.53)$$

証明 $r>R,\,0<\varepsilon<r$ とし，線分 $\Gamma_j\ (j=1,2,3)$ を次のように定める：

$$\Gamma_1 = [r, r+r\mathbf{i}], \ \Gamma_2 = [-r+r\mathbf{i}, r+r\mathbf{i}], \ \Gamma_3 = [-r, -r+r\mathbf{i}].$$

また，$\Gamma_1, \Gamma_2^{-1}, \Gamma_3^{-1}$ を (この順で) 継ぎ足した折れ線を Γ と記す．このとき，

$$[-r,-\varepsilon], \ C_+(0,\varepsilon)^{-1}, \ [\varepsilon,r], \ \Gamma$$

をこの順で継ぎ足した閉曲線は星形領域 $D \overset{\text{def}}{=} \mathbb{C}\backslash\{\mathbf{i}y\,;\,y\leq 0\}$ に属し，$f:D\to\mathbb{C}$ は正則である．したがって，星形領域に対するコーシーの定理 (定理 4.6.6) より，

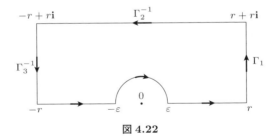

図 4.22

1) $$\left(\int_{-r}^{-\varepsilon} - \int_{C_+(0,\varepsilon)} + \int_{\varepsilon}^{r} + \int_{\Gamma}\right) f = 0.$$

今，$F(z) \overset{\text{def}}{=} f(z)+f(-z)\ (z \in \mathbb{C}\backslash\{0\})$ は $F(0)=2h'(0)$ と定めれば，すべての $z \in \mathbb{C}$ で連続である (問 3.2.2)．ゆえに，

2) $\left(\displaystyle\int_{-r}^{-\varepsilon}+\int_{\varepsilon}^{r}\right)f=\int_{\varepsilon}^{r}(f(x)+f(-x))dx\xrightarrow{\varepsilon\to0}\int_{0}^{r}(f(x)+f(-x))\,dx.$

また，補題 4.8.1 より，

3) $\displaystyle\int_{C_{+}(0,\varepsilon)}f\xrightarrow{\varepsilon\to0}\pi\mathbf{i}h(0).$

1) で $\varepsilon\to0$ とすると，2), 3) より，

4) $\displaystyle\int_{0}^{r}(f(x)+f(-x))\,dx=\pi\mathbf{i}h(0)-\int_{\Gamma}f.$

さらに，$z\in\Gamma\;\Rightarrow\;\mathrm{Im}\,z\geq0,\;|z|\geq R$ に注意すると，補題 4.8.2 より，

5) $\left|\displaystyle\int_{\Gamma}f\right|\leq\dfrac{2C_1}{r^{\gamma}}+\dfrac{2C}{r^{\beta}}\xrightarrow{r\to\infty}0.$

4) で $r\to\infty$ とすると，5) より，

$$\int_{0}^{r}(f(x)+f(-x))dx\xrightarrow{r\to\infty}\pi\mathbf{i}h(0).$$

以上で結論を得る． \(^□^)/

例 4.8.4　　　$\displaystyle\int_{0}^{\infty}\frac{\sin x}{x}\,dx=\frac{\pi}{2}.$

証明　$f(z)\overset{\mathrm{def}}{=}\exp(\mathbf{i}z)/z\;(z\in\mathbb{C}\backslash\{0\})$ に対し，

$$|f(z)|=\frac{\exp(-\mathrm{Im}\,z)}{|z|}\leq\frac{1}{|z|(1+\mathrm{Im}\,z)}\leq\frac{1}{|\mathrm{Re}\,z|+(\mathrm{Im}\,z)^2}.$$

よって f は補題 4.8.3 の条件をみたす．したがって，補題 4.8.3 より

1) 　　　$\displaystyle\int_{0}^{r}(f(x)+f(-x))\,dx\xrightarrow{r\to\infty}\pi\mathbf{i}.$

1) より，

$$\int_{0}^{r}\frac{\sin x}{x}\,dx=\frac{1}{2\mathbf{i}}\int_{0}^{r}(f(x)+f(-x))dx\xrightarrow{r\to\infty}\frac{1}{2\mathbf{i}}\cdot\pi\mathbf{i}=\frac{\pi}{2}.$$

\(^□^)/

例 4.8.5 (⋆)　　$\displaystyle\int_{0}^{\infty}\frac{\sinh\theta x}{\sinh x}\,dx=\frac{\pi}{2}\tan\frac{\pi\theta}{2},\;\;\theta\in\mathbb{C},\;|\mathrm{Re}\,\theta|<1.$

証明　$f(z)\overset{\mathrm{def}}{=}\exp(\theta z)/\sinh z$ とする．$a=0,\pi\mathbf{i}$ に対し，

$$(z-a)f(z)\xrightarrow[z\neq a]{z\to a}\exp(\theta z)/\cosh z|_{z=a}=\begin{cases}1, & a=0,\\ -\exp(\theta\pi\mathbf{i}), & a=\pi\mathbf{i}.\end{cases}$$

よって補題 4.8.1 より，

1)
$$\int_{C_+(0,\varepsilon)} f \xrightarrow{\varepsilon\to 0} \pi\mathbf{i}, \quad \int_{C_-(\pi\mathbf{i},\varepsilon)} f \xrightarrow{\varepsilon\to 0} -\pi\mathbf{i}\exp(\theta\pi\mathbf{i}).$$

$0 < \varepsilon < r < \infty$ に対し $I_{r,\varepsilon}$, $J_{r,\varepsilon}$ を次のように定める：

$$I_{r,\varepsilon} = \left(\int_\varepsilon^r + \int_{-r}^{-\varepsilon}\right) f = 2\int_\varepsilon^r \frac{\sinh\theta x}{\sinh x},$$

$$J_{r,\varepsilon} = \left(\int_\varepsilon^r + \int_{-r}^{-\varepsilon}\right) f(x+\pi\mathbf{i})dx.$$

f は次の星形領域 D 上正則である：

$$D \stackrel{\mathrm{def}}{=} \mathbb{C}\backslash\{\mathbf{i}y \,;\, y \in (-\infty,0] \cup [\pi,\infty)$$

そこで $\Gamma_1 = [r, r+\pi\mathbf{i}]$, $\Gamma_2 = [-r, -r+\pi\mathbf{i}]$ とし，D に含まれる図 4.23 の積分路にコーシーの定理 (定理 4.6.6) を適用し，

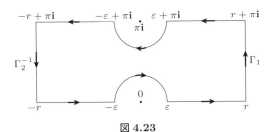

図 4.23

2)
$$I_{r,\varepsilon} - J_{r,\varepsilon} + \left(\int_{\Gamma_1} - \int_{\Gamma_2} - \int_{C_+(0,\varepsilon)} - \int_{C_-(\pi\mathbf{i},\varepsilon)}\right) f = 0.$$

$\exp(\theta(z+\pi\mathbf{i})) = \exp(\theta\pi\mathbf{i})\exp(\theta z)$, $\sinh(z+\pi\mathbf{i}) = -\sinh z$ より，

$$J_{r,\varepsilon} = -\exp(\theta\pi\mathbf{i})I_{r,\varepsilon}.$$

さらに，$z \in \Gamma_1 \cup \Gamma_2$ 上，

$$|\exp(\theta z)| \stackrel{(2.5)}{=} \exp(\mathrm{Re}(\theta z)) \le \exp(r|\mathrm{Re}\,\theta| + \pi|\mathrm{Im}\,\theta|),$$

$$|\sinh z| \stackrel{\text{問}\,2.2.1}{\ge} \sinh(|\mathrm{Re}\,z|) = \sinh r.$$

これから，$j = 1, 2$ に対し

$$\int_{\Gamma_j} f \xrightarrow{r\to\infty} 0.$$

以上より，2) で $r \to \infty$ とすることにより，

$$2(1+\exp(\theta\pi\mathbf{i}))\int_\varepsilon^\infty \frac{\sinh\theta x}{\sinh x}\,dx = \int_{C_+(0,\varepsilon)} f + \int_{C_-(\pi\mathbf{i},\varepsilon)} f.$$

上式で $\varepsilon \to 0$ とし，1) に注意すれば，

$$2\int_0^\infty \frac{\sinh\theta x}{\sinh x}\,dx = \pi\mathbf{i}\frac{1-\exp(\theta\pi\mathbf{i})}{1+\exp(\theta\pi\mathbf{i})} = \pi\tan\frac{\pi\theta}{2}.$$

これは示すべき等式と同値である． \\(^□^)/

> **注** 例 4.8.5 の等式両辺を θ について微分すると，
>
> $$\int_0^\infty \frac{x\cosh\theta x}{\sinh x}\,dx = \frac{\pi^2}{4\cos^2\frac{\pi\theta}{2}},\ \ \theta\in\mathbb{C},\,|\operatorname{Re}\theta|<1. \tag{4.54}$$
>
> (積分記号下の微分については，例えば [吉田 1, p.424, 定理 16.5.5]，あるいは [吉田 2, p.57, 定理 2.5.1] を参照されたい.)

問 4.8.1 $\lambda\in\mathbb{C}$, $\rho\in(0,\infty)$, $f:\mathbb{C}\backslash\overline{D}(0,\rho)\to\mathbb{C}$ は連続かつ $zf(z)\xrightarrow{z\to\infty}\lambda$ をみたすとする．また $r\in(\rho,\infty)$, $\alpha<\beta\le\alpha+2\pi$ に対し $C_{r,\alpha,\beta}(0)=\{r\exp(\mathbf{i}\theta)\,;\,\alpha\le\theta\le\beta\}$ (向きは原点を中心に反時計回り) とする．このとき，次を示せ：

$$\int_{C_{r,\alpha,\beta}(0)} f \xrightarrow{r\to\infty} \mathbf{i}(\beta-\alpha)\lambda.$$

問 4.8.2 $0<p<2$, $I(p)=\int_0^\infty \frac{\sin x}{x^p}dx$ とする[9]．以下を示せ.

i) $\displaystyle\int_0^\infty \frac{1-\cos x}{x^{p+1}}\,dx = \frac{1}{p}I(p).$

ii) $\displaystyle\int_0^\infty \frac{\cos ax-\cos bx}{x^{p+1}}\,dx = \frac{b^p-a^p}{p}I(p)\ (0\le a<b<\infty).$

iii) $\displaystyle\int_0^\infty \frac{\sin^2 x}{x^{p+1}}\,dx = \frac{2^{p-1}}{p}I(p).$

---

[9] 例 4.8.4 より $I(1)=\frac{\pi}{2}$, 問 4.4.3 より $I(1/2)=\sqrt{\frac{\pi}{2}}$, 一般に $I(p)=\frac{\pi}{2\Gamma(p)\sin\frac{p\pi}{2}}$ [吉田 1, p.395, 例 15.7.10].

Chapter 5

正則関数の基本性質

　本章では，正則関数の顕著な性質が次々と明らかとなるという意味において，本書一番の絶景を目にすることができる．まず星形領域に対するコーシーの定理 (定理 4.6.6) から，コーシーの積分表示 (5.1) を導き，さらにそこから，任意の正則関数が定義域に含まれる開円板内で，べき級数に展開できることを示す (テイラー展開，(5.2))．テイラー展開のもたらす魔法の一つは，正則関数，すなわち複素微分可能な関数が，実は自動的に無限回複素微分可能であるという，一見不思議な性質である．さらに，ある領域を定義域とする正則関数は，定義域内のごく小さな集合上での値から，定義域全体での値が決まってしまうという際立った性質を持つ (一致の定理，系 5.4.5)．この性質もテイラー展開と，領域の連結性がもたらす魔法である．

　なお，本章を読むために 4 章を読了している必要は必ずしもない．4 章冒頭の解説後半で，4 章の「途中下車方法」を紹介したので，必要に応じて参考にされたい．

　本章を通じ，

- 開円板 $D(a,r)$，閉円板 $\overline{D}(a,r)$，円周 $C(a,r)$ をそれぞれ (1.19), (1.20), (1.21) で定め，円周の向きは常に反時計回りとする．

5.1 / コーシーの積分表示とテイラー展開

　本章で我々は正則関数の数多くの顕著な性質を目の当たりにすることになるが，そのすべての基本は，次の定理で述べるコーシーの積分表示とテイラー展開である．

定理 5.1.1　$D \subset \mathbb{C}$ が開，$f : D \to \mathbb{C}$ が連続なら以下の命題 a), b), c) は同値である．

a) $f : D \to \mathbb{C}$ は正則である．

b) (**円板に対するコーシーの積分表示**) $a \in D,\, r > 0,\, \overline{D}(a,r) \subset D$ なら，任意の $b \in D(a,r)$ に対し，

$$f(b) = \frac{1}{2\pi \mathrm{i}} \int_{C(a,r)} \frac{f(z)}{z - b}\, dz. \tag{5.1}$$

c) (**任意回複素微分可能性・テイラー展開**) f は D 上で任意回複素微分可能である．したがって任意の $n \in \mathbb{N}$ に対し n 階導関数 $f^{(n)}$ は D 上正則である．さらに，$a \in D,\, R > 0,\, D(a,R) \subset D$ なら，任意の $z \in D(a,R)$ に対し $f(z)$ は次のようにテイラー展開できる：

$$f(z) = \sum_{n=0}^{\infty} \frac{f^{(n)}(a)}{n!}(z - a)^n \quad (右辺は絶対収束). \tag{5.2}$$

　以下，定理 5.1.1 証明の概略を述べる．ここでは，全体像の把握を目的とし，いくつかの補題の証明は 5.2 節に先送りする．

　定理 5.1.1 のうち，c) $\Rightarrow$ a) は自明である．以下では a) $\Rightarrow$ b) $\Rightarrow$ c) を示す．a) $\Rightarrow$ b) の証明では，星形領域に対するコーシーの定理 (定理 4.6.6) からコーシーの積分表示 (5.1) を導く．また，b) $\Rightarrow$ c) の証明では，コーシーの積分表示 (5.1) から補題 5.1.5 を経由し任意回複素微分可能性，テイラー展開 (5.2) を導く．したがって定理 5.1.1 の証明の流れは次のように要約できる．

　　　　星形領域に対するコーシーの定理 (定理 4.6.6)
　　　　$\Rightarrow$ コーシーの積分表示 (5.1)
　　　　$\Rightarrow$ 任意回複素微分可能性，テイラー展開 (5.2).

　まず星形領域に対するコーシーの定理 (定理 4.6.6) からコーシーの積分表示 (5.1) を導く．

　等式 (5.1) 右辺の被積分関数 $f(z)/(z-b)$ は $z = b$ において正則ではない．この問題に対する処方として次の補題を用意する (証明は 5.2 節で述べる)．

> **補題 5.1.2** 定理 4.6.6 において，f に関する仮定を，「$f: D \to \mathbb{C}$ は連続かつ 1 点 $a \in D$ を除き正則である」に変更しても，結論はそのまま成り立つ.

次の補題は補題 5.1.2 と共に (5.1) を示すための鍵となる (証明は 5.2 節で述べる).

> **補題 5.1.3** $a, b \in \mathbb{C}$, $r, \rho \in (0, \infty)$ は，$\overline{D}(b, \rho) \subset D(a, r)$ をみたすとする. また，$D \subset \mathbb{C}$ は凸領域，$\overline{D}(a, r) \subset D$. $f: D \backslash \{b\} \to \mathbb{C}$ は正則とする. このとき，
> $$\int_{C(a,r)} f = \int_{C(b,\rho)} f. \tag{5.3}$$

(5.1) の証明に先立ち，簡単な補題をもう一つ準備する (証明は 5.2 節で述べる).

> **補題 5.1.4** $D \subset \mathbb{C}$ は開，$a \in D$, $r > 0$, $\overline{D}(a, r) \subset D$ とする. このとき，$\overline{D}(a, R) \subset D$ をみたす $R > r$ が存在する.

コーシーの積分表示 (定理 5.1.1 a) $\Rightarrow$ b)) の証明 まず概略を述べる. 目標は次式である.

1) $$\int_{C(a,r)} \frac{f(z)}{z-b}\, dz = 2\pi \mathbf{i} f(b), \ \forall b \in D(a, r).$$

一方，例 4.2.4 より任意の $\rho > 0$ に対し，

2) $$\int_{C(b,\rho)} \frac{1}{z-b}\, dz = 2\pi \mathbf{i}.$$

まず補題 5.1.2 より，1) の左辺の $f(z)$ を定数 $f(b)$ に置き換えて次式を得る (詳細は後述)：

3) $$\int_{C(a,r)} \frac{f(z)}{z-b}\, dz = f(b) \int_{C(a,r)} \frac{1}{z-b}\, dz.$$

次に補題 5.1.3 より，$C(a, r)$ 上の線積分を，b を中心とした円周 $C(b, \rho)$ の線積分に置き換えて次式を得る (詳細は後述)：

4) $$\int_{C(a,r)} \frac{1}{z-b}\, dz = \int_{C(b,\rho)} \frac{1}{z-b}\, dz.$$

2), 3), 4) から次のようにして 1) を得る：

$$\int_{C(a,r)} \frac{f(z)}{z-b}\,dz \overset{3)}{=} f(b)\int_{C(a,r)} \frac{1}{z-b}\,dz \overset{4)}{=} f(b)\int_{C(b,\rho)} \frac{1}{z-b}\,dz \overset{2)}{=} 2\pi\mathbf{i}f(b).$$

以下で，3), 4) の証明を詳しく述べる.

3) 補題 5.1.4 より $\overline{D}(a,r) \subset D(a,R) \subset D$ をみたす $R > r$ が存在する. そこ
で，次の関数 $g_b(z)$ $(z \in D(a,R))$ を考える：

$$g_b(z) = \begin{cases} \dfrac{f(z) - f(b)}{z-b}, & z \in D(a,R)\backslash\{b\} \text{ なら,} \\ f'(b), & z = b \text{ なら.} \end{cases}$$

$g_b : D(a,R) \to \mathbb{C}$ は連続かつ 1 点 b を除き正則である. また，$C(a,r)$ は星形領
域 $D(a,R)$ 内の閉曲線である. ゆえに，補題 5.1.2 より

$$\int_{C(a,r)} \frac{f(z)}{z-b}\,dz - f(b)\int_{C(a,r)} \frac{1}{z-b}\,dz = \int_{C(a,r)} g_b \overset{\text{補題 5.1.2}}{=} 0.$$

4) $z \mapsto 1/(z-b)$ は，$\mathbb{C}\backslash\{b\}$ 上正則である. そこで $\overline{D}(b,\rho) \subset D(a,r)$ をみたす
$\rho > 0$ をとれば，補題 5.1.3 より 4) を得る. \(^□^)/

> **注**　補題 5.1.3 の等式 (5.3) は積分路 $C(a,r)$ を，より一般的な閉曲線 C に置き換え
> ても成立する (補題 7.2.1). これに伴ってコーシーの積分表示 (5.1) も積分路 $C(a,r)$
> をより一般的な閉曲線 C に置き換えた形で成立する (命題 7.1.7).

次にコーシーの積分表示 (5.1) から任意回複素微分可能性，テイラー展開 (5.2)
を導く. 次の補題より，一般に $f : C(a,r) \to \mathbb{C}$ が連続なら，次の積分は，b の関
数として a を中心としたべき級数に展開できる：

$$\frac{1}{2\pi\mathbf{i}} \int_{C(a,r)} \frac{f(z)}{z-b}\,dz.$$

この補題は，テイラー展開のみならず，ローラン展開 (定理 6.7.1) の証明にも再
利用される. 補題の証明は 5.2 節で述べる.

補題 5.1.5　$a \in \mathbb{C}, r > 0, f : C(a,r) \to \mathbb{C}$ は連続, $M(a,r) = \max\limits_{w \in C(a,r)} |f(w)|$
とする. このとき，

$$c_n \overset{\text{def}}{=} \frac{1}{2\pi\mathbf{i}} \int_{C(a,r)} \frac{f(z)}{(z-a)^{n+1}}\,dz, \ n \in \mathbb{Z} \text{ に対し } |c_n| \le M(a,r)r^{-n}. \quad (5.4)$$

また，$b \in D(a,r)$ に対し次の等式が成立し，等式両辺はこの範囲の b につい
て正則である：

$$\frac{1}{2\pi \mathbf{i}} \int_{C(a,r)} \frac{f(z)}{z-b}\, dz = \sum_{n=0}^{\infty} c_n (b-a)^n \quad (\text{右辺は絶対収束}). \tag{5.5}$$

一方，$b \in \mathbb{C}\backslash \overline{D}(a,r)$ に対し次の等式が成立し，等式両辺はこの範囲の b について正則である：

$$\frac{1}{2\pi \mathbf{i}} \int_{C(a,r)} \frac{f(z)}{z-b}\, dz = -\sum_{n=1}^{\infty} c_{-n} (b-a)^{-n} \quad (\text{右辺は絶対収束}). \tag{5.6}$$

任意回複素微分可能性・テイラー展開 (定理 5.1.1 b) ⇒ c)) の証明 点 $a \in D$ は任意，$R > 0$ は $D(a,R) \subset D$ をみたすとする．任意の $r \in (0,R)$ に対し $\overline{D}(a,r) \subset D(a,R) \subset D$．よってコーシーの積分表示 (5.1) より，任意の $z \in D(a,r)$ に対し，

1) $$f(z) = \frac{1}{2\pi \mathbf{i}} \int_{C(a,r)} \frac{f(w)}{w-z}\, dw.$$

一方，

$$c_n \overset{\text{def}}{=} \frac{1}{2\pi \mathbf{i}} \int_{C(a,r)} \frac{f(w)}{(w-a)^{n+1}}\, dw$$

に対し，補題 5.1.5 より

2) $$\frac{1}{2\pi \mathbf{i}} \int_{C(a,r)} \frac{f(w)}{w-z}\, dw = \sum_{n=0}^{\infty} c_n (z-a)^n \quad (\text{右辺は絶対収束}).$$

1), 2) より，

3) $$f(z) = \sum_{n=0}^{\infty} c_n (z-a)^n \quad (\text{右辺は絶対収束}).$$

3) および，べき級数の任意回複素微分可能性 (系 3.4.2) より，

4) f は $D(a,r)$ 上で任意回複素微分可能かつ，$c_n = f^{(n)}(a)/n!$.

点 $a \in D$ は任意だったので，3), 4) より c) を得る．   \\(^□^)/

5.2 / (⋆) 定理 5.1.1 証明中の補題の証明

本節では，定理 5.1.1 の証明で用いた補題 5.1.2, 5.1.3, 5.1.4, 5.1.5 に証明を与える．

補題 5.1.2 の証明 命題 4.6.2, 定理 4.6.6, 7.5.4 の証明より，次をいえば十分

である.

　1)　$n = 3$ に対する命題 4.6.2 が「$f : D \to \mathbb{C}$ は連続かつ 1 点 $a \in D$ を除き正則である」という仮定のもとでも成立する.

　そこで以下では 1) を示す. $\triangle z_1 z_2 z_3$ の周を C, 周および内部を K と記す. また, 三角形の周の向きはすべて反時計回りとする.

i)　$a \notin K$ の場合. このとき $K \subset D \backslash \{a\}$. したがって, D の代わりに $D \backslash \{a\}$ をとることで, 命題 4.6.2 がそのまま適用できる.

ii)　$a \in \{z_1, z_2, z_3\}$ の場合. 例えば $a = z_1$ とする. $z_j' \stackrel{\text{def}}{=} (1 - \varepsilon) z_1 + \varepsilon z_j$ $(j = 2, 3,$ $\varepsilon \in (0, 1))$, $\triangle z_1 z_2' z_3'$ の周を C_1, z_2, z_3, z_3', z_2' を頂点とする四角形の周を C_2 とする.

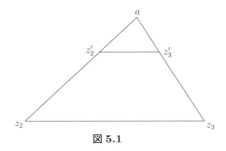

図 5.1

　このとき, C_1, C_2 は線分 $[z_2', z_3']$ を共有するが, この線分上で両者の向きは逆なので, 線分 $[z_2', z_3']$ 上の線積分が相殺する. その結果,

2)
$$\int_C f = \int_{C_1} f + \int_{C_2} f.$$

一方, 命題 4.6.2 の $n = 4$ の場合より

3)
$$\int_{C_2} f = 0.$$

ここで, $\ell(C_1) = \varepsilon \ell(C)$ に注意する. また, f の連続性より, $M \stackrel{\text{def}}{=} \max_K |f| < \infty$. 以上より,

$$\left| \int_C f \right| \stackrel{2),3)}{=} \left| \int_{C_1} f \right| \stackrel{(4.13)}{\leq} \int_{C_1} |f(z)||dz| \leq M\ell(C_1) = \varepsilon M \ell(C).$$

$\varepsilon \in (0, 1)$ は任意なので, $\int_C f = 0$.

iv) $a \in K \backslash \{z_1, z_2, z_3\}$ の場合. まず $a \notin C$ の場合を考える. このとき, $\triangle az_3z_1$, $\triangle az_1z_2$, $\triangle az_2z_3$ の周をそれぞれ C_1, C_2, C_3 とする.

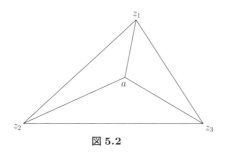

図 5.2

C_i, C_j $(1 \leq i < j \leq 3)$ は 1 辺を共有するが, この辺上で両者の向きは逆なので, これらの辺上の線積分が相殺する. その結果,

$$\int_C f = \int_{C_1} f + \int_{C_2} f + \int_{C_3} f.$$

ところが, ii) の結果より $\int_{C_j} f = 0$ $(j = 1, 2, 3)$. 以上より $\int_C f = 0$.

次に $a \in C$ の場合を考える. 例えば, $a \in [z_1, z_2] \backslash \{z_1, z_2\}$ とし, $\triangle az_3z_1$, $\triangle az_2z_3$ の周をそれぞれ C_1, C_2 とする.

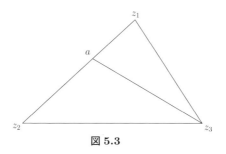

図 5.3

このとき $a \notin C$ の場合と同様にして,

$$\int_C f = \int_{C_1} f + \int_{C_2} f = 0.$$

\(^□^)/

補題 5.1.3 の証明 記号を簡単にするため, $a, b \in \mathbb{R}$ とする. 直線 $\mathrm{Re}\, z = b$ と円周 $C(a, r)$ の交点を z_1, z_2 $(\mathrm{Im}\, z_1 < 0 < \mathrm{Im}\, z_2)$, 直線 $\mathrm{Re}\, z = b$ と円周 $C(b, \rho)$

の交点を w_1, w_2 ($\operatorname{Im} w_1 < 0 < \operatorname{Im} w_2$) とする.また,円弧 $C_j(a, r)$, $C_j(b, \rho)$ ($j = 1, 2$) を以下のように定める.

- $C_1(a, r)$ を z_1 から反時計回りに z_2 に向かう $C(a, r)$ の弧,
- $C_2(a, r)$ を z_2 から反時計回りに z_1 に向かう $C(a, r)$ の弧,
- $C_1(b, \rho)$ を w_1 から反時計回りに w_2 に向かう $C(b, \rho)$ の弧,
- $C_2(b, \rho)$ を w_2 から反時計回りに w_1 に向かう $C(b, \rho)$ の弧.

このとき,

1) $\begin{cases} C(a, r) \text{ は } C_1(a, r),\ C_2(a, r) \text{ の継ぎ足し,} \\ C(b, \rho) \text{ は } C_1(b, \rho),\ C_2(b, \rho) \text{ の継ぎ足し.} \end{cases}$

さらに閉曲線 Γ_1, Γ_2 を次のように定める.

2) $\begin{cases} \Gamma_1 \text{ は } C_1(a, r),\ [z_2, w_2],\ C_1(b, \rho)^{-1},\ [w_1, z_1] \text{ の継ぎ足し,} \\ \Gamma_2 \text{ は } C_2(a, r),\ [z_1, w_1],\ C_2(b, \rho)^{-1},\ [w_2, z_2] \text{ の継ぎ足し.} \end{cases}$

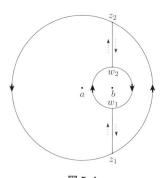

図 5.4

2) において $[z_j, w_j]$, $[w_j, z_j]$ ($j = 1, 2$) がそれぞれ一度ずつ現れる.これによる線積分の相殺 ((4.12) 参照) と 1) から,

3) $\begin{aligned} \left(\int_{\Gamma_1} + \int_{\Gamma_2} \right) f &\overset{2)}{=} \left(\int_{C_1(a, r)} + \int_{C_2(a, r)} - \int_{C_1(b, \rho)} - \int_{C_2(b, \rho)} \right) f \\ &\overset{1)}{=} \left(\int_{C(a, r)} - \int_{C(b, \rho)} \right) f. \end{aligned}$

領域 $D_1 \overset{\text{def}}{=} D \backslash (-\infty, b]$, $D_2 \overset{\text{def}}{=} D \backslash [b, \infty)$ は共に星形である (問 4.6.1).また

$j = 1, 2$ に対し，f は D_j 上正則かつ $\Gamma_j \subset D_j$. よって星形領域に対するコーシーの定理 (定理 4.6.6) より，$\int_{\Gamma_j} f = 0$. これと 3) より結論を得る． \\(^□^)/

注 補題 7.2.1 では (5.3) と同様の等式を，$C(a, r)$ の代わりに，より一般の閉曲線を積分路にとって示す．

補題 5.1.4 の証明 $D = \mathbb{C}$ なら自明なので，$D \neq \mathbb{C}$ とする．このとき補題 1.6.3 より

$$\rho \overset{\text{def}}{=} \inf\{|z - w| \; ; \; z \in \overline{D}(a, r), \, w \in D^{\mathsf{c}}\} \in (0, \infty).$$

$R \overset{\text{def}}{=} r + \rho/2, \, z \in \overline{D}(a, R)$ なら，ある $z_0 \in \overline{D}(a, r)$ に対し $|z_0 - z| \leq \rho/2$. ゆえに任意の $w \in D^{\mathsf{c}}$ に対し

$$|w - z| \geq |w - z_0| - |z_0 - z| \geq \rho - (\rho/2) = \rho/2 > 0.$$

以上より $\overline{D}(a, R) \subset D$. \\(^□^)/

補題 5.1.5 の証明 (5.4)：

$$|c_n| \overset{(4.13)}{\leq} \frac{1}{2\pi} \int_{C(a,r)} \left| \frac{f(z)}{(z - a)^{n+1}} \right| |dz| \leq M(a, r)/r^n.$$

(5.5)：$z \in C(a, r)$ なら，

1) $$\left| \frac{b - a}{z - a} \right| = \frac{|b - a|}{r} < 1.$$

ゆえに

2) $$\frac{1}{z - b} = \frac{1}{z - a - (b - a)} = \frac{1}{z - a} \cdot \frac{1}{1 - (b - a)/(z - a)} = \sum_{n=0}^{\infty} \frac{(b - a)^n}{(z - a)^{n+1}}.$$

したがって

3) $$\frac{f(z)}{z - b} = \sum_{n=0}^{\infty} \frac{f(z)}{(z - a)^{n+1}} (b - a)^n.$$

2) 右辺級数は $z \in C(a, r)$ について一様に絶対収束する．f は $C(a, r)$ 上有界だから 3) の右辺級数も $z \in C(a, r)$ について一様に絶対収束する．よって 3) と補題 4.2.3 より

$$\frac{1}{2\pi\mathbf{i}}\int_{C(a,r)}\frac{f(z)}{z-b}\,dz \stackrel{3)}{=} \frac{1}{2\pi\mathbf{i}}\int_{C(a,r)}\left(\sum_{n=0}^{\infty}\frac{f(z)}{(z-a)^{n+1}}(b-a)^n\right)dz$$

$$\stackrel{\text{補題 }4.2.3}{=} \sum_{n=0}^{\infty}\left(\frac{1}{2\pi\mathbf{i}}\int_{C(a,r)}\frac{f(z)}{(z-a)^{n+1}}dz\right)(b-a)^n$$

$$= \sum_{n=0}^{\infty}c_n(b-a)^n.$$

また，(5.4) と 1) より上式右辺の級数は絶対収束する．これより，(5.5) 右辺は $b\in D(a,r)$ について正則である．

(5.6)：$z\in C(a,r)$ に対し

1')
$$\left|\frac{z-a}{b-a}\right| = \frac{r}{|b-a|} < 1.$$

よって，

2')
$$\frac{1}{z-b} = -\frac{1}{b-a-(z-a)} = -\frac{1}{b-a}\cdot\frac{1}{1-(z-a)/(b-a)}$$
$$= -\frac{1}{b-a}\sum_{n=0}^{\infty}\left(\frac{z-a}{b-a}\right)^n = -\sum_{n=1}^{\infty}\frac{1}{(z-a)^{-n+1}(b-a)^n}.$$

したがって，

3')
$$\frac{f(z)}{z-b} = -\sum_{n=1}^{\infty}\frac{f(z)}{(z-a)^{-n+1}(b-a)^n}.$$

2') の右辺級数は $z\in C(a,r)$ について一様に絶対収束する．f は $C(a,r)$ 上有界だから 3') の右辺級数も $z\in C(a,r)$ について一様に絶対収束する．よって 3')，補題 4.2.3 より，

$$\frac{1}{2\pi\mathbf{i}}\int_{C(a,r)}\frac{f(z)}{z-b}\,dz \stackrel{3')}{=} -\frac{1}{2\pi\mathbf{i}}\int_{C(a,r)}\left(\sum_{n=1}^{\infty}\frac{f(z)}{(z-a)^{-n+1}(b-a)^n}\right)dz$$

$$\stackrel{\text{補題 }4.2.3}{=} -\sum_{n=1}^{\infty}\left(\frac{1}{2\pi\mathbf{i}}\int_{C(a,r)}\frac{f(z)}{(z-a)^{-n+1}}dz\right)(b-a)^{-n}$$

$$= \sum_{n=1}^{\infty}c_{-n}(b-a)^{-n}.$$

また，(5.4) と 1') より上式右辺の級数は絶対収束する．これより，(5.6) 右辺は $b\in\mathbb{C}\backslash\overline{D}(a,r)$ について正則である（問 3.4.1）．　　　　　　\\(^□^)/

5.3 / リューヴィルの定理

有界な正則関数 $f : \mathbb{C} \to \mathbb{C}$ は定数に限られる (リューヴィルの定理, 系 5.3.3). 本節では, この事実の証明, および関連した話題について述べる.

まず, コーシーの積分表示 (5.1) と任意回複素微分可能性を組み合わせ, 次の命題を得る.

命題 5.3.1 (導関数の積分表示) $D \subset \mathbb{C}$ が開, $f : D \to \mathbb{C}$ が正則なら以下が成立する. $a, b \in D, r > 0$ が $\overline{D}(a, r) \subset D$, $b \in D(a, r)$ をみたすとき, 任意の $n \in \mathbb{N}$ に対し

$$f^{(n)}(b) = \frac{n!}{2\pi \mathbf{i}} \int_{C(a,r)} \frac{f(z)}{(z-b)^{n+1}} \, dz. \tag{5.7}$$

証明 コーシーの積分表示 (5.1) の両辺をそれぞれ n 回複素微分し, 右辺に例 4.2.7 を適用すれば直ちに結論を得る. \(^□^)/

注 等式 (5.7) で $b = a$ の場合は, 定理 5.1.1 の証明中 (b) $\Rightarrow$ c) の部分でも得られている.

次の系のうち, 評価式 (5.9) は実は定理 5.1.1 の証明中 (補題 5.1.5) でも示されているが, その有用性ゆえにこの系でも述べる. 評価式 (5.9) はリューヴィルの定理 (系 5.3.3) の証明に応用される. また, (5.10) は代数学の基本定理 (問 5.3.3) の証明に応用される. また, 最大値原理 (系 6.5.5) の根拠となる命題 6.5.4 の証明には (5.9), (5.10) を共に用いる.

系 5.3.2 $D \subset \mathbb{C}$ が開, $f : D \to \mathbb{C}$ が正則, $a, b \in D, r > 0$ が $\overline{D}(a, r) \subset D$, $b \in D(a, r)$ をみたすとき, 任意の $n \in \mathbb{N}$ に対し

$$|f^{(n)}(b)| \le \frac{n! \, r M(a, r)}{(r - |a - b|)^{n+1}}, \quad \text{ここで} \quad M(a, r) = \max_{z \in C(a,r)} |f(z)|. \tag{5.8}$$

特に,

$$|f^{(n)}(a)| \le \frac{n! M(a, r)}{r^n} \quad (\text{コーシーの評価}). \tag{5.9}$$

また, D 上 $f \ne 0$ なら,

$$|f(b)| \geq \frac{(r - |a - b|)m(a,r)}{r}, \ \ ここで \ \ m(a,r) = \min_{z \in C(a,r)} |f(z)|. \quad (5.10)$$

証明　(5.8)：$\min_{z \in C(a,r)} |b - z| = r - |a - b|$. よって,

1) $\qquad z \in C(a,r)$ なら $\left| \dfrac{f(z)}{(z-b)^{n+1}} \right| \leq \dfrac{M(a,r)}{(r - |a - b|)^{n+1}}$.

ゆえに,

$$|f^{(n)}(b)| \overset{(5.7)}{=} \left| \frac{n!}{2\pi\mathbf{i}} \int_{C(a,r)} \frac{f(z)}{(z-b)^{n+1}} dz \right| \overset{(4.13)}{\leq} \frac{n!}{2\pi} \int_{C(a,r)} \left| \frac{f(z)}{(z-b)^{n+1}} \right| |dz|$$

$$\overset{1)}{\leq} \frac{n!}{2\pi} \cdot \frac{M(a,r)}{(r - |a - b|)^{n+1}} \cdot 2\pi r = \frac{n! r M(a,r)}{(r - |a - b|)^{n+1}}.$$

(5.10)：正則関数 $1/f$ に (5.8) の $n = 0$ の場合を適用し,

$$\frac{1}{|f(b)|} = \left| \frac{1}{f(b)} \right| \leq \frac{r}{r - |a - b|} \max_{z \in C(a,r)} \left| \frac{1}{f(z)} \right| = \frac{r}{(r - |a - b|)m(a,r)}. \quad \backslash(^\square{}^)/$$

注　評価式 (5.8) で $n = 0$ の場合は $|f(b)| \leq \frac{r}{r-|a-b|} M(a,r)$. 実は最大値原理 (系 6.5.5) より, これは $|f(b)| \leq M(a,r)$ に改良される. 同様に, 最大値原理から (5.10) も $|f(b)| \geq m(a,r)$ に改良される.

コーシーの評価式 (5.9) より次の系を得る.

系 5.3.3　正則関数 $f : \mathbb{C} \to \mathbb{C}$ がある $n \in \mathbb{N}$ に対し次をみたすとする：

$$\max_{|z| \leq r} |f(z)|/r^{n+1} \overset{r \to \infty}{\longrightarrow} 0.$$

このとき, f は次数 n 以下の多項式である. 特に f が有界なら f は定数である (**リューヴィルの定理**[1], 1847 年).

証明　$z \in \mathbb{C}$ を任意とする. また, $r \to \infty$ の極限を考えるので, $r \geq |z|$ とする. このとき,

---

[1] Liouville を 「リューヴィユ」 と標記する教科書も見受けられるが, フランス語を母語とする複数の知人に聞いたところ, 「リューヴィル」 と標記する方が正しいらしい.

$$|f^{(n+1)}(z)| \overset{(5.9)}{\leq} \frac{(n+1)!}{r^{n+1}} \max_{w \in C(z,r)} |f(w)| \leq \frac{(n+1)!}{r^{n+1}} \max_{|w| \leq 2r} |f(w)|$$

$$= (n+1)! \, 2^{n+1} \frac{\max_{|w| \leq 2r} |f(w)|}{(2r)^{n+1}} \overset{r \to \infty}{\longrightarrow} 0.$$

ゆえに $f^{(n+1)}(z) = 0$ $(\forall z \in \mathbb{C})$. したがって f は次数 n 以下の多項式である.

\(^□^)/

> **注** $f : \mathbb{C} \to \mathbb{C}$ を正則かつ非定数とする. このとき, リューヴィルの定理より f は非有界である. 問 5.3.4 で, これを精密化し $\overline{f(\mathbb{C})} = \mathbb{C}$ を示す. 実はさらに強く, $\mathbb{C} \backslash f(\mathbb{C})$ は高々 1 点であることが知られている (**ピカールの小定理**, 1879 年, [Ahl, p.307, Theorem 5]).

問 5.3.1 $D \subset \mathbb{C}$ は開, $f : D \to \mathbb{C}$ は正則, $g = \mathrm{Re}\, f$, または $g = \mathrm{Im}\, f$ とする. $D(a,r) \subset D$ をみたす $a \in D$, $r \in (0, \infty)$ に対し以下を示せ.

i) $g(a) = \frac{1}{2\pi} \int_0^{2\pi} g(a + r \exp(\mathbf{i}t))dt$.

ii) $\min\limits_{C(a,r)} g \leq g(a) \leq \max\limits_{C(a,r)} g$ (**実部・虚部に対するコーシーの評価**).

問 5.3.2 $D \subset \mathbb{C}$ が開, 正則関数の列 $f_n : D \to \mathbb{C}$ $(n \in \mathbb{N})$ が, ある $f : D \to \mathbb{C}$ に広義一様収束するとする $(n \to \infty)$. このとき, f は正則であること, また, すべての $m \in \mathbb{N}$ に対し, $f_n^{(m)}$ は $f^{(m)}$ に広義一様収束する $(n \to \infty)$ ことを示せ.

問 5.3.3 非定数多項式 $f : \mathbb{C} \to \mathbb{C}$ は零点を持つ (**代数学の基本定理**, ガウスによる (1799 年)). これを, 問 1.3.2 の結果と (5.10) から導け. なお, 別証明については問 6.5.4, 例 6.4.6 を参照されたい.

問 5.3.4 (リューヴィルの定理の精密化) $f : \mathbb{C} \to \mathbb{C}$ が正則かつ非定数とするとき, $\overline{f(\mathbb{C})} = \mathbb{C}$ (定義 1.6.1 参照) を示せ.

> **注** 問 5.3.4 で $I \subset \mathbb{R}$ が開区間, $\varphi : \mathbb{C} \to I$ が連続な全射なら問 1.6.17 より, $\varphi(f(\mathbb{C})) = I$. 特に $\mathrm{Re}\, f$, $\mathrm{Im}\, f$ は $\mathbb{R}$ への全射である.

問 5.3.5 以下の条件をみたす定数でない正則関数 $f : \mathbb{C} \to \mathbb{C}$ は存在するか.

i) $f(z+1) = f(z)$, $\forall z \in \mathbb{C}$.

ii) $f(z+1) = f(z+\mathbf{i}) = f(z)$, $\forall z \in \mathbb{C}$.

5.4 / 一致の定理

定義 5.4.1　$D \subset \mathbb{C}$ は開，$f : D \to \mathbb{C}$ は正則，$a \in D$ とする．$m \in \mathbb{N} \setminus \{0\}$ が次の条件をみたすとき，a は f の m 位の（あるいは**位数** m の）零点であるという：

$$f^{(n)}(a) = 0 \ (0 \leq \forall n \leq m-1) \text{ かつ } f^{(m)}(a) \neq 0.$$

補題 5.4.2　$D \subset \mathbb{C}$ は開，$f : D \to \mathbb{C}$ は正則，$a \in D$, $m \in \mathbb{N} \setminus \{0\}$ とする．次の関数 $g : D \to \mathbb{C}$ は正則である：

$$g(z) = \begin{cases} (z-a)^{-m} \left(f(z) - \displaystyle\sum_{n=0}^{m-1} \frac{f^{(n)}(a)}{n!}(z-a)^n \right), & z \in D \setminus \{a\}, \\ \frac{f^{(m)}(a)}{m!}, & z = a. \end{cases}$$

また，任意の $z \in D$ に対し

$$f(z) = \sum_{n=0}^{m-1} \frac{f^{(n)}(a)}{n!}(z-a)^n + (z-a)^m g(z). \tag{5.11}$$

証明　g は定義から (5.11) をみたす．さらに g は $D \setminus \{a\}$ 上で複素微分可能である．したがって g が点 a で複素微分可能ならよい．今，$R \in (0, \infty]$, $z \in D(a, R) \subset D$ なら $f(z)$ は絶対収束するべき級数 (5.2) で表される（定理 5.1.1）．このべき級数に対し命題 1.5.6 を適用することにより，次のべき級数 $h(z)$ が絶対収束する：

$$h(z) \stackrel{\text{def}}{=} \sum_{n=0}^{\infty} \frac{f^{(m+n)}(a)}{(m+n)!}(z-a)^n, \ z \in D(a, R).$$

また，べき級数の正則性（命題 3.4.1）より $h : D(a, R) \to \mathbb{C}$ は正則である．今，$h(a) = \frac{f^{(m)}(a)}{m!}$. 一方，$z \in D(a, R) \setminus \{a\}$ なら，

$$(z-a)^{-m} \left(f(z) - \sum_{n=0}^{m-1} \frac{f^{(n)}(a)}{n!}(z-a)^n \right) = \sum_{n=m}^{\infty} \frac{f^{(n)}(a)}{n!}(z-a)^{n-m} = h(z).$$

よって $D(a, R)$ 上 $h = g$. 特に，g は点 a で複素微分可能である．　　　\\(^□^)/

命題 5.4.3（因数定理）　$D \subset \mathbb{C}$ は開，$f : D \to \mathbb{C}$ は正則，$a \in D$, $m \in \mathbb{N} \setminus \{0\}$ とする．

a) a が f の m 位の零点なら，次をみたす正則関数 $g : D \to \mathbb{C}$ が存在する：

$$g(a) = \frac{f^{(m)}(a)}{m!} \neq 0, \quad f(z) = (z-a)^m g(z), \; \forall z \in D. \tag{5.12}$$

b) $D(a, R) \subset D$ をみたす $R > 0$ および次をみたす正則関数 $g : D(a, R) \to \mathbb{C}$ が存在すれば，a は f の m 位の零点である：

$$g(a) \neq 0, \quad f(z) = (z-a)^m g(z), \; \forall z \in D(a, R). \tag{5.13}$$

証明 a) 補題 5.4.2 の g は (5.12) をみたす．

b) 定理 5.1.1 より，g は次のようにテイラー展開される：

$$g(z) = \sum_{n=0}^{\infty} \frac{g^{(n)}(a)}{n!}(z-a)^n, \; z \in D(a, R).$$

これと (5.13) より，

$$f(z) = (z-a)^m g(z) = \sum_{n=m}^{\infty} \frac{g^{(n-m)}(a)}{(n-m)!}(z-a)^n, \; z \in D(a, R).$$

上式右辺のべき級数に，べき級数の係数と微分の関係 (系 3.4.2) を用いると，

$$f^{(n)}(a) = \begin{cases} 0, & n = 0, \ldots, m-1, \\ m!\, g(a) \neq 0, & n = m. \end{cases}$$

よって a は f の m 位の零点である． \\(^□^)/

ある領域を定義域とする正則関数は，領域内のごく小さな集合上での値から，領域全体での値が決まってしまうという際立った性質を持つ (一致の定理，系 5.4.5)．この性質は次の命題からの帰結であり，その証明はテイラー展開と領域の連結性がもたらす魔法である．

命題 5.4.4 (零点の位数有限性) $D \subset \mathbb{C}$ は領域，$f : D \to \mathbb{C}$ は正則とする．このとき，ある 1 点 $a \in D$ においてすべての $n \in \mathbb{N}$ に対し，$f^{(n)}(a) = 0$ なら f は D 上恒等的に零である．

証明 D は連結 (定義 1.6.6) なので，開集合 D_1, D_2 が $D = D_1 \cup D_2$, $D_1 \cap D_2 = \emptyset$ をみたせば，$D_1 = \emptyset$, または $D_2 = \emptyset$ である．今，$D_1, D_2 \subset D$ を次のように定める：

$$D_1 = \{z \in D \,;\, \forall n \in \mathbb{N} \text{ に対し } f^{(n)}(z) = 0\}, \quad D_2 = D \backslash D_1.$$

定義から, $D = D_1 \cup D_2$, $D_1 \cap D_2 = \emptyset$. さらに, すぐ後で示すように

1) D_1 は開, $D_1 \neq \emptyset$.

2) D_2 は開.

以上と D の連結性より $D_2 = \emptyset$, すなわち $D_1 = D$. 特に, 任意の $z \in D$ に対し $f(z) = 0$.

1) の証明：$b \in D_1$ とする. このとき, $\forall n \in \mathbb{N}$ に対し $f^{(n)}(b) = 0$. $D(b, r) \subset D$ をみたす $r > 0$, および $z \in D(b, r)$ に対し

$$f(z) \overset{(5.2)}{=} \sum_{n=0}^{\infty} \frac{f^{(n)}(b)}{n!} (z-b)^n = 0.$$

したがって, $\forall n \in \mathbb{N}$ に対し $f^{(n)}(z) = 0$. ゆえに $D(b, r) \subset D_1$. 以上より D_1 は開である. また, $D_1 \ni a$ より $D_1 \neq \emptyset$.

2) の証明：$\forall n \in \mathbb{N}$ に対し, $f^{(n)}$ は連続なので, $G_n \overset{\text{def}}{=} \{z \in D \,;\, f^{(n)}(z) \neq 0\}$ は開 (問 1.6.9). また $D_2 = \bigcup_{n \in \mathbb{N}} G_n$ より D_2 は開である (問 1.6.4).   \\(^□^)/

> 注   命題 5.4.4 の証明では, 1 点 a に関する仮定 $f^{(n)}(a) = 0$, $\forall n \in \mathbb{N}$ から $\forall z \in D$ に対し $f(z) = 0$ という結論に至る点が極めて特徴的である.

命題 5.4.4 より, 次の系を得る.

系 5.4.5 $D \subset \mathbb{C}$ は開, $f : D \to \mathbb{C}$ は正則とする.

a) (**零点の非集積性**) D 内の任意の開円板上 $f \not\equiv 0$ なら, 任意の $a \in D$ に対し次のような $r > 0$ が存在する：

$$D(a, r) \subset D \text{ かつ任意の } z \in D(a, r) \backslash \{a\} \text{ に対し } f(z) \neq 0. \qquad (5.14)$$

b) (**一致の定理**) D が領域であり, 次のような $a \in D$, $a_n \in D \backslash \{a\}$ が存在すれば $f \equiv 0$ である：

$$f(a_n) = 0, \; \forall n \in \mathbb{N}, \; a_n \overset{n \to \infty}{\longrightarrow} a. \qquad (5.15)$$

証明   a) D は開だから $D(a, R) \subset D$ をみたす $R \in (0, \infty]$ が存在し, $f : D(a, R) \to \mathbb{C}$ は正則かつ $f \not\equiv 0$. $f(a) \neq 0$ なら f の連続性から直ちに結論を得る. $f(a) = 0$ なら $f : D(a, R) \to \mathbb{C}$ に対する零点の位数有限性 (命題 5.4.4) よ

り，ある $m \in \mathbb{N} \backslash \{0\}$ に対し a は f の m 位の零点である．ゆえに因数定理 (命題 5.4.3) より，(5.12) をみたす正則関数 $g : D \to \mathbb{C}$ が存在する．このとき $g(a) \neq 0$ と g の連続性から，ある $r \in (0, R]$ に対し，g は $D(a, r) \subset D$ 内に零点を持たない．よって，この r に対し (5.14) が成立する．

b) 条件 (5.15) をみたす $a \in D$, $a_n \in D \backslash \{a\}$ が存在すれば，この a に対し (5.14) をみたす $r > 0$ が存在しない．ゆえに a) より D 内のある開円板上 $f \equiv 0$．これと命題 5.4.4 より D 上 $f \equiv 0$． \\(\^□\^)/

> **注** D が領域なら一致の定理より，恒等的に 0 でない正則関数 $f : D \to \mathbb{C}$ に対し，その零点の列が D 内に収束することはない．一方，零点の列が D の境界に収束することはある．実際 $f(z) = \sin(1/z)$ は $\mathbb{C} \backslash \{0\}$ 上正則であり，その零点の列 $1/(\pi n)$ は 0 に収束する．

問 5.4.1 $D \subset \mathbb{C}$ は開，$f : D \to \mathbb{C}$ は正則，$m, n \in \mathbb{N} \backslash \{0\}$ とする．このとき，$a \in D$ が f の m 位の零点なら，$a \in D$ は f^n の mn 位の零点であることを示せ．

問 5.4.2 以下の正則関数 $f : \mathbb{C} \to \mathbb{C}$ の零点集合 $A = \{f(z) = 0\}$，および各零点の位数を求めよ．

i) $f(z) = (z - a)^{m+1} (z - b)^{n+1}$ $(a, b \in \mathbb{C}, a \neq b, m, n \in \mathbb{N})$.

ii) $f(z) = \sin(cz)$ $(c \in \mathbb{C} \backslash \{0\})$.

iii) $f(z) = 1 - \cos(2cz)$ $(c \in \mathbb{C} \backslash \{0\})$.

問 5.4.3 $D \subset \mathbb{C}$ は開，$f : D \to \mathbb{C}$ は正則，$a \in D$ とするとき以下を示せ：
$$\frac{f(z) - f(a) - f'(a)(z - a)}{(z - a)^2} \xrightarrow[z \neq a]{z \to a} \frac{f''(a)}{2},$$
$$\frac{(z - a)(f'(z) - f'(a)) - 2(f(z) - f(a))}{(z - a)^3} \xrightarrow[z \neq a]{z \to a} \frac{f'''(a)}{6}.$$

問 5.4.4 $D_1, D_2 \subset \mathbb{C}$ は空でない領域，$f_1 : D_1 \to \mathbb{C}$, $f_2 : D_2 \to D_1$ は共に正則とする．このとき，$f_1 \circ f_2$ が定数であるためには f_1, f_2 の少なくとも一方が定数であることが必要十分であることを示せ．

問 5.4.5 空でない領域 $D \subset \mathbb{C}$ は実軸に関し対称 $(z \in D \Leftrightarrow \bar{z} \in D)$，$f : D \to \mathbb{C}$ は正則とする．このとき，次の条件 a), b) は同値であることを示せ．

a) $f(D \cap \mathbb{R}) \subset \mathbb{R}$.

b) $\overline{f(z)} = f(\bar{z})$.

5.5 / (⋆) モレラの定理

開集合 $D \subset \mathbb{C}$ 上正則な関数 f は，周および内部が D に含まれる任意の多角形に対し，その周 C が $\int_C f = 0$ をみたす (命題 4.6.2). 実は次に述べるように，この性質を持つ連続関数は正則関数に限る.

命題 5.5.1 (モレラの定理, 1896 年) $D \subset \mathbb{C}$ は開，$f : D \to \mathbb{C}$ は連続とする. このとき，次の 3 条件は同値である.

a) f は D 上正則である.

b) 2 辺が座標軸に平行な三角形の周 C および内部が D に含まれるとき，$\int_C f = 0.$

c) 座標軸に平行な長方形の周 C および内部が D に含まれるとき，$\int_C f = 0.$

証明   a) $\Rightarrow$ b)：命題 4.6.2 による.

b) $\Rightarrow$ c)：長方形の頂点を，左下から反時計回りに a, b, c, d，また $\triangle abd, \triangle cdb$ の周をそれぞれ C_1, C_2 とする. b) より，

$$\int_{C_1} f = \int_{C_2} f = 0.$$

$\int_{C_1} f, \int_{C_2} f$ における，辺 bd 上の積分は向きが逆なので足すと相殺する. ゆえに

$$\int_C f = \int_{C_1} f + \int_{C_2} f.$$

以上より，$\int_C f = 0.$

a) $\Leftarrow$ c)：D に含まれる任意の開円板 $D(c, r)$ に対し，f が $D(c, r)$ 上正則ならよい. $a = \operatorname{Re} c, b = \operatorname{Im} c$，また，任意の $z \in D(c, r)$ に対し $z_1 = \operatorname{Re} z + \mathbf{i}b$, $z_2 = a + \mathbf{i}\operatorname{Im} z$ とする. さらに，$F : D(c, r) \to \mathbb{C}$ を次のように定める.

1) $$F(z) = \int_{[c, z_2]} f + \int_{[z_2, z]} f.$$

すぐ後で次を示す.

2) $D(c, r)$ 上 $F_x = f, F_y = \mathbf{i}f.$

ひとまず 2) を認めると，F は $D(c, r)$ 上でコーシー・リーマン方程式をみたし，かつ C^1 級である. よって 定理 3.7.4 より F は $D(c, r)$ 上正則である. さらに定

理 5.1.1 より，正則関数の導関数は正則である．したがって，$f = F_x \overset{(3.18)}{=} F'$ は $D(c,r)$ 上正則である．

以下，2) を示す．$t \in \mathbb{R}\backslash\{0\}$, $w \overset{\text{def}}{=} z+t \in D(c,r)$ なら，$w_2 = z_2$. したがって

$$F(z+t) - F(z) \overset{1)}{=} \int_{[z_2,z+t]} f - \int_{[z_2,z]} f \overset{(4.14)}{=} \int_{[z,z+t]} f.$$

ゆえに $t \to 0$ とするとき 補題 4.5.4 より

$$\frac{F(z+t) - F(z)}{t} \longrightarrow f(z).$$

よって $F_x = f$.

一方，c) より，

$$\left(\int_{[c,z_1]} + \int_{[z_1,z]} - \int_{[z_2,z]} - \int_{[c,z_2]} \right) f = 0.$$

したがって，

$$F(z) = \int_{[c,z_1]} f + \int_{[z_1,z]} f.$$

$t \in \mathbb{R}\backslash\{0\}$, $w \overset{\text{def}}{=} z+\mathbf{i}t \in D(c,r)$ なら，$w_1 = z_1$. したがって

$$F(z+\mathbf{i}t) - F(z) \overset{1)}{=} \int_{[z_1,z+\mathbf{i}t]} f - \int_{[z_1,z]} f \overset{(4.14)}{=} \int_{[z,z+\mathbf{i}t]} f.$$

ゆえに $t \to 0$ とするとき補題 4.5.4 より

$$\frac{F(z+\mathbf{i}t) - F(z)}{t} \longrightarrow \mathbf{i}f(z).$$

以上で $F_y = \mathbf{i}f$ を得る．   \(^□^)/

モレラの定理 (命題 5.5.1) には，次のような応用例がある．この例は問 5.5.1 を介して定理 7.3.1 の証明にも応用される．

例 5.5.2 $I = [\alpha,\beta] \subset \mathbb{R}$ は有界な閉区間，$D \subset \mathbb{C}$ は開，$f : I \times D \to \mathbb{C}$ は連続，かつ任意の $t \in I$ に対し $z \mapsto f(t,z)$ は正則とする．このとき，次の関数 $F : D \to \mathbb{C}$ は正則である：

$$F(z) = \int_\alpha^\beta f(t,z)dt.$$

証明　まず F の連続性をいう．$f : I \times D \to \mathbb{C}$ は連続なので，D 内の任意の有界閉集合 K に対し $I \times K$ 上で一様連続である [吉田 1, p.189, 定理 9.4.4]．ゆえに，$z, w \in D$, $w \to z$ なら，

$$\delta(w, z) \stackrel{\text{def}}{=} \sup_{t \in I} |f(t, w) - f(t, z)| \to 0.$$

したがって，

$$|F(w) - F(z)| \leq (\beta - \alpha)\delta(w, z) \to 0.$$

以上より，F は連続である．

次に F の正則性をいう．$t \in I$ を固定する毎に $z \mapsto f(t, z)$ は正則である．そこで，周および内部が D に含まれる任意の三角形に対し，その周を C とするとき命題 4.6.2 より，

$$\int_C f(t, z)\, dz = 0.$$

よって，

$$\int_C F(z)\, dz = \int_C \left(\int_\alpha^\beta f(t, z)\, dt \right) dz = \int_\alpha^\beta \left(\int_C f(t, z)\, dz \right) dt = 0.$$

なお，上式 2 行目における積分順序交換は関数 $I \times C \ni (t, z) \mapsto f(t, z)$ の連続性より正当化される [吉田 1, p.353, 系 15.1.3]．以上とモレラの定理 (命題 5.5.1) より結論を得る．　　　　　　　　　　　　　　　　　\\(^□^)/

例 5.5.3 (シュワルツの鏡像原理)　空でない領域 $D \subset \mathbb{C}$ は実軸に関し対称 ($z \in D \Leftrightarrow \bar{z} \in D$), $D_\pm = \{z \in D ; \pm \operatorname{Im} z \geq 0\}$ とする．さらに $f_+ : D_+ \to \mathbb{C}$ は D_+ 上連続，$D_+ \backslash \mathbb{R}$ 上正則とする．このとき，次の条件 a), b) は同値である．

a) D_+ 上で f_+ と一致する正則関数 $f : D \to \mathbb{C}$ で $f(z) = \overline{f(\bar{z})}$ ($\forall z \in D$) をみたすものが存在する．

b) $f_+(D \cap \mathbb{R}) \subset \mathbb{R}$.

また，$D \cap \mathbb{R}$ 上で f_+ と一致する正則関数 $f : D \to \mathbb{C}$ は一意的である．したがって条件 a) をみたす f は一意的である．

証明　まず $D \cap \mathbb{R}$ 上で f_+ と一致する正則関数 $f : D \to \mathbb{C}$ の一意性を示す．D の連結性より $D \cap \mathbb{R} \neq \emptyset$. これと，$D$ が開であることから $D \cap \mathbb{R}$ は $\mathbb{R}$ の開区

間を含む. 以上と 一致の定理 (系 5.4.5) より $D \cap \mathbb{R}$ 上で f_+ と一致する正則関数 $f : D \to \mathbb{C}$ は一意的である.

a) $\Rightarrow$ b) : 問 1.3.4 による (ここでは正則性は不要).

b) $\Rightarrow$ a) : $f : D \to \mathbb{C}$ を次のように定める :

$$f(z) = \begin{cases} f_+(z), & z \in D_+, \\ \overline{f_+(\overline{z})}, & z \in D \backslash D_+. \end{cases}$$

$f_+(D \cap \mathbb{R}) \subset \mathbb{R}$ により f は D 上で連続である (問 1.3.4). また, f は D_- 上で正則である (問 3.2.1). 今, 座標軸に平行な長方形 I を次のように表す :

$$I = \{x_1 \le \operatorname{Re} z \le x_2,\ y_1 \le \operatorname{Im} z \le y_2\}.$$

モレラの定理 (命題 5.5.1) より, $f : D \to \mathbb{C}$ の正則性は, $I \subset D$ と仮定するとき, その周 ∂I に対し次が成立することと同値である :

1) $$\int_{\partial I} f = 0.$$

$0 < y_1$ または $y_2 < 0$ なら, $I \subset D_+$ または $I \subset D_-$. よってこれらの場合は $f : D_\pm \to \mathbb{C}$ の正則性より 1) を得る. そこで他の場合を考える.

i) $y_1 = 0$ または $y_2 = 0$ の場合. 例えば $y_1 = 0$ とする ($y_2 = 0$ でも同様). このとき, $\varepsilon > 0$ に対し $I_+(\varepsilon) \overset{\text{def}}{=} \{z \in I \,;\, \operatorname{Im} z \ge \varepsilon\} \subset D_+$. よって, $f : D_+ \to \mathbb{C}$ の正則性より, $\int_{\partial I_+(\varepsilon)} f = 0$. ゆえに, f の連続性より,

$$\int_{\partial I} f = \lim_{\varepsilon \to 0} \int_{\partial I_+(\varepsilon)} f = 0.$$

ii) $y_1 < 0 < y_2$ の場合. $\varepsilon \ge 0$ に対し $I_\pm(\varepsilon) = \{z \in I \,;\, \pm \operatorname{Im} z \ge \varepsilon\}$ とすると, i) の場合と同様に,

$$\int_{\partial I_\pm(0)} f = \lim_{\substack{\varepsilon \to 0 \\ \varepsilon > 0}} \int_{\partial I_\pm(\varepsilon)} f = 0.$$

また, $\int_{\partial I_\pm(0)} f$ で, 共通の辺 $[x_1, x_2]$ 上の積分は向きが逆なので足すと相殺する. 以上より,

$$\int_{\partial I} f = \int_{\partial I_+(0)} f + \int_{\partial I_-(0)} f = 0.$$

\(^□^)/

注　例 5.5.3 では D の対象軸は実軸だが，より一般に，対象軸が実軸に平行な直線 $\mathrm{Im}\, z = a$，さらに虚軸に平行な直線 $\mathrm{Re}\, z = a$ の場合にも，f が対象軸上で実数値をとるなら，同様の鏡像原理が成立する．例 5.5.3 における等式 $f(z) = \overline{f(\overline{z})}$ は，$\mathrm{Im}\, z = a, \mathrm{Re}\, z = a$ が対象軸の場合，それぞれ $f(z) = \overline{f(2a\mathbf{i} + \overline{z})}, f(z) = \overline{f(2a - \overline{z})}$ に置き換わる．

問 5.5.1　$D \subset \mathbb{C}$ は開，$C \subset D$ は区分的 C^1 級曲線，$g : D \times D \to \mathbb{C}$ は連続かつ，$w \in D$ を任意に固定するとき，$z \mapsto f(z, w)$ は D 上正則とする．このとき，次の $F : D \to \mathbb{C}$ が正則であることを示せ：

$$F(z) = \int_C f(z, w)\, dw.$$

なお，問 5.5.1 は定理 7.3.1 の証明に応用される．

問 5.5.2　空でない領域 $D \subset \mathbb{C}$ は実軸に関し対称 $(z \in D \Leftrightarrow \overline{z} \in D)$, $D_+ = \{z \in D\,;\, \mathrm{Im}\, z \geq 0\}$ とする．さらに $f_1, f_2 : D_+ \to \mathbb{C}$ は D_+ 上連続，$D_+ \backslash \mathbb{R}$ 上正則，$D_+ \cap \mathbb{R}$ 上 $f_1 = f_2$ とする．このとき，D_+ 上 $f_1 = f_2$ であることを示せ．

問 5.5.3　実数 $a_1 < a_2 < \cdots < a_m$ $(m \geq 2)$ に対し $f(z) \stackrel{\text{def}}{=} \prod_{j=1}^m (z - a_j)^{1/m}$ は $\mathbb{C} \backslash [a_1, a_m]$ 上正則であることを示せ．

5.6 / (★) 正接・双曲正接のべき級数とベルヌーイ数

本節では，正則関数のテイラー展開 (定理 5.1.1) を介して，正接・双曲正接のべき級数を求め，その際の係数にベルヌーイ数が現れることを見る (例 5.6.2).

例 5.6.2 のために，次の補題を準備する．

補題 5.6.1　数列 $a_n \in \mathbb{C}$ $(n \in \mathbb{N}, a_0 \neq 0)$ に対し $b_n \in \mathbb{C}$ $(n \in \mathbb{N})$ を次の漸化式で定める：

$$a_0 b_0 = 1, \quad \sum_{j=0}^n a_{n-j} b_j = 0, \ n \geq 1. \tag{5.16}$$

また，ある $R \in (0, \infty]$，およびすべての $z \in D(0, R)$ に対し次のべき級数 $f(z)$ が絶対収束し，$f(z) \neq 0$ をみたすとする：

$$f(z) = \sum_{n=0}^\infty a_n z^n.$$

このとき，すべての $z \in D(0, R)$ に対し

$$\frac{1}{f(z)} = \sum_{n=0}^{\infty} b_n z^n \quad (\text{右辺は絶対収束}). \tag{5.17}$$

証明　仮定より $g \overset{\text{def}}{=} 1/f$ は $D(0, R)$ 上正則である．ゆえに定理 5.1.1 より $b_n = g^{(n)}(0)/n!$ に対し (5.17) が成立する．漸化式 (5.16) は b_n を一意に定めるので，$b_n = g^{(n)}(0)/n!$ が (5.16) をみたすことをいえば証明が終わる．そこで，$c_n = \sum_{j=0}^{n} a_{n-j} b_j$ $(n \in \mathbb{N})$ と定めると，命題 1.4.6 より

$$1 = f(z)\frac{1}{f(z)} = \sum_{n=0}^{\infty} c_n z^n \quad (\text{右辺は絶対収束}).$$

上式と，べき級数の係数の一意性 (系 1.5.7) より $c_0 = 1$, $c_n = 0$, $n \geq 1$．よって b_n は (5.16) をみたす． \(^□^)/

例 5.6.2 (正接・双曲正接のべき級数)　数列 $(b_n)_{n \geq 0}$ を次の漸化式により定める：

$$b_0 = 1, \quad \sum_{j=0}^{n} \frac{b_j}{(n+1-j)!} = 0, \ n \geq 1. \tag{5.18}$$

$(b_1 = -1/2, b_2 = 1/12, b_3 = 0, b_4 = -1/360, \dots)$．このとき，$z \in D(0, \pi/2)$ に対し，

$$\tanh z = \sum_{n=1}^{\infty} 2^{2n}(2^{2n}-1)b_{2n}z^{2n-1}, \tag{5.19}$$

$$\tan z = \sum_{n=1}^{\infty} (-1)^{n-1}2^{2n}(2^{2n}-1)b_{2n}z^{2n-1}, \tag{5.20}$$

$$(\text{各等式右辺の級数は絶対収束}).$$

証明　まず以下 (各等式右辺のべき級数は絶対収束) を示し，その後 (5.19), (5.20) を示す：

$$\frac{z}{\exp z - 1} = 1 - \frac{z}{2} + \sum_{n=1}^{\infty} b_{2n}z^{2n}, \ z \in D(0, 2\pi)\backslash\{0\}, \tag{5.21}$$

$$\frac{z}{\tanh z} = \sum_{n=0}^{\infty} 2^{2n}b_{2n}z^{2n}, \ z \in D(0, \pi)\backslash\{0\}. \tag{5.22}$$

(5.21)：$f(z) \stackrel{\text{def}}{=} (\exp z - 1)/z$ は $f(0) = 1$ とすれば $\mathbb{C}$ 上正則 (補題 5.4.2) かつ $z \in \mathbb{C}$ に対し

$$\frac{\exp z - 1}{z} = \sum_{n=0}^{\infty} \frac{z^n}{(n+1)!}.$$

また，$\exp z = 1$ となるのは $z = 2\pi \mathrm{i} n \ (n \in \mathbb{Z})$ のときに限るので $z \in D(0, 2\pi)$ に対し $f(z) \neq 0$. これと，補題 5.6.1 より $z \in D(0, 2\pi)$ に対し

1)　　$\dfrac{z}{\exp z - 1} = \sum_{n=0}^{\infty} b_n z^n = 1 - \dfrac{z}{2} + \sum_{n=2}^{\infty} b_n z^n$　(右辺は絶対収束).

さらに

2)　　　$1 + \sum_{n=2}^{\infty} b_n z^n \stackrel{1)}{=} \dfrac{z}{\exp z - 1} + \dfrac{z}{2} = \dfrac{z}{2 \tanh \frac{z}{2}}.$

2) の右辺は偶関数なので $b_{2n+1} = 0 \ (\forall n \geq 1)$. これと 1) より (5.21) を得る.

(5.22)：等式 2) より (5.21) に帰着する.

(5.19)：次の等式より (5.22) に帰着する．$\tanh z = \dfrac{2}{\tanh 2z} - \dfrac{1}{\tanh z}.$

(5.20)：等式 $\tan z = \frac{1}{\mathrm{i}} \tanh(\mathrm{i} z)$ より (5.19) に帰着する.　　　　　\(^□^)/

注　(5.19), (5.20) 右辺のべき級数の係数は**ベルヌーイ数**

$$B_n \stackrel{\text{def}}{=} (-1)^{n-1}(2n)! b_{2n}, \quad n \geq 1 \tag{5.23}$$

で表すことができる．ベルヌーイ数 B_n は正数であることが知られている (問 5.6.4). 例えば $B_1 = 1/6, B_2 = 1/30, B_3 = 1/42, B_4 = 1/30, B_5 = 5/66$. ベルヌーイ数は初等関数のべき級数展開や，$\sum_{n=1}^{\infty} \frac{1}{n^{2k}}$ の値 ($k = 1, 2, \ldots$, 問 5.6.5 参照), 自然数のべき乗和の表示など，色々な所に顔を出す．ベルヌーイ数はヤコブ・ベルヌーイが発見したといわれるが，実は日本の関孝和は少なくとも出版年においてこれに先んじていた (ベルヌーイの "Ars Conjectandi" は 1713 年出版．一方，関の「括要算法」は 1712 年出版).

問 5.6.1　例 5.6.2 の b_n に対し，以下を示せ (各等式右辺の級数は絶対収束)：

$$\frac{z}{\tan z} = \sum_{n=0}^{\infty} (-1)^n 2^{2n} b_{2n} z^{2n}, \quad z \in D(0, \pi) \backslash \{0\}, \tag{5.24}$$

$$\frac{z}{\sin z} = \sum_{n=0}^{\infty} (-1)^{n-1}(2^{2n} - 2) b_{2n} z^{2n}, \quad z \in D(0, \pi) \backslash \{0\}, \tag{5.25}$$

$$\frac{z}{\sinh z} = -\sum_{n=0}^{\infty} (2^{2n} - 2) b_{2n} z^{2n}, \quad z \in D(0, \pi) \backslash \{0\}. \tag{5.26}$$

問 5.6.2 例 5.6.2 の b_n に対し, $c_n = \sum_{j=0}^{n}(2^{2j}-2)(2^{2n-2j}-2)b_{2j}b_{2n-2j}$ $(n \in \mathbb{N})$ とする. $z \in D(0,\pi)\backslash\{0\}$ に対し次を示せ (右辺は共に絶対収束):

$$\left(\frac{z}{\sinh z}\right)^2 = \sum_{n=0}^{\infty} c_n z^{2n}, \quad \left(\frac{1}{\sin z}\right)^2 = \sum_{n=0}^{\infty}(-1)^n c_n z^{2n}.$$

問 5.6.3 数列 e_n $(n \in \mathbb{N})$ を次の漸化式で定める:

$$e_0 = 1, \quad \sum_{j=0}^{n} \frac{e_j}{(2n-2j)!} = 0, \ n \geq 1.$$

$z \in D(0,\pi/2)$ に対し次を示せ (両式とも右辺は絶対収束):

$$\frac{1}{\cosh z} = \sum_{n=0}^{\infty} e_n z^{2n}, \quad \frac{1}{\cos z} = \sum_{n=0}^{\infty}(-1)^n e_n z^{2n}. \tag{5.27}$$

(5.27) は問 6.3.7 に応用される (すぐ後の注参照).

> **注** 問 5.6.3 の e_n に対し数列 $(E_n)_{n\in\mathbb{N}}$ を次で定める:
> $$E_n \overset{\text{def}}{=} (-1)^n (2n)! e_n. \tag{5.28}$$
> E_n は**オイラー数**とよばれ, 正の奇数であることが知られている (問 5.6.4). 例えば, $E_1 = 1, E_2 = 5, E_3 = 61, E_4 = 1385, E_5 = 50521, \ldots$.

問 5.6.4 (ベルヌーイ数, オイラー数の正値性) $z \in D(0,\pi/2)$ に対し $f(z) = \tan z$, $g(z) = 1/\cos z$, $n \in \mathbb{N}$ とする. 以下を示せ.

i) $f^{(n+2)} = 2\sum_{k=0}^{n}\binom{n}{k}f^{(k)}f^{(n-k)}$, $\quad g^{(n+1)} = \sum_{k=0}^{n}\binom{n}{k}f^{(k)}g^{(n-k)}$.

ii) ベルヌーイ数 B_{n+1}, オイラー数 E_n ((5.23), (5.28) 参照) は正である.

問 5.6.5 以下を示せ.

i) $n \in \mathbb{N}\backslash\{0\}$, B_n をベルヌーイ数 ((5.23) 参照) とするとき,
$$I_n \overset{\text{def}}{=} \int_0^{\infty} \frac{x^{2n-1}}{\sinh x}\,dx = \frac{(2^{2n}-1)B_n\pi^{2n}}{2n}. \tag{5.29}$$
【ヒント】 $\tan$ のべき級数展開 (5.20) を用い, 例 4.8.5 の等式両辺を θ のべき級数に展開せよ.

ii) $k \in \mathbb{N}\backslash\{0\}$ に対し
$$\sum_{n=1}^{\infty}\frac{1}{n^{2k}} = \frac{2^{2k-1}B_k\pi^{2k}}{(2k)!}. \tag{5.30}$$
【ヒント】 問 2.4.11.

> **注** (5.29) の I_n に対し積分変数の変換より,
> $$2\int_0^1 \frac{(\log t)^{2n-1}}{t^2-1}\,dt \overset{t=1/s}{=} 2\int_1^{\infty}\frac{(\log s)^{2n-1}}{s^2-1}\,ds \overset{s=\exp x}{=} I_n \overset{(5.29)}{=} \frac{(2^{2n}-1)B_n\pi^{2n}}{2n}. \tag{5.31}$$

5.7／(⋆) 無限積

本節の目標は正則関数列の無限積に関する命題 5.7.4 である．準備のためにひとまず複素関数論を離れ，無限積の一般論を述べる．

定義 5.7.1

▶ 複素数列 $(q_n)_{n\in\mathbb{N}}$ が次の条件をみたすとする：

$$\exists m \in \mathbb{N},\ \forall n \geq m,\ q_n \neq 0, \tag{5.32}$$

$$\exists Q_{m,\infty} \stackrel{\text{def}}{=} \lim_{N\to\infty} \prod_{n=m}^{N} q_n \in \mathbb{C}\setminus\{0\}. \tag{5.33}$$

このとき，複素数列 (q_n) の**無限積**が収束するといい，無限積を次のように定める：

$$\prod_{n=0}^{\infty} q_n \stackrel{\text{def}}{=} q_0 \cdots q_{m-1} Q_{m,\infty}. \tag{5.34}$$

▶ X を集合，有界関数列 $q_n : X \to \mathbb{C}$, $n \in \mathbb{N}$ が次の条件をみたすとする：

$$\exists m \in \mathbb{N},\ \forall n \geq m,\ \forall x \in X,\ q_n(x) \neq 0, \tag{5.35}$$

$$\forall x \in X,\ \exists Q_{m,\infty}(x) \stackrel{\text{def}}{=} \lim_{N\to\infty} \prod_{n=m}^{N} q_n(x) \in \mathbb{C}\setminus\{0\}. \tag{5.36}$$

このとき，関数列 (q_n) の**無限積**が収束するといい，無限積を次のように定める：

$$\prod_{n=0}^{\infty} q_n(x) \stackrel{\text{def}}{=} q_0(x) \cdots q_{m-1}(x) Q_{m,\infty}(x),\ \ x \in X. \tag{5.37}$$

特に，(5.36) の収束が X 上で一様なら，無限積 (5.37) は**一様収束**するという（下記，注 b) 参照）．

注　1) 無限積の定義 (5.34) から

$$\prod_{n=0}^{\infty} q_n = 0 \iff \exists n \in \mathbb{N},\ q_n = 0. \tag{5.38}$$

2) 無限積 (5.37) が X 上一様収束する．すなわち (5.36) の収束が X 上で一様とする．$Q_N(x) \stackrel{\text{def}}{=} \prod_{n=0}^{N} q_n(x)$ $(N \geq 1)$ とすると $N \geq m$ に対し，

$$Q_N(x) - \prod_{n=0}^{\infty} q_n(x) = q_0(x) \cdots q_m(x) \left(Q_{m,N}(x) - Q_{m,\infty}(x)\right).$$

上式より，関数列 $Q_N(x)$ $(N \geq 1)$ は X 上 $\prod_{n=0}^{\infty} q_n(x)$ に一様収束する．

補題 5.7.2 (無限積に対する一様コーシー条件)   集合 X 上の有界関数列 $q_n:$ $X \to \mathbb{C}$ が条件 (5.35) をみたし，かつ任意の $\varepsilon > 0$ に対し次のような $m' \in \mathbb{N} \cap [m, \infty)$ が存在するとする:

$$m' \leq n < n' \implies \sup_{x \in X} \left| \prod_{j=n}^{n'} q_j(x) - 1 \right| < \varepsilon.$$

このとき無限積 (5.37) は X 上一様収束する.

証明   仮定より次のような $m_1 \in \mathbb{N} \cap [m, \infty)$ が存在する.

$$1) \qquad m_1 \leq n < n' \implies \sup_{x \in X} \left| \prod_{j=n}^{n'} q_j(x) - 1 \right| < \frac{1}{2}.$$

このとき，$M \overset{\text{def}}{=} \sup_{x \in X} \left| \prod_{j=m}^{m_1} q_j(x) \right|$ とすれば，$n > m_1$ に対し

$$2) \qquad \sup_{x \in X} \left| \prod_{j=m}^{n} q_j(x) \right| = \sup_{x \in X} \left| \prod_{j=m}^{m_1} q_j(x) \cdot \prod_{j=m_1+1}^{n} q_j(x) \right| \overset{1)}{<} \frac{3M}{2}.$$

また，再び仮定より，任意の $\varepsilon > 0$ に対し次のような $m_2 \in \mathbb{N} \cap [m, \infty)$ が存在する.

$$3) \qquad m_2 \leq n < n' \implies \sup_{x \in X} \left| \prod_{j=n}^{n'} q_j(x) - 1 \right| < \frac{2\varepsilon}{3M}.$$

そこで $m_3 \overset{\text{def}}{=} \max\{m_1, m_2\} \leq n < n'$ とすると，任意の $x \in X$ に対し

$$\left| \prod_{j=m}^{n'} q_j(x) - \prod_{j=m}^{n} q_j(x) \right| \leq \left| \prod_{j=m}^{n} q_j(x) \right| \left| \prod_{j=n+1}^{n'} q_j(x) - 1 \right|$$

$$\overset{2),3)}{<} \frac{3M}{2} \cdot \frac{2\varepsilon}{3M} = \varepsilon.$$

以上より関数列 $\prod_{j=m}^{n} q_j(x)$, $n \geq m$ は X 上一様コーシー条件 ([吉田 1, p.434, 命題 A.2.5] 参照) をみたす．したがって X 上一様収束する.   \(^□^)/

次の補題は，具体的に与えられた無限積の一様収束判定に便利である.

補題 5.7.3   集合 X 上の有界関数列 $q_n: X \to \mathbb{C}$ が条件 (5.35) に加え次を みたすとする:

$$\sup_{x\in X}\sum_{n=0}^{\infty}|q_n(x)-1|<\infty.$$

このとき無限積 (5.37) は X 上一様収束する.

証明 一般に $z_1,\ldots,z_k\in\mathbb{C}$ $(k\in\mathbb{N}\setminus\{0\})$ に対し

1) $$\left|\prod_{j=1}^{k}(1+z_j)-1\right|\le\prod_{j=1}^{k}(1+|z_j|)-1.$$

実際,

$$\prod_{j=1}^{k}(1+z_j)-1=\sum_{\substack{n_1,\ldots,n_k\in\{0,1\}\\ n_1+\cdots+n_k\ge1}}z_1^{n_1}\cdots z_k^{n_k}.$$

ゆえに三角不等式より,

$$1)\,左辺=\left|\sum_{\substack{n_1,\ldots,n_k\in\{0,1\}\\ n_1+\cdots+n_k\ge1}}z_1^{n_1}\cdots z_k^{n_k}\right|\le\sum_{\substack{n_1,\ldots,n_k\in\{0,1\}\\ n_1+\cdots+n_k\ge1}}|z_1|^{n_1}\cdots|z_k|^{n_k}=1)\,右辺.$$

仮定より次のような $m'\in\mathbb{N}$ が存在する.

2) $$m'\le n<n'\implies\sup_{x\in X}\sum_{j=n}^{n'}|q_j(x)-1|<\varepsilon.$$

そこで $x\in X$ は任意, $m'\le n<n'$ とすると, 1), 2) および $r\in[0,\infty)$ に対する不等式 $1+r\le\exp r$ より,

$$\left|\prod_{j=n}^{n'}q_j(x)-1\right|\overset{1)}{\le}\prod_{j=n}^{n'}(1+|q_j(x)-1|)-1$$
$$\le\exp\left(\sum_{j=n}^{n'}|q_j(x)-1|\right)-1\overset{2)}{\le}\exp\varepsilon-1.$$

以上と無限積に対する一様コーシー条件 (補題 5.7.2) より結論を得る.   \\(^□^)/

命題 5.7.4 $D\subset\mathbb{C}$ は開, 正則関数列 $q_n:D\to\mathbb{C}$, $n\in\mathbb{N}$ は任意の有界閉集合 $X\subset D$ 上で条件 (5.35) をみたし, かつ次の無限積が X 上で一様収束するとする:

$$Q(z)\overset{\text{def}}{=}\prod_{n=0}^{\infty}q_n(z).$$

このとき，$Q : D \to \mathbb{C}$ は正則である．また

$$D_0 \overset{\text{def}}{=} \{ z \in D \ ; \ Q(z) = 0 \} = \bigcup_{n \in \mathbb{N}} \{ z \in D \ ; \ q_n(z) = 0 \}. \tag{5.39}$$

さらに，正則関数 $f : D \backslash D_0 \to \mathbb{C}$ に対し次は同値である：

$$\text{ある } c \in \mathbb{C} \text{ に対し，} D \backslash D_0 \text{ 上 } f = c\,Q. \tag{5.40}$$

$$D \backslash D_0 \text{ 上，} \ f' = f \sum_{n=0}^{\infty} \frac{q_n'}{q_n}. \tag{5.41}$$

証明 定義 5.7.1 の後で注意したように，

1) 関数列 $Q_N \overset{\text{def}}{=} \prod_{n=0}^{N} q_n \ (N \geq 1)$ は X 上 Q に一様収束する．

各 Q_N は正則，X は D 内の任意の有界閉集合である．よって問 5.3.2 より

2) Q は D 上正則，かつ D 上広義一様に $Q_N' \overset{N \to \infty}{\longrightarrow} Q'$.

また (5.38) より (5.39) を得る．

$(5.40) \Rightarrow (5.41)$：$f = Q$ に対し (5.41) をいえば十分である．$z \in D \backslash D_0$ を任意とする．Q の連続性より $r > 0$ を $\overline{D}(z,r) \subset D \backslash D_0$ となるようにとれる．(5.39) よりすべての $n \in \mathbb{N}$ に対し $D(z,r)$ 上 $q_n \neq 0$. よって積の微分より $D(z,r)$ 上，

$$\frac{Q_N'}{Q_N} = \sum_{n=0}^{N} \frac{q_n'}{q_n}.$$

$N \to \infty$ とすれば 1), 2) より

$$\frac{Q'}{Q} = \sum_{n=0}^{\infty} \frac{q_n'}{q_n}.$$

以上より $f = Q$ に対し (5.41) を得る．

$(5.40) \Leftarrow (5.41)$：$f = Q$ の場合に (5.41) が成立することはすでに上で述べた．これを用いると，一般に (5.41) をみたす正則関数 $f : D \backslash D_0 \to \mathbb{C}$ に対し，$D \backslash D_0$ 上，

$$fQ' = fQ \sum_{n=0}^{\infty} \frac{q_n'}{q_n} = f'Q.$$

ゆえに問 3.2.3 より (5.40) を得る．   \(^□^)/

例 5.7.5　$z \in \mathbb{C}$ に対し,

$$\sinh z = z \prod_{n=1}^{\infty} \cosh \frac{z}{2^n}, \;\; \sin z = z \prod_{n=1}^{\infty} \cos \frac{z}{2^n}. \tag{5.42}$$

また,

$$\coth z \overset{\text{def}}{=} \cosh z/\sinh z = \frac{1}{z} + \sum_{n=1}^{\infty} \frac{1}{2^n} \tanh \frac{z}{2^n}, \;\; z \in \mathbb{C}\backslash\pi\mathbf{i}\mathbb{Z},$$
$$\cot z \overset{\text{def}}{=} \cos z/\sin z = \frac{1}{z} + \sum_{n=1}^{\infty} \frac{1}{2^n} \tan \frac{z}{2^n}, \;\; z \in \mathbb{C}\backslash\pi\mathbb{Z}. \tag{5.43}$$

証明　(5.42)：$\sin z = -\mathbf{i}\sinh(\mathbf{i}z)$ より第 1 式を示せば十分である. $z = 0$ に対しては両辺=0 なので $z \neq 0$ としてよい. 双曲関数に対する加法定理 (2.8) より

$$\sinh z = 2\cosh \frac{z}{2}\sinh \frac{z}{2} = \cdots = 2^N \left(\prod_{n=1}^{N} \cosh \frac{z}{2^n} \right) \sinh \frac{z}{2^N}.$$

また,

$$\lim_{N \to \infty} 2^N \sinh \frac{z}{2^N} = \frac{d}{dt}\sinh(tz)\bigg|_{t=0} = z.$$

以上より,

$$\prod_{n=1}^{N} \cosh \frac{z}{2^n} = \frac{\sinh z}{2^N \sinh \frac{z}{2^N}} \overset{N \to \infty}{\longrightarrow} \sinh z/z.$$

これで (5.42) がわかった.

(5.43)：$\cot z = \mathbf{i}\coth(\mathbf{i}z)$ より第 1 式を示せば十分である. $R \in (0, \infty)$ を任意, $M = \sup_{|z| \leq R} |(\cosh z - 1)/z|$ とすると, $|z| \leq R$ の範囲で $\left|\cosh \frac{z}{2^n} - 1\right| \leq \frac{MR}{2^n}$. これと補題 5.7.3 より無限積 $Q(z) \overset{\text{def}}{=} z\prod_{n=1}^{\infty} \cosh \frac{z}{2^n}$ は $\mathbb{C}$ 上広義一様収束する. ゆえに命題 5.7.4 より

$$\{z \in D \, ; \, Q(z) = 0\} = \{0\} \cup \bigcup_{n \in \mathbb{N}\backslash\{0\}} \left\{ z \in D \, ; \, \cosh \frac{z}{2^n} = 0 \right\} = \pi\mathbf{i}\mathbb{Z}.$$

さらに $z \in \mathbb{C}\backslash\pi\mathbf{i}\mathbb{Z}$ に対し,

$$\coth z = \frac{\sinh' z}{\sinh z} \overset{(5.42)}{=} \frac{Q'(z)}{Q(z)} \overset{(5.41)}{=} \frac{1}{z} + \sum_{n=1}^{\infty} \frac{1}{2^n} \tanh \frac{z}{2^n}.$$

以上より, (5.43) を得る. \\(^□^)/

Chapter 6

孤立特異点

本章では「孤立した特異点を除き正則な関数」を考察の対象とする．一般に数学において「特異点」という言葉は否定的な印象を伴い，考察の対象から除外されがちである．ところが，正則関数の孤立特異点に関する限り，その近傍での関数の挙動の背後にある豊かな数学的構造は，むしろ積極的な考察に値する．特に留数 (命題 6.1.2) は特異点に由来し，定積分の計算などに利用される (6.3 節参照)．留数の恩恵は留数定理 (定理 6.2.1) によりさらに顕著となる．

本章を通じ，

開円板 $D(a,r)$, 閉円板 $\overline{D}(a,r)$, 円周 $C(a,r)$ をそれぞれ (1.19), (1.20), (1.21) で定め，円周の向きは常に反時計回りとする．

6.1 / 孤立特異点と留数

6.1, 6.6 節で孤立特異点と留数に関する基本事項を述べる．その中でも特に基本的な事柄は 6.1 節，やや発展的話題は 6.6 節に配した．

定義 6.1.1 (**孤立特異点とその分類**) $a \in \mathbb{C}$, $R \in (0, \infty]$, $f : D(a,R)\backslash\{a\} \to \mathbb{C}$ は正則とする (このとき，a を f の**孤立特異点**という)．

▶ 次の条件をみたす正則関数 $h : D(a,R) \to \mathbb{C}$ が存在するとき，孤立特異点 a は**除去可能**であるという：

$$f(z) = h(z), \quad \forall z \in D(a,R)\backslash\{a\}. \tag{6.1}$$

▶ 次の条件をみたす $m \in \mathbb{N}\backslash\{0\}$ および正則関数 $h : D(a,R) \to \mathbb{C}$ が存在するとき，孤立特異点 a は**極**であるという．
$h(a) \neq 0$ かつ，

$$f(z) = (z - a)^{-m} h(z), \quad \forall z \in D(a, R) \backslash \{a\}. \tag{6.2}$$

また，m を極 a の**位数**という．

▶ 除去可能でも極でもない孤立特異点を**真性特異点**という．

注　1) 定義 6.1.1 において，a は f の除去可能特異点とする．このとき，(6.1) より，

$$\exists c \in \mathbb{C}, \quad \lim_{\substack{z \to a \\ z \neq a}} f(z) = c. \tag{6.3}$$

また，この逆も成立する (系 6.1.4 参照)．一方，a は f の極とする．このとき，(6.2) および $h(a) \neq 0$ より，

$$\lim_{\substack{z \to a \\ z \neq a}} |f(z)| = \infty. \tag{6.4}$$

また，この逆も成立する (命題 6.6.2 参照)．

2) 孤立特異点を持つ関数の具体例は，例 6.1.5 (極の場合)，例 6.6.6 (真性特異点の場合) で述べる．

3) 孤立特異点の分類は，定義 6.1.1 の方法の他，ローラン展開に基づく方法もある (補題 6.6.4)．

命題 6.1.2 (留数)　$a \in \mathbb{C}, R \in (0, \infty], f : D(a, R) \backslash \{a\} \to \mathbb{C}$ は正則とする．このとき，次の線積分は $r \in (0, R)$ について定数である：

$$\mathrm{Res}(f, a) \overset{\text{def}}{=} \frac{1}{2\pi \mathbf{i}} \int_{C(a, r)} f. \tag{6.5}$$

この線積分を，a における f の**留数**とよぶ．特に a が f の除去可能特異点または m 位の極，$n \geq m$ なら，

$$\mathrm{Res}(f, a) = \frac{1}{(n-1)!} \lim_{\substack{z \to a \\ z \neq a}} \left(\frac{d}{dz} \right)^{n-1} (z - a)^n f(z). \tag{6.6}$$

したがって，a が f の除去可能特異点または一位の極なら，

$$\mathrm{Res}(f, a) = \lim_{\substack{z \to a \\ z \neq a}} (z - a) f(z). \tag{6.7}$$

証明　線積分 (6.5) が $r \in (0, R)$ について定数であることは次のようにしてわかる．$0 < r_1 < r_2 < R$ に対し補題 5.1.3 より，

$$\int_{C(a, r_1)} f = \int_{C(a, r_2)} f.$$

次に (6.6) を示す. a が f の除去可能特異点または m 位の極なら, 定義 6.1.1
より次のような正則関数 $h: D(a, R) \to \mathbb{C}$ が存在する (除去可能特異点の場合は
$m = 0$ とする):

$$f(z) = (z-a)^{-m}h(z), \ \forall z \in D(a, R)\backslash\{a\}.$$

また定理 5.1.1 より, h は $z \in D(a, R)$ に対し次のようにテイラー展開される:

$$h(z) = \sum_{k=0}^{\infty} b_k(z-a)^k,$$
$$b_k = \frac{h^{(k)}(a)}{k!} = \frac{1}{2\pi\mathbf{i}} \int_{C(a,r)} \frac{h(z)}{(z-a)^{k+1}}dz = \frac{1}{2\pi\mathbf{i}} \int_{C(a,r)} \frac{f(z)}{(z-a)^{k-m+1}}dz.$$

よって, $n \geq m$ なら, $z \in D(a, R)$ に対し,

$$(z-a)^{n-m}h(z) = \sum_{k=0}^{\infty} b_k(z-a)^{k+n-m}.$$

上式右辺で, $k = m-1$ の項は $b_{m-1}(z-a)^{n-1}$. これに注意すると, べき級数
の係数と微分の関係 (系 3.4.2) より,

$$\frac{1}{(n-1)!}\left(\frac{d}{dz}\right)^{n-1}(z-a)^{n-m}h(z)\bigg|_{z=a} = b_{m-1} = \frac{1}{2\pi\mathbf{i}}\int_{C(a,r)} f = \mathrm{Res}(f, a).$$

$z \in D(a, R)\backslash\{a\}$ に対し $(z-a)^n f(z) = (z-a)^{n-m}h(z)$ なので, 上式より (6.6)
を得る. さらに (6.6) で $m = 1$ として (6.7) を得る.　　　　　\\(^□^)/

　次の命題で, 条件 (6.2) をみたす正則関数 $h: D(a, R) \to \mathbb{C}$ の存在 ($m = 0$ な
ら, a は f の除去可能特異点, $m \geq 1$ かつ $h(a) \neq 0$ なら a は f の m 位の極)
を, 見かけ上異なるいくつかの同値条件により特徴づける. その中で, ローラン
展開とよばれる表示式 (6.9) (定理 6.7.1 の特別な場合) が得られる. 等式 (6.11)
により, ローラン展開から留数の値を読み取ることもできる.

命題 6.1.3　$a \in \mathbb{C}, R \in (0, \infty], f: D(a, R)\backslash\{a\} \to \mathbb{C}$ は正則, $m \in \mathbb{N}$ とす
る. このとき, 以下の命題は同値である.

a) 極限 $\lim_{\substack{z \to a \\ z \neq a}}(z-a)^m f(z)$ が存在する.

b) ある $r \in (0, R)$ に対し, $\sup_{0<|z-a|<r}|(z-a)^m f(z)| < \infty.$

c) 条件 (6.2) をみたす正則関数 $h : D(a, R) \to \mathbb{C}$ が存在する ($m = 0$ なら，a は f の除去可能特異点，$m \geq 1$ かつ $h(a) \neq 0$ なら a は f の m 位の極).

d) (**ローラン展開**) 次の条件をみたす $c_n \in \mathbb{C}$ ($n \in \mathbb{Z}$, $n \geq -m$) が存在する：

$$f_+(z) \overset{\text{def}}{=} \sum_{n=0}^{\infty} c_n (z-a)^n \text{ は } \forall z \in D(a, R) \text{ に対し絶対収束,} \quad (6.8)$$

$$f(z) = f_+(z) + \sum_{n=1}^{m} c_{-n}(z-a)^{-n}, \quad \forall z \in D(a, R) \backslash \{a\}. \quad (6.9)$$

また，c), d) を仮定するとき，

$$c_n = \frac{h^{(n+m)}(a)}{(n+m)!}, \quad \forall n \geq -m, \quad 特に \ c_{-m} = h(a), \quad (6.10)$$

$$m \geq 1 \text{ なら } c_{-1} = \mathrm{Res}(f, a). \quad (6.11)$$

証明　a) $\Rightarrow$ b)：命題 1.3.2 による.

b) $\Rightarrow$ c)：$g : D(a, R) \to \mathbb{C}$ を次のように定める：

$$g(z) = \begin{cases} (z-a)^{m+2} f(z), & z \in D(a, R) \backslash \{a\}, \\ 0, & z = a. \end{cases}$$

このとき，

1)　g は $D(a, R)$ 上正則かつ $g'(a) = 0$.

g が点 a で複素微分可能かつ $g'(a) = 0$ であればよい. ところが，$z \neq a, z \to a$ とするとき，仮定 b) より，

$$\frac{g(z) - g(a)}{z - a} = \frac{g(z)}{z - a} = (z-a)^{m+1} f(z) \longrightarrow 0.$$

よって 1) を得る.

1) と補題 5.4.2 より，正則関数 $h : D(a, R) \to \mathbb{C}$ が存在し，

$$(z-a)^{m+2} f(z) = (z-a)^2 h(z), \quad \forall z \in D(a, R) \backslash \{a\}.$$

以上で，c) を得る.

c) $\Rightarrow$ d)：$h : D(a, R) \to \mathbb{C}$ は正則かつ，条件 (6.2) をみたすとする. 定理 5.1.1 より，h は $z \in D(a, R)$ に対し次のようにテイラー展開される：

$$h(z) = \sum_{n=0}^{\infty} \frac{h^{(n)}(a)}{n!} (z-a)^n.$$

よって, $z \in D(a, R) \backslash \{a\}$ に対し,

$$f(z) = (z-a)^{-m} h(z) = \sum_{n=0}^{\infty} \frac{h^{(n)}(a)}{n!}(z-a)^{n-m} = \sum_{n=-m}^{\infty} \frac{h^{(n+m)}(a)}{(n+m)!}(z-a)^n.$$

したがって, $c_n = \frac{h^{(n+m)}(a)}{(n+m)!}$ が (6.8), (6.9), (6.10) をみたす. 特に $m \geq 1$ のとき,

$$c_{-1} = \frac{h^{(m-1)}(a)}{(m-1)!} \overset{(6.6)}{=} \mathrm{Res}(f, a).$$

a) $\Leftarrow$ d)：(6.9) より, $z \in D(a, R) \backslash \{a\}$ に対し,

$$(z-a)^m f(z) = (z-a)^m f_+(z) + \sum_{n=1}^{m} c_{-n}(z-a)^{m-n}$$

$$\xrightarrow{z \to a} \begin{cases} f_+(a), & m = 0, \\ c_{-m}, & m \geq 1. \end{cases} \qquad \backslash(^\square^)/$$

命題 6.1.3 で $m = 0$ として次の系を得る.

系 6.1.4 (リーマンの除去可能特異点定理)　$a \in \mathbb{C}, R \in (0, \infty], f : D(a, R) \backslash \{a\} \to \mathbb{C}$ は正則とする. このとき, 以下の命題は同値である.

a) 極限 $\lim\limits_{\substack{z \to a \\ z \neq a}} f(z)$ が存在する.

b) ある $r \in (0, R)$ に対し, $\sup\limits_{0 < |z-a| < r} |f(z)| < \infty$.

c) a は f の除去可能特異点である.

ローラン展開の例を挙げる.

例 6.1.5　数列 $(b_n)_{n \geq 0}$ を次の漸化式により定める：

$$b_0 = 1, \quad \sum_{j=0}^{n} \frac{b_j}{(n+1-j)!} = 0, \ n \geq 1.$$

$(b_1 = -1/2, b_2 = 1/12, b_3 = 0, b_4 = -1/360, \dots)$. このとき, 以下の等式左辺の関数の, 原点に関するローラン展開が右辺で与えられる (例 5.6.2, 問 5.6.1)：

$$\frac{1}{\exp z - 1} = \frac{1}{z} - \frac{1}{2} + \sum_{n=1}^{\infty} b_{2n} z^{2n-1}, \ \ z \in D(0, 2\pi) \backslash \{0\},$$

$$\frac{1}{\tanh z} = \frac{1}{z} + \sum_{n=1}^{\infty} 2^{2n} b_{2n} z^{2n-1}, \ \ z \in D(0, \pi) \backslash \{0\},$$

$$\frac{1}{\tan z} = \frac{1}{z} + \sum_{n=1}^{\infty} (-1)^n 2^{2n} b_{2n} z^{2n-1}, \ \ z \in D(0, \pi) \backslash \{0\},$$

$$\frac{1}{\sinh z} = \frac{1}{z} - \sum_{n=1}^{\infty} (2^{2n} - 2) b_{2n} z^{2n-1}, \ \ z \in D(0, \pi) \backslash \{0\},$$

$$\frac{1}{\sin z} = \frac{1}{z} + \sum_{n=1}^{\infty} (-1)^{n-1} (2^{2n} - 2) b_{2n} z^{2n-1}, \ \ z \in D(0, \pi) \backslash \{0\}.$$

これらの例に共通して，$z = 0$ は一位の極，$z = 0$ での留数は 1 である.

　次の命題により，正則関数 g を用い，$f = 1/g$ と表示された関数 f に対し，g の零点と f の極が位数も含めて対応する．この事実は，具体例で，極の位数を判定する際にも有効である.

命題 6.1.6 (分母の零点としての極)　$a \in \mathbb{C}$, $R \in (0, \infty]$, $f : D(a, R) \to \mathbb{C}$ は正則かつ $D(a, R) \backslash \{a\}$ 内に零点を持たないとする．このとき，$m \in \mathbb{N} \backslash \{0\}$ に対し以下の命題は同値である.

a) a は f の m 位の零点である.

b) a は $1/f : D(a, R) \backslash \{a\} \to \mathbb{C}$ の m 位の極である.

証明　a) $\Rightarrow$ b)：命題 5.4.3 より，次をみたす正則関数 $g : D(a, R) \to \mathbb{C}$ が存在する：

$$g(a) \neq 0, \ \ f(z) = (z - a)^m g(z), \ \forall z \in D(a, R).$$

f は $D(a, R) \backslash \{a\}$ 内に零点をもたないので，g は $D(a, R)$ 内に零点をもたない．したがって $h \overset{\text{def}}{=} 1/g : D(a, R) \to \mathbb{C}$ は正則，$h(a) = 1/g(a) \neq 0$. さらに $\forall z \in D(a, R) \backslash \{a\}$ に対し $1/f(z) = (z - a)^{-m} h(z)$. したがって a は $1/f$ の m 位の極である.

a) $\Leftarrow$ b)：定義 6.1.1 より，次をみたす正則関数 $h : D(a, R) \to \mathbb{C}$ が存在する：

$$h(a) \neq 0, \ \ 1/f(z) = (z - a)^{-m} h(z), \ \forall z \in D(a, R) \backslash \{a\}.$$

h の連続性より, ある $r \in (0, R]$ に対し, h は $D(a, r)$ 内に零点を持たない. したがっ
て $g \overset{\text{def}}{=} 1/h : D(a, r) \to \mathbb{C}$ は正則, $g(a) = 1/h(a) \neq 0$. さらに $\forall z \in D(a, r) \backslash \{a\}$
に対し $f(z) = (z - a)^m g(z)$. これと命題 5.4.3 より, a) を得る. 　　　 \\(^□^)/

> **注**　一般に $D \subset \mathbb{C}$ が開, $A \subset D$ が有限集合, $f : D \backslash A \to \mathbb{C}$ が正則, かつ A の各
> 点が f の極であるとき, f は D 上**有理型**という. 命題 6.1.6 より, D 上の有理型関
> 数全体が体をなす (線形和, 積および商で閉じる) ことがわかる.

問 6.1.1　$a \in \mathbb{C}, R \in (0, \infty], m \in \mathbb{N} \backslash \{0\}$ $f : D(a, R) \backslash \{a\} \to \mathbb{C}$ は表示式 (6.9)
を持ち, かつ m 以下のすべての正の偶数 n に対し $c_{-n} = 0$ とする. このとき,
次のようにして定められる $F : D(a, R) \to \mathbb{C}$ は正則であることを示せ:

$$F(z) = f(z) + f(2a - z) \ (z \in D(a, R) \backslash \{a\}), \ F(a) = 2f_+(a).$$

問 6.1.2　$D \subset \mathbb{C}$ は開, $a \in D$, $g, h : D \to \mathbb{C}$ は正則, かつ a は h の m 位の零点
とする ($m \in \mathbb{N} \backslash \{0\}$). 以下を示せ.

i) $g(a) \neq 0$ なら a は g/h の m 位の極である.

ii) $m = 1$ なら, $\text{Res}\left(\dfrac{g}{h}, a\right) = \dfrac{g(a)}{h'(a)}$.

iii) $(\star)$ $m = 2$ なら, $\text{Res}\left(\dfrac{g}{h}, a\right) = \dfrac{2g'(a)}{h''(a)} - \dfrac{2g(a)h'''(a)}{3h''(a)^2}$.

問 6.1.3　正則関数 $g, h : \mathbb{C} \to \mathbb{C}$ を以下のように定めるとき, h の零点集合
$A = \{h(z) = 0\}$, および A の各点での $g/h : \mathbb{C} \backslash A \to \mathbb{C}$ の留数を求めよ.

i) $g \equiv 1$, $h(z) = (z - a)^{m+1}(z - b)^{n+1}$ $(a, b \in \mathbb{C}, a \neq b, m, n \in \mathbb{N})$.

ii) g は任意, $h(z) = \sin(cz)$ $(c \in \mathbb{C} \backslash \{0\})$.

iii) $g \equiv 1$, $h(z) = 1 - \cos(2cz)$ $(c \in \mathbb{C} \backslash \{0\})$.

問 6.1.4　$D \subset \mathbb{C}$ は開, $A \subset D$ は有限集合, $f : D \backslash A \to \mathbb{C}$ は正則, かつ各 $a \in A$
は f の m_a 位の極とする. 以下を示せ.

i) 各 $a \in A$ に対し, 適切な $c_{-n, a} \in \mathbb{C}$ $(n = 1, \ldots, m_a, c_{-1, a} = \text{Res}(f, a))$ を用
い $g : D \backslash A \to \mathbb{C}$ を次のように定めれば, g は正則, かつ各 $a \in A$ は g の除去
可能特異点である:

$$g = f - \sum_{a \in A} f_{-, a}, \ \text{ただし} \ f_{-, a}(z) = \sum_{n=1}^{m_a} c_{-n, a}(z - a)^{-n}.$$

ii) (**部分分数分解**) $D = \mathbb{C}$ のとき, $c \in \mathbb{C}$ に対し, $f = c + \sum_{a \in A} f_{-, a} \ \Leftrightarrow$
$\lim_{|z| \to \infty} f(z) = c$.

注　問 6.1.4 ii) より，f が $\mathbb{C}$ 上の有理型関数かつ $\exists c \in \mathbb{C}$, $\lim\limits_{|z| \to \infty} f(z) = c$ なら，f は有理式であることもわかる.

6.2 / 留数定理

本節で述べる留数定理 (定理 6.2.1) は，定積分の計算 (6.3 節) を始め，偏角原理 (命題 6.4.2) やルーシェの定理 (命題 6.4.5) を介し広い応用を持つ．本節では当面の応用に十分な形で留数定理を述べ，続く 6.3, 6.4 節でその多彩な応用を紹介する．留数定理の，より一般的かつ厳密な定式化とその証明は 7.4 節で改めて述べる.

用語の規約　留数定理 (定理 6.2.1) を述べるに先立ち，用語に関する規約を設ける．区分的 C^1 級閉曲線 $C \subset \mathbb{C}$ および $a \in \mathbb{C} \backslash C$ に対し，C が円周や多角形などの具体的な図形の場合，以下の命題の意味は明らかである：

$$C \text{ は } a \text{ を (反) 時計回りに一度囲む,} \tag{6.12}$$

$$C \text{ は } a \text{ を囲まない.} \tag{6.13}$$

C がある点 a を多重に囲む場合も含めたより一般の場合には，

$$n(C,a) \overset{\text{def}}{=} (a \text{ を反時計回りに囲んだ回数}) - (a \text{ を時計回りに囲んだ回数}) \tag{6.14}$$

に対し，(6.12) $\overset{\text{def}}{\Longleftrightarrow} n(C,a) = 1$, (6.13) $\overset{\text{def}}{\Longleftrightarrow} n(C,a) = 0$ と規約する．例えば，図 6.1 の閉曲線 C を考える：

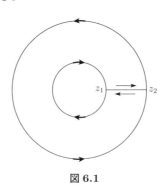

図 6.1

点 a が大円外部にあれば，C が a を囲まないことは明らかである．また，a が大円と小円の間の円環部分にある場合，a は大円により反時計回りに一度囲まれ，

小円には囲まれないので,結局 C は a を反時計回りに一度囲む.一方,a が小円内部の場合,a は小円により時計回りに一度囲まれ,その外側で大円により反時計回りに一度囲まれている.ゆえに規約により「C は a を囲まない」ことになる.

少なくとも本書内の具体的応用例では,条件 (6.12), (6.13) の成否は上記規約により判定できる.一方,C を抽象概念としての区分的 C^1 級閉曲線と捉えた場合,上記規約だけでは (6.12), (6.13) の厳密な定義を与えたとはいえない.実際,用語 (6.12), (6.13) は定義 7.1.4 で厳密に定義するが,それまでは上記で定めた規約により条件 (6.12), (6.13) を理解することにする.これは,最小限の数学的準備で,留数定理,およびその応用を学べるようにするための方策である.これを良しとする読者はこのまま読み進まれたい.また,上記用語の厳密な定義を理解した上で進まれたい読者は,7.1 節を定義 7.1.4 まで読み進み,改めてこの頁に戻られたい.

次に述べる定理の原型はコーシーにより提示された (1825 年).

定理 6.2.1(留数定理)　$D \subset \mathbb{C}$ は開,$A \subset D$ は D 内に集積点を持たず,$f : D \backslash A \to \mathbb{C}$ は正則とする.また,区分的 C^1 級閉曲線 $C \subset D \backslash A$ と有限集合 $A_1 \subset A$ に対し,次を仮定する:

- C は A_1 の各点を反時計回りに一度囲む.
- また,C は $\mathbb{C} \backslash D$,および $A \backslash A_1$ のどの点も囲まない.

このとき,

$$\int_C f = 2\pi\mathbf{i} \sum_{a \in A_1} \mathrm{Res}(f, a). \tag{6.15}$$

例えば図 6.2 で,楕円内部から,その左下の閉円板を除いた領域を D,楕円内の八の字曲線を C,$A = \{a_1, \ldots, a_4\}$ とする.このとき,C は $A_1 = \{a_1, a_2\}$ に対し定理 6.2.1 の条件をみたす.

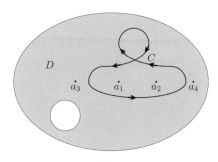

図 6.2

　証明の概略　$A_0 \stackrel{\text{def}}{=} A \backslash A_1$ は D 内に集積点を持たないので $U \stackrel{\text{def}}{=} D \backslash A_0$ は開
である (補題 1.6.5). また, $D \backslash A = U \backslash A_1$. よって D, A をそれぞれ U, A_1 に
置き換えても定理の仮定がみたされる. そこでこの置き換えにより, 始めから,
$A_1 = A$ としてよい. 以下, $A_1 = A = \{a_1, \ldots, a_n\}$ とする. また, $r > 0$ を十分
小さくとれば, 開円板 $D_j \stackrel{\text{def}}{=} D(a_j, r)$ $(j = 1, \ldots, n)$ は次をみたす.

1)　　　　　　$\overline{D}_1 \cup \cdots \cup \overline{D}_n \subset D \backslash C$, $\overline{D}_j \cap \overline{D}_k = \emptyset$, $1 \le j < k \le n$.

$C_j = C(a_j, r)$ とするとき,

2)　　　　　　　　　　$\displaystyle\int_{C_j} f \stackrel{(6.5)}{=} 2\pi \mathbf{i} \mathrm{Res}(f, a_j)$.

一方, 次の $n+1$ 個の閉曲線からなる集合 Γ を考える :

$$\Gamma \stackrel{\text{def}}{=} \{C, C_1^{-1}, \ldots, C_n^{-1}\}.$$

このとき,

3)　Γ は $(\mathbb{C} \backslash D) \cup A_1$ の点を囲まない.

その意味するところとは,

- $z \in \mathbb{C} \backslash D$ とする. このとき, 仮定より C は z を囲まない. また, 1) より各
  $j = 1, \ldots, n$ に対し $z \notin \overline{D}_j$. ゆえに C_j は z を囲まない. 以上より Γ は z
  を囲まない.

- $z = a_j \in A_1$ なら C_j^{-1} が z を時計回りに一度囲み, さらにその外側で C が
  z を時計回りに一度囲む. これらの逆回転の相殺により, 「Γ は z を囲まな
  い」とみなす.

条件 3) より，$D \backslash A_1$ 上の正則関数 f と閉曲線の集合 Γ は一般化されたコーシーの定理 (定理 7.3.1) の条件 (7.10) をみたし，その結果次を得る：

4)
$$\int_C f + \sum_{j=1}^n \int_{C_j^{-1}} f = 0.$$

以上より，

$$\int_C f - 2\pi i \sum_{j=1}^n \mathrm{Res}(f, a_j) \overset{2)}{=} \int_C f - \sum_{j=1}^n \int_{C_j} f \overset{(4.12)}{=} \int_C f + \sum_{j=1}^n \int_{C_j^{-1}} f \overset{4)}{=} 0.$$

\\(^□^)/

6.3 ╱ 留数定理を応用した計算例

4.3 節で，初等的コーシーの定理を応用した定積分の計算例を述べた．4.3 節の例では，積分路およびその内部で被積分関数が正則であることを利用し，コーシーの定理を適用した．

また，4.8 節では，本来想定される積分路上に被積分関数の特異点がある例を述べた．4.8 節では，まず特異点を迂回する積分路に対しコーシーの定理を適用し，その後で迂回路を 1 点に縮める極限をとった．

これらに対し本節では，積分路の内部に被積分関数の特異点がある例を述べる．これらの例では 4 章で述べたコーシーの定理は直接適用できないので，代わりに留数定理 (定理 6.2.1) を適用する．

例 6.3.1　$b, c \in \mathbb{R}$, $|b| > c > 0$, $s_\pm = b \pm \sqrt{b^2 - c^2}$ とする．さらに，$D \subset \mathbb{C}$ は開，$D \supset \overline{D}(0, c)$, $h : D \to \mathbb{C}$ は正則とする．このとき，

$$\int_{C(0,c)} \frac{h(z)}{z^2 - 2bz + c^2} dz = \begin{cases} -\pi i h(s_-)/\sqrt{b^2 - c^2}, & b > c \text{ なら}, \\ \pi i h(s_+)/\sqrt{b^2 - c^2}, & b < -c \text{ なら}. \end{cases}$$

証明　$z \in D \backslash \{s_+, s_-\}$ に対し，

$$f(z) \overset{\text{def}}{=} \frac{h(z)}{z^2 - 2bz + c^2} = \frac{h(z)}{(z - s_+)(z - s_-)}.$$

$f : D \backslash \{s_+, s_-\} \to \mathbb{C}$ は正則，$s_\pm$ は一位の極である．

$b > c$ の場合，$0 < s_- < c < s_+$. ゆえに $D(0, c)$ 内の極は s_- のみである．よって，

$$\int_{C(0,c)} f \overset{(6.15)}{=} 2\pi i \, \mathrm{Res}(f, s_-) \overset{(6.7)}{=} \frac{2\pi i h(s_-)}{s_- - s_+} = -\frac{\pi i h(s_-)}{\sqrt{b^2 - c^2}}.$$

$b < -c$ の場合, $s_- < -c < s_+ < 0$. ゆえに $D(0,c)$ 内の極は s_+ のみである. よって,

$$\int_{C(0,c)} f \overset{(6.15)}{=} 2\pi i \operatorname{Res}(f, s_+) \overset{(6.7)}{=} \frac{2\pi i h(s_+)}{s_+ - s_-} = \frac{\pi i h(s_+)}{\sqrt{b^2 - c^2}}.$$

\(^□^)/

例 6.3.2 $b \in \mathbb{R}\backslash[-1, 1]$, $\varphi \in (-\pi/2, \pi/2]$, $s_\pm = (b \pm \sqrt{b^2 - 1})\exp(i\varphi)$ とする. さらに, $D \subset \mathbb{C}$ は開, $D \supset \overline{D}(0,1)$, $h : D \to \mathbb{C}$ は正則とする. このとき,

$$I_{b,\varphi} \overset{\text{def}}{=} \int_0^{2\pi} \frac{h(\exp(i\theta))}{b - \cos\varphi\cos\theta - \sin\varphi\sin\theta} d\theta$$
$$= \begin{cases} 2\pi h(s_-)/\sqrt{b^2 - 1}, & b > 1 \text{ なら}, \\ -2\pi h(s_+)/\sqrt{b^2 - 1}, & b < -1 \text{ なら}. \end{cases}$$

証明 $z \in D\backslash\{s_+, s_-\}$ に対し,

$$f(z) \overset{\text{def}}{=} \frac{2i\exp(i\varphi)h(z)}{z^2 - 2b\exp(i\varphi)z + \exp(2i\varphi)} = \frac{2i\exp(i\varphi)h(z)}{(z - s_+)(z - s_-)}.$$

$f : D\backslash\{s_+, s_-\} \to \mathbb{C}$ は正則, $s_\pm$ は f の一位の極である. また,

$$f(z) = \frac{2ih(z)}{\exp(-i\varphi)z^2 - 2bz + \exp(i\varphi)} = \frac{h(z)}{b - \frac{\cos\varphi}{2}(z + z^{-1}) - \frac{\sin\varphi}{2i}(z - z^{-1})} \cdot \frac{1}{iz}.$$

よって,

1) $$\qquad I_{b,\varphi} = i\int_0^{2\pi} f(\exp(i\theta))\exp(i\theta)d\theta = \int_{C(0,1)} f.$$

$b > 1$ なら

$$|s_-| = b - \sqrt{b^2 - 1} < 1 < b + \sqrt{b^2 - 1} = |s_+|.$$

ゆえに $D(0,1)$ 内の極は s_- のみである. よって,

2) $$\int_{C(0,1)} f \overset{(6.15)}{=} 2\pi i \operatorname{Res}(f, s_-) \overset{(6.7)}{=} \frac{-4\pi\exp(i\varphi)h(s_-)}{s_- - s_+} = \frac{2\pi h(s_-)}{\sqrt{b^2 - 1}}.$$

1), 2) より結論を得る.

$b < -1$ なら

$$|s_+| = |b| - \sqrt{b^2 - 1} < 1 < |b| + \sqrt{b^2 - 1} = |s_-|.$$

ゆえに $D(0,1)$ 内の極は s_+ のみである. よって,

3) $\displaystyle\int_{C(0,1)} f \overset{(6.15)}{=} 2\pi\mathbf{i}\,\mathrm{Res}(f, s_+) \overset{(6.7)}{=} \frac{-4\pi\exp(\mathbf{i}\varphi)h(s_+)}{s_+ - s_-} = -\frac{2\pi h(s_+)}{\sqrt{b^2-1}}.$

1), 3) より結論を得る. $\backslash(\char`^\sqcup\char`^)/$

> **注**　積分変数の変換 $\theta \mapsto -\theta$ より
> $$J_{b,\varphi} \overset{\mathrm{def}}{=} \int_0^{2\pi} \frac{h(\exp(-\mathbf{i}\theta))}{b - \cos\varphi\cos\theta - \sin\varphi\sin\theta}d\theta = I_{b,-\varphi}$$

補題 6.3.3　$D \subset \mathbb{C}$ は領域, $D \supset \{\mathrm{Im}\,z \geq 0\}$, $A \subset D\backslash\mathbb{R}$ は有限集合, $f : D\backslash A \to \mathbb{C}$ は正則, $A_+ = \{a \in A\,;\,\mathrm{Im}\,a > 0\}$ とする. さらに, ある $R > \max\limits_{a \in A_+}|a|$, および $C, \alpha, \beta > 0$ に対し次が成立するとする :

$$\mathrm{Im}\,z \geq 0,\ |z| \geq R \implies |f(z)| \leq \frac{C}{|\mathrm{Re}\,z|^\alpha + |\mathrm{Im}\,z|^{1+\beta}}. \tag{6.16}$$

このとき, 広義積分 $I = \int_{-\infty}^{\infty} f(x)dx$ が存在し,

$$I = 2\pi\mathbf{i}\sum_{a \in A_+}\mathrm{Res}(f, a). \tag{6.17}$$

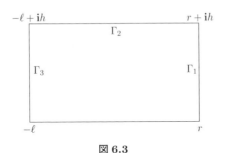

図 6.3

証明　$\ell, r, h \in [R, \infty)$ とする. このとき,

$$A_+ \subset \{\mathrm{Re}\,z \in (-\ell, r),\ \mathrm{Im}\,z \in (0, h)\}.$$

そこで, 線分 $\Gamma_j\ (j = 1, 2, 3)$ を次のように定める :

$$\Gamma_1 = [r, r+\mathbf{i}h],\ \ \Gamma_2 = [-\ell+\mathbf{i}h, r+\mathbf{i}h],\ \ \Gamma_3 = [-\ell, -\ell+\mathbf{i}h].$$

このとき, $[-\ell, r], \Gamma_1, \Gamma_2^{-1}, \Gamma_3^{-1}$ を継ぎ足した長方形は A_+ の各点を反時計回りに一度囲み, かつ $\mathbb{C}\backslash D, A\backslash A_+$ のどの点も囲まない. したがって留数定理より

1)
$$\int_{-\ell}^{r} f(x)dx + \left(\int_{\Gamma_1} - \int_{\Gamma_2} - \int_{\Gamma_3}\right) f = 2\pi\mathbf{i} \sum_{a \in A_+} \mathrm{Res}(f,a).$$

以上と補題 4.8.2 より

$$\left|\int_{-\ell}^{r} f(x)dx - 2\pi\mathbf{i} \sum_{a \in A_+} \mathrm{Res}(f,a)\right| \overset{1)}{\le} \sum_{j=1}^{3}\left|\int_{\Gamma_j} f\right| \overset{(4.52)}{\le} \frac{C_1}{r^\gamma} + \frac{C_1}{\ell^\gamma} + \frac{C(\ell+r)}{h^{1+\beta}},$$

ここで, $\gamma = \alpha\beta/(1+\beta)$, $C_1 = C\left(1+\frac{1}{\beta}\right)$. $h \to \infty$ とし,

$$\left|\int_{-\ell}^{r} f(x)dx - 2\pi\mathbf{i} \sum_{a \in A_+} \mathrm{Res}(f,a)\right| \le \frac{C_1}{r^\gamma} + \frac{C_1}{\ell^\gamma}.$$

上式で $\ell, r \to \infty$ とし結論を得る.　　　　　　　　　\\(^□^)/

補題 6.3.3 と同様に次も成立する.

補題 6.3.4　$D \subset \mathbb{C}$ は領域, $D \supset \{\mathrm{Im}\, z \le 0\}$, $A \subset D\backslash\mathbb{R}$ は有限集合, $f : D\backslash A \to \mathbb{C}$ は正則, $A_- = \{a \in A \,;\, \mathrm{Im}\, a < 0\}$ とする. さらに, ある $R > \max_{a \in A_-} |a|$, および $C, \alpha, \beta > 0$ に対し次が成立するとする :

$$\mathrm{Im}\, z \le 0,\, |z| \ge R \implies |f(z)| \le \frac{C}{|\mathrm{Re}\, z|^\alpha + |\mathrm{Im}\, z|^{1+\beta}}. \tag{6.18}$$

このとき, 広義積分 $I = \int_{-\infty}^{\infty} f(x)dx$ が存在し,

$$I = -2\pi\mathbf{i} \sum_{a \in A_-} \mathrm{Res}(f,a). \tag{6.19}$$

証明　$\ell, r, h \in [R, \infty)$ に対し $-\ell, r, r-\mathbf{i}h, -\ell-\mathbf{i}h$ を頂点とする長方形をとり, 補題 6.3.3 と同様に議論する. この際, 辺 $[-\ell, r]$ の向きを積分 I の向きにそろえるために, 長方形の周の向きは時計回りにとる. その結果, (6.19) の右辺にマイナス符号がつく.　　　　　　　　　\\(^□^)/

例 6.3.5　$c \in \mathbb{C}\backslash\mathbf{i}\mathbb{R}, \theta \in \mathbb{R}$ のとき,

$$g_c(\theta) \overset{\text{def}}{=} \int_{-\infty}^{\infty} \frac{\exp(\mathbf{i}\theta x)}{x^2 + c^2}dx = \begin{cases} \pi\exp(-c|\theta|)/c, & \mathrm{Re}\, c > 0 \text{ のとき}, \\ -\pi\exp(c|\theta|)/c, & \mathrm{Re}\, c < 0 \text{ のとき}. \end{cases} \tag{6.20}$$

証明　$g_{-c}(\theta) = g_c(\theta)$ より，$\operatorname{Re} c > 0$ の場合だけ考えれば十分である．$h(z) = z^2 + c^2$, $f(z) = \exp(\mathrm{i}\theta z)/h(z)$, $c = a + b\mathbf{i}$ ($a > 0$, $b \in \mathbb{R}$) とする．$h(z) = 0$ の解 $\mathbf{i}c = -b + a\mathbf{i}$, $-\mathbf{i}c = b - a\mathbf{i}$ は共に h の一位の零点，したがって f の一位の極である (命題 6.1.6). ゆえに，

1) $$\operatorname{Res}(f, \pm c\mathbf{i}) \overset{(6.7)}{=} \pm \frac{\exp(\mp c\theta)}{2c\mathbf{i}}.$$

一方，$|z| \geq 2|c|$ なら $|z^2 + c^2| \geq |z|^2 - |c|^2 \geq 3|z|^2/4$. よって，

2) $$|f(z)| \leq \frac{4\exp(-\theta \operatorname{Im} z)}{3|z|^2}.$$

$\theta \geq 0$ なら 2) より f は補題 6.3.3 の仮定をみたす．かつ，$\operatorname{Im} z > 0$ をみたす f の極は $c\mathbf{i}$ である．ゆえに

$$g_c(\theta) \overset{(6.17)}{=} 2\pi\mathbf{i}\operatorname{Res}(f, c\mathbf{i}) \overset{1)}{=} \frac{\pi\exp(-c\theta)}{c}.$$

$\theta \leq 0$ なら 2) より f は補題 6.3.4 の仮定をみたす．かつ，$\operatorname{Im} z < 0$ をみたす f の極は $-c\mathbf{i}$ である．ゆえに

$$g_c(\theta) \overset{(6.19)}{=} -2\pi\mathbf{i}\operatorname{Res}(f, -c\mathbf{i}) \overset{1)}{=} \frac{\pi\exp(c\theta)}{c}. \qquad \backslash(\hat{}_{\square}\hat{})/$$

例 6.3.6　$m, n \in \mathbb{N}$ に対し

$$I_{m,n} \overset{\text{def}}{=} \int_{-\infty}^{\infty} \frac{dx}{(x-\mathbf{i})^{m+1}(x+\mathbf{i})^{n+1}} = \frac{\pi\mathbf{i}^{m-n}}{2^{m+n}} \binom{m+n}{m}.$$

証明

$$f(z) \overset{\text{def}}{=} \frac{1}{(z-\mathbf{i})^{m+1}(z+\mathbf{i})^{n+1}}, \quad z \in \mathbb{C}\backslash\{\pm\mathbf{i}\}.$$

このとき，$f: \mathbb{C}\backslash\{\perp\mathbf{i}\} \to \mathbb{C}$ は正則．また，$|z| \geq 2$ なら，$|z\pm\mathbf{i}| \geq |z|-1 \geq |z|/2$. ゆえに

$$\operatorname{Im} z \geq 0, \ |z| \geq 2 \implies |f(z)| \leq (2/|z|)^{m+n+2}.$$

以上から $f: \mathbb{C}\backslash\{\pm\mathbf{i}\} \to \mathbb{C}$ は補題 6.3.3 の条件をみたす (補題 4.8.2 直後の注参照). また $a = \pm\mathbf{i}$ のうち，$\operatorname{Im} a > 0$ をみたすのは $a = \mathbf{i}$ なので，補題 6.3.3 の結果より，

1) $$I_{m,n} = 2\pi\mathbf{i}\operatorname{Res}(f, \mathbf{i}).$$

さらに，問 6.1.3 より，

2) $\mathrm{Res}(f,\mathbf{i}) = (-1)^m \begin{pmatrix} m+n \\ m \end{pmatrix} (2\mathbf{i})^{-(m+n+1)} = \dfrac{\mathbf{i}^{m-n-1}}{2^{m+n+1}} \begin{pmatrix} m+n \\ m \end{pmatrix}.$

1), 2) より結論を得る.   \(^□^)/

注 例 6.3.6 より,特に

$$I_{n,n} = \int_{-\infty}^{\infty} \frac{dx}{(x^2+1)^{n+1}} = \frac{\pi}{2^{2n}} \begin{pmatrix} 2n \\ n \end{pmatrix}.$$

これを用い,広義積分

$$\int_{-\infty}^{\infty} \exp(-x^2) dx = \sqrt{\pi} \tag{6.21}$$

および次の漸近公式 (ウォリスの公式) の一方から他方が導かれることがわかる:

$$\frac{1}{2^{2n}} \begin{pmatrix} 2n \\ n \end{pmatrix} \sim \frac{1}{\sqrt{\pi n}}, \quad n \to \infty. \tag{6.22}$$

(6.22) は,「硬貨を $2n$ 回投げて丁度 n 回表が出る確率は,$n \to \infty$ のとき,ほぼ $\frac{1}{\sqrt{\pi n}}$ である」ことを意味し,確率論における中心極限定理の片鱗でもある.

まず (6.21) から (6.22) を導く.$\left(1+\frac{x^2}{n}\right)^n$ は n について単調増加し $\exp(x^2)$ に収束することから,

1) $\sqrt{n} I_{n,n} = \int_{-\infty}^{\infty} \left(1+\frac{x^2}{n}\right)^{-(n+1)} dx \xrightarrow{n \to \infty} \int_{-\infty}^{\infty} \exp(-x^2) dx.$

上式中の積分と極限の順序交換については例えば [吉田 1, p.423, 定理 16.5.3],あるいはルベーグ積分論の単調収束定理 [吉田 2, p.52, 定理 2.4.1] を参照されたい.上式と例 6.3.6 の結果,および (6.21) から (6.22) を得る.

次に (6.22) から (6.21) を導く.例 6.3.6 の結果と (6.22) から 1) 左辺の $n \to \infty$ での極限値は $\sqrt{\pi}$ に等しい.よって 1) より (6.21) を得る.

例 6.3.8 のために次の補題を準備する.これは補題 4.4.2 の一般化である.

補題 6.3.7 $D \subset \mathbb{C}$ を領域,$h > 0$,$\{0 \le \mathrm{Im}\, z \le h\} \subset D$,また,$A \subset \{0 < \mathrm{Im}\, z < h\}$ を有限集合,$f : D \backslash A \to \mathbb{C}$ は正則とし次を仮定する:

$$\lim_{|x| \to \infty} \int_0^h f(x+\mathbf{i}y) dy = 0. \tag{6.23}$$

このとき,次の広義積分の一方が収束すれば他方も収束する:

$$I(0) \overset{\mathrm{def}}{=} \int_{-\infty}^{\infty} f(x) dx, \quad I(h) \overset{\mathrm{def}}{=} \int_{-\infty}^{\infty} f(x+\mathbf{i}h) dx.$$

また,

$$I(0) = I(h) + 2\pi\mathbf{i} \sum_{a \in A} \mathrm{Res}(f,a). \tag{6.24}$$

証明 $\ell, r > 0$ が十分大きければ,

$$A \subset \{\operatorname{Re} z \in (-\ell, r), \ \operatorname{Im} z \in (0, h)\}.$$

図 6.4

線分 $\Gamma_j \ (j = 1, 2, 3)$ を次のように定める:

$$\Gamma_1 = [r, r + \mathrm{i}h], \ \ \Gamma_2 = [-\ell + \mathrm{i}h, r + \mathrm{i}h], \ \ \Gamma_3 = [-\ell, -\ell + \mathrm{i}h].$$

このとき,留数定理 (定理 6.2.1) より

1) $$\int_{-\ell}^{r} f(x)dx + \left(\int_{\Gamma_1} - \int_{\Gamma_2} - \int_{\Gamma_3}\right) f = 2\pi \mathrm{i} \sum_{a \in A} \operatorname{Res}(f, a).$$

$\ell, r \to \infty$ とすると,

$$\int_{-\ell}^{r} f(x)dx - \int_{-\ell}^{r} f(x + \mathrm{i}h)dx - 2\pi \mathrm{i} \sum_{a \in A} \operatorname{Res}(f, a)$$

$$= \int_{-\ell}^{r} f(x)dx - \int_{\Gamma_2} f - 2\pi \mathrm{i} \sum_{a \in A} \operatorname{Res}(f, a)$$

$$\overset{1)}{=} -\int_{\Gamma_1} f + \int_{\Gamma_3} f = -\mathrm{i} \int_{0}^{h} f(r + \mathrm{i}y)dy + \mathrm{i} \int_{0}^{h} f(-\ell + \mathrm{i}y)dy \overset{(6.23)}{\longrightarrow} 0.$$

$$\backslash (\text{\textasciicircum}\square\text{\textasciicircum})/$$

例 6.3.8 $\alpha, \beta \in (0, \infty), \ \theta \in \mathbb{C}, \ -\beta < \operatorname{Re}\theta < \alpha$ とするとき,

$$I_{\alpha, \beta, \theta} \overset{\text{def}}{=} \int_{-\infty}^{\infty} \frac{\exp(\theta x)}{\exp(\alpha x) + \exp(-\beta x)} dx = \frac{\pi}{(\alpha + \beta) \sin(\pi(\alpha - \theta)/(\alpha + \beta))}.$$

証明 $s \overset{\text{def}}{=} \alpha/(\alpha + \beta), \ t \overset{\text{def}}{=} \beta/(\alpha + \beta), \ u \overset{\text{def}}{=} \theta/(\alpha + \beta)$ に対し,積分変数の変換より $I_{\alpha, \beta, \theta} = I_{s, t, u}/(\alpha + \beta)$. よって $I_{s, t, u} = \pi/\sin(\pi(s - u))$ を示せばよい. 今,

$$g(z) \overset{\text{def}}{=} \exp(uz), \ \ h(z) \overset{\text{def}}{=} \exp(sz) + \exp(-tz), \ \ f(z) \overset{\text{def}}{=} g(z)/h(z).$$

以下は容易に確かめることができる.

1) $$h(z) = 0 \iff z = (2n+1)\pi\mathbf{i},\ n \in \mathbb{Z}.$$

2) $$h'(\pi\mathbf{i}) = s\exp(s\pi\mathbf{i}) - t\exp(-t\pi\mathbf{i}) = \exp(s\pi\mathbf{i}) \neq 0.$$

3) $$g(z + 2\pi\mathbf{i}) = \exp(2u\pi\mathbf{i})g(z),\quad h(z + 2\pi\mathbf{i}) = \exp(2s\pi\mathbf{i})h(z).$$

4) $$|h(z)| \geq \begin{cases} \exp(s\operatorname{Re} z) - 1, & \operatorname{Re} z \geq 0\ \text{なら}, \\ \exp(t|\operatorname{Re} z|) - 1, & \operatorname{Re} z \leq 0\ \text{なら}. \end{cases}$$

1) より $\pi\mathbf{i}$ は $0 \leq \operatorname{Im} z \leq 2\pi$ の範囲で h の唯一の零点で，2) よりその位数は 1 である．ゆえに

5) $$\operatorname{Res}(f, \pi\mathbf{i}) \overset{\text{問 } 6.1.2}{=} (g/h')(\pi\mathbf{i}) \overset{2)}{=} \exp((u-s)\pi\mathbf{i}).$$

さらに $x \to \infty$ なら，

$$\int_0^{2\pi} f(x + \mathbf{i}y)\,dy \overset{4)}{\leq} \frac{2\pi \exp(x\operatorname{Re} u + 2\pi|\operatorname{Im} u|)}{\exp(sx) - 1} \longrightarrow 0.$$

$x \to -\infty$ でも同様である．以上と補題 6.3.7 より

$$I_{s,t,u} = \int_{-\infty}^{\infty} f(x)\,dx \overset{(6.24)}{=} \int_{-\infty}^{\infty} f(x + 2\pi\mathbf{i})dx + 2\pi\mathbf{i}\operatorname{Res}(f, \pi\mathbf{i})$$

$$\overset{3),5)}{=} \exp(2(u-s)\pi\mathbf{i})I_{s,t,u} + 2\pi\mathbf{i}\exp((u-s)\pi\mathbf{i}).$$

よって

$$I_{s,t,u} = \frac{2\pi\mathbf{i}\exp((u-s)\pi\mathbf{i})}{1 - \exp(2(u-s)\pi\mathbf{i})} = \pi/\sin(\pi(s-u)). \qquad \backslash(\char94\square\char94)/$$

注　例 6.3.8 の $I_{\alpha,\beta,\theta}$ に対し，積分変数の変換より，

$$I_{\alpha,\beta,\theta} \overset{t=\exp x}{=} \int_0^{\infty} \frac{t^{\beta+\theta-1}}{t^{\alpha+\beta} + 1}\,dt. \tag{6.25}$$

(6.25) および [吉田 1, p.269, 例 12.4.4 および p.275, 命題 12.5.5] より

$$I_{\alpha,\beta,0} = \frac{1}{\alpha+\beta}\Gamma\left(\frac{\alpha}{\alpha+\beta}\right)\Gamma\left(\frac{\beta}{\alpha+\beta}\right),$$

ここで，Γ はガンマ関数である．特に $\alpha \in (0,1)$, $\beta = 1 - \alpha$ とし，上式と例 6.3.8 の結果から次の相補公式が導かれる：

$$\Gamma(\alpha)\Gamma(1-\alpha) = \frac{\pi}{\sin\pi\alpha},\quad \alpha \in (0,1). \tag{6.26}$$

最後に定積分計算以外の留数定理の応用例を挙げる．この例でも留数定理の使い方は定積分計算の場合とよく似ている．

例 6.3.9 a) (**余接・双曲余接の部分分数展開**)

$$\coth z \overset{\text{def}}{=} \frac{\cosh z}{\sinh z} = \frac{1}{z} - \sum_{n=1}^{\infty} \frac{2z}{n^2\pi^2 + z^2}, \quad z \in \mathbb{C} \backslash \mathbf{i}\pi\mathbb{Z}, \tag{6.27}$$

$$\cot z \overset{\text{def}}{=} \frac{\cos z}{\sin z} = \frac{1}{z} - \sum_{n=1}^{\infty} \frac{2z}{n^2\pi^2 - z^2}, \quad z \in \mathbb{C} \backslash \pi\mathbb{Z}. \tag{6.28}$$

b) (⋆) (**正弦・双曲正弦の因数分解**)

$$\sinh z = z \prod_{n=1}^{\infty} \left(1 + \frac{z^2}{n^2\pi^2}\right), \quad z \in \mathbb{C}, \tag{6.29}$$

$$\sin z = z \prod_{n=1}^{\infty} \left(1 - \frac{z^2}{n^2\pi^2}\right), \quad z \in \mathbb{C}. \tag{6.30}$$

証明 a) $\cot z = \mathbf{i}\coth(\mathbf{i}z)$ に注意すれば (6.27) と (6.28) は同値である. そこで (6.28) を示す. $z \in \mathbb{C} \backslash \pi\mathbb{Z}$ を固定し,

$$f(w) \overset{\text{def}}{=} \frac{\cot w}{w - z}, \quad w \in \mathbb{C} \backslash (\{z\} \cup \pi\mathbb{Z})$$

とする. z, $n\pi$ $(n \in \mathbb{Z})$ は f の一位の極,

1) $\qquad \operatorname{Res}(f, z) \overset{\text{問 } 6.1.2}{=} \cot z, \quad \operatorname{Res}(f, n\pi) \overset{\text{問 } 6.1.2}{=} \frac{1}{n\pi - z}.$

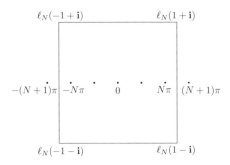

図 6.5

また, $N \in \mathbb{N}$, $\ell_N \overset{\text{def}}{=} (N + \frac{1}{2})\pi \geq 2|z|$ とし, さらに C_N を, 次の 4 頂点を持つ正方形の周とする (向きは反時計回り):

$$\ell_N(1 + \mathbf{i}), \ \ell_N(-1 + \mathbf{i}), \ \ell_N(-1 - \mathbf{i}), \ \ell_N(1 - \mathbf{i}).$$

このとき，C_N により囲まれる f の極は $z, n\pi$ $(|n| \leq N)$．したがって留数定理
（定理 6.2.1）より

$$\frac{1}{2\pi\mathbf{i}} \int_{C_N} f = \mathrm{Res}(f, z) + \sum_{n=-N}^{N} \mathrm{Res}(f, n\pi)$$

$$\overset{1)}{=} \cot z + \sum_{n=-N}^{N} \frac{1}{n\pi - z} = \cot z - \frac{1}{z} - \sum_{n=1}^{N} \frac{2z}{n^2\pi^2 - z^2}.$$

したがって次をいえばよい．

2)
$$\int_{C_N} f \overset{N\to\infty}{\longrightarrow} 0.$$

そのために以下に注意する．

3)
$$f_0(w) \overset{\mathrm{def}}{=} \frac{\cot w}{w} \ (w \in \mathbb{C}\backslash\pi\mathbb{Z}) \ \text{に対し} \int_{C_N} f_0 = 0.$$

4)
$$\sup_{w \in C_N} |\cot w| \leq \coth \ell_1.$$

5)
$$\sup_{w \in C_N} |f(w) - f_0(w)| \leq \frac{2|z|\coth \ell_1}{\ell_N^2}.$$

まず 3) について，正方形 C_N のうち $\ell_N(1+\mathbf{i})$ から反時計回りに $\ell_N(-1-\mathbf{i})$ へ
向かう折れ線を $g: [0, 1] \to \mathbb{C}$ と表すと，$\ell_N(-1-\mathbf{i})$ から反時計回りに $\ell_N(1+\mathbf{i})$
に戻る折れ線は $-g(t-1)$ $(t \in [1, 2])$ と表される．また，f_0 は偶関数である．ゆ
えに問 4.2.3 より 3) を得る．

次に 4) について，C_N の虚軸に平行な辺上の点は $w = \pm\ell_N + \mathbf{i}y$ $(y \in \mathbb{R})$ と書
けるので，$\exp(\mathbf{i}\ell_N) = (-1)^N \mathbf{i}$ に注意すると

$$|\cot w| = |\tanh y| \leq 1.$$

また，C_N の実軸に平行な辺上の点は $w = x \pm \mathbf{i}\ell_N$ $(x \in \mathbb{R})$ と書けるので，問
2.2.1 より

$$2\sinh \ell_N \leq |\exp(\mathbf{i}w) \pm \exp(-\mathbf{i}w)| \leq 2\cosh \ell_N.$$

ゆえに

$$|\cot w| \leq \coth \ell_N \leq \coth \ell_1.$$

以上より 4) を得る．

最後に 5) について，$w \in C_N$ なら

$$|w| \geq \ell_N, \ |w - z| \geq \ell_N - |z| \geq \ell_N/2.$$

よって
$$|f(w) - f_0(w)| = \left| \frac{z \cot w}{w(w-z)} \right| \overset{\text{4) および上式}}{\leq} \frac{2|z| \coth \ell_1}{\ell_N^2}.$$

以上から次のようにして 2) を得る：

$$\left| \int_{C_N} f \right| \overset{3)}{=} \left| \int_{C_N} (f - f_0) \right| \overset{(4.13)}{\leq} \int_{C_N} |f(w) - f_0(w)||dw|$$

$$\overset{5)}{\leq} \frac{2\ell(C_N)|z| \coth \ell_1}{\ell_N^2} = \frac{16|z| \coth \ell_1}{\ell_N} \overset{N \to \infty}{\longrightarrow} 0.$$

b) $\sin z = -\mathrm{i}\sinh(\mathrm{i}z)$ に注意すれば (6.29) と (6.30) は同値である．そこで (6.30) を示す．級数 $\sum_{n=1}^{\infty} \frac{z^2}{n^2\pi^2}$ は $z \in \mathbb{C}$ に関し広義一様収束する．したがって補題 5.7.3 より (6.30) の右辺は $z \in \mathbb{C}$ に関し広義一様収束する．(6.30) の右辺を $Q(z)$, $q_0(z) = z$, $q_n(z) = 1 - \frac{z^2}{n^2\pi^2}$ $(n \in \mathbb{N}\backslash\{0\})$ とすると，命題 5.7.4 より

$$\{Q(z) = 0\} = \bigcup_{n \in \mathbb{N}} \{q_n(z) = 0\} = \pi\mathbb{Z}.$$

かつ $z \in \mathbb{C}\backslash\pi\mathbb{Z}$ に対し

$$\frac{\sin' z}{\sin z} = \cot z \overset{(6.28)}{=} \frac{1}{z} - \sum_{n=1}^{\infty} \frac{2z}{n^2\pi^2 - z^2} = \sum_{n=0}^{\infty} \frac{q_n'(z)}{q_n(z)}.$$

したがって，命題 5.7.4 より $\mathbb{C}\backslash\pi\mathbb{Z}$ 上 $\sin = c\,Q$ (c は定数)．ところが，

$$\frac{\sin z}{z} = \frac{c\,Q(z)}{z} = c \prod_{n=1}^{\infty} \left(1 - \frac{z^2}{n^2\pi^2}\right).$$

上式で $z \to 0$ として $c = 1$ を得る．以上より (6.30) が結論される． \\(^□^)/

問 6.3.1 $b, c \in \mathbb{C}\backslash\{0\}$ に以下を仮定する：$b/c \notin [-1, 1]$, $n = 0, \pm 1$,

$$\mathrm{Arg}\, c \in (-\pi/2, \pi/2], \quad 2\mathrm{Arg}\, c + \mathrm{Arg}\left(\frac{b^2}{c^2} - 1\right) \in 2\pi n + (-\pi, \pi].$$

さらに，$D \subset \mathbb{C}$ は開，$D \supset \overline{D}(0, |c|)$, $h : D \to \mathbb{C}$ は正則とする．このとき，$s_\pm = b \pm \sqrt{b^2 - c^2}$ に対し次を示せ：

$$\int_{C(0,|c|)} \frac{h(z)}{z^2 - 2bz + c^2} dz = \begin{cases} -\pi\mathrm{i}h(s_-)/\sqrt{b^2 - c^2}, & \text{下記 i), iv) なら,} \\ \pi\mathrm{i}h(s_+)/\sqrt{b^2 - c^2}, & \text{下記 ii), iii) なら.} \end{cases}$$

ここで，

i) $n = 0$ かつ $\mathrm{Arg}\,(b/c) \in (-\pi/2, \pi/2]$, ii) $n = 0$ かつ $\mathrm{Arg}\,(b/c) \notin (-\pi/2, \pi/2]$,

iii) $n \neq 0$ かつ $\mathrm{Arg}\,(b/c) \in (-\pi/2, \pi/2]$, iv) $n \neq 0$ かつ $\mathrm{Arg}\,(b/c) \notin (-\pi/2, \pi/2]$.

【ヒント】 例 2.4.4.

問 6.3.2 $b \in \mathbb{C}\backslash[-1,1]$, $\varphi \in (-\pi/2, \pi/2)$ に対し次を仮定する：

$$2\varphi + \mathrm{Arg}\,(b^2 - 1) \in 2n\pi + (-\pi, \pi],\ \ n = 0, \pm 1.$$

さらに，$D \subset \mathbb{C}$ は開，$D \supset \overline{D}(0,1)$，$h : D \to \mathbb{C}$ は正則とする．このとき，$s_\pm = (b \pm \sqrt{b^2 - 1})\exp(\mathbf{i}\varphi)$ に対し次を示せ：

$$\int_0^{2\pi} \frac{h(\exp(\mathbf{i}\theta))}{b - \cos\varphi\cos\theta - \sin\varphi\sin\theta}d\theta = \begin{cases} 2\pi h(s_-)/\sqrt{b^2 - 1}, & \text{下記 i), iv) なら,} \\ -2\pi h(s_+)/\sqrt{b^2 - 1}, & \text{下記 ii), iii) なら.} \end{cases}$$

ここで，

　　i) $n = 0$ かつ $\mathrm{Arg}\,b \in (-\pi/2, \pi/2]$,　ii) $n = 0$ かつ $\mathrm{Arg}\,b \notin (-\pi/2, \pi/2]$,

　　iii) $n \neq 0$ かつ $\mathrm{Arg}\,b \in (-\pi/2, \pi/2]$,　iv) $n \neq 0$ かつ $\mathrm{Arg}\,b \notin (-\pi/2, \pi/2]$.

【ヒント】例 2.4.4.

問 6.3.3 $b \in \mathbb{C}\backslash[-1,1]$ とする．以下を示せ.

i) $I \stackrel{\text{def}}{=} \displaystyle\int_{-\pi/2}^{\pi/2} \frac{\cos^2\theta}{b + \sin\theta}\,d\theta = \frac{1}{2}\int_{-\pi}^{\pi} \frac{\cos^2\theta}{b + \sin\theta}\,d\theta.$

ii) $I = \displaystyle\int_0^{\pi} \frac{\sin^2\theta}{b + \cos\theta}\,d\theta = \frac{1}{2}\int_{-\pi}^{\pi} \frac{\sin^2\theta}{b + \cos\theta}\,d\theta.$

iii) $I = \begin{cases} \pi(b - \sqrt{b^2 - 1}), & \mathrm{Arg}\,b \in (-\pi/2, \pi/2] \text{ なら,} \\ \pi(b + \sqrt{b^2 - 1}), & \mathrm{Arg}\,b \notin (-\pi/2, \pi/2] \text{ なら.} \end{cases}$

注 変数変換 $x = \sin\theta$ より $I = \int_{-1}^{1} \frac{\sqrt{1 - x^2}}{b + x}dx$ とも変形できる.

問 6.3.4 $c \in (0, \infty)$, $b \in (-c, c)$, $\sigma_\pm = b \pm \mathbf{i}\sqrt{c^2 - b^2}$, $\theta \in \mathbb{R}$ とするとき，次を示せ：

$$I \stackrel{\text{def}}{=} \int_{-\infty}^{\infty} \frac{\exp(\mathbf{i}\theta x)}{x^2 - 2bx + c^2}\,dx = \frac{\pi}{\sqrt{c^2 - b^2}} \times \begin{cases} \exp(\mathbf{i}\theta\sigma_+), & \theta \geq 0 \text{ なら,} \\ \exp(\mathbf{i}\theta\sigma_-), & \theta \leq 0 \text{ なら.} \end{cases}$$

問 6.3.5 問 6.3.4 で示した等式を $b \in \mathbb{C}\backslash((-\infty, -c] \cup [c, \infty))$, $\sigma_\pm = b \pm \mathbf{i}\sqrt{c^2 - b^2}$ (例 2.4.3, 問 2.4.3 参照) の場合に一般化せよ.

問 6.3.6 $c \in (0, \infty)$, $b \in (-c, c)$, $\theta \in \mathbb{R}$ とするとき，次を示せ.

$$I \stackrel{\text{def}}{=} \int_{-\infty}^{\infty} \frac{\exp(\mathbf{i}\theta x)}{x^4 - 2bx^2 + c^2}\,dx$$

$$= \frac{\pi}{2\sqrt{c^2 - b^2}}\left(\frac{\exp(\mathbf{i}|\theta|\tau_+)}{\tau_+} + \frac{\exp(-\mathbf{i}|\theta|\tau_-)}{\tau_-}\right)$$

ここで, $\tau_\pm = \sqrt{\frac{c+b}{2}} \pm \mathbf{i}\sqrt{\frac{c-b}{2}}$ (問 2.4.3 参照).

問 6.3.7 以下を示せ.

i)
$$\int_0^\infty \frac{\cosh \theta x}{\cosh x}\,dx = \frac{\pi}{2\cos(\pi\theta/2)}, \quad \theta \in \mathbb{C}, \ |\operatorname{Re}\theta| < 1. \tag{6.31}$$

ii) E_n をオイラー数 ((5.28) 参照) とするとき,
$$I_n \overset{\text{def}}{=} \int_0^\infty \frac{x^{2n}}{\cosh x}\,dx = E_n(\pi/2)^{2n+1}, \quad n \in \mathbb{N}. \tag{6.32}$$

注 (6.32) の I_n に対し積分変数の変換より,

$$2\int_0^1 \frac{(\log t)^{2n}}{t^2+1}\,dt \overset{t=1/s}{=} 2\int_1^\infty \frac{(\log s)^{2n}}{s^2+1}\,ds \overset{s=\exp x}{=} I_n \overset{(6.32)}{=} E_n(\pi/2)^{2n+1}, \quad n \in \mathbb{N}. \tag{6.33}$$

また, (2.59), (6.32) より,
$$\sum_{n=0}^\infty \frac{(-1)^n}{(2n+1)^{2k+1}} = \frac{E_k \pi^{2k+1}}{2^{2k+2}(2k)!}, \quad k \in \mathbb{N}. \tag{6.34}$$

問 6.3.8 $f(z) = \exp(\mathbf{i}\pi z^2)/(1+\exp(-2\pi\mathbf{i}z))$, また, $r \in (0,\infty)$ に対し

$$\Gamma_1 = [-(1+\mathbf{i})r, (1+\mathbf{i})r], \quad \Gamma_2 = [(1+\mathbf{i})r-1, (1+\mathbf{i})r],$$
$$\Gamma_3 = [-(1+\mathbf{i})r-1, (1+\mathbf{i})r-1], \quad \Gamma_4 = [-(1+\mathbf{i})r-1, -(1+\mathbf{i})r]$$

とする. 以下を示せ.

i) $2\pi\mathbf{i}\operatorname{Res}(f, -1/2) = (1+\mathbf{i})/\sqrt{2}$.

ii) $\int_{\Gamma_1} f - \int_{\Gamma_3} f = (1+\mathbf{i}) \int_{-r}^r \exp(-2\pi t^2)\,dt$.

iii) $\int_{\Gamma_j} f \overset{r\to\infty}{\longrightarrow} 0 \quad (j=2,4)$.

iv) $\int_{-\infty}^\infty \exp(-x^2)\,dt = \sqrt{\pi}$.

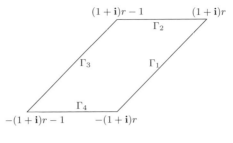

図 6.6

問 6.3.9 ($\star$) 以下を示せ.

$$\cosh z = \prod_{n=1}^{\infty}\left(1 + \frac{4z^2}{(2n-1)^2\pi^2}\right), \quad z \in \mathbb{C}, \tag{6.35}$$

$$\cos z = \prod_{n=1}^{\infty}\left(1 - \frac{4z^2}{(2n-1)^2\pi^2}\right), \quad z \in \mathbb{C}, \tag{6.36}$$

$$\tanh z = 8\sum_{n=1}^{\infty}\frac{z}{(2n-1)^2\pi^2 + 4z^2}, \quad z \in \mathbb{C}\backslash(\tfrac{\pi\mathbf{i}}{2} + \pi\mathbf{i}\mathbb{Z}), \tag{6.37}$$

$$\tan z = 8\sum_{n=1}^{\infty}\frac{z}{(2n-1)^2\pi^2 - 4z^2}, \quad z \in \mathbb{C}\backslash(\tfrac{\pi}{2} + \pi\mathbb{Z}). \tag{6.38}$$

【(6.35) のヒント】$\sinh 2z = 2\sinh z \cosh z$ を用い, (6.29) に帰着させる.

6.4 / 偏角原理・ルーシェの定理

次の補題は留数定理と偏角原理 (命題 6.4.2) を結びつける役割を果たす.

補題 6.4.1 $a \in \mathbb{C}$, $R \in (0, \infty)$, $f : D(a, R)\backslash\{a\} \to \mathbb{C}$ は正則. a は f の零点または極とし, $m(f, a) \in \mathbb{Z}\backslash\{0\}$ を次のように定める:

$$m(f, a) = \begin{cases} m, & a \text{ が } f \text{ の } m \text{ 位の零点なら,} \\ -m, & a \text{ が } f \text{ の } m \text{ 位の極なら.} \end{cases} \tag{6.39}$$

このとき, ある $R_0 \in (0, R]$ に対し $f : D(a, R_0)\backslash\{a\} \to \mathbb{C}$ は零点を持たない. さらに a は $f'/f : D(a, R_0)\backslash\{a\} \to \mathbb{C}$ の一位の極であり,

$$\mathrm{Res}(f'/f, a) = m(f, a). \tag{6.40}$$

証明 a が f の零点または極, $m(f, a) = m \in \mathbb{Z}\backslash\{0\}$ なら, 正則関数 $g :$ $D(a, R) \to \mathbb{C}$ であり次をみたすものが存在する (命題 5.4.3, 定義 6.1.1):

$$g(a) \neq 0, \; f(z) = (z - a)^m g(z), \; z \in D(a, R)\backslash\{a\}.$$

$g(a) \neq 0$ より, ある $R_0 \in (0, R]$ が存在し, 任意の $z \in D(a, R_0)\backslash\{a\}$ に対し $g(z) \neq 0$, したがって $f(z) = (z - a)^m g(z) \neq 0$. さらに,

$$f'(z) = m(z - a)^{m-1}g(z) + (z - a)^m g'(z),$$

したがって

$$\frac{f'(z)}{f(z)} = \frac{m}{z - a} + \frac{g'(z)}{g(z)}.$$

g'/g は $D(a, R_0)$ 上正則なので上式より (6.40) を得る. \\(^□^)/

> **注** 補題 6.4.1 において, a が f の零点, 極, いずれの場合においても, ある $R_0 \in (0, R]$ に対し $f : D(a, R_0)\backslash\{a\} \to \mathbb{C}$ は正則かつ零点を持たない. よって $r \in (0, R_0)$ に対し
>
> $$m(f, a) \overset{(6.40)}{=} \mathrm{Res}(f'/f, a) \overset{(6.5)}{=} \frac{1}{2\pi\mathbf{i}} \int_{C(a, r)} \frac{f'}{f}$$
> $$\overset{問 4.2.1}{=} \frac{1}{2\pi\mathbf{i}} \int_{f(C(a, r))} \frac{1}{z} dz \overset{(7.2)}{=} n(f(C(a, r)), 0).$$
>
> つまり $m(f, a)$ は閉曲線 $f(C(a, r))$ の, 原点の周りの回転数 (命題 7.1.3) に等しい.

偏角原理を述べるために, さらにいくつかの記号を準備する. $D \subset \mathbb{C}$ は開, $A \subset D$ は D 内に集積点を持たず, $f : D\backslash A \to \mathbb{C}$ は正則かつ $D\backslash A$ 内の任意の開円板上で非定数とする. $c \in \mathbb{C}$ に対し関数 $f - c$ の零点集合を $f^{-1}(c)$ と記す:

$$f^{-1}(c) \overset{\mathrm{def}}{=} \{z \in D\backslash A \,;\, f(z) = c\}. \tag{6.41}$$

このとき, 零点の非集積性 (系 5.4.5) および 補題 1.6.5 より,

$\overline{B} \subset D$ をみたす有界集合 B に対し $f^{-1}(c) \cap B$, $A \cap B$ は共に有限集合である. $\tag{6.42}$

点 $a \in D$ が f の零点, または極であるとき, $m(f, a) \in \mathbb{Z}\backslash\{0\}$ を (6.39) により定める. $\overline{B} \subset D$ をみたす有界集合 B に対し $A \cap B$ の各点が f の極であるとき, (6.42) に注意して, B 内における f の**零点の総位数** $N(f, B)$, **極の総位数** $P(f, B)$ を次のように定める:

$$N(f, B) = \sum_{a \in f^{-1}(0) \cap B} m(f, a), \quad P(f, B) = \sum_{a \in A \cap B} |m(f, a)|. \tag{6.43}$$

次に述べる偏角原理は，これらの差 $N(f,B) - P(f,B)$ の積分表示式を与える．その証明は留数定理 (定理 6.2.1) と補題 6.4.1 を組み合わせて得られる．

用語の規約　区分的 C^1 級閉曲線 $C \subset \mathbb{C}$，および $a \in \mathbb{C} \backslash C$ に対し，用語「C は a を反時計回りに一度囲む」「C は a を囲まない」の理解は留数定理 (定理 6.2.1) 直前に規約したとおりで，厳密には定義 7.1.4 で定めるものとする．さらに，区分的 C^1 級閉曲線 $C \subset \mathbb{C}$ および有界集合 $B \subset \mathbb{C} \backslash C$ が以下をみたすとき，C は B を**反時計回りに一度囲む**という：

$$\partial B \subset C, \tag{6.44}$$

$$C \text{ は } B \text{ の各点を反時計回りに一度囲む}, \tag{6.45}$$

$$\text{また，} C \text{ は } \mathbb{C} \backslash \overline{B} \text{ の点を囲まない．} \tag{6.46}$$

注　直観的には，B は「C の内部」である．(6.44) は「複素平面上で B から $\mathbb{C} \backslash B$ へ連続的に移動するためには必ず C を通る必要がある」ことを意味し，これにより C が B を囲むことが表現されている．なお，(6.44) における等号が不成立例は，p.229, 図 7.1 の右側を参照されたい．特に C が単純閉曲線の場合，ジョルダンの曲線定理[1] より，有界領域 $B \subset \mathbb{C}$，非有界領域 $U \subset \mathbb{C}$ が存在し，$B \cap U = \emptyset$, $\mathbb{C} \backslash C = B \cup U$, $\partial B = \partial U = C$ が成立する．さらに必要に応じ C の向きを選び直せば，C は B に関し (6.45), (6.46) をみたす [Mun, p.404, Theorem 66.2]．これについては命題 7.1.3 直後の注でも言及する．

命題 6.4.2 (偏角原理)　$D \subset \mathbb{C}$ は開，$A \subset D$ は D 内に集積点を持たず，$f : D \backslash A \to \mathbb{C}$ は正則とする．また区分的 C^1 級閉曲線 $C \subset D$ は有界集合 $B \subset D \backslash C$ を反時計回りに一度囲むとする ((6.44)–(6.46) 参照)．このとき，$A \cap B$ の各点が f の極，かつ $(f^{-1}(0) \cup A) \cap C = \emptyset$ なら，

$$\frac{1}{2\pi i} \int_C \frac{f'}{f} = N(f,B) - P(f,B), \tag{6.47}$$

ここで $N(f,B)$, $P(f,B)$ は (6.43) により定める．

証明　仮定と，零点の非集積性 (系 5.4.5) より，$A_0 \overset{\text{def}}{=} f^{-1}(0) \cup A$ は D 内に集積点を持たず，f'/f は $D \backslash A_0$ 上正則である．(6.42) より $A_0 \cap B$ は有限集合かつ，(6.45) より C は $A_0 \cap B$ の各点を反時計回りに一度囲む．また，(6.44) より，

---

[1] 例えば [Mun, p.380, Theorem 63.4]．ブラウアーの不動点定理を用いたより短い証明は [前原] を参照されたい．

$\overline{B} \subset B \cup C$. これと $A_0 \cap C = \emptyset$ より, $A_0 \backslash B = A_0 \backslash (B \cup C) \subset A_0 \backslash \overline{B}$. よって
(6.46) より, C は $A_0 \backslash B$ のどの点も囲まない. 以上と留数定理 (定理 6.2.1) より

$$\frac{1}{2\pi \mathbf{i}} \int_C \frac{f'}{f} \overset{(6.15)}{=} \sum_{a \in A_0 \cap B} \mathrm{Res}(f'/f, a) \overset{(6.40)}{=} \sum_{a \in A_0 \cap B} m(f, a)$$

$$= \sum_{a \in f^{-1}(0) \cap B} m(f, a) + \sum_{a \in A \cap B} m(f, a)$$

$$\overset{(6.43)}{=} N(f, B) - P(f, B). \qquad \backslash (\char`^\square\char`^)/$$

> **注** 補題 6.4.1 直後の注と同様の考察より, (6.47) の両辺は閉曲線 $f(C)$ の, 原点の
> 周りの回転数 (命題 7.1.3) に等しい. 命題 6.4.2 が「偏角原理」とよばれるのはこの
> 事実に由来する. 偏角原理もコーシーが示した (f が極を持たない場合は 1831 年, f
> が極を持ちうる場合は 1855 年).

例 6.4.3 $n \in \mathbb{N}$, $c_0, c_{2n+1} \in (0, \infty)$, $c_1, \ldots, c_{2n-1} \in \mathbb{R}$ とし, 次の多項式を考える:

$$f(z) = \sum_{j=0}^{n} c_{2j+1} z^{2j+1} + c_0.$$

このとき, 右半平面 $\mathrm{Re}\, z > 0$ 内の f の零点の総位数 N について, n が偶数なら $N = n$, n が奇数なら $N = n+1$ である.

証明 $y \in \mathbb{R}$ に対し

$$f(\mathbf{i}y) = \mathbf{i} \sum_{j=0}^{n} (-1)^j c_{2j+1} y^{2j+1} + c_0.$$

特に $\mathrm{Re}\, f(\mathbf{i}y) = c_0$ より, f は虚軸上に零点を持たない. したがって十分大きな $r > 0$ に対し右半平面内の f の零点は半円板 $B = \{\mathrm{Re}\, z > 0,\ |z| < r\}$ に含まれる. ゆえに偏角原理 (命題 6.4.2) より

1) $$N = \frac{1}{2\pi \mathbf{i}} \int_{\partial B} \frac{f'}{f}.$$

今, $C_+(r) = \{\mathrm{Re}\, z \geq 0,\ |z| = r\}$ とすると

2) $$\int_{\partial B} \frac{f'}{f} = \int_{C_+(r)} \frac{f'}{f} - \int_{[-\mathbf{i}r, \mathbf{i}r]} \frac{f'}{f}.$$

今, $z \to \infty$ のとき $z f'(z)/f(z) \to 2n+1$. これと問 4.8.1 より $r \to \infty$ のとき

3) $$\int_{C_+(r)} \frac{f'}{f} \longrightarrow (2n+1)\pi \mathbf{i}.$$

同じく $r \to \infty$ のとき

4) $\displaystyle \int_{[-\mathbf{i}r, \mathbf{i}r]} \frac{f'}{f} \overset{問\ 4.5.5}{=\!=\!=} \operatorname{Log} f(\mathbf{i}r) - \operatorname{Log} f(-\mathbf{i}r) \overset{問\ 2.3.3}{\longrightarrow} (-1)^n \pi \mathbf{i}.$

1)–4) から

$$N = \frac{1}{2\pi \mathbf{i}} \left((2n+1)\pi \mathbf{i} - (-1)^n \pi \mathbf{i} \right) = n + \frac{1 - (-1)^n}{2}.$$

以上より結論を得る. \\(^□^)/

　次にルーシェの定理 (命題 6.4.5) を述べる. そのために, その証明の鍵になる部分を補題として準備する.

補題 6.4.4 　区分的 C^1 級閉曲線 C_j $(j = 0, 1)$ が $g_j : [\alpha, \beta] \to \mathbb{C}$ と表されるとし, g_0, g_1, および $a \in \mathbb{C}$ に対し次の条件を仮定する :

$$|g_1(t) - g_0(t)| < |a - g_0(t)|, \ \forall t \in [\alpha, \beta].$$

このとき, $a \notin C_0 \cup C_1$ かつ,

$$\int_{C_0} \frac{1}{z - a} dz = \int_{C_1} \frac{1}{z - a} dz.$$

　証明　所与の条件より $g_0(t), g_1(t) \neq a$ $(\forall t \in [\alpha, \beta])$. したがって, $a \notin C_0 \cup C_1$. このとき, $g \overset{\text{def}}{=} (g_1 - a)/(g_0 - a)$ で表される閉曲線 C は区分的 C^1 級であり, 所与の条件より,

$$|g(t) - 1| < 1, \ \forall t \in [\alpha, \beta].$$

したがって, C は円板 $D(1, 1)$ 内の区分的 C^1 級閉曲線である. $z \mapsto 1/z$ は $D(1, 1)$ 上正則なので星形領域に対するコーシーの定理 (定理 4.6.6) より,

1) $$\int_C \frac{1}{z} dz = 0.$$

　一方,

$$g' = \frac{g_1'(g_0 - a) - (g_1 - a)g_0'}{(g_0 - a)^2}.$$

したがって,

$$\frac{g'}{g} = \frac{g_1'}{g_1 - a} - \frac{g_0'}{g_0 - a}.$$

上式から,

$$\left(\int_{C_1} - \int_{C_0} \right) \frac{1}{z - a} \, dz = \int_C \frac{1}{z} \, dz \overset{1)}{=} 0. \qquad \backslash(\text{^□^})/$$

命題 **6.4.5 (ルーシェの定理**, 1862 年) $D \subset \mathbb{C}$ は開, $f_0, f_1 : D \to \mathbb{C}$ は正則, $B \subset D$ は有界, 区分的 C^1 級閉曲線 $C \subset D$ は B を反時計回りに一度囲むとする ((6.44)–(6.46) 参照). さらに次の条件を仮定する:

$$C \text{ 上 } \quad |f_1 - f_0| < |f_0|. \tag{6.48}$$

このとき, D 内において f_0, f_1 の零点の総位数は等しい, すなわち (6.43) の記号で,

$$N(f_0, B) = N(f_1, B). \tag{6.49}$$

証明 閉曲線 C を $g : [\alpha, \beta] \to \mathbb{C}$ により表すとき, $g_j \overset{\text{def}}{=} f_j \circ g \ (j = 0, 1)$ は $a = 0$ に対し補題 6.4.4 の仮定をみたす. よって

1)
$$\int_C \frac{f_0'}{f_0} = \int_C \frac{f_1'}{f_1}.$$

また, 偏角原理 (命題 6.4.2) より,

2)
$$\frac{1}{2\pi \mathbf{i}} \int_C \frac{f_j'}{f_j} = N(f_j, B), \quad j = 0, 1.$$

1), 2) より結論を得る.   \\(^□^)/

例 6.4.6 $c_0, \ldots, c_n \in \mathbb{C}$ に対し $f(z) \overset{\text{def}}{=} \sum_{j=0}^n c_j z^j$. 今, ある $r \in (0, \infty)$, $k = 0, \ldots, n$ が次の条件をみたすとする:

$$\sum_{\substack{0 \le j \le n \\ j \ne k}} |c_j| r^j < |c_k| r^k. \tag{6.50}$$

このとき $N(f, D(0, r)) = k$. 特に $c_n \ne 0$ なら, $k = n$, および十分大きい r に対し (6.50) が成立し, $N(f, D(0, r)) = n$. これにより代数学の基本定理 (問 5.3.3) が再証明される.

証明 条件 (6.50) より $c_k \ne 0$. また $g(z) \overset{\text{def}}{=} c_k z^k$ に対し, 円周 $|z| = r$ 上,

$$|f - g| \le \sum_{\substack{0 \le j \le n \\ j \ne k}} |c_j| r^j < |c_k| r^k = |g|.$$

これとルーシェの定理より $N(f, D(0, r)) = N(g, D(0, r))$. 一方, g の $D(0, r)$ 内の零点は 0 のみで位数は k. ゆえに $N(g, D(0, r)) = k$. 以上より結論を得る.

\\(^□^)/

問 6.4.1　$D \subset \mathbb{C}$ は開，$f_0 : D \to \mathbb{C}$ は正則，B は有界かつ開で $\overline{B} \subset D$ をみたし，区分的 C^1 級閉曲線 C により反時計回りに囲まれるとする．さらに $f_0^{-1}(0) \cap C = \emptyset$ を仮定する．このとき，ある $\varepsilon \in (0, \infty)$ が存在し，$\max_{z \in C} |f_1(z) - f_0(z)| < \varepsilon$ をみたす任意の正則関数 $f_1 : D \to \mathbb{C}$ に対し (6.49) が成立すること示せ．

6.5 ╱ (⋆) 開写像定理・逆関数定理・最大値原理

本節ではルーシェの定理を応用し，開写像定理と逆関数定理 (命題 6.5.2) を示し，さらに開写像定理から最大値原理 (系 6.5.5) を導く．

まず開写像定理と逆関数定理 (命題 6.5.2) を述べるために，その証明の鍵になる部分を補題として準備する．

補題 6.5.1　$D \subset \mathbb{C}$ は開，$f : D \to \mathbb{C}$ は正則かつ D 内の任意の開円板上で非定数とする．このとき，任意の $a \in D$ に対しある $r_0 \in (0, \infty)$ が存在し，任意の $r \in (0, r_0]$ に対し，

$$\overline{D}(a, r) \subset D, \quad \rho_0(r) \overset{\text{def}}{=} \min_{z \in C(a, r)} |f(z) - f(a)| > 0.$$

さらに任意の $r \in (0, r_0]$，$\rho \in (0, \rho_0(r)]$ に対し次のような開集合 U が存在する：

$$a \in U \subset D(a, r), \quad f(U) = D(f(a), \rho). \tag{6.51}$$

特に，$f'(a) \neq 0$ なら，上の U に次の付加条件を課すことができる：

$$0 \notin f'(U), \quad f : U \to D(f(a), \rho) \text{ は全単射}. \tag{6.52}$$

証明　D は開なので，$\overline{D}(a, R) \subset D$ をみたす $R \in (0, \infty)$ が存在し，仮定より f は $D(a, R)$ 上非定数である．したがって零点の非集積性 (系 5.4.5) より，ある $r_0 \in (0, R]$ に対し $f(\overline{D}(a, r_0) \backslash \{a\}) \not\ni f(a)$．特に任意の $r \in (0, r_0]$ に対し $\rho_0(r) > 0$．さらにこのとき，任意の $\rho \in (0, \rho_0(r)]$ および任意の $b \in D(f(a), \rho)$ に対し，

1)　$b = f(c)$ をみたす $c \in D(a, r)$ が存在する．特に，$f'(a) \neq 0$ なら c は一意的である．

ひとまず 1) を認め，補題を示す．$U = D(a,r) \cap f^{-1}(D(f(a),\rho))$ とすれば U は開，$a \in U \subset D(a,r)$ かつ 1) より $f(U) = D(f(a),\rho)$．特に，$f'(a) \neq 0$ のとき，必要なら r_0 をさらに小さくとることにより，$0 \notin f'(D(a,r_0))$ とできる．これと 1) の一意性部分より U は (6.52) をみたす．

以下，1) を示す．任意の $b \in D(f(a),\rho), z \in C(a,r)$ に対し，

$$|(f(z)-b)-(f(z)-f(a))| = |b-f(a)| < \rho \leq |f(z)-f(a)|.$$

ゆえにルーシェの定理 (命題 6.4.5) より，

2) $\quad N(f-b, D(a,r)) = N(f-f(a), D(a,r)).$

a は $z \mapsto f(z)-f(a)$ の零点なので，$N(f-f(a), D(a,r)) \geq 1$．ゆえに 2) より任意の $b \in D(f(a),\rho)$ に対し $N(f-b, D(a,r)) \geq 1$．以上から 1) で主張した c の存在が従う．特に，$f'(a) \neq 0$ なら a は $z \mapsto f(z)-f(a)$ の一位の零点である．これと $r \in (0,r_0]$ より $N(f-f(a), D(a,r)) = 1$．よって 2) より任意の $b \in D(f(a),\rho)$ に対し $N(f-b, D(a,r)) = 1$．以上から 1) で主張した c の一意性が従う． \(^□^)/

命題 6.5.2 $D \subset \mathbb{C}$ は開，$f : D \to \mathbb{C}$ は正則かつ D 内の任意の開円板上で非定数とする．このとき，

a) (**開写像定理**) $A \subset D$ が開なら $f(A)$ も開である．特に f が A 上単射なら，$f : A \to f(A)$ の逆関数は連続である．

b) (**逆関数定理**) $a \in D, f'(a) \neq 0$ なら次のような開集合 U および $\rho \in (0,\infty)$ が存在する：

$$a \in U \subset D, \quad 0 \notin f'(U), \quad f : U \to D(f(a),\rho) \text{ は正則同型．} \tag{6.53}$$

証明 a) $a \in A$ を任意とする．この a に対し補題 6.5.1 の r_0 をとる．A は開だから $D(a,r) \subset A$ をみたす $r \in (0,r_0]$ が存在する．この r と $\rho \in (0,\rho_0(r)]$ に対し補題 6.5.1 の U をとれば，

$$D(f(a),\rho) = f(U) \subset f(D(a,r)) \subset f(A).$$

よって $f(A)$ は開である．特に f が A 上単射，$f : A \to f(A)$ の逆関数を g とす

る．$B \subset A$ が開なら $g^{-1}(B) = f(B)$ も開である．よって $f : A \to f(A)$ の逆関数は連続である．

b) 補題 6.5.1 より開集合 U を (6.51), (6.52) をみたすようにとれる．このとき，a) より $f : U \to D(f(a), \rho)$ の逆関数は連続である．これと，命題 3.3.2 より $f : U \to D(f(a), \rho)$ は正則同型である．　　　　　\(^□^)/

　本節の以下の目標は最大値原理 (系 6.5.5) である．その証明の鍵は，非定数正則関数 f に対し $\operatorname{Re} f, \operatorname{Im} f$ の極値点および $|f|$ の極大点の非存在に加え，$|f|$ の極小点は f の零点であること (命題 6.5.4) である．そこで，極値 (点) 定義を確認する．

定義 6.5.3（極値・極値点）　$c \in D \subset \mathbb{C}, g : D \to \mathbb{R}$ とする．

▶ 次をみたす $\varepsilon > 0$ が存在するとき，$c, g(c)$ をそれぞれ g の**極大点**，**極大値**という：

$$z \in D, |z - c| < \varepsilon \implies g(z) \leq g(c). \tag{6.54}$$

▶ 次をみたす $\varepsilon > 0$ が存在するとき，$c, g(c)$ をそれぞれ g の**極小点**，**極小値**という：

$$z \in D, |z - c| < \varepsilon \implies g(c) \leq g(z). \tag{6.55}$$

▶ 極大点，極小点を総称し**極値点**，極大値，極小値を総称し**極値**とよぶ．

　開写像定理 (命題 6.5.2) を用い命題 6.5.4 を示す．この命題は最大値原理 (系 6.5.5) の根拠となる．

命題 6.5.4　$D \subset \mathbb{C}$ は開，$f : D \to \mathbb{C}$ は正則かつ D 内の任意の開円板上で非定数とする．このとき，

a) $\operatorname{Re} f, \operatorname{Im} f$ は極値点を持たない．

b) $|f|$ は極大点を持たない．また $|f|$ の極小点は f の零点である．

証明[2]　$a \in D$ を任意，$R \in (0, \infty)$ は条件 $D(a, R) \subset D$ をみたす範囲で任意と

---
[2] 開写像定理を用いない別証明 (例えば [杉浦, II, p.265]) も可能だが，開写像定理による証明の方が見通しがよい．

する．このとき，開写像定理 (命題 6.5.2) より $f(D(a, R))$ は $f(a)$ を含む開集合である．よって，ある $r > 0$ に対し $D(f(a), r) \subset f(D(a, R))$.

a) たとえば $g = \mathrm{Re}\, f$ とする ($g = \mathrm{Im}\, f$ でも同様である)．$\mathrm{Re}\, w_1 < \mathrm{Re}\, f(a) < \mathrm{Re}\, w_2$ をみたす $w_1, w_2 \in D(f(a), r)$ に対し，$z_j \in D(a, R)$ を $w_j = f(z_j)$ $(j = 1, 2)$ とすると，$\mathrm{Re}\, f(z_1) < \mathrm{Re}\, f(a) < \mathrm{Re}\, f(z_2)$. ゆえに a は $\mathrm{Re}\, f$ の極値点ではない．

b) a) と同様にして，a は $|f|$ の極大点ではない．また $f(a) \neq 0$ なら $|f(a)| > |w|$ をみたす $w \in D(f(a), r)$ をとれる．これに対し，$z \in D(a, R)$, $w = f(z)$ とすると，$|f(a)| > |f(z)|$. ゆえに a は $|f|$ の極小点ではない． \\(^□^)/

　命題 6.5.4 の系として次の最大値原理 (系 6.5.5) が従う．系 6.5.5 に現れる集合 A は $\overline{D}$, あるいはその部分集合を想定している．

系 6.5.5 (最大値原理) $A, D \subset \mathbb{C}$, D は開，$A^{\circ} \subset D$, $f : D \cup A \to \mathbb{C}$, f は D 上正則かつ D 内の任意の開円板上で非定数とする．このとき，$a \in A^{\circ}$ に対し，

a) $g = \mathrm{Re}\, f$, または $g = \mathrm{Im}\, f$ とするとき，a は $g : A \to \mathbb{R}$ の最大点でも最小点でもない．

b) a は $|f| : A \to \mathbb{R}$ の最大点ではない．また，$f(a) \neq 0$ なら a は $|f| : A \to \mathbb{R}$ の最小点ではない．

　特に A が空でない有界閉集合，かつ f が A 上連続とする．このとき，

c) $g = \mathrm{Re}\, f$, または $g = \mathrm{Im}\, f$ とするとき，$\max_{A} g = \max_{\partial A} g$.

d) $\max_{A} |f| = \max_{\partial A} |f|$. また，$\min_{A} |f| > 0$ なら，$\min_{A} |f| = \min_{\partial A} |f|$.

証明 a) $a \in A^{\circ}$, $g(a) = \max_{z \in A} g$ と仮定する ($g(a) = \min_{z \in A} g$ と仮定しても同様である)．このとき，ある $r > 0$ が存在し $D(a, r) \subset A^{\circ} \subset D$ かつ $g(a) = \max_{z \in D(a, r)} g$. よって a は $g : D \to \mathbb{R}$ の極大点である．これは命題 6.5.4 に反する．

b) a は $|f| : A \to \mathbb{R}$ の最大点ではないことの証明は a) と同様である．次に $a \in A^{\circ}$ かつ，$0 \neq |f(a)| = \min_{z \in A} |f|$ と仮定する．このとき，ある $r > 0$ が

存在し $D(a,r) \subset A^\circ \subset D$. ゆえに $0 \neq |f(a)| = \min_{z \in D(a,r)} |f|$. よって a は $|f| : D \to [0,\infty)$ の極小点であり f の零点でない. これは命題 6.5.4 に反する.

c), d)：命題 1.6.2 より $|f|$ は A 内に最大点および最小点を持つ. これと a), b) より結論を得る.　　　　　　　　　　　　　　　　　　　　\(^□^)/

　最大値原理 (系 6.5.5) の有名な応用例を述べる.

例 6.5.6 (シュワルツの補題)　関数 $f : D(0,r) \to D(0,R)$ $(r, R \in (0,\infty))$ は正則, $f(0) = 0$ とする. このとき, 以下の a), b) いずれかが成立する.

a) ある定数 $c \in \mathbb{C}$ に対し $f(z) = cz, \forall z \in D(0,r)$.

b) $|f(z)| < (R/r)|z|, \forall z \in D(0,r)\backslash\{0\}$ かつ $|f'(0)| < R/r$.

　さらに, a) なら, $|c| \leq R/r$ である. したがって, いずれの場合も次が成立する.

c) $|f(z)| \leq (R/r)|z|, \forall z \in D(0,r)$ かつ $|f'(0)| \leq R/r$.

　証明　命題 5.4.3 より $f(z) = zg(z), \forall z \in D(0,r)$ をみたす正則関数 $g : D(0,r) \to \mathbb{C}$ が存在する. $f'(0) = g(0)$ より以下をいえばよい. 次の a'), b') いずれかが成立する.

a') ある $c \in \mathbb{C}$ に対し $g(z) = c, \forall z \in D(0,r)$.

b') $|g(z)| < R/r, \forall z \in D(0,r)$.

さらに a') なら $|c| \leq R/r$ である.

　まず a') を仮定する. このとき, $z \neq 0$ に対し $|c| = |f(z)|/|z| \leq R/|z|$. ゆえに $|z| \to r$ とし, $|c| \leq R/r$.

　次に, a') でないと仮定する. $z \in D(0,r)$ を任意とし, $|z| < \rho < r$ をみたす ρ をとる. 最大値原理 (系 6.5.5) より, $|g|$ の $\overline{D}(0,\rho)$ 上での最大点は $C(0,\rho)$ 上にある. したがって

$$|g(z)| \leq \max_{w \in C(0,\rho)} |g(w)| = \max_{w \in C(0,\rho)} |f(w)|/\rho \leq R/\rho.$$

$\rho \to r$ とし, $|g(z)| \leq R/r, \forall z \in D(0,r)$. 再び最大値原理 (系 6.5.5) より $|g| : D(0,r) \to [0,\infty)$ は最大値を持たない. ゆえに $|g(z)| = R/r$ をみたす $z \in D(0,r)$ は存在しない. 以上より b') を得る.　　　　　\(^□^)/

問 6.5.1　$D \subset \mathbb{C}$ は空でない有界領域, $g : \partial D \to \mathbb{C}$ は連続とする. このとき, 次の条件をみたす連続関数 $f : \overline{D} \to \mathbb{C}$ であり, D 上正則かつ ∂D 上で g と一致

するものが存在すれば唯一であることを示せ.

問 6.5.2 $D \subset \mathbb{C}$ は空でない有界領域とする. このとき, D 上正則な非定数連続関数 $f : \overline{D} \to \mathbb{C}$ であり, $f(\partial D) \subset \mathbb{R}$ をみたすものは存在するか.

問 6.5.3 $D \subset \mathbb{C}$ は領域, $f, g : D \to \mathbb{C}$ は正則, D 上 $|f| \le |g|$ とする. 以下を示せ.

i) g の各零点 a に対し $D(a, \delta) \subset D$ となる $\delta > 0$, および正則関数 $h_{a,\delta} : D(a, \delta) \to \mathbb{C}$ で $D(a,\delta) \backslash \{a\}$ 上 $g \ne 0$ かつ $D(a,\delta)$ 上 $f = g h_{a,\delta}$, $|h_{a,\delta}| \le 1$ をみたすものが存在する.

ii) 正則関数 $h : D \to \mathbb{C}$ で, D 上 $f = gh$, $|h| \le 1$ をみたすものが存在する.

iii) $D = \mathbb{C}$ なら f は g の定数倍である.

問 6.5.4 問 1.3.2 の結果と命題 6.5.4 から代数学の基本定理 (問 5.3.3 参照) を示せ. なお, 代数学の基本定理の別証明については問 5.3.3, 例 6.4.6 を参照されたい.

問 6.5.5 例 6.5.6 の仮定に加え, $f : D(0, r) \to D(0, R)$ が正則同型とする. このとき, ある定数 $c \in \mathbb{C}$ $(|c| = R/r)$ に対し $f(z) = cz$, $\forall z \in D(0, r)$ であることを示せ.

問 6.5.6 (⋆) $G_+(1,1)$ は (1.31) で定めるとおり, また $b \in D(0,1)$ に対し $A(b) = \begin{pmatrix} 1 & -b \\ -b & 1 \end{pmatrix}$ とする. 以下を示せ.

i) 一次分数変換 $f_{A(b)}$ (問 1.1.6) に対し $f_{A(b)} : D(0,1) \to D(0,1)$ は正則同型かつ $f_{A(b)}(b) = 0$. 【ヒント】問 1.1.7.

ii) $f : D(0,1) \to D(0,1)$ が正則同型である $\Leftrightarrow$ $f = f_A$ をみたす $A \in G_+(1,1)$ が存在する. 【ヒント】問 6.5.5.

問 6.5.7 (⋆) $GL_{2,+}(\mathbb{R})$ は (1.32) で定めるとおり, $H_+ = \{\mathrm{Im}\, z > 0\}$, $C = \begin{pmatrix} i & 1 \\ i & -1 \end{pmatrix}$, $C' = \begin{pmatrix} i & i \\ -1 & 1 \end{pmatrix}$ とする. 以下を示せ.

i) 一次分数変換 $f_C, f_{C'}$ (問 1.1.6) について, $f_C : H_+ \to D(0,1)$, $f_{C'} : D(0,1) \to H_+$ は共に正則同型であり互いに逆関数である.

ii) $f : H_+ \to H_+$ が正則同型である $\Leftrightarrow$ $f = f_B$ をみたす $B \in GL_{2,+}(\mathbb{R})$ が存在する.

6.6 / (⋆) 孤立特異点続論

　本節では，極または真性特異点 a を持つ正則関数 $f : D(a, R)\backslash\{a\} \to \mathbb{C}$ ($R \in (0, \infty]$) に対し，孤立特異点 a の種別 (極，真性特異点) を，$f(z)$ の $z \to a$ における挙動という観点から特徴づける (命題 6.6.1, 6.6.2). また，これらを用い，無限遠点の近傍 (閉円板外部) で正則な関数の無限遠点での挙動を分類し (命題 6.6.3, 6.6.5)，その結果を「孤立特異点としての無限遠点」という視点から解釈する (定義 6.6.7).

　次の命題はカソラチ・ワイエルシュトラスの定理ともよばれる (カソラチ，ワイエルシュトラスによる出版はそれぞれ，1868 年，1876 年).

命題 6.6.1 (真性特異点の特徴づけ)　$a \in \mathbb{C}, R \in (0, \infty], f : D(a, R)\backslash\{a\} \to \mathbb{C}$ は正則とする. このとき，以下の命題は同値である.

a) a は f の真性特異点である.

b) 任意の $b \in \mathbb{C}$ に対し，点列 $z_n \in D(a, R)\backslash\{a\}$ で $z_n \to a$, $f(z_n) \to b$ をみたすものが存在する.

　証明　a) $\Rightarrow$ b)：背理法による. 条件 b) を否定すると，ある $b \in \mathbb{C}$ が次をみたす：

$$\exists \varepsilon > 0, \ \exists \delta > 0, \ \forall z \in D(a, \delta)\backslash\{a\}, \ |f(z) - b| > \varepsilon.$$

このとき，次の $g : D(a, \delta)\backslash\{a\} \to \mathbb{C}$ は正則かつ有界である：

$$g(z) = \frac{1}{f(z) - b}.$$

これと系 6.1.4 より，a は g の除去可能特異点である. よって再び系 6.1.4 より極限 $c \overset{\text{def}}{=} \lim_{\substack{z \to a \\ z \neq a}} g(z)$ が存在し，$g(a) = c$ と定めれば $g : D(a, \delta) \to \mathbb{C}$ は正則である.

　もし $c = 0$ なら，a は g の零点である. すると命題 6.1.6 より a は $f - b$ の極，したがって f の極である. これは仮定に反する.

　一方，$c \neq 0$ なら，

$$f(z) = b + \frac{1}{g(z)} \xrightarrow[z \neq a]{z \to a} b + \frac{1}{c}.$$

ゆえに a は f の除去可能特異点である (系 6.1.4). ところがこれは仮定に反する.

b) ⇒ a)：a が f の除去可能特異点なら，極限 $\lim_{\substack{z\to a\\z\ne a}} f(z)$ が存在する (系 6.1.4)．また，a が f の極なら，定義 6.1.1 直後に注意したように ((6.4) 参照)，$\lim_{\substack{z\to a\\z\ne a}} |f(z)| = \infty$．よって b) なら，$a$ は f の除去可能特異点でも極でもない．ゆえに真性特異点である．　　　　　　　　　　　　　　　　　　　　　　　　　\\(^□^)/

注　命題 6.6.1 より，$f(D(a,R)\setminus\{a\})$ は $\mathbb{C}$ で稠密である．実はさらに強く，$\mathbb{C}\setminus f(D(a,R)\setminus\{a\})$ は高々 2 点であることが知られている (**ピカールの大定理**，1879 年，[楠, p.220, 定理 41.1])．

系 6.1.4，命題 6.6.1 を併せれば，極を次のように特徴づけることができる．

命題 6.6.2 (極の特徴づけ)　$a \in \mathbb{C}$, $R \in (0,\infty]$, $f : D(a,R)\setminus\{a\} \to \mathbb{C}$ は正則とする．このとき，

$$a \text{ は } f \text{ の極である} \iff \lim_{\substack{z\to a\\z\ne a}} |f(z)| = \infty.$$

証明　⇒：定義 6.1.1 直後に注意した ((6.4) 参照)．
⇐：a は f の孤立特異点であるが，系 6.1.4，命題 6.6.1 より，除去可能特異点でも真性特異点でもない．ゆえに極である．　　　　　　　　　　　\\(^□^)/

$\rho \in [0,\infty)$, $f : \mathbb{C}\setminus\overline{D}(0,\rho) \to \mathbb{C}$ は正則とする．このとき，$f(z)$ の $|z| \to \infty$ における挙動は次の三つの可能性に分類できる．

命題 6.6.3 (無限遠点における正則関数の挙動)　$\rho \in [0,\infty)$, $f : \mathbb{C}\setminus\overline{D}(0,\rho) \to \mathbb{C}$ は正則とし，$g : D(0,1/\rho)\setminus\{0\} \to \mathbb{C}$ $(1/0 \overset{\text{def}}{=} \infty)$ を，$g(z) = f(1/z)$ により定める．このとき，g は $D(0,1/\rho)\setminus\{0\}$ 上正則である．さらに，

a) 0 が g の除去可能特異点 $\iff \exists c \in \mathbb{C}, \lim_{|z|\to\infty} f(z) = c.$

b) 0 が g の極 $\iff \lim_{|z|\to\infty} |f(z)| = \infty.$

c) 0 が g の真性特異点 $\iff$ 任意の $b \in \mathbb{C}$ に対し，点列 $z_n \in \mathbb{C}\setminus\overline{D}(0,\rho)$ で $|z_n| \to \infty$, $f(z_n) \to b$ をみたすものが存在する．

証明　g は正則関数 $1/z$ $(D(0,1/\rho)\setminus\{0\} \longrightarrow \mathbb{C}\setminus\overline{D}(0,\rho))$ と f の合成なので正

則である. また, a), b), c) の ⇔ の左側の3条件は, すべての場合を互いに背反
な場合に分類しており, 右側の3条件も背反である. したがって, 三つの ⇔ に
ついてすべて ⇒ のみ示せば十分である.

a) 仮定より正則関数 $h : D(0, 1/\rho) \to \mathbb{C}$ が存在し, $D(0, 1/\rho) \backslash \{0\}$ 上 $g = h$. よっ
て $|z| \to \infty$ とするとき, $f(z) = g(1/z) = h(1/z) \to h(0)$.

b) 定義 6.1.1 直後に注意したように ((6.4) 参照), $|z| \to \infty$ とするとき, $|f(z)| =$
$|g(1/z)| \to \infty$.

c) 命題 6.6.1 より任意の $b \in \mathbb{C}$ に対し, 点列 $w_n \in D(0, 1/\rho) \backslash \{0\}$ で, $w_n \to 0$,
$g(w_n) \to b$ をみたすものが存在する. このとき $z_n = 1/w_n \in \mathbb{C} \backslash \overline{D}(0, \rho)$ に対し
$|z_n| \to \infty, f(z_n) = g(w_n) \to b$. \(^□^)/

$a \in \mathbb{C}, 0 < R \le \infty$ に対し, $f : D(a, R) \backslash \{a\}$ が正則なら, f をローラン級数に
展開できることは定理 6.7.1 で示す. ここでは命題 6.6.5 への補題として, ロー
ラン級数として表された関数に対し, その係数と孤立特異点 a の分類の関係を述
べる.

補題 6.6.4 (ローラン係数と孤立特異点の分類) $a \in \mathbb{C}, 0 \le \rho < R \le \infty$,
$c_n \in \mathbb{C}$ $(n \in \mathbb{Z})$ に対し以下を仮定する:

すべての $z \in D(a, R)$ に対し $f_+(z) = \displaystyle\sum_{n=0}^{\infty} c_n(z - a)^n$ が絶対収束する.

すべての $z \in \mathbb{C} \backslash \overline{D}(a, \rho)$ に対し $f_-(z) = \displaystyle\sum_{n=1}^{\infty} c_{-n}(z - a)^{-n}$ が絶対収束する.

このとき, $f \overset{\text{def}}{=} f_+ + f_-$ は $D(a, R) \backslash \overline{D}(a, \rho)$ 上正則である. また, 特に $\rho = 0$
の場合, $m \in \mathbb{N} \backslash \{0\}$ に対し,

$$f \text{ の孤立特異点 } a \text{ は} \begin{cases} \text{除去可能} \iff c_{-n} = 0, \ \forall n \ge 1, \\ m \text{ 位の極} \iff c_{-m} \ne 0, \text{ かつ } c_{-n} = 0, \forall n \ge m + 1, \\ \text{真性} \qquad \iff \text{無限個の } n \ge 1 \text{ に対し } c_{-n} \ne 0. \end{cases}$$
$$\text{(6.56)}$$

さらに,

$$\text{Res}(f, a) = c_{-1}. \tag{6.57}$$

証明　べき級数の正則性 (命題 3.4.1) より，f_+ は $D(a,R)$ 上正則，また，問 3.4.1 より，f_- は $\mathbb{C}\backslash\overline{D}(a,\rho)$ 上正則である．ゆえに，f は $D(a,R)\backslash\overline{D}(a,\rho)$ 上正則である．

(6.56)：三つの $\Leftrightarrow$ の左側の 3 条件は，すべての場合を三つの背反な場合に分類しており，右側の 3 条件についても同様である．したがって，三つの $\Leftrightarrow$ についてすべて $\Rightarrow$ のみ示せば十分である．

- a が除去可能とする．このとき，命題 6.1.3 より f は $D(a,R)\backslash\{a\}$ 上で $m=0$ に対し表示式 (6.9) を持つ．したがって，ローラン展開係数の一意性 (例 4.2.5) より $c_{-n}=0, \forall n \geq 1$.

- a が m 位の極とする．このとき，命題 6.1.3 より f は $D(a,R)\backslash\{a\}$ 上で表示式 (6.9) を持つ．したがって，ローラン展開係数の一意性 (例 4.2.5) より $c_{-m} \neq 0$, かつ $c_{-n}=0, \forall n \geq m+1$.

- a が真性特異点とする．もし，$\exists m \in \mathbb{N}, \forall n \geq m+1, c_{-n}=0$ なら，仮定より，f は (6.9) の形に表示される．すると 命題 6.1.3 より a は除去可能，あるいは極となり仮定に反する．

    (6.57)：ローラン展開係数の積分表示 (例 4.2.5) と留数の定義 (6.5) による．

$$\backslash(\char`\^\square\char`\^)/$$

命題 6.6.3，補題 6.6.4 から，全複素平面上正則な関数 $f(z)$ の $|z| \to \infty$ における挙動は二つの可能性に分類される．

命題 6.6.5　$f:\mathbb{C}\to\mathbb{C}$ は正則かつ定数でないとする．このとき，

a) f は多項式 $\Longleftrightarrow \displaystyle\lim_{|z|\to\infty}|f(z)|=\infty$.

b) f は多項式でない $\Longleftrightarrow$ 任意の $b \in \mathbb{C}$ に対し，$|z_n| \to \infty, f(z_n) \to b$ をみたす点列 $z_n \in \mathbb{C}$ が存在する．

証明　a), b) の $\Leftrightarrow$ の左側の 2 条件は，すべての場合を互いに背反な場合に分類しており，右側の 2 条件も背反である．したがって，二つの $\Leftrightarrow$ についてすべて $\Rightarrow$ のみ示せば十分である．

a) $\Rightarrow$：問 1.3.2 による．

b) ⇒ : f をテイラー展開する： $f(z) = \sum_{n=0}^{\infty} c_n z^n$. このとき任意の $z \in \mathbb{C} \backslash \{0\}$ に対し $g(z) \overset{\text{def}}{=} f(1/z) = \sum_{n=0}^{\infty} c_n z^{-n}$ は絶対収束し $\mathbb{C} \backslash \{0\}$ 上正則である. f が多項式でないとする. このとき, 仮定より無限個の n に対し $c_n \neq 0$, したがって補題 6.6.4 より原点 0 は g の真性特異点である. これと命題 6.6.3 より結論を得る.

\(^□^)/

補題 6.6.4 の別の応用として次の例を挙げる. この例により原点を真性特異点に持つ正則関数 $f : \mathbb{C} \backslash \{0\} \to \mathbb{C}$ の具体例が数多く見出される ($\exp \frac{1}{z}$, $\sin \frac{1}{z}$ 等々).

例 6.6.6　$g : \mathbb{C} \to \mathbb{C}$ は正則かつ多項式でないとする. このとき, $f(z) = g(1/z)$ ($z \in \mathbb{C} \backslash \{0\}$) は正則, かつ原点 0 は f の真性特異点である.

証明　f は正則関数の合成 ($\mathbb{C} \backslash \{0\} \xrightarrow{1/z} \mathbb{C} \xrightarrow{g} \mathbb{C}$) なので正則である. また, g の原点 0 に関するテイラー展開を $g(z) = \sum_{n=0}^{\infty} c_n z^n$ とする. g は多項式でないので, 無限個の n に対し $c_n \neq 0$. このとき, $z \in \mathbb{C} \backslash \{0\}$ に対し $f(z) = \sum_{n=0}^{\infty} c_n z^{-n}$. これと補題 6.6.4 により結論を得る.

\(^□^)/

最後に, 無限遠点について述べる. 複素平面 $\mathbb{C}$ に「絶対値無限大」の点 ∞ (**無限遠点**) を付加した集合 $\overline{\mathbb{C}} = \mathbb{C} \cup \{\infty\}$ を考えることがある. 集合 $\overline{\mathbb{C}}$ は以下の理由から**リーマン球面**とよばれる：

$$\mathbb{S}^2 = \{(X, Y, Z) \in \mathbb{R}^3 \ ; \ X^2 + Y^2 + Z^2 = 1\}, \quad N = (0, 0, 1)$$

とするとき, 立体射影 $s : \mathbb{C} \to \mathbb{S}^2 \backslash \{N\}$ (問 1.3.5) は同相写像であり,

$$|z| \to \infty \iff s(z) \to N. \tag{6.58}$$

そこで立体射影 s を $s(\infty) = N$ として拡張すると $s : \overline{\mathbb{C}} \to \mathbb{S}^2$ は全単射, かつ (6.58) の意味で ∞ と N の対応も含め連続となる. リーマン球面は最も単純な閉リーマン面であるリーマン球面以外の閉リーマン面の例は, 例 6.8.1 を参照されたい.

$\rho \in [0, \infty)$, $f : \mathbb{C} \backslash \overline{D}(0, \rho) \to \mathbb{C}$ は正則とする. 命題 6.6.3 より, 無限遠点は f の孤立特異点と解釈できる. この観点からの用語上の規約として, 次の定義を紹介する.

定義 6.6.7（**孤立特異点としての無限遠点**）　記号は 命題 6.6.3 のとおりとする.

▶ 原点 0 が g の除去可能特異点, すなわち, 正則関数 $h : D(0, 1/\rho) \to \mathbb{C}$ が存在し, $D(0, 1/\rho) \backslash \{0\}$ 上 $g = h$ なら, ∞ は f の**除去可能**特異点であるという. 特に $h(0) = 0$ なら, ∞ は f の零点であるという. またこのとき, h の零点 0 の位数を f の零点 ∞ の位数と定める.

▶ ある $m \in \mathbb{N} \backslash \{0\}$ に対し, 原点 0 が g の m 位の極なら, ∞ は f の m 位の**極**であるという.

▶ 原点 0 が g の真性特異点なら, ∞ は f の**真性**特異点であるという.

▶ $r \in (\rho, \infty)$ に対し次の線積分の値を ∞ における**留数**とよぶ (右辺の表し方により r について定数である) :

$$\mathrm{Res}(f, \infty) \overset{\text{def}}{=} -\frac{1}{2\pi\mathbf{i}} \int_{C(0,r)} f \overset{\text{問 }4.2.2}{=} -\frac{1}{2\pi\mathbf{i}} \int_{C(0,1/r)} \frac{g(z)}{z^2} dz$$
$$= -\mathrm{Res}(g(z)/z^2, 0).$$

注　$D \subset \mathbb{C}$ は開, $\rho \in [0, \infty)$, $D \supset \mathbb{C} \backslash \overline{D}(0, \rho)$, f は D 上の有理型関数 (命題 6.1.6 直後の注参照) とする. このとき, f のすべての極 $a \in D$ に対し $f(a) = \infty$ と規約すれば, f は D から $\overline{\mathbb{C}}$ への関数に拡張される. この見方をすれば, f の極はもはや特異点ではなく, 定義域 D 内のごく普通の 1 点に過ぎない. さらに ∞ が f の真性特異点でない場合, 次の規約により f は $D \cup \{\infty\}$ ($\subset \overline{\mathbb{C}}$) から $\overline{\mathbb{C}}$ への関数に拡張される :

$$f(\infty) \overset{\text{def}}{=} \begin{cases} \lim_{|z|\to\infty} f(z), & \infty \text{ が } f \text{ の除去可能特異点なら,} \\ \infty, & \infty \text{ が } f \text{ の極なら.} \end{cases}$$

　実は上で述べた f は拡張の結果 ($\overline{\mathbb{C}}$ の適切な複素微分構造により), $\overline{\mathbb{C}}$ 内の開集合 D (あるいは $D \cup \{\infty\}$) から $\overline{\mathbb{C}}$ への**正則写像**となる. その意味では拡張がむしろ自然とさえいえる.

　定義 6.6.7 は, 問 6.6.2–6.6.4 でも再登場する. たとえば問 6.6.2 によれば, $\mathbb{C}$ 上の有理型関数について, 無限遠点も含めれば, (留数の総和) $= 0$ である. また問 6.6.4 によれば, $\mathbb{C}$ 上の有理型関数の零点が有限個と仮定するとき, 無限遠点も含めれば, (零点の総位数) $=$ (極の総位数) である. 実はこれらは閉リーマン面に対し一般に成立する等式である (今の場合はリーマン球面).

問 6.6.1　以下に述べる方針で例 6.6.6 の別証明 (補題 6.6.4 を用いない) を与えよ.

（**方針**）：f は正則関数の合成 ($\mathbb{C} \backslash \{0\} \overset{1/z}{\longrightarrow} \mathbb{C} \overset{g}{\longrightarrow} \mathbb{C}$) なので正則である. また, g の原点 0 に関するテイラー展開を $g(z) = \sum_{n=0}^{\infty} c_n z^n$ とする. g は多項式

でないので，無限個の n に対し $c_n \neq 0$. したがって任意の $m \in \mathbb{N}$ に対し，$p_m(z) \stackrel{\text{def}}{=} \sum_{n=0}^{m} c_n z^{m-n}$ は多項式，$q_m(z) \stackrel{\text{def}}{=} \sum_{n=m+1}^{\infty} c_n z^{n-m}$ は定数でない正則関数である．そこで，0 が f の除去可能特異点，または m 位以下の極と仮定し，矛盾を導く．

問 6.6.2 $A \subset \mathbb{C}$ を有限集合，$f : \mathbb{C}\backslash A \to \mathbb{C}$ を正則とするとき，$\sum_{a \in A \cup \{\infty\}} \mathrm{Res}(f, a) = 0$ を示せ，ここで $\mathrm{Res}(f, \infty)$ は 定義 6.6.7 で定めたとおりとする．

問 6.6.3 $\rho \in (0, \infty)$, $f : \mathbb{C}\backslash\overline{D}(0, \rho) \to \mathbb{C}$ を正則とする．また，無限遠点 ∞ が定義 6.6.7 の意味で f の零点，または極であるとし $m(f, \infty)$ を補題 6.4.1 と同じく定める．このとき，$r \in (\rho, \infty)$ に対し $\frac{1}{2\pi i} \int_{C(0,r)} f'/f = -m(f, \infty)$ を示せ．【ヒント】問 4.2.2 より補題 6.4.1 に帰着する．

問 6.6.4(⋆) 有限集合 $A \subset \mathbb{C}$ に対し $f : \mathbb{C}\backslash A \to \mathbb{C}$ は正則，A の各点は f の極，f の零点集合 $f^{-1}(0)$ は有限集合とする．また，無限遠点 ∞ が定義 6.6.7 の意味で f の零点，または極であるとし $m(f, \infty)$ を (6.39) と同じく定める．このとき，無限遠点 ∞ を含めると，(零点の総位数)=(極の総位数)，すなわち $m(f, \infty) + \sum_{a \in f^{-1}(0) \cup A} m(f, a) = 0$ を示せ．【ヒント】問 6.6.3.

6.7 / (⋆) ローラン展開

開円板 $D(a, R)$ $(a \in \mathbb{C}, R \in (0, \infty])$ 上の正則関数 $f(z)$ は $c_n(z-a)^n$ $(n \geq 0)$ という形の項を持つ，べき級数に展開できる (テイラー展開，定理 5.1.1)．一方，フランスの数学者ローランは，円環領域 $D(a, R)\backslash\overline{D}(a, \rho)$ $(0 \leq \rho < R)$ 上の正則関数 $f(z)$ が $c_n(z-a)^n$ $(n \geq 0)$ に加え，$c_{-n}(z-a)^{-n}$ $(n \geq 1)$ という，負べきの項を含む級数に展開できることを示した[3] (1843 年)．詳しくは次の定理 6.7.1 に述べるとおりである．定理 6.7.1 は定理 5.1.1 の類似でもある．

定理 6.7.1 $a \in \mathbb{C}$, $R \in (0, \infty]$, $\rho \in [0, R)$, $f : D(a, R)\backslash\overline{D}(a, \rho) \to \mathbb{C}$ を連続とするとき，以下の条件 a), b), c) は同値である．

a) $f : D(a, R)\backslash\overline{D}(a, \rho) \to \mathbb{C}$ は正則である．

---

[3] 実はコーシーも同じ頃に同様の結果を得ており，逸話によると，コーシーは，自分の方が先であると主張した．

b) **(円環に対するコーシーの積分表示)** $\rho < r_1 < r_2 < R, b \in D(a,r_2)\backslash\overline{D}(a,r_1)$ なら，

$$f(b) = \frac{1}{2\pi\mathbf{i}}\left(\int_{C(a,r_2)} - \int_{C(a,r_1)}\right)\frac{f(z)}{z-b}dz. \tag{6.59}$$

c) **(円環に対するローラン展開)** 以下の条件をみたす数列 $c_n \in \mathbb{C}$ $(n \in \mathbb{Z})$ が一意的に存在する：

$$f_+(z) \overset{\text{def}}{=} \sum_{n=0}^{\infty} c_n(z-a)^n \text{ は } D(a,R) \text{ 上絶対収束する}. \tag{6.60}$$

$$f_-(z) \overset{\text{def}}{=} \sum_{n=1}^{\infty} c_{-n}(z-a)^{-n} \text{ は } \mathbb{C}\backslash\overline{D}(a,\rho) \text{ 上絶対収束する}. \tag{6.61}$$

$$D(a,R)\backslash\overline{D}(a,\rho) \text{ 上}, \ f = f_+ + f_-. \tag{6.62}$$

また，c_n $(n \in \mathbb{Z})$ は次のように積分表示され，積分は $r \in (\rho, R)$ について定数である：

$$c_n = \frac{1}{2\pi\mathbf{i}}\int_{C(a,r)}\frac{f(z)}{(z-a)^{n+1}}dz. \tag{6.63}$$

証明 定理 5.1.1 と同じく，a) $\Rightarrow$ b) $\Rightarrow$ c) $\Rightarrow$ a) の順で示す．$b \in D \overset{\text{def}}{=} D(a,R)\backslash\overline{D}(a,\rho)$ とし，次の関数 $g_b : D\backslash\{b\} \to \mathbb{C}$ を考える：

$$g_b(z) = \frac{1}{2\pi\mathbf{i}}\frac{f(z)}{z-b}.$$

a) $\Rightarrow$ b)：仮定と g_b の定義から，点 b は g_b の除去可能特異点，または一位の極である．ゆえに，

1) $$\mathrm{Res}(g_b, b) \overset{(6.7)}{=} \frac{f(b)}{2\pi\mathbf{i}}.$$

次に，$\theta \in (-\pi, \pi]\backslash\{\mathrm{Arg}\,(b-a)\}$, $z_j = a + r_j\exp(\mathbf{i}\theta)$ $(j = 1,2)$ (したがって $b \notin [z_1, z_2]$) とし，円周 $C(a,r_2)$ (反時計回り) の始点 (=終点) を z_2, $C(a,r_1)^{-1}$ (時計回り) の始点 (=終点) を z_1 にとる．その上で，区分的 C^1 級閉曲線 C は次の曲線をこの順で継ぎ足したものとする：

$$C(a,r_2), \ [z_2, z_1], \ C(a,r_1)^{-1}, \ [z_1, z_2].$$

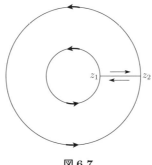

図 6.7

このとき，

- C は点 b を反時計回りに一度囲む．
- また，C は $\mathbb{C}\backslash D$ のどの点も囲まない ($\overline{D}(a,\rho)$ 内の点は逆の向きに一度ずつ囲まれることの相殺により「囲まれない」ことになる)．

したがって，留数定理 (定理 6.2.1) より，

$$\text{2)} \qquad \int_C g_b = 2\pi \mathrm{i}\,\mathrm{Res}(g_b, b) \overset{1)}{=} f(b).$$

ところが，2) 左辺で $\pm[z_1, z_2]$ 上の積分は相殺するので，

$$\text{3)} \qquad \int_C g_b = \left(\int_{C(a,r_2)} - \int_{C(a,r_1)} \right) g_b.$$

2), 3) より (6.59) を得る．

b) $\Rightarrow$ c)：$\rho < r_1 < r_2 < R$ とする．$z \in D(a, r_2)$ に対し (5.5) より，

$$\text{4)} \qquad \int_{C(a,r_2)} g_z = f_+(z) \quad (\text{右辺は絶対収束}).$$

また r_2 は任意に R に近くとれるので，4) の右辺は任意の $z \in D(a, R)$ に対し絶対収束する．また，$z \in \mathbb{C}\backslash\overline{D}(a, r_1)$ に対し (5.6) より，

$$\text{5)} \qquad \int_{C(a,r_1)} g_z = -f_-(z) \quad (\text{右辺は絶対収束}).$$

また r_1 は任意に ρ に近くとれるので，5) の右辺は任意の $z \in \mathbb{C}\backslash\overline{D}(a, \rho)$ に対し絶対収束する．(6.59), 4), 5) より，

$$f(z) = \left(\int_{C(a,r_2)} - \int_{C(a,r_1)} \right) g_z = f_+(z) + f_-(z).$$

数列 (c_n) の一意性と積分表示 (6.63) は例 4.2.5 による. 最後に積分表示 (6.63) が $r \in (\rho, R)$ について定数であることを示す. $\rho < r_1 < r_2 < R$, 閉曲線 C は a) $\Rightarrow$ b) の証明と同じとする. $h(z) \overset{\text{def}}{=} f(z)/(z-a)^{n+1}$ $(z \in D)$ は正則なので, 留数定理 (定理 6.2.1；$A_1 = \emptyset$ の場合) より,

$$\left(\int_{C(a,r_2)} - \int_{C(a,r_1)} \right) h = \int_C h = 0.$$

したがって c_n は $r \in (\rho, R)$ について定数である.

c) $\Rightarrow$ a)：補題 6.6.4 ですでに示した.   \(^□^)/

注　定理 6.7.1 で特に $\rho = 0$ (したがって, $D(a,R) \backslash \overline{D}(a,\rho) = D(a,R) \backslash \{a\}$) の場合, 展開 (6.62) を**孤立特異点 a に関するローラン展開**という. このとき, 補題 6.6.4 より, ローラン展開の係数と孤立特異点の分類との対応関係 (6.56) が成立する.

6.8 ╱ (⋆) 初等関数のリーマン面 II

例 6.8.1　$E = \{a_j, b_j\}_{1 \le j \le m} \subset \mathbb{R}$,

$$a_1 < b_1 < a_2 < b_2 < \cdots < a_m < b_m,$$
$$p(z) = \prod_{j=1}^m (z - a_j)(z - b_j)$$

とし, p の平方根に対するリーマン面を考える. $\mathbb{S}_n$ $(n = 0,1)$ を次のように定める：

$$\mathbb{S}_n = \{(z, \theta_n(z))\,;\, z \in \mathbb{C} \backslash E\},$$
$$\text{ここで, } \theta_n(z) = 2\pi n + \sum_{j=1}^m (\text{Arg}\,(z - a_j) + \text{Arg}\,(z - b_j)).$$

集合 $\mathbb{S} = \mathbb{S}_0 \cup \mathbb{S}_1$ を p の平方根に対する**リーマン面**とよぶ. また $\mathbb{S}$ 内の 2 点 $\mathbf{z} = (z, \theta_n(z))$, $\mathbf{z}' = (z', \theta_{n'}(z'))$ に対し, その距離を次のように定める：

$$\rho(\mathbf{z}, \mathbf{z}') = |z - z'| + \min_{\ell \in \mathbb{Z}} |\theta_n(z) - \theta_{n'}(z') - 4\pi\ell|.$$

さらに, $\mathbf{z}, \mathbf{z}' \in \mathbb{S}$ に対し, $\mathbf{z} \to \mathbf{z}' \overset{\text{def}}{\Longleftrightarrow} \rho(\mathbf{z}, \mathbf{z}') \to 0$ とする.

$j = 1, \ldots, n$, $I_j = [a_j, b_j]$ とする. 問 5.5.3 より, 関数 $\sqrt{z - a_j}\sqrt{z - b_j}$ は $\mathbb{C} \backslash I_j$ 上正則である. したがって, $I = \bigcup_{j=1}^m I_j$ とすると, 次の関数 f は $\mathbb{C} \backslash I$ 上

正則であり，$\pm f$ が p の平方根の枝となる：

$$f(z) \overset{\text{def}}{=} \prod_{j=1}^{n} \sqrt{z - a_j}\sqrt{z - b_j}.$$

そこで，$f_{\mathbb{S}} : \mathbb{S} \to \mathbb{C}$ を次のように定める：

$$f_{\mathbb{S}}(z, \theta_n(z)) = (-1)^n f(z), \quad n \in \{0, 1\}, \ z \in \mathbb{C}\backslash A.$$

$f_{\mathbb{S}}$ の連続性は，例 2.6.2 における $\mathbf{z}_{\mathbb{S}}^{1/m}$ の場合と同様に示すことができる．また，上で定めた $f_{\mathbb{S}}$ を用い，$(z, \theta_n(z)) \in \mathbb{S}$ に $(z, f_{\mathbb{S}}(z, \theta_n(z)))$ を対応させると，上の対応は $\mathbb{S}$ から $\{(z, w) \in \mathbb{C} \times \mathbb{C} ; \ w^2 = p(z)\}$ への全単射である．

命題 2.4.5 c) より，無限遠点 ∞ は f の極である．したがって，リーマン球面 $\overline{\mathbb{C}}$ に対し，f は $\overline{\mathbb{C}}\backslash I$ 上の有理型関数である．この立場からは，$\overline{\mathbb{S}} = \overline{\mathbb{S}}_0 \cup \overline{\mathbb{S}}_1$ ($\overline{\mathbb{S}}_n = \mathbb{S}_n \cup \{\infty\}$, $n = 0, 1$) が p の平方根に対応するリーマン面になる．$\overline{\mathbb{S}}$ は二つのリーマン球面に，それぞれ I_j $(j = 1, \ldots, m)$ で切り込みを入れ，I_j どうしを貼り合わせたものである（図 6.8 は $m = 2$ の場合）．こうして得られた $\overline{\mathbb{S}}$ は穴が $m - 1$ 個ある浮き輪と同相である．

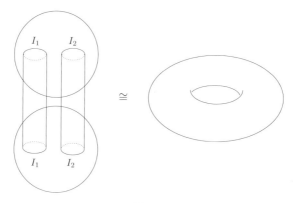

図 6.8

この「穴の数」（より正確には，$\frac{1}{2} \times$（ベッチ数））はリーマン面の種数とよばれ，種数が同じ閉リーマン面は同相であることが知られている [及川, p.92]．

注　あるリーマン面から他のリーマン面への正則な全単射が存在し，その逆写像も正則であるとき，二つのリーマン面は正則同型であるといい，この同値関係による同値類を正則同型類という．例 6.8.1 の最後に言及したように，同じ種数 g の閉リーマン面

は同相である. すると次は, それらが正則同型か否かに興味が湧く. 実は, 種数 0 の
閉リーマン面はすべてリーマン球面と正則同型である [及川, p.125, 定理 3.7]. 一方,
$g \geq 1$ なら種数が同じでも正則同型でない閉リーマン面が無限に存在する. それら全体
はモジュライ空間とよばれ, 複素多様体の構造を持つ (複素次元 $\max\{1, 3g-3\}$). ま
ず $g = 1$ の場合にこの様子を見てみよう. $\omega_1, \omega_2 \in \mathbb{C}\backslash\{0\}$, $\mathrm{Im}(\omega_2/\omega_1) > 0$ とする
とき, 次の集合を二次元トーラスとよぶ: $\mathbb{T}(\omega_1, \omega_2) = \{t_1\omega_1 + t_2\omega_2 \,;\, t_1, t_2 \in \mathbb{R}/\mathbb{Z}\}$.
アーベルの定理 [及川, p.165, 定理 4.13], リーマン・ロッホの定理 [及川, p.157, 定
理 4.6] の応用として, 種数 1 の任意の閉リーマン面はある二次元トーラスと正則同
型であることが示される [及川, p.276, 定理 7.3]. また, 二次元トーラス $\mathbb{T}(\omega_1, \omega_2)$,
$\mathbb{T}(\omega_1', \omega_2')$ が正則同型であるためには $\exists \gamma \in SL_2(\mathbb{Z})$, $\omega_2'/\omega_1' = \gamma(\omega_2/\omega_1)$ が必要十分
である [及川, p.279, 定理 7.4]. ここで, $SL_2(\mathbb{Z})$ は整数を成分とする行列式 1 の二次
正方行列全体, また, $\gamma \in SL_2(\mathbb{Z})$, $z \in \mathbb{C}$ に対し $\gamma(z) = (\gamma_{11}z + \gamma_{12})/(\gamma_{21}z + \gamma_{22})$ と
する. 上半平面 $H_+ = \{\mathrm{Im}\, z > 0\}$ の 2 点 z, z' に対する同値関係を, $\exists \gamma \in SL_2(\mathbb{Z})$,
$z' = \gamma(z)$ で定め, その同値類を $H_+/SL_2(\mathbb{Z})$ と記すと, 上で述べたことにより, 種
数 1 の閉リーマン面の正則同値類全体は $H_+/SL_2(\mathbb{Z})$ と同一視できる. $g \geq 2$ の場
合, 上記 H_+, $SL_2(\mathbb{Z})$ の対応物はそれぞれタイヒミュラー空間, 写像類群とよばれる
[今吉・谷口, 1 章 第 3 節].

Chapter 7

(★) 一般化された コーシーの定理

本章では，一般化されたコーシーの定理 (定理 7.3.1) を述べ，それを用い，留数定理 (定理 6.2.1)，単連結領域に対するコーシーの定理 (定理 7.5.4) を示す．

7.1 / 回転数

定理 7.3.1 は「回転数」という概念に基づいて定式化される．そこでまず，回転数について述べる．

回転数の定義を動機づける簡単な例から始める．

例 7.1.1 $m \in \mathbb{N} \backslash \{0\}$, $r : [0, 2m\pi] \to (0, \infty)$ は区分的に C^1 級，$r(0) = r(2m\pi)$，$a \in \mathbb{C}$ とし，$C_\pm$ を次のように表される閉曲線とする：

$$g_\pm(t) = a + r(t) \exp(\pm \mathbf{i}t).$$

閉曲線 C_+ は点 a の周りを反時計回りに m 周し，C_- は点 a の周りを時計回りに m 周する．$C_\pm$ に対し，

$$\frac{1}{2\pi \mathbf{i}} \int_{C_\pm} \frac{1}{z-a} dz = \pm m.$$

実際，

$$
\begin{aligned}
\int_{C_\pm} \frac{1}{z-a} dz &= \int_0^{2\pi m} \frac{(r'(t) \pm \mathbf{i}r(t)) \exp(\pm \mathbf{i}t)}{r(t) \exp(\pm \mathbf{i}t)} dt \\
&= \int_0^{2\pi m} \left(\frac{r'(t)}{r(t)} \pm \mathbf{i} \right) dt \\
&= \log r(2m\pi) - \log r(0) \pm 2\pi \mathbf{i}m = \pm 2\pi \mathbf{i}m.
\end{aligned}
$$

両辺を $2\pi \mathbf{i}$ で割って結論を得る． \(^□^)/

例 7.1.1 は，点 a を通らない区分的 C^1 級閉曲線 C に対し

$$\text{「}C \text{ が } a \text{ の周りを反時計回りに回った回数」} \tag{7.1}$$

という概念が明確であるとすれば，それが次の線積分に等しいことを示唆する：

$$n(C,a) \overset{\text{def}}{=} \frac{1}{2\pi\mathbf{i}} \int_C \frac{1}{z-a}\,dz. \tag{7.2}$$

ところが，C が複雑な曲線の場合 (7.1) の幾何学的定式化がむしろ非自明である．そこで我々は (7.1) の定義として上の線積分 $n(C,a)$ を採用する方針をとる（命題 7.1.3）．その前に次の補題で，C が閉曲線と限らない場合も含め，線積分 $n(C,a)$ の性質を調べる．

補題 7.1.2 区分的 C^1 級曲線 $C \subset \mathbb{C}$，および点 $a \in \mathbb{C}\backslash C$ に対し，$n(C,a)$ を (7.2)，さらに $\rho(C,a)$ を次のように定める：

$$\rho(C,a) \overset{\text{def}}{=} \inf_{z \in C} |z-a|.$$

このとき，$a,b \in \mathbb{C}\backslash C$ に対し，

$$|n(C,a)| \leq \frac{\ell(C)}{2\pi\rho(C,a)}, \tag{7.3}$$

$$|n(C,a) - n(C,b)| \leq \frac{|a-b|\ell(C)}{2\pi\rho(C,a)\rho(C,b)}. \tag{7.4}$$

また，C の始点を z，終点を w とすると，

$$\exp(2\pi\mathbf{i}n(C,a)) = \frac{w-a}{z-a}. \tag{7.5}$$

特に，C が閉曲線なら $n(C,a) \in \mathbb{Z}$.

証明 (7.3)：

$$2\pi|n(C,a)| \leq \int_C \frac{1}{|z-a|}|dz| \leq \frac{\ell(C)}{\rho(C,a)}.$$

(7.4)：

$$\left|\frac{1}{z-a} - \frac{1}{z-b}\right| = \left|\frac{a-b}{(z-a)(z-b)}\right| \leq \frac{|a-b|}{\rho(C,a)\rho(C,b)}.$$

これを用い，(7.3) と同様に積分を評価する．

(7.5)：C を $g:[\alpha,\beta] \to \mathbb{C}$ により表し，$G,H:[\alpha,\beta]\to\mathbb{C}$ を次のように定める：

$$G(t) = \int_\alpha^t \frac{g'(s)}{g(s)-a}ds, \quad H(t) = \exp(-G(t))(g(t)-a).$$

g は区分的 C^1 級なので，$t \mapsto g'(t)/(g(t) - a)$ はある有限集合 $D = \{t_j\}_{j=1}^n \subset [\alpha, \beta]$ $(t_1 < t_2 < \cdots < t_n)$ を除いて連続である．ゆえに，$t \subset [\alpha, \beta] \backslash D$ に対し，

1)
$$G'(t) = \frac{g'(t)}{g(t) - a}.$$

したがって，

$$H'(t) = \exp(-G(t))(-G'(t)(g(t) - a) + g'(t)) \overset{1)}{=} 0.$$

以上から H は各 $[t_{j-1}, t_j]$ 上定数である $(j = 1, \ldots, n+1,\ t_0 \overset{\text{def}}{=} \alpha,\ t_{n+1} \overset{\text{def}}{=} \beta)$．ところが H は $[\alpha, \beta]$ 上連続なので H は $[\alpha, \beta]$ 上定数である．したがって

$$H(t) = H(\alpha) = z - a, \quad \forall t \in [\alpha, \beta].$$

その結果，

2)
$$\exp(G(t)) = \frac{g(t) - a}{z - a}, \quad \forall t \in [\alpha, \beta].$$

2) で特に $t = \beta$ とし，$G(\beta) = 2\pi \mathbf{i} n(C, a)$，$g(\beta) = w$ に注意すれば，(7.5) を得る．特に，C が閉曲線なら $z = w$ より $\exp(2\pi \mathbf{i} n(C, a)) = 1$．よって $n(C, a) \in \mathbb{Z}$．

\\(^□^)/

命題 7.1.3　区分的 C^1 級閉曲線 $C \subset \mathbb{C}$，および $a \in \mathbb{C} \backslash C$ に対し，(7.2) で定まる整数 $n(C, a)$ を，閉曲線 C の a に関する**回転数**という．回転数は以下の性質を持つ.

a) ある $R \in (0, \infty)$ が存在し，すべての $a \in \mathbb{C} \backslash D(0, R)$ に対し，$a \notin C$，かつ $n(C, a) = 0$.

b) $D_m \overset{\text{def}}{=} \{a \in \mathbb{C} \backslash C\ ;\ n(C, a) = m\}$ $(m \in \mathbb{Z})$ とする．$\forall m \in \mathbb{Z}$ に対し D_m は開，$\partial D_m \subset C$．また，D_0 は非有界，D_m $(m \neq 0)$ は有界である．

c) 開集合 $A \subset \mathbb{C} \backslash C$ が連結なら，$\exists m \in \mathbb{Z},\ A \subset D_m$.

証明　a) R を十分大きくとれば $C \subset D(0, R)$ かつ，すべての $a \notin D(0, R)$ が $\ell(C) < 2\pi \rho(C, a)$ をみたす．このとき (7.3) より $n(C, a) = 0$.

b) 補題 7.1.2 より $a \mapsto n(C, a)$ $(\mathbb{C} \backslash C \to \mathbb{Z})$ は連続．ゆえに問 1.6.15 より各 D_m は開である．また，$m \in \mathbb{Z}$ を任意に固定し，$G_m = \bigcup_{n \in \mathbb{Z} \backslash \{m\}} D_n$ とすると，D_m, G_m は共に開，$\mathbb{C} \backslash C = D_m \cup G_m$，$D_m \cap G_m = \emptyset$．ゆえに問 1.6.16 よ

り $\partial D_m \cap (\mathbb{C}\backslash C) = \emptyset$, すなわち $\partial D_m \subset C$. さらに a) より D_0 は非有界, D_m $(m \neq 0)$ は有界である.

c) 補題 7.1.2 より $a \mapsto n(C,a)$ $(\mathbb{C}\backslash C \to \mathbb{Z})$ は連続. ゆえに問 1.6.15 より $A \ni a \mapsto n(C,a)$ は定数である.   \(^□^)/

> **注** 1) 命題 7.1.3 の応用上での典型例は, C が単純閉曲線の場合である. このとき,
> ジョルダンの曲線定理より, 有界領域 $B \subset \mathbb{C}$, 非有界領域 $U \subset \mathbb{C}$ が存在し,
> $B \cap U = \emptyset$, $\mathbb{C}\backslash C = B \cup U$, $\partial B = \partial U = C$ が成立する. さらにこの B, U に対
> し, $B = D_m$ $(m = 1$ または $m = -1)$, かつ $U = D_0$ が成立する [Mun, p.404,
> Theorem 66.2].
>
> 2) C が単純閉曲線なら, 上で述べたように D_0, D_m $(m = 1$ または $m = -1)$ は共
> に連結である. 一方, 一般には開集合 D_m は連結とは限らない. 図 7.1 左側では,
> 小円内部, 大円外部の合併が D_0 だが, この D_0 は連結ではない. また図 7.1 右側
> では二つの円周内部の合併が D_1 であるが, この D_1 は連結ではない.

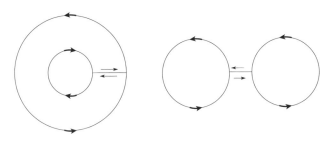

図 7.1

定義 7.1.4 $C \subset \mathbb{C}$ は区分的 C^1 級閉曲線, $a \in \mathbb{C}\backslash C$ とする.

▶ $n(C,a) = m$ なら, C は a を**反時計回りに m 度囲む**という. 特に $m = 0$ の
  場合, C は a を**囲まない**ともいう. また, $m < 0$ の場合, C は a を**時計回りに**
  $|m|$ 度囲むともいう.

留数定理の応用などでは, 定義 7.1.4 において, $m = 0, 1$ の場合の判定が特に重
要である. そこで, 以下で $m = 0, 1$ の場合の幾何的判定条件を述べる (例 7.1.5,
系 7.1.8).

例 7.1.5   領域 $D \subset \mathbb{C}$ は, 点 $b \in D$ に関し星形, $C \subset D$ は区分的 C^1 級閉曲線,
$a \in \mathbb{C}\backslash(C \cup \{b\})$ とする. 次の条件を仮定する:
$$L \stackrel{\text{def}}{=} \{b + t(a-b) \,;\, t \in [1, \infty)\} \subset \mathbb{C}\backslash C.$$

(特に, $D = \mathbb{C}$ の場合, ある半直線 L が a を端点として含み, かつ $C \cap L = \emptyset$ をみたせば上記条件が成立する.) このとき, $f : D \to \mathbb{C}$ が正則なら,

$$\int_C \frac{f(z)}{z - a} dz = 0.$$

特に $f \equiv 1$ として $n(C, a) = 0$.

証明　$a \notin D$ なら $D \cap L = \emptyset$, $a \in D$ なら $D \cap L \neq \emptyset$ だが, いずれの場合でも領域 $D \backslash L$ は星形, $C \subset D \backslash L$ かつ $D \backslash L \ni z \mapsto f(z)/(z - a)$ は正則である. したがって星形領域 $D \backslash L$ に対するコーシーの定理 (定理 4.6.6) より結論を得る.

$$\backslash(\hat{}_\square\hat{})/$$

回転数 1 を持つ閉曲線の例は例 7.1.1 でも述べたが, より一般的かつ幾何的な十分条件を述べる (定義 7.1.6, 系 7.1.8). また, その過程で, コーシーの積分表示 (5.1) を一般化する (命題 7.1.7). この条件は一見複雑だが, 極めて適用範囲が広い[1].

定義 7.1.6　$C \subset \mathbb{C}$ を区分的 C^1 級閉曲線とする.

▶ 次のような $-\infty < \gamma_1 < \gamma_2 < \gamma_3 < \infty$ および区分的 C^1 級関数 $g : [\gamma_1, \gamma_3] \to \mathbb{C}$ が存在するとき, 曲線 C_1, C_2 の組を, C の**分割**とよぶ:

- 曲線 C は $g : [\gamma_1, \gamma_3] \to \mathbb{C}$ により表せ,
- 曲線 C_j は $g : [\gamma_j, \gamma_{j+1}] \to \mathbb{C}$ により表せる $(j = 1, 2)$.

▶ $a \in \mathbb{C} \backslash C$ とする. C の分割 C_1, C_2 および $\ell_1, \ell_2 \in \mathbb{C} \backslash \{0\}$ が存在し, 次の 2 条件をみたすとき, C は a に関し, **うまく分割できる**という.

- 半直線 $L_j = \{a + t\ell_j \, ; \, t \geq 0\}$ $(j = 1, 2)$ に対し

$$C_j \cap L_j = \emptyset, \quad j = 1, 2. \tag{7.6}$$

- z_j を C_j の始点, $\theta_j = \mathrm{Arg}\,(z_j - a)$ $(j = 1, 2)$ とするとき,

$$\theta_1 < \mathrm{Arg}\,\ell_2 < \theta_2 < \mathrm{Arg}\,\ell_1 < \theta_1 + 2\pi. \tag{7.7}$$

---

[1] [Ahl, p.116, Lemma 2] でもこの条件が使われている ($\ell_2 = -\ell_1 = 1$ の場合).

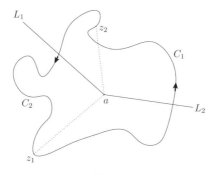

図 7.2

注　条件 (7.7) より，C_j に沿って始点から終点に移動すると a から見た偏角が増加する．この事実により C の向きは必然的に「反時計回り」となる．

次の命題の証明は 7.2 節で与える．

> **命題 7.1.7（うまく分割できる閉曲線に対するコーシーの積分表示）**　$D \subset \mathbb{C}$ は星形領域，区分的 C^1 級閉曲線 $C \subset D$ は点 $a \in D \backslash C$ に関し，うまく分割できるとする (定義 7.1.6)．このとき，$f : D \to \mathbb{C}$ が正則なら，
> $$f(a) = \frac{1}{2\pi \mathbf{i}} \int_C \frac{f(z)}{z-a} dz. \tag{7.8}$$

> **系 7.1.8**　区分的 C^1 級閉曲線 $C \subset \mathbb{C}$ が点 $a \in \mathbb{C} \backslash C$ に関し，うまく分割できるとする (定義 7.1.6)．このとき，$n(C, a) = 1$．

証明　命題 7.1.7 で $D = \mathbb{C}$，$f \equiv 1$ とすればよい．　　　　　　\\(^□^)/

問 7.1.1　$a \in \mathbb{C}$, $R \in (0, \infty]$, $f : D(a, R) \to \mathbb{C}$ は正則かつ，a は $z \mapsto f(z) - f(a)$ の m 位の零点とする．また，$r \in (0, R)$ に対し $g(t) = f(a + r\exp(\mathbf{i}t))$ ($t \in [0, 2\pi]$) の表す閉曲線を C とする．このとき，ある $r_0 \in (0, R)$ が存在し，任意の $r \in (0, r_0]$ に対し $n(C, f(a)) = m$ を示せ．

7.2 ╱ 命題 7.1.7 の証明

補題 5.1.3 を一般化し，次の補題を得る．この補題は (7.8) を示すための鍵と

なる.

補題 7.2.1　$D \subset \mathbb{C}$ は凸領域, 区分的 C^1 級閉曲線 $C \subset D$ は点 $a \in D \backslash C$ に関し, うまく分割できるとする (定義 7.1.6). また, $f : D \backslash \{a\} \to \mathbb{C}$ は正則とする. このとき, $\overline{D(a,r)} \subset D \backslash C$ をみたす $r > 0$ に対し

$$\int_C f = \int_{C(a,r)} f. \tag{7.9}$$

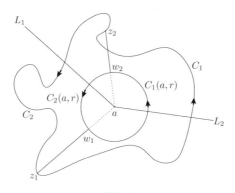

図 7.3

　証明　C の分割 C_1, C_2 および $\ell_1, \ell_2 \in \mathbb{C} \backslash \{0\}$ が (7.6), (7.7) をみたすとする. また, $j = 1, 2$ に対し線分 $[a, z_j]$ と円周 $C(a,r)$ の交点を w_j とし,

- $C_1(a,r)$ を w_1 から反時計回りに w_2 に向かう $C(a,r)$ の弧,
- $C_2(a,r)$ を w_2 から反時計回りに w_1 に向かう $C(a,r)$ の弧とする.

さらに閉曲線 Γ_1, Γ_2 を次のように定める:

1)
$$\begin{cases} \Gamma_1 \text{ は } C_1, [z_2, w_2], C_1(a,r)^{-1}, [w_1, z_1] \text{ の継ぎ足し,} \\ \Gamma_2 \text{ は } C_2, [z_1, w_1], C_2(a,r)^{-1}, [w_2, z_2] \text{ の継ぎ足し.} \end{cases}$$

このとき,

2)
$$\Gamma_j \cap L_j = \emptyset \ (j = 1, 2).$$

　対称性より, $j = 1$ の場合を示せば十分である. (7.6) より $C_1 \cap L_1 = \emptyset$. 次に $z \in \mathbb{C} \backslash \{a\}$, $\mathrm{Arg}\,(z - a) \in [\theta_1, \theta_2]$ とするとき, (7.7) より $\mathrm{Arg}\,(z - a) \neq \mathrm{Arg}\,\ell_1$,

すなわち $z \notin L_1$. 特に $[z_j, w_j] \cap L_1 = \emptyset$ $(j = 1, 2)$, $C_1(a, r) \cap L_1 = \emptyset$.

また，次に注意する.

3) C は C_1, C_2 の継ぎ足し，また，$C(a, r)$ は $C_1(a, r)$, $C_2(a, r)$ の継ぎ足しである.

1) において $[z_j, w_j]$, $[w_j, z_j]$ $(j = 1, 2)$ がそれぞれ一度ずつ現れることによる相殺と 3) から，

4)
$$\left(\int_{\Gamma_1} + \int_{\Gamma_2}\right) f \overset{1)}{=} \left(\int_{C_1} + \int_{C_2} - \int_{C_1(a,r)} - \int_{C_2(a,r)}\right) f$$
$$\overset{3)}{=} \left(\int_C - \int_{C(a,r)}\right) f.$$

$j = 1, 2$ に対し領域 $D \backslash L_j$ は星形である (問 4.6.1). また f は $D \backslash L_j$ 上正則かつ $\Gamma_j \subset D \backslash L_j$. よって星形領域 $D \backslash L_j$ に対するコーシーの定理 (定理 4.6.6) より，$\int_{\Gamma_j} f = 0$. これと 4) より結論を得る.　\\(^□^)/

命題 7.1.7 の証明　補題 5.4.2 より，次の関数 $g_a(z)$ $(z \in D)$ は正則である:
$$g_a(z) = \begin{cases} \dfrac{f(z) - f(a)}{z - a}, & z \in D \backslash \{a\} \text{ なら,} \\ f'(a), & z = a \text{ なら.} \end{cases}$$

ゆえに，星形領域に対するコーシーの定理 (定理 4.6.6) より

1)
$$\int_C g_a = 0.$$

一方 $z \mapsto 1/(z - a)$ は $\mathbb{C} \backslash \{a\}$ 上正則である. そこで $\overline{D}(a, r) \cap C = \emptyset$ をみたす $r > 0$ をとれば，補題 7.2.1, 例 4.2.4 より

2)
$$\int_C \frac{1}{z - a} dz \overset{(7.9)}{=} \int_{C(a,r)} \frac{1}{z - a} dz \overset{(4.19)}{=} 2\pi \mathbf{i}.$$

したがって，
$$\int_C \frac{f(z)}{z - a} dz \overset{1)}{=} f(a) \int_C \frac{1}{z - a} dz \overset{2)}{=} 2\pi \mathbf{i} f(a).$$　\\(^□^)/

7.3 / 一般化されたコーシーの定理

$D \subset \mathbb{C}$ は開，$C \subset D$ は区分的 C^1 級閉曲線とする. このとき，コーシーの定理が成立する. すなわち任意の正則関数 $f : D \to \mathbb{C}$ が $\int_C f = 0$ をみたすための十

分条件を，これまで系 4.3.3，命題 4.6.2，定理 4.6.6 において述べてきた．それ
らに共通する性質は「C が D に属さない点を囲まない」ことである．次の定理
(定理 7.3.1) で述べるように，この性質は回転数を用いることにより，極めて明
解に表現することができる ((7.10) 参照)．また，定理 7.3.1 から留数定理 (定理
6.2.1) も導かれる．定理 7.3.1 は，E. アルティンより得られた (1944 年，[Art])．
本書では，J. D. ディクソンによる，より短い証明 (1971 年，[Dix]) を紹介する．

定理 7.3.1 (一般化されたコーシーの定理) $D \subset \mathbb{C}$ は開，$C_1,\ldots,C_n \subset D$
は区分的 C^1 級閉曲線 $(n \geq 1)$ とする．このとき，以下の 3 条件は同値で
ある：

a)
$$a \in \mathbb{C} \backslash D \implies \sum_{j=1}^n n(C_j, a) = 0, \tag{7.10}$$

　ここで，$n(C_j, a)$ は閉曲線 C_j の a に関する回転数 (7.2) を表す．

b) $f : D \to \mathbb{C}$ が正則，$a \in D \backslash \bigcup_{j=1}^n C_j$ なら，
$$\sum_{j=1}^n \left(\frac{1}{2\pi \mathbf{i}} \int_{C_j} \frac{f(z)}{z-a} dz - n(C_j, a)f(a) \right) = 0. \tag{7.11}$$

c) $f : D \to \mathbb{C}$ が正則なら，
$$\sum_{j=1}^n \int_{C_j} f = 0. \tag{7.12}$$

証明   a) ⇒ b)：$\Gamma = \bigcup_{j=1}^n C_j$ と記す．$R \in (0, \infty)$ が十分大きければ，$\Gamma \subset$
$D \cap D(0, R)$．よって，D の代わりに $D \cap D(0, R)$ をとることで，始めから D は
有界としてよい．$f : D \to \mathbb{C}$ を正則とする．連続関数 $g : D \times D \to \mathbb{C}$ を次のよ
うに定める (問 7.3.1 参照)：

$$g(z, w) = \frac{1}{2\pi \mathbf{i}} \times \begin{cases} \frac{f(w)-f(z)}{w-z}, & w, z \in D, \ w \neq z, \\ f'(z), & w, z \in D, \ w = z. \end{cases}$$

さらに，$G_j : D \to \mathbb{C}$ $(j = 1, \ldots, n)$ を次のように定める：

$$G_j(z) = \int_{C_j} g(z, w) \, dw.$$

一方，$z \in \mathbb{C} \backslash \Gamma$, $w \in D$ に対し，$h_z(w), H_j(z)$ $(j = 1, \ldots, n)$ を次のように定める：

$$h_z(w) = \frac{1}{2\pi\mathbf{i}} \frac{f(w)}{w - z}, \quad H_j(z) = \int_{C_j} h_z(w)\, dw.$$

a) より

$$U \stackrel{\text{def}}{=} \left\{ z \in \mathbb{C} \backslash \Gamma \,;\, \sum_{j=1}^{n} n(C_j, z) = 0 \right\} \supset \mathbb{C} \backslash D.$$

したがって，$D \cup U = \mathbb{C}$. また，$z \in D \backslash \Gamma$ なら，

1) $\quad G_j(z) = \frac{1}{2\pi\mathbf{i}} \int_{C_j} \left(\frac{f(w)}{w - z} - \frac{f(z)}{w - z} \right) dw = H_j(z) - n(C_j, z)f(z).$

特に $D \cap U$ 上で $\sum_{j=1}^{n} G_j = \sum_{j=1}^{n} H_j$. ゆえに次のようにして $F : \mathbb{C} \to \mathbb{C}$ が定まる：

$$F(z) = \begin{cases} \sum_{j=1}^{n} G_j(z), & z \in D, \\ \sum_{j=1}^{n} H_j(z), & z \in U. \end{cases}$$

実は，以下で示すように，

2) $\quad F(z) = 0, \forall z \in \mathbb{C}.$

特に $z = a \in D \backslash \Gamma$ に対し 1), 2) を併せ，b) を得る．2) は次のように示される．問 5.5.1 より，

3) $\quad$ 各 $G_j : D \to \mathbb{C}$ は正則である．

また，例 4.2.7，問 4.2.9 より，

4) $\quad$ 各 $H_j : U \to \mathbb{C}$ は正則かつ，$|z| \to \infty$ とするとき，$H_j(z) \to 0$.

3), 4) より $F : \mathbb{C} \to \mathbb{C}$ は正則かつ，$|z| \to \infty$ とするとき，$F(z) \to 0$. これとリューヴィルの定理 (系 5.3.3) より 2) を得る．

b) $\Rightarrow$ c)：$a \in D \backslash \Gamma$ を任意に固定し，D 上の正則関数 $\varphi(z) = (z - a)f(z)$ を考える．このとき，$\varphi(a) = 0$ と b) より，

$$\frac{1}{2\pi\mathbf{i}} \sum_{j=1}^{n} \int_{C_j} f = \sum_{j=1}^{n} \left(\frac{1}{2\pi\mathbf{i}} \int_{C_j} \frac{\varphi(z)}{z - a} dz - \varphi(a)n(C_j, a) \right) \stackrel{\text{b)}}{=} 0.$$

a) $\Leftarrow$ c)：$a \in \mathbb{C} \backslash D$ を固定し，D 上の正則関数 $1/(z - a)$ に c) を適用し，a) を得る．

$\backslash (\text{\textasciicircum}\square\text{\textasciicircum})/$

問 7.3.1　定理 7.3.1 の証明中の関数 $g : D \times D \to \mathbb{C}$ について以下を示せ.

i) $z, w \in D$, かつ 任意の $0 \le t \le 1$ に対し $h(t) = w + t(z - w) \in D$ とするとき, $g(z, w) = \frac{1}{2\pi i} \int_0^1 f'(h(t)) \, dt$.

ii) $g : D \times D \to \mathbb{C}$ は連続である.

7.4 / 一般化された留数定理

応用に適した素朴な形の留数定理は定理 6.2.1 ですでに述べた. 定理 6.2.1 では, 閉曲線 C が囲む被積分関数 f の各孤立特異点は, 反時計回りに一度囲まれることを仮定した. この仮定は応用上は自然であるが, 数学的には本質的ではない. この仮定を外した場合, 留数定理は次のように一般化される.

定理 7.4.1 (一般化された留数定理)　$D \subset \mathbb{C}$ は開, $A \subset D$ は D 内に集積点を持たず, $f : D \setminus A \to \mathbb{C}$ は正則とする. また, 区分的 C^1 級閉曲線 $C \subset D \setminus A$ と有限集合 $A_1 \subset A$ に対し, C は $\mathbb{C} \setminus D$, および $A \setminus A_1$ のどの点も囲まない (定義 7.1.4) とする. このとき,

$$\int_C f = 2\pi i \sum_{a \in A_1} n(C, a) \operatorname{Res}(f, a), \tag{7.13}$$

ここで, $n(C, a)$ は閉曲線 C の a に関する回転数 (7.2) を表す. 特に C が A_1 の各点を反時計回りに一度囲む (定義 7.1.4) とき,

$$\int_C f = 2\pi i \sum_{a \in A_1} \operatorname{Res}(f, a). \tag{7.14}$$

証明　$A_0 \overset{\text{def}}{=} A \setminus A_1$ は D 内に集積点を持たないので $U \overset{\text{def}}{=} D \setminus A_0$ は開である (補題 1.6.5). また, $D \setminus A = U \setminus A_1$. よって D, A をそれぞれ U, A_1 に置き換えても定理の仮定がみたされる. そこでこの置き換えにより, 始めから, $A = A_1$ としてよい. 以下, $A = A_1 = \{a_1, \ldots, a_n\}$ とする. このとき $r > 0$ を十分小さくとれば, 開円板 $D_j \overset{\text{def}}{=} D(a_j, r)$ $(j = 1, \ldots, n)$ は次をみたす:

$$\overline{D}_1 \cup \cdots \cup \overline{D}_n \subset D \setminus C, \quad \overline{D}_j \cap \overline{D}_k = \emptyset, \ 1 \le j < k \le n.$$

$n_j \overset{\text{def}}{=} n(C, a_j)$ に対し, 閉曲線 $C_j = C(a_j, r)^{n_j}$ を問 4.2.4 のように定める (C_j は円周 $C(a_j, r)$ を反時計回りに n_j 周する). 次の 1), 2) をいう.

1)
$$\int_{C_j} f = 2n_j \pi \mathbf{i}\, \mathrm{Res}(f, a_j),$$

2)
$$n(C, z) + \sum_{j=1}^{n} n(C_j^{-1}, z) = 0, \quad \forall z \in (\mathbb{C}\backslash D) \cup A_1.$$

これらを認めれば，定理 7.3.1 から，次のように結論を得る.

$$\int_C f - 2\pi \mathbf{i} \sum_{j=1}^{n} n_j \mathrm{Res}(f, a_j) \overset{1)}{=} \int_C f - \sum_{j=1}^{n} \int_{C_j} f \overset{(4.12)}{=} \int_C f + \sum_{j=1}^{n} \int_{C_j^{-1}} f \overset{2),\,(7.12)}{=} 0.$$

1) は次のようにして得られる：

$$\int_{C_j} f \overset{\text{問 } 4.2.4}{=} n_j \int_{C(a_j, r)} f \overset{(6.5)}{=} 2n_j \pi \mathbf{i}\, \mathrm{Res}(f, a_j).$$

次に 2) を示す. 問 4.2.4, 例 7.1.1, 7.1.5 より $j = 1, \ldots, n$ に対し

3)
$$n(C_j, z) = \begin{cases} n_j, & z = a_j \text{ のとき,} \\ 0, & z \notin \overline{D_j} \text{ のとき.} \end{cases}$$

$z \in \mathbb{C}\backslash U$ なら，$\forall j = 1, \ldots, n$ に対し $z \notin \overline{D_j}$. よって仮定および 3) より

$$n(C, z) = 0, \quad n(C_j^{-1}, z) = -n(C_j, z) = 0, \quad \forall j = 1, \ldots, n.$$

よって 2) を得る. また，$z = a_k \in A_1$ なら $\forall j \in \{1, \ldots, n\}\backslash\{k\}$ に対し $z \notin \overline{D_j}$. よって 3) および n_k の定義より

$$-\sum_{j=1}^{n} n(C_j^{-1}, a_k) = \sum_{j=1}^{n} n(C_j, a_k) \overset{3)}{=} n_k = n(C, a_k).$$

よって 2) を得る. \\(^□^)/

7.5 ╱ 単連結領域に対するコーシーの定理

定理 4.6.6 より，星形領域 D 上の正則関数 f は原始関数を持ち，したがって任意の区分的 C^1 級閉曲線 $C \subset D$ に対し，コーシーの定理 $\int_C f = 0$ が成立する. 実は，領域がこのような性質を持つための必要十分条件が，次に定義する単連結性である.

定義 7.5.1

▶ 曲線 $C_0, C_1 \subset \mathbb{C}$ は始点 a，終点 b を共有し，それぞれ関数 $g_j : [\alpha, \beta] \to \mathbb{C}$ $(j = 0, 1)$ により表されるとする. 集合 $D \subset \mathbb{C}$, および連続関数 $h : [0, 1] \times [\alpha, \beta] \to D$

が次をみたすとき，C_0 は C_1 に D 内で**連続可変**，あるいは**ホモトピー同値**であるといい，$C_0 \overset{a,b,D}{\sim} C_1$ と記す．

$$h(0,t) = g_0(t), \quad h(1,t) = g_1(t), \quad \forall t \in [\alpha,\beta],$$
$$h(s,\alpha) = a, \qquad h(s,\beta) = b, \qquad \forall s \in [0,1].$$

(7.15)

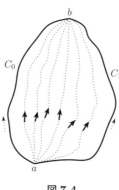

図 **7.4**

また，関数 h を C_0 から C_1 への**ホモトピー**とよぶ．

▶ 集合 $D \subset \mathbb{C}$ 内の任意の閉曲線 C が，C 上の 1 点 a（1 点を定値曲線とみなす）に D 内で連続可変であるとき，D は**単連結**であるという．

注　1) $C_0 \overset{a,b,D}{\sim} C_1$ が始点 a，終点 b の曲線の同値関係であることは容易に確かめられる．特に，曲線 $C_j \subset D$（$j = 0, 1, 2$）の始点は a，終点は b とするとき，

$$C_0 \overset{a,b,D}{\sim} C_1, \ C_1 \overset{a,b,D}{\sim} C_2 \implies C_0 \overset{a,b,D}{\sim} C_2.$$

(7.16)

$a \in D$ とし，D 内の閉曲線 C で始点・終点が a であるもの全体を $\Pi_1(a, D)$ とする．このとき，$\Pi_1(a, D)$ の同値関係 $C_0 \overset{a,a,D}{\sim} C_1$ による同値類全体 $\pi_1(a, D)$ は曲線の継ぎ足しに関し群構造を持つ（本節末の補足，補題 7.5.6 参照）．群 $\pi_1(a, D)$ は**基本群**とよばれる．特に D が弧状連結なら $\pi_1(a, D)$ は a のとり方に依らず（(7.23) 参照），$\pi_1(D)$ と書かれる．このとき，単連結性は $\pi_1(D) = \{e\}$（e は定値曲線の同値類）と書き表せる．

2) 領域 $D \subset \mathbb{C}$ が単連結なら，D は単位開円板 $D(0, 1)$ と同相であることが知られている．これについては 定理 7.5.4 直後の注でより詳しく説明する．

「単連結」は直観的には「穴が開いていない」ことである．次の事実（例 7.5.2）により，単連結集合の具体例を数多く見出すことができる．この事実の証明は見

た目ほど簡単ではない．話の流れを止めないために，証明は本節末の補足で述べる．

例 7.5.2　a) 星形集合は単連結である．

b) 縦線型領域，横線型領域は共に単連結である．

次の命題は定理 7.5.4 の証明に決定的な役割を果たす．

> **命題 7.5.3 (連続可変積分路に対する線積分不変性)**　$D \subset \mathbb{C}$ は開，$C_0, C_1 \subset D$ は区分的 C^1 級閉曲線，C_0 は C_1 に D 内で連続可変とする．このとき，$f : D \to \mathbb{C}$ が正則なら，
>
> $$\int_{C_0} f = \int_{C_1} f. \tag{7.17}$$
>
> 特に $a \in \mathbb{C} \setminus D$ に対し，
>
> $$n(C_0, a) = n(C_1, a). \tag{7.18}$$

命題 7.5.3 の証明は後回しとし，その重要な帰結 (定理 7.5.4) を述べる．

> **定理 7.5.4 (単連結領域に対するコーシーの定理)**　領域 $D \subset \mathbb{C}$ についての以下の条件について，b1) – b4) はすべて同値であり，これらは a) から従う．
>
> a) D は単連結である．
>
> b1) 任意の正則関数 $f : D \to \mathbb{C}$ は D 上で原始関数を持つ．
>
> b2) 任意の正則関数 $f : D \to \mathbb{C}$，任意の区分的 C^1 級閉曲線 $C \subset D$ に対し，$\int_C f = 0$.
>
> b3) 任意の正則関数 $f : D \to \mathbb{C}$，始点，終点を共有する任意の区分的 C^1 級曲線 $C_0, C_1 \subset D$ に対し，$\int_{C_0} f = \int_{C_1} f$.
>
> b4) 任意の $a \in \mathbb{C} \setminus D$ および D 内の任意の区分的 C^1 級閉曲線 C に対し，$n(C, a) = 0$.

証明　命題 4.5.6, 定理 7.3.1 により，b1) – b4) は同値である．そこで a) $\Rightarrow$ b4) を示す．D は単連結なので，特に D 内の任意の区分的 C^1 級閉曲線 C は定

値曲線 C_0 に D 内で連続可変である．よって 命題 7.5.3 から，任意の $a \in \mathbb{C} \backslash D$ に対し $n(C, a) = n(C_0, a) = 0$.　　　　　　　　\(^□^)/

> **注**　領域 $D \subset \mathbb{C}$, $D \neq \mathbb{C}$ に対し，定理 7.5.4 の a), b1) – b4) に加え，次の条件を考える．

b5) 正則同型 $f : D(0, 1) \to D$ が存在する．

　実はこのとき，a), b1) – b5) はすべて同値である．まず，[杉浦, II, p.375, 定理 13.2] より b4) ⇒ b5). さらに，b5) なら D は単連結領域 $D(0, 1)$ (例 7.5.2) と同相なので，それ自体も単連結である (問 7.5.1).

　特に a) ⇒ b5) は**リーマンの写像定理**とよばれ，リーマンが学位論文 (1851 年) の中で述べた．これに関し，以下で紹介する後日譚は有名である [Gra3]. リーマンはその議論の中で，ディリクレ積分とよばれる次の汎関数 $F(u)$ を境界条件のもとで最小にする関数 $u : D \to \mathbb{R}$ の存在 (ディリクレの原理) を自明とした：

$$F(u) = \int\!\!\int_D \left(u_x(x, y)^2 + u_y(x, y)^2\right) dx\,dy.$$

ところが，リーマンの没後ワイエルシュトラスは，ディリクレの原理は全く一般には成立しないことを例示し，リーマンの議論の欠陥を指摘した (1870 年). リーマンの写像定理は，その後，H. ポアンカレ，A. ハルナック達の研究を経て，アメリカ人数学者 W. オスグッドにより完全に証明された (1900 年). 一方，ディリクレの原理は領域の境界に関する適切な仮定のもとで D. ヒルベルトにより示された (1904 年).

　定理 7.5.4 の応用例を挙げる．

例 7.5.5　$K \subset D \subset \mathbb{C}$, D は開，K は閉，$D \backslash K$ は連結，また，ある $a \in K$, $r \in (0, \infty)$ が次をみたすとする：

$$K \subset D(a, r) \subset \overline{D}(a, r) \subset D.$$

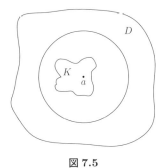

図 7.5

このとき，領域 $D\backslash K$ は単連結でない．

証明 $C(a,r)$ は領域 $D\backslash K$ 内の C^1 級閉曲線，$1/(z-a)$ は $D\backslash K$ 上正則．ところが，

$$\int_{C(a,r)}\frac{1}{z-a}dz \overset{(4.19)}{=} 2\pi\mathbf{i} \neq 0.$$

これと定理 7.5.4 より $D\backslash K$ は単連結でない． \(^□^)/

命題 7.5.3 の証明 定理 7.3.1 を C_0 と C_1^{-1} の組に適用し，(7.17), (7.18) が同値であることがわかる．そこで (7.18) を示す．$D=\mathbb{C}$ なら示すべきことがないので $D\neq\mathbb{C}$ としてよい．$C_j\subset D$ $(j=0,1)$ が $g_j:[\alpha,\beta]\to\mathbb{C}$ により表せるとし，C_0 から C_1 へのホモトピー $h:[0,1]\times[\alpha,\beta]\to D$ に定義 7.5.1 の記号をそのまま使う．$I=[0,1]\times[\alpha,\beta]$ に対し，$h(I)$ は有界かつ閉，D^c は閉，$h(I)\neq\emptyset$，$D^c\neq\emptyset$，$h(I)\cap D^c=\emptyset$．よって補題 1.6.3 より

1) $$\rho\overset{\text{def}}{=}\inf\{|z-w|\,;\,z\in h(I),\,w\in D^c\}>0.$$

次に，1) で定めた ρ に対し，$h:I\to\mathbb{C}$ の一様連続性より次のような $\delta>0$ が存在する．

2) $(s,t),(s',t')\in I,\,|(s,t)-(s',t')|<\delta \implies |h(s,t)-h(s',t')|<\rho/2.$

このとき，$[0,1],[\alpha,\beta]$ それぞれの n 等分割

$$0=s_0<s_1<\cdots<s_n=1,\quad \alpha=t_0<t_1<\cdots<t_n=\beta$$

に対し，$h_{j,k}\overset{\text{def}}{=}h(s_j,t_k)$，$I_{j,k}\overset{\text{def}}{=}[s_j,s_{j+1}]\times[t_k,t_{k+1}]$ とする．また，この際 n を次のようにとる：

$$\delta > \sqrt{1 + (\beta - \alpha)^2}/n = (I_{j,k} \text{ の対角線の長さ}).$$

さらに，区分的 C^1 級閉曲線 $h_j : [\alpha, \beta] \to \mathbb{C}$ $(0 \le j \le n)$ を次のように定める：

$$h_j(t) = h_{j,k} \frac{n(t_{k+1} - t)}{\beta - \alpha} + h_{j,k+1} \frac{n(t - t_k)}{\beta - \alpha}, \ \ t \in [t_k, t_{k+1}], \ 0 \le k \le n-1.$$

h_j は曲線 $h(s_j, t)$ $(t \in [t_k, t_{k+1}])$ を，その両端点 $h_{j,k}, h_{j,k+1}$ を結ぶ線分に置き換えたものである．このとき，$h_0, h_1, \ldots, h_n$ は以下をみたす．

3)
$$\inf_{t \in [\alpha, \beta]} |a - h_j(t)| > \rho, \ \ 0 \le j \le n,$$

4)
$$\sup_{t \in [\alpha, \beta]} |h_{j+1}(t) - h_j(t)| < \rho, \ \ 0 \le j \le n-1,$$

5)
$$\sup_{t \in [\alpha, \beta]} |h_0(t) - g_0(t)| < \rho, \ \ \sup_{t \in [\alpha, \beta]} |h_n(t) - g_1(t)| < \rho.$$

実際，$t \in [t_k, t_{k+1}]$ とするとき，$0 \le j \le n$（第2式では $0 \le j \le n-1$）に対し，

$$|a - h_j(t)| \ge \min\{|a - h_{j,k}|, |a - h_{j,k+1}|\} \overset{1)}{>} \rho,$$

$$|h_{j+1}(t) - h_j(t)| \le \max\{|h_{j,k} - h_{j+1,k}|, |h_{j,k+1} - h_{j+1,k+1}|\} \overset{2)}{<} \rho/2,$$

$$|h_j(t) - h(s_j, t)| \le |h_j(t) - h_{j,k}| + |h_{j,k} - h(s_j, t)| \overset{2)}{<} (\rho/2) + (\rho/2) = \rho.$$

第1, 2式より 3), 4) を得る．また第3式で特に $j = 0, n$ として，5) を得る．
3), 4), 補題 6.4.4 より，

$$\int_\alpha^\beta \frac{h_j'}{h_j - a} = \int_\alpha^\beta \frac{h_{j+1}'}{h_{j+1} - a}, \ \ j = 0, \ldots, n-1.$$

また，3), 5), 補題 6.4.4 より，

$$n(C_0, a) = \frac{1}{2\pi \mathbf{i}} \int_\alpha^\beta \frac{h_0'}{h_0 - a}, \ \ n(C_1, a) = \frac{1}{2\pi \mathbf{i}} \int_\alpha^\beta \frac{h_n'}{h_n - a}.$$

以上より結論を得る．   \(^□^)/

補足 以下の補足で例 7.5.2 を示す．そのために次の補題を用意する．

補題 7.5.6 $D \subset \mathbb{C}$ とし，曲線 $C_0, \Gamma_0 \subset D$ の始点は a，終点は b，曲線 C_1，$\Gamma_1 \subset D$ の始点は b，終点は c とする．また $\mathbb{C}$ の各点は定値曲線ともみなす．このとき，

$$a \cdot C_0 \overset{a,b,D}{\sim} C_0 \cdot b \overset{a,b,D}{\sim} C_0, \tag{7.19}$$

$$C_0 C_0^{-1} \overset{a,a,D}{\sim} a, \quad C_0^{-1} C_0 \overset{b,b,D}{\sim} b, \tag{7.20}$$

$$C_0 \overset{a,b,D}{\sim} \Gamma_0, \quad C_1 \overset{b,c,D}{\sim} \Gamma_1 \implies C_0 C_1 \overset{a,c,D}{\sim} \Gamma_0 \Gamma_1. \tag{7.21}$$

さらに $b = c$, $C \overset{\text{def}}{=} C_0 C_1 C_0^{-1}$, $\Gamma \overset{\text{def}}{=} C_0 \Gamma_1 C_0^{-1}$ とすると,

$$C_1 \overset{b,b,D}{\sim} C_0^{-1} C C_0, \tag{7.22}$$

$$C_1 \overset{b,b,D}{\sim} \Gamma_1 \iff C \overset{a,a,D}{\sim} \Gamma, \tag{7.23}$$

$$C_1 \overset{b,b,D}{\sim} b \iff C \overset{a,a,D}{\sim} a. \tag{7.24}$$

証明 (7.19)：曲線 C_0 が関数 $g_0 : [0,2] \to D$ により表されるとするとき, $a \cdot C_0$ は次の $g_1 : [0,2] \to D$ により表される：

$$g_1(t) = \begin{cases} a, & t \in [0,1], \\ g_0(2t-2), & t \in [1,2]. \end{cases}$$

そこで連続関数 $h : [0,1] \times [0,2] \to D$ を次のように定める：

$$h(s,t) = \begin{cases} a, & 0 \le t \le s, \\ g_0 \left(\frac{2}{2-s}(t-s) \right), & t \ge s. \end{cases}$$

このとき,

$$h(0,t) = g_0(t), \quad h(1,t) = g_1(t), \quad \forall t \in [0,2],$$
$$h(s,0) = a, \qquad h(s,2) = b, \qquad \forall s \in [0,1].$$

よって h は C_0 から $a \cdot C_0$ へのホモトピーである. ゆえに $a \cdot C_0 \overset{a,b,D}{\sim} C_0$. $C_0 \cdot b \overset{a,b,D}{\sim} C_0$ も同様である.

(7.20)：曲線 C_0 が関数 $g : [0,1] \to D$ により表されるとき, $C_0 C_0^{-1}$ は次の $g_0 : [0,2] \to D$ により表される：

$$g_0(t) = \begin{cases} g(t), & t \in [0,1], \\ g(2-t), & t \in [1,2]. \end{cases}$$

そこで連続関数 $h : [0,1] \times [0,2] \to D$ を次のように定める：

$$h(s,t) = \begin{cases} g((1-s)t), & t \in [0,1], \\ g((1-s)(2-t)), & t \in [1,2]. \end{cases}$$

このとき，

$$h(0,t) = g_0(t), \quad h(1,t) = a, \quad \forall\, t \in [0,2],$$
$$h(s,0) = a, \qquad h(s,2) = a, \quad \forall\, s \in [0,1].$$

よって h は $C_0 C_0^{-1}$ から定値曲線 a へのホモトピーである．ゆえに $C_0 C_0^{-1} \overset{a,a,D}{\sim} a$. $C_0^{-1} C_0 \overset{b,b,D}{\sim} b$ も同様である．

(7.21)：$j = 0,1$ に対し，曲線 C_j, Γ_j はそれぞれ $g_j, \gamma_j : [0,1] \to D$ により表され，また，$h_j : [0,1] \times [0,1] \to D$ が C_j から Γ_j へのホモトピーであるとする．連続関数 $h : [0,1] \times [0,2] \to D$ を次のように定める：

$$h(s,t) = \begin{cases} h_0(s,t), & t \in [0,1], \\ h_1(s,t-1), & t \in [1,2]. \end{cases}$$

このとき，

$$h(0,t) = \begin{cases} g_0(t), & t \in [0,1], \\ g_1(t-1), & t \in [1,2], \end{cases} \quad h(1,t) = \begin{cases} \gamma_0(t), & t \in [0,1], \\ \gamma_1(t-1), & t \in [1,2], \end{cases}$$

$h(s,0) = a, h(s,2) = c, \forall s \in [0,1]$. よって h は $C_0 C_1$ から $\Gamma_0 \Gamma_1$ へのホモトピーである．

(7.22)：(7.20) より，$C_0^{-1} C_0 \overset{b,b,D}{\sim} b$. これと，$(7.21)$, (7.19) より，

$$C_0^{-1} C C_0 = C_0^{-1} C_0 C_1 C_0^{-1} C_0 \overset{b,b,D}{\sim} b \cdot C_1 \cdot b \overset{b,b,D}{\sim} C_1.$$

(7.23) $\Rightarrow$：(7.21) から直ちに得られる．
$\Leftarrow$：

$$C \overset{a,a,D}{\sim} \Gamma \overset{(7.21)}{\Longrightarrow} C_0^{-1} C C_0 \overset{b,b,D}{\sim} C_0^{-1} \Gamma C_0 \overset{(7.16),(7.22)}{\Longrightarrow} C_1 \overset{b,b,D}{\sim} \Gamma_1.$$

(7.24)：(7.19) より $C_0 \cdot b \overset{a,b,D}{\sim} C_0$. これと，$(7.21)$, (7.20) より，

$$C_0 \cdot b \cdot C_0^{-1} \overset{a,a,D}{\sim} C_0 \cdot C_0^{-1} \overset{a,a,D}{\sim} a.$$

したがって $\Gamma_1 = b$ なら $\Gamma \overset{a,a,D}{\sim} a$. ゆえに (7.23) で $\Gamma_1 = b$ として (7.24) を得る．

\(^□^)/

例 7.5.2 の証明 a) C を D 内の任意の閉曲線とする．D は a に関し星形なので，任意の $c \in C$ に対し $[a,c] \subset D$. さらに C_1 を $[a,c]$, C, $[c,a]$ の継ぎ足しとするとき，(7.24) より

$$C \overset{c,c,D}{\sim} c \iff C_1 \overset{a,a,D}{\sim} a.$$

よって $C_1 \overset{a,a,D}{\sim} a$ であればよい. C_1 が $g : [0,1] \to D$ により表されるとし $h : [0,1] \times [0,1] \to \mathbb{C}$ を次のように定める:

$$h(s,t) = (1-s)g(t) + sa, \quad (s,t) \in [0,1] \times [0,1].$$

D は a に関し星形なので $h([0,1] \times [0,1]) \subset D$. また,

$$h(0,t) = g(t), \quad h(1,t) = a, \quad \forall t \in [0,1],$$
$$h(s,0) = a, \qquad h(s,1) = a, \quad \forall s \in [0,1].$$

よって h は C_1 から 1 点 a へのホモトピーである.

b) 縦線型の場合に示すが, 横線型でも同様である. D が, (4.26) で与えられるとするとき $\varphi : D \to D' \overset{\text{def}}{=} (x_0, x_1) \times (0,1)$ を次のように定める:

$$\varphi(x + \mathbf{i}y) = x + \mathbf{i}\frac{y - h_1(x)}{h_2(x) - h_1(x)}.$$

このとき, φ が同相写像であることは容易にわかる. 一方 D' は星形なので単連結である. したがって D も単連結である (問 7.5.1).　　　　　　　　　\(^□^)/

問 7.5.1　$D, D' \subset \mathbb{C}$ は集合, $\varphi : D \to D'$ は連続とする. 以下を示せ.

i) 始点・終点を共有する曲線 $g_0, g_1 : [\alpha, \beta] \to D$ が D 内で連続可変なら曲線 $\varphi \circ g_0, \varphi \circ g_1 : [\alpha, \beta] \to D'$ は D' 内で連続可変である.

ii) φ が同相写像かつ D, D' の一方が単連結なら, 他方も単連結である.

　さて, 読者諸氏と共に続けてきた複素関数論の旅もここで終わる. 本書を読了された読者諸氏は一つの高峰の頂に立っている. そこからの視界は, 本書を初めて手にとられた日のそれよりずっと開けているであろう. 数学のさらなる高みへ, あるいは他の関連分野へと旅を続ける読者諸氏を, 本書著者はここで見送らせていただく.

問の略解

問 1.1.1 (1.23)：容易. (1.24)：(1.23) で z の代わりに $z\overline{w}$ とする. (1.25)：容易. (1.26)：
$|z+w|^2 \overset{(1.10)}{=} (z+w)(\overline{z}+\overline{w}) \overset{(1.10)}{=} |z|^2+z\overline{w}+\overline{z}w+|w|^2 \overset{(1.11)}{=} |z|^2+2\operatorname{Re}(z\overline{w})+|w|^2$.
(1.27)：$|z+\mathbf{i}w|^2 \overset{(1.26)}{=} |z|^2+2\operatorname{Re}(-\mathbf{i}z\overline{w})+|w|^2 \overset{(1.25)}{=} |z|^2+2\operatorname{Im}(\mathbf{i}z\overline{w})+|w|^2$. (1.28)：
$x=\operatorname{Re}z$, $y=\operatorname{Im}z$ とし, $||z|\pm z|^2=|(|z|\pm x)\pm\mathbf{i}y|^2=(|z|\pm x)^2+y^2=2|z|^2\pm2|z|x$.

問 1.1.2 三角不等式 (1.8) より $|z|+|z-1| \geq |z+(1-z)|=1$. また, $z\in[0,1]$ なら, 明らかに $|z|+|z-1|=1$. 逆に $|z|+|z-1|=1$ なら, (1.8) の等号成立条件より, $(1-z)|z|=z|1-z|$. これと $|z|+|1-z|\neq 0$ より $z=|z|/(|z|+|1-z|)\in[0,1]$.

問 1.1.3 i) $\overline{z}f(z)=\overline{z}|z^2-1|+|z|^2|z-\overline{z}$ より $\operatorname{Re}(\overline{z}f(z))=(\operatorname{Re}z)(|z^2-1|+|z|^2|-1)$.
ii) 問 1.1.2 と $z\notin[-1,1]$ より, $|z^2-1|+|z|^2>1$. これと i) より結論を得る.

問 1.1.4 $x=|\operatorname{Re}z|$, $y=|\operatorname{Im}z|$ に対し $x,y\leq|z|$ より $x^p+y^p\leq 2|z|^p$. また, $x^2+y^2\leq(x+y)^2$ と $[0,\infty)\ni t\mapsto t^p$ が凸関数であることから, $|z|^p=(x^2+y^2)^{p/2}\leq(x+y)^p\leq 2^{p-1}(x^p+y^p)$.

問 1.1.5 i) (1.11) による.
ii) (1.26) による.
iii) $f(L(a,r)\backslash\{0\})$ を求めるには $z\in\mathbb{C}\backslash\{0\}$ が (1.29) の方程式をみたすと仮定し $f(z),g(z)$ のみたす方程式を求める. 同様に, $f(C(a,r)\backslash\{0\})$ を求めるには $z\in\mathbb{C}\backslash\{0\}$ が (1.30) の方程式をみたすと仮定し $f(z),g(z)$ のみたす方程式を求める. これらの計算で (1.29), (1.30) のうち右側を使う方が見通しがよい場合がある.

問 1.1.6 i) 明らかである.
ii) $A=\begin{pmatrix} a & b \\ c & d \end{pmatrix}$, $B=\begin{pmatrix} a' & b' \\ c' & d' \end{pmatrix}$, $AB=\begin{pmatrix} a'' & b'' \\ c'' & d'' \end{pmatrix}$ と記すとき,

$$f_A(f_B(z))=\frac{af_B(z)+b}{cf_B(z)+d}=\frac{a(a'z+b')+b(c'z+d')}{c(a'z+b')+d(c'z+d')}=\frac{a''z+b''}{c''z+d''}=f_{AB}(z).$$

iii) B は $\begin{pmatrix} d & -b \\ -c & a \end{pmatrix}$ の定数倍であることから $U_B=V_A$, $V_B=U_A$ を得る. また $z\in U_B=V_A$, $w\in U_A=V_B$ に対し ii) より $f_A(f_B(z))=f_{AB}(z)=z$, $f_B(f_A(w))=f_{BA}(w)=w$.
iv) $c=0$ なら f は一次関数なので 問 1.1.5 より結論を得る. $c\neq 0$ なら $f(z)=\frac{1}{c}\left(a-\frac{\det A}{cz+d}\right)$. よって, f は一次関数と $z\mapsto 1/z$ の合成で表すことができる. ゆえに問

1.1.5 より結論を得る.

問 1.1.7 i) 問 1.1.6 iii) による.

ii) $|\bar{b}z + \bar{a}|^2(1 - |f_A(z)|^2) = |\bar{b}z + \bar{a}|^2 - |az + b|^2 \overset{(1.26)}{=} (|bz|^2 + 2\operatorname{Re}(a\bar{b}z) + |a|^2) - (|az|^2 + 2\operatorname{Re}(a\bar{b}z) + |b|^2) = (|a|^2 - |b|^2)(1 - |z|^2)$.

iii) $b = 0$ なら $U_A = V_A = \mathbb{C}$ より $D(0,1) \subset U_A \cap V_A$. $b \neq 0$ なら $|\bar{a}/\bar{b}| = |a/\bar{b}| = |a/b| > 1$ より $D(0,1) \subset U_A \cap V_A$. いずれの場合も $f_A : U_A \to V_A$ が全単射であること (問 1.1.6 iii)) と ii) より $f_A : D(0,1) \to D(0,1)$ は全単射である.

問 1.1.8 i) $g(z) \overset{\text{def}}{=} (az+b)(\overline{cz+d}) - (a\bar{z}+b)(cz+d) = 2\mathbf{i}\det A \operatorname{Im} z$. よって, $z \in \mathbb{C}$ に対し $\operatorname{Im} f_A(z)|cz+d|^2 = \frac{1}{2\mathbf{i}}(f_A(z) - f_A(\bar{z}))|cz+d|^2 = \frac{1}{2\mathbf{i}}g(z) = \det A \operatorname{Im} z$.

ii) $c = 0$ なら $U_A = V_A = \mathbb{C}$ より $H_\pm \subset U_A \cap V_A$. また, $c \neq 0$ なら $-d/c, a/c \in \mathbb{R}$ より $H_\pm \subset U_A \cap V_A$. いずれの場合も $f_A : U_A \to V_A$ が全単射であること (問 1.1.6 iii)) と i) より $f_A : H_\pm \to H_\pm$ は全単射である.

問 1.1.9 i) $|\mathbf{i}z - 1|^2(1 - |f_C(z)|^2) = |\mathbf{i}z - 1|^2 - |\mathbf{i}z + 1|^2 \overset{(1.26)}{=} (|z|^2 - 2\operatorname{Re}(\mathbf{i}z) + 1) - (|z|^2 + 2\operatorname{Re}(\mathbf{i}z) + 1) \overset{(1.25)}{=} 4\operatorname{Im} z$.

ii) $f_C : \mathbb{C}\backslash\{-\mathbf{i}\} \to \mathbb{C}\backslash\{1\}$ が全単射であること (問 1.1.6) と i) より $f_C : H_+ \to D(0,1)$ は全単射である. また, 問 1.1.6 より逆関数は $f_{C'}$ である.

iii) $B \overset{\text{def}}{=} C'AC = -2\begin{pmatrix} \operatorname{Re}(a+b) & \operatorname{Im}(a-b) \\ -\operatorname{Im}(a+b) & \operatorname{Re}(a-b) \end{pmatrix}$ に対し $\det B = \det C' \det A \det C = 4\det A > 0$ より $A \in GL_{2,+}(\mathbb{R})$. また, 問 1.1.6 より $f_{C'} \circ f_A \circ f_C = f_B$.

問 1.3.1 i) $\Rightarrow$ ii)：f は連続なので $\overline{D}(0,r)$ における最小値 m を持つ. $m \leq |f(a)| \leq \inf_{|z| > r} |f(z)|$ に注意すれば, 任意の $z \in \mathbb{C}$ に対し $m \leq f(z)$. 以上より m は f の最小値である.

i) $\Leftarrow$ ii)：$f(a)$ が f の最小値なら, $r = |a|$ として, 条件 a) が成立する.

問 1.3.2 i) $|z|$ が十分大きければ $\sum_{j=0}^{m-1} |a_j z^{-(m-j)}| < |a_m|/2$. ゆえに,

$$|f(z)| = |z|^m \left| a_m + \sum_{j=0}^{m-1} a_j z^{-(m-j)} \right| \geq |z|^m \left(|a_m| - \sum_{j=0}^{m-1} \left| a_j z^{-(m-j)} \right| \right)$$
$$\geq |a_m||z|^m/2.$$

この不等式より結論を得る.

ii) i) より, $r > 0$ が十分大きければ $\inf_{|z| > r} |f(z)| \geq |f(0)|$. ゆえに問 1.3.1 より $|f|$ は最小値を持つ.

問 1.3.3 必要性は明らかなので十分性をいう. そのために次を示す：

1) $$z, z_n \in D, \ z_n \overset{n \to \infty}{\longrightarrow} z \Longrightarrow f(z_n) \overset{n \to \infty}{\longrightarrow} f(z).$$

$z \in D_1$ または $z \in D_2$ だから, 例えば $z \in D_1$ とする (以下の議論は $z \in D_2$ でも同様である). $z_n \in D_1$ をみたす n を $k(1) < k(2) < \cdots$, $z_n \in D_2$ をみたす n を $\ell(1) < \ell(2) < \cdots$ とする. $k(n)$, または $\ell(n)$ は無限列である. $k(n)$ が無限列なら $z_{k(n)} \overset{n \to \infty}{\longrightarrow} z$. よって f の D_1 上の連続性より $f(z_{k(n)}) \overset{n \to \infty}{\longrightarrow} f(z)$. $\ell(n)$ が無限列なら

$z_{\ell(n)} \overset{n \to \infty}{\longrightarrow} z$. よって条件 (1.36) より $f(z_{\ell(n)}) \overset{n \to \infty}{\longrightarrow} f(z)$. 以上より 1) を得る.

問 1.3.4 i) $f : D \to \mathbb{C}$ が f_+ の反射的拡張であるとする. このとき, D_+ 上 $f = f_+$ より (1.37) の 1 行目を得る. また, $z \in D \backslash D_+$ なら $\overline{z} \in D_+$ より $f(\overline{z}) = f_+(\overline{z})$. 以上より $f(z) = \overline{f(\overline{z})} = \overline{f_+(\overline{z})}$ となり, (1.37) の 2 行目を得る.

ii) $\Rightarrow$: $z \in D_+ \cap \mathbb{R}$ なら $z = \overline{z}$ より, $\overline{f(z)} = f(\overline{z})$. また, 仮定より $\overline{f(\overline{z})} = f(z)$. 以上より $\overline{f(z)} = f(z)$. したがって $f_+(z) = f(z) \in \mathbb{R}$. $\Leftarrow$: (1.37) で定まる f が反射的ならよい. まず $z \in D \cap \mathbb{R}$ に対し, $\overline{z} = z$ と仮定より $\overline{f(\overline{z})} = \overline{f(z)} = f(z)$. $z \in D_+ \backslash \mathbb{R}$ なら $\overline{z} \in D \backslash D_+$. よって, $f(\overline{z}) \overset{(1.37)}{=} \overline{f_+(\overline{\overline{z}})} = \overline{f_+(z)}$. これを用いて, $\overline{f(\overline{z})} = f_+(z) \overset{(1.37)}{=} f(z)$. $z \in D_- \backslash \mathbb{R}$ なら $\overline{z} \in D_+$. よって, $f(\overline{z}) \overset{(1.37)}{=} f_+(\overline{z})$. これを用いて, $\overline{f(\overline{z})} = \overline{f_+(\overline{z})} \overset{(1.37)}{=} f(z)$.

iii) $z, z_n \in D \backslash D_+$, $z_n \overset{n \to \infty}{\longrightarrow} z$ とする. このとき, $D \backslash D_+ \subset D_-$ より, $\overline{z}, \overline{z_n} \in D_+$, $\overline{z_n} \overset{n \to \infty}{\longrightarrow} \overline{z}$. これと, $f_+ : D_+ \to \mathbb{C}$ の連続性より $f_+(\overline{z_n}) \overset{n \to \infty}{\longrightarrow} f_+(\overline{z})$. 以上より, $f(z_n) \overset{(1.37)}{=} \overline{f_+(\overline{z_n})} \overset{n \to \infty}{\longrightarrow} \overline{f_+(\overline{z})} \overset{(1.37)}{=} f(z)$.

iv) 仮定と iii) より, f は $D_1 \overset{\text{def}}{=} D_+$, $D_2 \overset{\text{def}}{=} D \backslash D_+$ それぞれの上で連続である. そこで, 条件 (1.36) をみたすことを示す. まず (1.36) の 1 行目の検証のため, $z \in D_+$, $z_n \in D \backslash D_+$, $z_n \overset{n \to \infty}{\longrightarrow} z$ とする. このとき, $z_n \in D_-$ より $z \in \mathbb{R}$. ゆえに $\overline{z_n} \in D_+$, $\overline{z_n} \overset{n \to \infty}{\longrightarrow} \overline{z} = z$. これと, $f_+ : D_+ \to \mathbb{C}$ の連続性より $f_+(\overline{z_n}) \overset{n \to \infty}{\longrightarrow} f_+(z)$. さらに $f_+(z) \in \mathbb{R}$ より $\overline{f_+(z)} = f_+(z) = f(z)$. 以上より, $f(z_n) \overset{(1.37)}{=} \overline{f_+(\overline{z_n})} \overset{n \to \infty}{\longrightarrow} \overline{f_+(z)} = f(z)$. 次に $z \in D \backslash D_+$, $z_n \in D_+$ とする. このとき, $z_n \overset{n \to \infty}{\longrightarrow} z$ とはなり得ないので, (1.36) の 2 行目の検証は必要ない. 以上より, $f : D \to \mathbb{C}$ は連続である.

問 1.3.5 i) 任意の $(X, Y, Z) \in \mathbb{S}^2 \backslash \{N\}$ に対し, z についての方程式 $s(z) = (X, Y, Z)$ は唯一の解 $z = \frac{X + \mathrm{i}Y}{1 - Z}$ を持つことが容易にわかる.
ii) s, および s^{-1} の具体形から明らか.

問 1.4.1 $1 - z^n \overset{(1.15)}{=} (1 - z) \sum_{j=0}^{n-1} z^j$. $|z| < 1$ のとき, 上式と $z^n \to 0$ (例 1.2.2) より $\sum_{n=0}^{\infty} z^n = 1/(1 - z)$. また, z を $|z|$ に置き換えて $\sum_{n=0}^{\infty} |z|^n = 1/(1 - |z|) < \infty$. $|z| \geq 1$ のとき, $|\sum_{j=0}^{n} z^j - \sum_{j=0}^{n-1} z^j| = |z^n| = |z|^n \geq 1$. これは $\lim_{n \to \infty} \sum_{j=0}^{n} z^j$ の存在に矛盾する. よって収束しない.

問 1.5.1 i) $a_n z^n = \sum_{j=0}^{n} a_j z^j - \sum_{j=0}^{n-1} a_j z^j \overset{n \to \infty}{\longrightarrow} 0$. よって, $\exists M \in [0, \infty)$, $\forall n \in \mathbb{N}$, $|a_n z^n| \leq M < \infty$ (系 1.2.4). したがって, $\sum_{n=0}^{\infty} |a_n| r^n \leq M \sum_{n=0}^{\infty} (r/|z|)^n \overset{\text{問 1.4.1}}{<} \infty$.
ii) $|z| < r_0$ とする. このとき r_0 の定義から, $\exists r > |z|$, $\sum_{n=0}^{\infty} |a_n| r^n < \infty$. よって $\sum_{n=0}^{\infty} |a_n| |z|^n < \infty$. 次に $|z| > r_0$ とする. もし $f(z)$ が収束するなら, i) より $r \in (r_0, |z|)$ に対し $\sum_{n=0}^{\infty} |a_n| r^n < \infty$. これは r_0 の定義に反するから, $f(z)$ は収束しない.

問 1.5.2 i) $\Leftarrow$ は明らかなので, $\Rightarrow$ のみ示す. f は偶関数だから $f(z) = \frac{f(z) + f(-z)}{2} \overset{(1.46)}{=} \sum_{n=0}^{\infty} a_{2n} z^{2n}$. これと, 係数の一意性 (系 1.5.7) より結論を得る.

ii) i) と同様.

問 1.5.3　命題 1.5.3 と同様である.

問 1.5.4　$|z| < \min\{|b|, |c|\}$ なら $\frac{b}{b-z} = \sum_{n=0}^{\infty} b^{-n}z^n$, $\frac{c}{c-z} = \sum_{n=0}^{\infty} c^{-n}z^n$ (共に絶対収束). これと命題 1.4.6 より $f(z)$ は絶対収束するべき級数 $f(z) = \sum_{n=0}^{\infty} a_n z^n$ で表せ,

$$a_n = \sum_{k=0}^{n} b^{-(n-k)}c^{-k} = \begin{cases} \frac{b^{-(n+1)} - c^{-(n+1)}}{b^{-1} - c^{-1}}, & b \neq c, \\ (n+1)b^{-n}, & b = c. \end{cases}$$

なお, $b \neq c$ の場合は命題 1.4.6 の代わりに $\frac{1}{(b-z)(c-z)} = \frac{1}{b-c}\left(\frac{1}{c-z} - \frac{1}{b-z}\right)$ を用いてもよい. また $b = c$ の場合は命題 1.4.6 の代わりに $\frac{b}{b-z} = \sum_{n=0}^{\infty} b^{-n}z^n$ の両辺を z について微分してもよい (命題 3.4.1).

問 1.6.1　i) B は開：任意の $z \in B$ に対し $f(z) < 1$. f の連続性より $r > 0$ が十分小さければ, 任意の $w \in D(z, r)$ に対し $f(w) < 1$. よって, $D(z, r) \subset B$.
C は閉：C 内の任意の収束点列 $(z_n)_{n \in \mathbb{N}}$ に対し, その極限 z が C に属せばよい. ところが, 任意の $n \in \mathbb{N}$ に対し $f(z_n) \leq 1$ であることと f の連続性より $f(z) \leq 1$, すなわち $z \in C$ が従う.
ii) $A^{\circ} \subset B$：$z \in A^{\circ}$ なら $D(z, r) \subset A$ をみたす $r > 0$ が存在する. そこで, $\varepsilon \in (0, \infty)$ を $\varepsilon|z| < r$ なるようにとると, $|(1+\varepsilon)z - z| = \varepsilon|z| < r$ より $(1+\varepsilon)z \in D(z, r) \subset A \subset C$. ゆえに

$$f(z) < f((1+\varepsilon)z) \leq 1, \text{ したがって } z \in B.$$

$A^{\circ} \supset B$：B は開なので, 任意の $z \in B$ に対し $D(z, r) \subset B$ をみたす $r > 0$ が存在する. ゆえに, $D(z, r) \subset B \subset A$.
$\overline{A} \subset C$：$z \in \overline{A}$ なら点列 $z_n \in A$ で, $z_n \to z$ となるものが存在する. このとき, $z_n \in C$ かつ C は閉だから, $z \in C$.
$\overline{A} \supset C$：$z \in C$ を任意, $z_n \overset{\text{def}}{=} \left(1 - \frac{1}{n+1}\right)z$ とするとき, $f(z_n) < f(z) \leq 1$ より $z_n \in B \subset A$. さらに $z_n \to z$ より $z \in \overline{A}$.

問 1.6.2　i) $A^{\circ} = \overline{A} \backslash \partial A$ より $A^{\circ} = A^{\circ} \cap A = (\overline{A} \backslash \partial A) \cap A = A \backslash \partial A$.
ii) $\overline{A} = A^{\circ} \cup \partial A$ より $\overline{A} = A \cup \overline{A} = A \cup A^{\circ} \cup \partial A = A \cup \partial A$.
iii) i) より A が開 $\Leftrightarrow A = A \backslash \partial A \Leftrightarrow A \cap \partial A = \emptyset$.
iv) ii) より A が閉 $\Leftrightarrow A = A \cup \partial A \Leftrightarrow \partial A \subset A$.

問 1.6.3　i) $x \in A^{\circ}$ なら $\exists r > 0$, $D(x, r) \subset A$. よって, $D(x, r) \subset B$.
ii) i) と同様に考えればよい.
iii) $A \cup B \supset A$ と i) より $(A \cup B)^{\circ} \supset A^{\circ}$. 同様に $(A \cup B)^{\circ} \supset B^{\circ}$. $A = \{|z| \leq 1\}$, $B = \{|z| \geq 1\}$ に対し $(A \cup B)^{\circ} = \mathbb{C}$, $A^{\circ} \cup B^{\circ} = \{|z| \neq 1\}$.
iv) $A \cap B$ については ii), $A \cup B$ については iii) からわかる.

問 1.6.4　i) $z \in \bigcup_{\lambda \in \Lambda} A_{\lambda}$ なら $\exists \lambda \in \Lambda$, $z \in A_{\lambda}$. A_{λ} は開なので $\exists r > 0$, $D(z, r) \subset A_{\lambda}$. よって $D(z, r) \subset \bigcup_{\lambda \in \Lambda} A_{\lambda}$.
ii) $\Lambda = \mathbb{N}$, $A_n = D(0, 1/(n+1))$ とすると $\bigcap_{n \in \mathbb{N}} A_n = \{0\}$.

問 1.6.5 i) $x_n \in \overline{A}$, $x_n \to x$ と仮定し, $x \in \overline{A}$ をいえばよい. 仮定から, 各 x_n に対し $x_{n,k} \overset{k\to\infty}{\to} x_n$ となる $\{x_{n,k}\}_{k\geq 1} \subset A$ が存在する. そこで, $k(n)$ を $|x_n - x_{n,k(n)}| < \frac{1}{n}$ となるようにとると, $|x - x_{n,k(n)}| \leq |x - x_n| + \frac{1}{n} \to 0$. よって $x_{n,k(n)} \overset{n\to\infty}{\to} x$. 以上から $x \in \overline{A}$.

ii) $x \in \overline{A}$ なら $x_n \to x$ となる $x_n \in A$ が存在する. このとき, $x_n \in B$ でもあるから $x \in \overline{B}$.

iii) $\supset$ は ii) からわかる. $\subset$ の証明は次のとおり: $x \in \overline{A \cup B}$ なら $x_n \to x$ となる $x_n \in A \cup B$ が存在する. このとき,

　(1) $x_n \in A$ となる n が無限個存在する, または,

　(2) $x_n \in B$ となる n が無限個存在する.

(1) なら $x_{k(n)} \overset{n\to\infty}{\to} x$ なる $x_{k(n)} \in A$ がとれる. したがって $x \in \overline{A}$. 同様に (2) なら $x \in \overline{B}$.

iv) $\subset$ は ii) からわかる. $\neq$ の例は $A = [0,1)$, $B = [1,2]$.

v) $A \cup B$ については iii) を用いて, $A \cap B$ については iv) を用いて示せる.

問 1.6.6 i) $\subset$: $x \in S\backslash A^\circ$ なら $\forall n \geq 1$, $\exists x_n \in S\backslash A$, $|x - x_n| < 1/n$. このとき, $x_n \to x$ より $x \in \overline{S\backslash A}$. $\supset$: $x \in \overline{S\backslash A}$ なら, $\exists x_n \in S\backslash A$, $x_n \to x$. よって $x \in S\backslash A^\circ$.

ii) i) から容易にわかる.

問 1.6.7 i) $\{z_n\}_{n\in\mathbb{N}} \subset \bigcap_{\lambda\in\Lambda} A_\lambda$, $z_n \to z$ とする. $\forall\lambda \in \Lambda$ に対し $\{z_n\}_{n\in\mathbb{N}} \subset A_\lambda$ かつ A_λ は閉なので $z \in A_\lambda$. よって $z \in \bigcap_{\lambda\in\Lambda} A_\lambda$.

ii) $\forall z \in \mathbb{C}$ に対し $\{z\}$ は閉, $D(0,1) = \bigcup_{z\in D(0,1)} \{z\}$.

問 1.6.8 $x \in \partial A$ なら $x \notin A^\circ$ より, $\forall n \geq 1$ に対し $\exists b_n \in \mathbb{C}\backslash A \subset B$, $|x - b_n| < 1/n$. 特に $b_n \to x$. よって $x \in \overline{B}$.

問 1.6.9 i) $z \in f^{-1}(B)$ とする. $f(z) \in B$ かつ B は開なので $\exists \varepsilon > 0$, $D(f(z),\varepsilon) \subset B$. f の連続性からこの ε に対し, $\exists \delta > 0$, $f(D(z,\delta)) \subset D(f(z),\varepsilon)$. よって $f(D(z,\delta)) \subset B$. 以上から $D(z,\delta) \subset f^{-1}(B)$.

ii) $z_n \in f^{-1}(B)$, $z_n \to z$ とする. このとき, $z_n \in A$ かつ A は閉だから $z \in A$. また, $f(z_n) \in B$, $f(z_n) \to f(z)$ かつ B は閉だから $f(z) \in B$. 以上より $z \in f^{-1}(B)$.

問 1.6.10 i) b_n は $b_n = a_{k(n)}$ と書くことができる. もし $k(n)$ が有界なら, $\exists m \in \mathbb{N}$, $\forall n \in \mathbb{N}$, $k(n) \leq m$. したがって, $\{b_n\}_{n\in\mathbb{N}} \subset \{a_n\}_{n=0}^m$. ゆえに $b \in \{a_n\}_{n=0}^m$. 一方, もし $k(n)$ が非有界なら, 自然数列 $\ell(n) \to \infty$ を, $k(\ell(n)) \to \infty$ なるように選ぶことができる. このとき, $b_{\ell(n)} = a_{k(\ell(n))}$. $n \to \infty$ として $b = a$.

ii) i) より $\overline{A} \subset A \cup \{a\}$. また, $\overline{A}$ の定義から $\overline{A} \supset A \cup \{a\}$.

iii) (a_n) は収束するので $A \cup \{a\}$ は有界である. また ii) より $A \cup \{a\}$ は閉である.

問 1.6.11 i) $z \in D$ を任意とする. $z \in D_1$ または $z \in D_2$ なので例えば $z \in D_1$ とする. D_1 は開なので $D(z,r) \subset D_1$ をみたす $r > 0$ が存在する. また仮定より f は $D(z,r)$ 上で連続である. よって f は z において連続である.

ii) $D_1 = \{\text{Re}\,z \leq 0\}$, $D_1 = \{\text{Re}\,z > 0\}$, $z \in D_1$ に対し $f(z) = 1$, $z \in D_2$ に対し

$f(z) = 2$ とすると, f は D_1, D_2 それぞれの上で連続だが, $\mathbb{C} = D_1 \cup D_2$ 上では連続ではない.

問 1.6.12 $z_m, z \in D$, $z_m \to z$ とし, $f_0(z_m) \to f_0(z)$ をいえばよい. 任意の $m, n \in \mathbb{N}$ に対し,

$$|f_0(z_m) - f_0(z)| \leq |f_0(z_m) - f_n(z_m)| + |f_n(z_m) - f_n(z)| + |f_n(z) - f_0(z)|.$$

上式右辺の各項を順に $a_{m,n}$, $b_{m,n}$, c_n と書く. $K \overset{\text{def}}{=} \{z_m\}_{m \geq 0} \cup \{z\}$ は有界かつ閉である (問 1.6.10). $f_n \to f_0$ (広義一様) より,

1) $\forall \varepsilon > 0$, $\exists n \in \mathbb{N}$, $\sup_{z \in K} |f(z) - f_n(z)| < \varepsilon/3$.

したがって, 1) の n に対し, $a_{m,n} + c_n < 2 \cdot \varepsilon/3$. 一方, 1) の n に対し f_n $(n \geq 1)$ の連続性より, $\exists m_0 \in \mathbb{N}$, $\forall m \geq m_0$, $b_{m,n} < \varepsilon/3$. 以上より $\forall m \geq m_0$ に対し, $a_{m,n} + b_{m,n} + c_n < \varepsilon$.

問 1.6.13 i) ボルツァーノ・ワイエルシュトラスの定理 (命題 1.6.2) より, ある $a \in A$ および自然数列 $p(1) < p(2) < \cdots$ が存在し, $a_{p(n)} \overset{n\to\infty}{\longrightarrow} a$. 次に $b'_n \overset{\text{def}}{=} b_{p(n)}$ $(n \in \mathbb{N})$ に対しボルツァーノ・ワイエルシュトラスの定理 (命題 1.6.2) を適用し, ある $b \in B$ および自然数列 $q(1) < q(2) < \cdots$ が存在し, $b'_{q(n)} \overset{n\to\infty}{\longrightarrow} b$. 以上より $k(n) \overset{\text{def}}{=} p(q(n))$ に対し, $a_{k(n)} \overset{n\to\infty}{\longrightarrow} a$, かつ $b_{k(n)} \overset{n\to\infty}{\longrightarrow} b$.
ii) i) を用い, 最大・最小値存在定理 (命題 1.6.2) の証明と同様に示せる.

問 1.6.14 次のようにして, $r_n \in (0, r]$, $a_n \in A \cap (D(z, r_n) \backslash \{z\})$ $(n \in \mathbb{N})$ を, $r_n = |a_{n-1} - z|/2$ となるように構成する. ある点列 $z_n \in A \backslash \{z\}$ が $z_n \to z$ をみたすので, $A \cap (D(z, 1) \backslash \{z\}) \neq \emptyset$. そこで, $r_0 = 1$, $a_0 \in A \cap (D(z, r_0) \backslash \{z\})$ とする. $r_{n-1} > 0$, $a_{n-1} \in A \cap (D(z, r_{n-1}) \backslash \{z\})$ が定まったとき, $r_n = |a_{n-1} - z|/2$ に対し $A \cap (D(z, r_n) \backslash \{z\}) \neq \emptyset$. そこで, $a_n \in A \cap (D(z, r_n) \backslash \{z\})$ とする.

問 1.6.15 i) $\{z \in D \,;\, f(z) = f(a)\} = \{z \in D \,;\, |f(z) - f(a)| < \delta/2\}$ と問 1.6.9 による.
ii) $\exists \{a_2, a_2\} \subset D$, $f(a_1) \neq f(a_2)$ とする. このとき仮定より $|f(a_1) - f(a_2)| \geq \delta$. D_1, D_2 を次のように定める:

$$D_1 = \{z \in D \,;\, |f(z) - f(a_1)| < \delta/2\}, \quad D_2 = \{z \in D \,;\, |f(z) - f(a_1)| > \delta/2\}.$$

問 1.6.9 より D_1, D_2 は共に開である. また, $D_1 \ni a_1$, $D_2 \ni a_2$, $D_1 \cap D_2 = \emptyset$. さらに仮定より $D = D_1 \cup D_2$. これは D の連結性に反する.

問 1.6.16 境界の定義より $\partial D_j \cap D_j = \emptyset$ $(j = 1, 2)$. 今, $a \in \partial D_1 \cap D_2$ と仮定する. このとき, D_2 は開なので $\exists r > 0$, $D(a, r) \subset D_2$. したがって $D(a, r) \cap D_1 = \emptyset$. これは $a \in \partial D_1$ に反する. よって $\partial D_1 \cap D_2 = \emptyset$. 同様に $\partial D_2 \cap D_1 = \emptyset$. 以上より $\partial D_j \cap (D_1 \cup D_2) = \emptyset$ $(j = 1, 2)$.

問 1.6.17 背理法による. $h \overset{\text{def}}{=} f \circ g$ に対し $\exists c \in I \backslash h(A)$ とする. このとき, $A_+ = \{z \in A \,;\, h(z) > c\}$, $A_- = \{z \in A \,;\, h(z) < c\}$ は共に開. $A = A_+ \cup A_-$, $A_+ \cap A_- = \emptyset$. し

たがって, $A_\pm \neq \emptyset$ をいえばよい. $f(B) = I$ より $B_+ \stackrel{\text{def}}{=} \{z \in B \,;\, f(z) > c\} \neq \emptyset$. さらに B_+ は開. $\overline{g(A)} = B$ より $\exists a \in A,\ g(a) \in B_+$. このとき $a \in A_+$ なので $A_+ \neq \emptyset$. 同様に $A_- \neq \emptyset$.

問 2.2.1 $|\exp(\pm z)| \stackrel{(2.5)}{=} \exp(\pm \operatorname{Re} z)$. これと三角不等式より

$$|\exp(z) \pm \exp(-z)| \begin{cases} \leq \exp(\operatorname{Re} z) + \exp(-\operatorname{Re} z) = 2\cosh(|\operatorname{Re} z|), \\ \geq |\exp(\operatorname{Re} z) - \exp(-\operatorname{Re} z)| = 2\sinh(|\operatorname{Re} z|). \end{cases}$$

以上で第 1 式を得る. 第 2 式も同様である.

問 2.2.2 等式

$$s_n(\rho, z) = \sum_{k=0}^n \rho^k \exp(\mathbf{i} k z) = \frac{1 - \rho^{n+1} \exp(\mathbf{i}(n+1)z)}{1 - \rho \exp(\mathbf{i} z)}$$

について, $(s_n(\rho, z) + s_n(\rho, -z))/2$, $(s_n(\rho, z) - s_n(\rho, -z))/(2\mathbf{i})$ を計算し, (2.20), (2.21) を得る. 特に $|\rho| \exp(|\operatorname{Im} z|) < 1$ なら, $\rho^n \cos nz \stackrel{n\to\infty}{\longrightarrow} 0$, $\rho^n \sin nz \stackrel{n\to\infty}{\longrightarrow} 0$. ゆえに (2.20), (2.21) から (2.22) を得る.

問 2.2.3 i) $n = 0$ なら, $\exp(\mathbf{i} n\theta) = 1$ なので結論は明らか. $n \neq 0$ なら $\int_0^{2\pi} \exp(\mathbf{i} n t) dt = [\exp(\mathbf{i} n t)/(\mathbf{i} n)]_0^{2\pi} = 0$.
ii) 所与の条件より, すべての $r > 0$, $\theta \in \mathbb{R}$ に対し

$$0 = \sum_{m,n=0}^N c_{m,n} r^{m+n} \exp(\mathbf{i}(m-n)\theta) = \sum_{k=0}^{2N} r^k \exp(-\mathbf{i} k\theta) \sum_{m=0}^k c_{m,k-m} \exp(2\mathbf{i} m\theta).$$

$r > 0$ が任意であることから, すべての $k = 0, 1, \ldots, 2N$ に対し

$$\sum_{m=0}^k c_{m,k-m} \exp(2\mathbf{i} m\theta) = 0.$$

さらに $\ell = 0, 1, \ldots, k$ を任意とし上式両辺に $\exp(-2\mathbf{i}\ell\theta)$ を掛けてから $\theta \in [0, 2\pi]$ で積分すると, i) より $c_{\ell, k-\ell} = 0$. $0 \leq \ell \leq k \leq 2N$ は任意なので所期結論を得る.

問 2.2.4 交流回路に対するオームの法則で, 特に $t = 0$ として

$$V_0 = Z I_0 \exp(-\mathbf{i}\phi).$$

上式両辺の絶対値をとると, $V_0 = |Z| I_0$, すなわち $I_0 = V_0/|Z|$ を得る. また $V_0 = |Z| I_0$ を上式に代入し, $|Z| = Z \exp(-\mathbf{i}\phi)$, すなわち $\exp(\mathbf{i}\phi) = Z/|Z|$ を得る.

問 2.2.5 i) $n \in m\mathbb{N}$ なら $w^n = 1$ より $\sum_{j=0}^{m-1} w^{nj} = m$. $n \notin m\mathbb{N}$ なら $w^n \neq 1$, $\sum_{j=0}^{m-1} w^{nj} \stackrel{(1.15)}{=} \frac{w^{nm}-1}{w^n-1} = 0$.
ii) $N \in \mathbb{N}$ に対し,

$$\sum_{j=0}^{m-1} \sum_{n=0}^{mN} a_n w^{jn} z^n = \sum_{n=0}^{mN} a_n z^n \sum_{j=0}^{m-1} w^{jn} \stackrel{\text{i)}}{=} m \sum_{n=0}^N a_{mn} z^{mn}.$$

$N \to \infty$ として結論を得る.

問 2.2.6 i) $\tan z \tan w = 1 \iff \sin z \sin w = \cos z \cos w \overset{(2.13)}{\iff} \cos(z + w) = 0$ $\overset{\text{系 2.2.5}}{\iff} z + w \in \frac{\pi}{2} + \pi\mathbb{Z}$.

ii)

$$\tan(z + w) = \frac{\sin(z + w)}{\cos(z + w)} \overset{(2.13)}{=} \frac{\cos z \sin w + \sin z \cos w}{\cos z \cos w - \sin z \sin w} = \frac{\tan z + \tan w}{1 - \tan z \tan w}.$$

問 2.3.1 i) $|1 + \exp(\mathbf{i}\theta)|^2 = 2 + 2\cos\theta = 4\cos^2\frac{\theta}{2}$. よって $\log|1 + \exp(\mathbf{i}\theta)| = \frac{1}{2}\log(4\cos^2\frac{\theta}{2}) = \log 2 + \log\cos\frac{\theta}{2}$. 一方, $\frac{\sin\theta}{1+\cos\theta} = \frac{2\cos\frac{\theta}{2}\sin\frac{\theta}{2}}{2\cos^2\frac{\theta}{2}} = \tan\frac{\theta}{2}$. よって

$$\operatorname{Arg}\left(1 + \exp(\mathbf{i}\theta)\right) = \operatorname{Arctan}\left(\frac{\sin\theta}{1 + \cos\theta}\right) = \frac{\theta}{2}.$$

ii) $\theta \in (0, 2\pi)$ なら $\theta - \pi \in (-\pi, \pi)$, $1 - \exp(\mathbf{i}\theta) = 1 + \exp(\mathbf{i}(\theta - \pi))$ で i) に帰着する.

問 2.3.2 次の二つを示せばよい.

  1) $z \in S_c$ に対し, $\exp z \in \mathbb{C}\backslash\{0\}$, かつ $\operatorname{Log}_c \exp z = z$.

  2) $z \in \mathbb{C}\backslash\{0\}$ に対し $\operatorname{Log}_c z \in S_c$, かつ $\exp\operatorname{Log}_c z = z$.

1) について, $z \in S_c$ に対し, $\exp z \overset{(2.4)}{\in} \mathbb{C}\backslash\{0\}$. また,

$$\operatorname{Log}_c \exp z = \operatorname{Log} \exp(z - c\mathbf{i}) + c\mathbf{i} \overset{(2.31)}{=} (z - c\mathbf{i}) + c\mathbf{i} = z.$$

2) について, $z \in \mathbb{C}\backslash\{0\}$ に対し

$$\operatorname{Im}\operatorname{Log}_c z \overset{(2.27)}{=} \operatorname{Arg}\left(\exp(-c\mathbf{i})z\right) + c \in c + (-\pi, \pi].$$

ゆえに $\operatorname{Log}_c z \in S_c$. また,

$$\exp\left(\operatorname{Log}\left(\exp(-c\mathbf{i})z\right) + c\mathbf{i}\right) \overset{(2.2)}{=} \exp\operatorname{Log}\left(\exp(-c\mathbf{i})z\right)\exp(c\mathbf{i})$$
$$\overset{(2.32)}{=} \exp(-c\mathbf{i})z\exp(c\mathbf{i}) \overset{(2.2)}{=} z.$$

問 2.3.3 i) $f(\mathbf{i}y) = \mathbf{i}\sum_{j=0}^{n}(-1)^j c_{2j+1}y^{2j+1} + c_0$ より明らか.

ii) i) と $\operatorname{Arg} f(\mathbf{i}y) = \operatorname{Arctan}\left(\operatorname{Im} f(\mathbf{i}y)/c_0\right)$ による.

iii) $|f(\mathbf{i}y)| \overset{\text{i)}}{=} |f(-\mathbf{i}y)|$. よって $\operatorname{Log} f(\mathbf{i}y) - \operatorname{Log} f(-\mathbf{i}y) = \mathbf{i}\operatorname{Arg} f(\mathbf{i}y) - \mathbf{i}\operatorname{Arg} f(-\mathbf{i}y)$. これと ii) より結論を得る.

問 2.4.1 i) $\sqrt{-c} \overset{(2.39)}{=} \exp(\frac{1}{2}\operatorname{Log}(-c)) \overset{(2.27)}{=} \exp(\frac{1}{2}\log c + \frac{1}{2}\pi\mathbf{i}) = \mathbf{i}\sqrt{c}$.

ii) $n = 0, \pm 1$ に対し $\operatorname{Arg} z + \operatorname{Arg} w - 2\pi n \in (-\pi, \pi]$ とすると, $\sqrt{zw} \overset{(2.39)}{=} \exp(\frac{1}{2}\operatorname{Log}(zw))$ $\overset{(2.30)}{=} \exp(\frac{1}{2}\operatorname{Log} z + \frac{1}{2}\operatorname{Log} w - n\pi\mathbf{i}) \overset{(2.39)}{=} \sqrt{z}\sqrt{w}(-1)^n$. ゆえに第 1 式を得る. i) と第 1 式より第 2 式を得る.

問 2.4.2 $\theta \overset{\mathrm{def}}{=} \operatorname{Arg} z$ に対し $\operatorname{Arg}(|z|+z) = \operatorname{Arg}(1+\exp(\mathrm{i}\theta)) \overset{問\ 2.3.1}{=} \theta/2$. したがって, $\frac{|z|+z}{||z|+z|} = \exp(\mathrm{i}\theta/2)$. 以上より第 1 式を得る. また $||z|+z| \overset{問\ 1.1.1}{=} \sqrt{2|z|(|z|+\operatorname{Re} z)}$ より第 2 式を得る.

問 2.4.3 $b \in \mathbb{R}\backslash(-c,c)$ の場合：$b^2 - c^2 \in [0,\infty)$ より, $\sqrt{c^2-b^2} \overset{問\ 2.4.1}{=} \mathrm{i}\sqrt{b^2-c^2}$. ゆえに $\sigma_{\pm} = b \mp \sqrt{b^2-c^2}$. $b \in (-\infty,-c]$ のとき $\sigma_+ \leq -c \leq \sigma_- < 0$, また $b \in [c,\infty)$ のとき $0 < \sigma_+ \leq c \leq \sigma_-$ は容易にわかる.
$b \notin \mathbb{R}\backslash(-c,c)$ の場合：$b^2-c^2 \notin [0,\infty)$, すなわち $c^2-b^2 \notin (-\infty,0]$ より, 問 2.4.2 を用いて $\sqrt{c^2-b^2}$ を計算できる. そこで $b_1 = \operatorname{Re} b$, $b_2 = \operatorname{Im} b$ とし, $|b|^2 \leq |b^2-c^2| + c^2$ (等号 $\Leftrightarrow b \in \mathbb{R}\backslash(-c,c)$) に注意すると,

$$\operatorname{Im}\left(\mathrm{i}\sqrt{c^2-b^2}\right) = \operatorname{Re}\sqrt{c^2-b^2} \overset{問\ 2.4.2}{=} \sqrt{\frac{|c^2-b^2|+\operatorname{Re}(c^2-b^2)}{2}}$$

$$= \sqrt{\frac{|c^2-b^2|+c^2-b_1^2+b_2^2}{2}} = \sqrt{b_2^2 + \frac{|c^2-b^2|+c^2-|b|^2}{2}} > |b_2|.$$

したがって $\pm\operatorname{Im}\sigma_{\pm} = \pm b_2 + \operatorname{Im}\left(\mathrm{i}\sqrt{c^2-b^2}\right) > \pm b_2 + |b_2| \geq 0$. よって, $\operatorname{Im}\sigma_- < 0 < \operatorname{Im}\sigma_+$.
ii) $|\sigma_{\pm}| = c$, $\operatorname{Re}\sigma_{\pm} = b$ より, $\sqrt{\sigma_{\pm}} \overset{問\ 2.4.2}{=} \frac{c+\sigma_{\pm}}{\sqrt{2(c+b)}} = \sqrt{\frac{c+b}{2}} \pm \mathrm{i}\sqrt{\frac{c-b}{2}}$.

問 2.4.4 $a_n = \exp(\pi\mathrm{i}^{n+1}/2)$ $(n \overset{\mathrm{mod}\ 4}{\equiv} 0,1,2,3$ に応じ, $a_n = \mathrm{i}, \exp(-\pi/2), -\mathrm{i}, \exp(\pi/2))$.

問 2.4.5 $\operatorname{Im}(\alpha\operatorname{Log} z) = \alpha\operatorname{Im}\operatorname{Log} z = \alpha\operatorname{Arg} z \in (-\pi,\pi)$. ゆえに (2.41), (2.42) より結論を得る.

問 2.4.6 $\operatorname{Im}(\alpha\operatorname{Log} z) = \alpha\operatorname{Arg} z \in (\pi,2\pi]$. したがって, $(z^\alpha)^\beta \overset{(2.43)}{=} z^{\alpha\beta}\exp(-2\pi\beta\mathrm{i})$. 同様に $(z^\beta)^\alpha = z^{\alpha\beta}\exp(-2\pi\alpha\mathrm{i})$. 特に $\beta \notin \mathbb{Z}$ なら $(z^\alpha)^\beta \neq z^{\alpha\beta}$. また $\beta - \alpha \notin \mathbb{Z}$ なら $(z^\alpha)^\beta \neq (z^\beta)^\alpha$.

問 2.4.7 命題 2.4.5 より $z \mapsto z^\alpha$ は $C\backslash(-\infty,0)$ 上連続である. 一方, $-(z-a)(z-b) \in (-\infty,0) \Leftrightarrow z \in J$. ゆえに f は $\mathbb{C}\backslash J$ 上連続である.

問 2.4.8 $a \in (-\infty,a_1)$ とする. $(a-a_j)^{1/m} = (a_j-a)^{1/m}\exp(\pi\mathrm{i}/m)$ $(j=1,\dots,m)$ より $f(a) = -\prod_{j=1}^m (a_j-a)^{1/m} \in (-\infty,0)$. 一方, 命題 2.4.5 より $(z-a_j)^{1/m}$ $(j=1,\dots,m)$ は $\mathbb{C}\backslash(-\infty,a_m]$ 上連続である. ゆえに f も $\mathbb{C}\backslash(-\infty,a_m]$ 上連続である. したがって f が $(-\infty,a_1)$ 上連続ならよい. そこでまた, $\exp(\pm\pi\mathrm{i}) = -1$ と (2.48) より, $a \in (-\infty,a_1)$ に対し, $\displaystyle\lim_{\substack{z\to a \\ \operatorname{Im} z > 0}} f(z) = f(a)$, $\displaystyle\lim_{\substack{z\to a \\ \operatorname{Im} z < 0}} f(z) = f(a)$. よって f は点 a で連続である.

問 2.4.9 i) $M \in [0,\infty)$ を $|a_n|$ の上界とする. (2.49) より $\sum_{n=1}^\infty \left|\frac{a_n}{n^s}\right| \leq M \sum_{n=1}^\infty \frac{1}{n^{\operatorname{Re} s}} < \infty$.
ii) $\xi(s) \overset{\mathrm{def}}{=} \sum_{n=0}^\infty \frac{1}{(2n+1)^s}$, $\eta(s) \overset{\mathrm{def}}{=} \sum_{n=1}^\infty \frac{(-1)^{n-1}}{n^s}$ に対し,

$$\zeta(s) = \sum_{n:\text{奇数}} \frac{1}{n^s} + \sum_{n \geq 2:\text{偶数}} \frac{1}{n^s} = \xi(s) + \sum_{n-1}^{\infty} \frac{1}{(2n)^s} = \xi(s) + \frac{\zeta(s)}{2^s}.$$

よって (2.51) の第 1 式を得る. また,

$$\zeta(s) + \eta(s) = \sum_{n=1}^{\infty} \frac{1 - (-1)^n}{n^s} = \sum_{n:\text{奇数}} \frac{2}{n^s} + \sum_{n \geq 2:\text{偶数}} \frac{0}{n^s} = 2\xi(s).$$

よって $\eta(s) = 2\xi(s) - \zeta(s) = \left(1 - \frac{1}{2^{s-1}}\right)\zeta(s)$.

問 2.4.10 (2.52) の収束：$f(x) = x^{s-1}e^{-x} \ (x > 0)$ とする. $n \in \mathbb{N}$ に対し $e^{-x} \leq n!x^{-n}$ だから,

1) $\qquad\qquad\qquad\qquad |f(x)| \leq n!\, x^{\text{Re}\, s - 1 - n}.$

1) で $n = 0$ とすれば $\text{Re}\, s - 1 > -1$ より $\int_0^1 f < \infty$. また, 1) で $n > \text{Re}\, s$ とすれば, $\text{Re}\, s - 1 - n < -1$ より $\int_1^\infty f < \infty$. 以上より $\int_0^\infty f < \infty$.

$(2.53)：\Gamma(s+1) = \int_0^\infty x^s e^{-x}\, dx = \underbrace{[-x^s e^{-x}]_0^\infty}_{=0} + s\underbrace{\int_0^\infty x^{s-1}e^{-x}\, dx}_{=\Gamma(s)}.$

$(2.54)：(2.53)$ を繰り返し適用する.

$(2.55)：\Gamma(1) = \int_0^\infty e^{-x}\, dx = 1$. これと，(2.54) を併せればよい.

$(2.56)：$積分変数の変換による.

問 2.4.11 $\frac{x^{s-1}}{\exp x - 1} = \frac{x^{s-1}\exp(-x)}{1 - \exp(-x)} = \sum_{n=0}^{\infty} x^{s-1}\exp(-(n+1)x)$. したがって,

$$\begin{aligned}
\int_0^\infty \frac{x^{s-1}}{\exp x - 1}\, dx &= \int_0^\infty \left(\sum_{n=0}^{\infty} x^{s-1}\exp(-(n+1)x)\right) dx \\
&= \sum_{n=0}^{\infty} \int_0^\infty x^{s-1}\exp(-(n+1)x)\, dx \\
&\overset{(2.56)}{=} \Gamma(s)\sum_{n=0}^{\infty} \frac{1}{(n+1)^s} = \Gamma(s)\zeta(s).
\end{aligned}$$

上式中の積分・無限和の順序交換については，例えば [吉田 1, p.423, 定理 16.5.3], あるいはルベーグ積分論の単調収束定理 [吉田 2, p.52, 定理 2.4.1] を参照されたい. 以上で (2.57) を得る. また, (2.57) と同様に $\int_0^\infty \frac{x^{s-1}}{\sinh x}\, dx = 2\Gamma(s)\sum_{n=0}^{\infty} \frac{1}{(2n+1)^s}$. これと (2.51) より (2.58) を得る. (2.59) も同様である.

問 2.5.1 i), ii) 共に定義式 (2.11), (2.63), (2.64) を用いた単純計算.

問 2.5.2 i) Arcsin は奇関数 (奇関数 sin の逆関数) だから $(1, \infty)$ 上の不連続性をいえばよい. $\text{Re}\, z = x$, $\text{Im}\, z = y$ とするとき, $\text{Arcsin}\, z = \frac{1}{\mathbf{i}}\text{Log}\left(\sqrt{1 - x^2 + y^2 - 2\mathbf{i}xy} - y + \mathbf{i}x\right)$. 今, $x > 1$ を固定する. このとき $y > 0$ を 0 に近づけると (2.48) より $\text{Arcsin}\, z \to c_+ \overset{\text{def}}{=} \frac{1}{\mathbf{i}}\text{Log}\left(-\mathbf{i}\sqrt{x^2 - 1} - y + \mathbf{i}x\right)$. また, $y < 0$ を 0 に近づけると (2.48) より $\text{Arcsin}\, z \to c_- \overset{\text{def}}{=} \frac{1}{\mathbf{i}}\text{Log}\left(\mathbf{i}\sqrt{x^2 - 1} - y + \mathbf{i}x\right)$. $\text{Log}\, : \mathbb{C}\backslash\{0\} \to \mathbb{C}$ は単射だから

$c_+ \neq c_-$. ゆえに Arcsin は $(1, \infty)$ 上不連続である.

ii) Arctan は奇関数 (奇関数 tan の逆関数) だから $\mathbf{i}(1,\infty)$ 上の不連続性をいえばよい. $\mathrm{Re}\, z = x$, $\mathrm{Im}\, z = y$ とするとき, $\mathrm{Arctan}\, z = \frac{1}{2\mathbf{i}} \mathrm{Log}\left(\frac{1-x^2-y^2+2\mathbf{i}xy}{(1+y)^2+x^2}\right)$. 今, $y > 1$ を固定する. このとき $x > 0$ を 0 に近づけると (2.35) より $\mathrm{Arctan}\, z \to c_+ \overset{\mathrm{def}}{=} \frac{1}{2\mathbf{i}} \log\left(\frac{y^2-1}{(y+1)^2}\right) + \frac{\pi}{2}$. また, $x < 0$ を 0 に近づけると (2.35) より $\mathrm{Arctan}\, z \to c_- \overset{\mathrm{def}}{=} \frac{1}{2\mathbf{i}} \log\left(\frac{y^2-1}{(y+1)^2}\right) - \frac{\pi}{2}$. ゆえに Arctan は $\mathbf{i}(1,\infty)$ 上不連続である.

問 3.2.1 $w \in D^* \backslash \{z\}$, $w \to z$ とするとき $\overline{w} \in D \backslash \{\overline{z}\}$, $\overline{w} \to \overline{z}$. ゆえに

$$\frac{f^*(w) - f^*(z)}{w - z} = \overline{\left(\frac{f(\overline{w}) - f(\overline{z})}{\overline{w} - \overline{z}}\right)} \longrightarrow \overline{f'(\overline{z})}.$$

問 3.2.2 i) $g(z) \overset{\mathrm{def}}{=} 2a - z$ とすれば $g : D(a,r) \backslash \{a\} \to D(a,r) \backslash \{a\}$ は正則である. ゆえに命題 3.2.5 より $F = f + f \circ g$ は $D(a,r) \backslash \{a\}$ 上正則である.

ii) 点 a における連続性を示せばよい. そこで, $z \neq a$, $z \longrightarrow a$ とするとき,

$$F(z) = \frac{h(z)}{z-a} + \frac{h(2a-z)}{a-z} = \frac{h(z)-h(a)}{z-a} + \frac{h(2a-z)-h(a)}{a-z} \longrightarrow 2h'(a).$$

問 3.2.3 D 上 $(f/g)' = \frac{f'g - fg'}{g^2} = 0$. ゆえに命題 3.2.9 より f/g は定数である.

問 3.3.1 問 1.1.6 より $f_A : U_A \to V_A$ は全単射である. また有理式 f_A の分母は U_A 内に零点を持たないので f_A は U_A 上正則である. 同じ理由により f_A の逆関数も V_A 上正則である.

問 3.3.2

1) $$(\sin)'(\mathrm{Arcsin}\, z) = \cos(\mathrm{Arcsin}\, z) \overset{\text{問 2.5.1}}{=} \sqrt{1-z^2}.$$

(3.21) と 1) より, $(\mathrm{Arcsin}\, z)' \overset{(3.21)}{=} \frac{1}{(\sin)'(\mathrm{Arcsin}\, z)} \overset{1)}{=} \frac{1}{\sqrt{1-z^2}}$. また,

(2) $$(\tan)'(\mathrm{Arctan}\, z) = \frac{1}{\cos^2(\mathrm{Arctan}\, z)} \overset{\text{問 2.5.1}}{=} 1 + z^2.$$

(3.21) と 2) より, $(\mathrm{Arctan}\, z)' \overset{(3.21)}{=} \frac{1}{(\tan)'(\mathrm{Arctan}\, z)} \overset{(2)}{=} \frac{1}{1+z^2}$.

問 3.3.3 i) $(x,y) \in \mathbb{R}^2 \backslash \{0\}$ に対し $f(x+\mathbf{i}y) = \frac{x}{2}\left(1 + \frac{1}{|z|^2}\right) + \frac{\mathbf{i}y}{2}\left(1 - \frac{1}{|z|^2}\right)$ からわかる.

ii) $\{\exp z \, ; \, z \in D_1\} \subset G_+$ と i) を併せ, $\{\cosh z \, ; \, z \in D_1\} \subset G_+$ を得る. cos についても同様.

iii) $\cosh$, $\cos$, Log の微分 (例 3.2.7, 3.3.3) と連鎖律 (命題 3.2.5) を組み合わせる.

問 3.4.1 $|z| > 1/r \Leftrightarrow |1/z| < r$. よって仮定よりべき級数 $f(z) = \sum_{n=0}^{\infty} a_n z^n$ は $|z| < r$ の範囲で絶対収束する. よってこの範囲で正則である (命題 3.4.1). また, $|z| > 1/r$ なら $g(z) = f(1/z)$. よって g は, 二つの正則関数 : $z \mapsto 1/z$ $(\mathbb{C} \backslash \overline{D}(0, 1/r) \to D(0,r))$, $f : D(0,r) \to \mathbb{C}$ の合成なので, $\mathbb{C} \backslash \overline{D}(0, 1/r)$ 上で正則である (命題 3.2.5).

問 3.4.2 i)

$$\log 2 + \log \sin \frac{\theta}{2} \overset{\text{問 2.3.1}}{=} \operatorname{Re} \operatorname{Log} \left(1 - \exp(\mathbf{i}\theta)\right) \overset{(3.31)}{=} -\sum_{n=1}^{\infty} \frac{\cos n\theta}{n}.$$

ii) 示すべき等式は $\theta \in [0, 2\pi]$ について連続なので $\theta \in (0, 2\pi)$ に対し示せばよい. このとき, $\varepsilon > 0$ とし, i) の等式を積分し,

$$(\theta - \varepsilon) \log 2 + 2 \int_{\varepsilon/2}^{\theta/2} \log \sin t\, dt = -\sum_{n=1}^{\infty} \frac{\sin n\theta - \sin n\varepsilon}{n^2}.$$

ついで $\varepsilon \to 0$ とし結論を得る.

iii) ii) で $\theta = \pi$.

問 3.4.3 i) (3.33), (3.35) より, $\frac{\pi^2}{6} - \frac{(2\pi - \theta)\theta}{4} = \sum_{n=1}^{\infty} \frac{\cos n\theta}{n^2}$. 両辺を積分して結論を得る.

ii) i) で $\theta = \pi/2$.

問 3.5.1 定義 (3.38) に従って単純計算すればよい.

問 3.6.1 $|f'(c)|^2 \overset{(3.18)}{=} u_x(c)^2 + v_x(c)^2 \overset{(3.44)}{=} u_x(c)v_y(c) - u_y(c)v_x(c).$

問 3.6.2 $\Rightarrow$：$|f|^2 = f\bar{f}$ が c で複素微分可能. ゆえに

$$
\begin{aligned}
0 \overset{(3.43)}{=} (f\bar{f})_x(c) + \mathbf{i}(f\bar{f})_y(c) &= f_x(c)\overline{f(c)} + f(c)\overline{f_x(c)} + \mathbf{i}f_y(c)\overline{f(c)} + \mathbf{i}f(c)\overline{f_y(c)} \\
&\overset{(3.43)}{=} f_x(c)\overline{f(c)} + f(c)\overline{f_x(c)} - f_x(c)\overline{f(c)} + f(c)\overline{f_x(c)} \\
&= 2f(c)\overline{f_x(c)} \overset{(3.18)}{=} 2f(c)\overline{f'(c)}.
\end{aligned}
$$

よって $f(c) = 0$, または $f'(c) = 0$.

$\Leftarrow$：$f'(c) = 0$ なら, $\bar{f}$ は c で複素微分可能である (系 3.6.2). よって $|f|^2 = f\bar{f}$ は c で複素微分可能である (命題 3.2.3). 一方, $f(c) = 0$ なら, $z \in D\backslash\{c\}$, $z \to c$ とするとき, $\frac{|f(z)|^2}{z - c} = \overline{(z - c)}\left|\frac{f(z)}{z - c}\right|^2 \to 0$. よって $|f|^2$ は c で複素微分可能である.

問 3.6.3 i) $|f| \equiv 0$ なら $f \equiv 0$ なので $|f| = k > 0$ (定数) とする. $|f|^2 = k^2$ は定数だから特に正則. よって $k > 0$ と問 3.6.2 より $f' \equiv 0$. 以上と命題 3.2.9 より f は定数である.

ii) $g \overset{\text{def}}{=} 2\lambda \operatorname{Re} f + 2\mathbf{i}\mu \operatorname{Im} f = (\lambda + \mu)f + (\lambda + \mu)\bar{f}$. $\lambda \neq \mu$ なら f, g が共に D 上正則であることと系 3.6.2 より f は定数である.

問 3.6.4 例 3.3.3 より, $\operatorname{Log} : \mathbb{C}\backslash(-\infty, 0] \to \mathbb{C}$ は正則, $u(z) = \log|z|$, $v(z) = \operatorname{Arg} z$ はその実部, 虚部である. よって命題 3.6.1 より, u, v は x, y について偏微分可能である. また, コーシー・リーマン方程式より, $v_x = -u_y = \frac{-y}{x^2 + y^2}$, $v_y = u_x = \frac{x}{x^2 + y^2}$.

問 4.2.1 補題 3.2.8 より, $h(C)$ は区分的 C^1 級である. また,

$$\int_{h(C)} f = \int_\alpha^\beta f((h \circ g)(t))(h \circ g)'(t)\, dt = \int_\alpha^\beta f((h \circ g)(t))h'(g(t))g'(t)\, dt = \int_C (f \circ h)h'.$$

問 4.2.2 問 4.2.1 で $D = \mathbb{C}\backslash\{a\}$, $h(z) = a + \frac{1}{z-a}$, $C = C(a, r)$.

問 4.2.3

$$\int_\gamma^{2\gamma} f(g(t))g'(t)dt = -\int_\gamma^{2\gamma} f(-g(t-\gamma))g'(t-\gamma)dt$$

$$= -\int_\gamma^{2\gamma} f(g(t-\gamma))g'(t-\gamma)dt = -\int_0^\gamma f(g(t))g'(t)dt.$$

問 4.2.4 $n \in \mathbb{N}\backslash\{0\}$ に対し, $\int_{nC} f \overset{(4.14)}{=} n\int_C f$, $\int_{-nC} f \overset{(4.14)}{=} n\int_{-C} f \overset{(4.12)}{=} -n\int_C f$.

問 4.2.5 $g'(t) = (1-t^2)^{-1/2}(2-t^2)^{-1/2}\left(-t(3-2t^2) + \mathbf{i}(2-t^2)^{1/2}(1-2t^2)\right)$. $|g'(t)|^2 = \cdots$ (単純計算) $\cdots = 1/p(t)$. これと (4.10) より示すべき等式を得る.

問 4.2.6 $[-1, 1] \to [-a, a]$ の全単射性は明らかである. 一方, $\sigma \in [0, 1]$ に対し $\tau = \sqrt{2-\sigma^2} \in [1, \sqrt{2}]$ とすると, 積分変数の変換 $t = \sqrt{2-s^2}$ より

$$\int_1^\tau \frac{dt}{\sqrt{-p(t)}} = \int_0^\sigma \frac{ds}{\sqrt{p(s)}}.$$

したがって,

$$\ell(\tau) = \ell(1) + \mathbf{i}\int_1^\tau \frac{dt}{\sqrt{-p(t)}} = \ell(1) + \mathbf{i}\int_0^\sigma \frac{ds}{\sqrt{p(s)}}.$$

これにより, $[1, \sqrt{2}] \to a + \mathbf{i}[0, a]$ の全単射性がわかる. $[-\sqrt{2}, -1] \to -a + \mathbf{i}[0, a]$ についても同様である. 次に $\sigma \in [0, 1)$ に対し $\tau = \sqrt{(2-\sigma^2)/(1-\sigma^2)} \in [\sqrt{2}, \infty)$ とすると積分変数の変換 $t = \sqrt{(2-s^2)/(1-s^2)}$ より

$$\int_{\sqrt{2}}^\tau \frac{dt}{\sqrt{p(t)}} = \int_0^\sigma \frac{ds}{\sqrt{p(s)}}.$$

したがって,

$$\ell(\tau) = \ell(\sqrt{2}) - \int_{\sqrt{2}}^\tau \frac{dt}{\sqrt{p(t)}} = \ell(\sqrt{2}) - \int_0^\sigma \frac{ds}{\sqrt{p(s)}}.$$

これにより, $[\sqrt{2}, \infty) \to (0, a] + a\mathbf{i}$ の全単射性がわかる. $(-\infty, -\sqrt{2}] \to [-a, 0) + a\mathbf{i}$ についても同様である.

問 4.2.7 i) $\alpha = \text{Im}\,a$, $\beta = \text{Im}\,b$ とするとき, C は $g(t) = \mathbf{i}t$ $(t \in [\alpha, \beta])$ と表せる. よって, $\rho(C) = \int_\alpha^\beta \frac{dt}{t} = \log\frac{\beta}{\alpha}$.
ii) $\alpha = \text{Arg}\,(a-c)$, $\beta = \text{Arg}\,(b-c)$ とすると C は $g(t) = c + \exp(\mathbf{i}t)$ $(t \in [\alpha, \beta])$ と表せる. よって,

$$\rho(C) = \int_\alpha^\beta \frac{dt}{\sin t} = \frac{1}{2}\int_\alpha^\beta \left(\frac{\sin t}{1-\cos t} + \frac{\sin t}{1+\cos t}\right) = \log\sqrt{\frac{(1-\cos\beta)(1+\cos\alpha)}{(1+\cos\beta)(1-\cos\alpha)}}.$$

さらに, $\cosh\rho(C) = \cdots$ (単純計算) $\cdots = 1 + \frac{1-\cos(\alpha-\beta)}{\sin\alpha\sin\beta} = 1 + \frac{|a-b|^2}{2\,\text{Im}\,a\,\text{Im}\,b}$.

問 4.2.8　i) ⇒：$f(z) = (f(z)+f(2a-z))/2 = \sum_{n=0}^{\infty} c_{2n}(z-a)^{2n} + \sum_{n=1}^{\infty} c_{-2n}(z-a)^{-2n}$. よって，係数の一意性より，$c_{2n+1} = 0$ ($\forall n \in \mathbb{Z}$). ⇐ は明らか.
ii) は i) と同様である.

問 4.2.9　$|z| \to \infty$ とするとき，$\rho(z,C) \overset{\text{def}}{=} \min_{w \in C} |z-w| \geq |z| - \max_{w \in C} |w| \geq |z|/2$ としてよい. ゆえに，$M = \sup_{w \in C} |f(w)|$ とするとき，(4.21) より，

$$|z^n F^{(n)}(z)| \leq n!|z|^n \int_C \left| \frac{f(w)}{(w-z)^{n+1}} \right| |dw| \leq \frac{n!|z|^n M}{\rho(z,C)^{n+1}} \ell(C) \to 0.$$

問 4.2.10　$C(0,1)$ を単位円周，$f_n(z) = \sum_{j=0}^n a_j z^j$, $g_n(z) = \sum_{k=0}^n b_k z^k$, $h_n(z) = f_n(z)\overline{g_n(z)}/z$, $h(z) = f(z)\overline{g(z)}/z$ とする. $f_n \to f$, $g_n \to g$ は $C(0,1)$ 上一様収束するので，$h_n \to h$ も $C(0,1)$ 上一様収束する. また，

$$\int_C h_n = \mathbf{i} \sum_{j,k=0}^n a_j \overline{b_k} \int_0^{2\pi} \exp(2\pi(j-k)\mathbf{i}t)\,dt \overset{(4.17)}{=} 2\pi\mathbf{i} \sum_{j=0}^n a_j \overline{b_j}.$$

$n \to \infty$ として結論を得る.

問 4.4.1　$f(r) = \exp(r^2) - 1 - r\int_0^r \exp(t^2)\,dt$ に対し，$f'(r) = r\exp(r^2) - \int_0^r \exp(t^2)\,dt \geq 0$. したがって f は単調増加である. ゆえに $f(r) \geq f(0) = 0$.

問 4.4.2　$\alpha \overset{\text{def}}{=} \mathrm{Re}(-c^2) = (\mathrm{Im}\,c)^2 - (\mathrm{Re}\,c)^2 > 0$, $\beta \overset{\text{def}}{=} \mathrm{Im}(-c^2)$ に対し $\beta = 0$ なら，$\exp(-c^2 x^2) = \exp(\alpha x^2)$ は明らかに $(0,\infty)$ 上広義可積分でない. 次に $\beta > 0$ とする. $c_n = n\pi/\beta$ に対し

$$\int_{\sqrt{c_{2n}}}^{\sqrt{c_{2n+1}}} \exp(\alpha x^2)\sin(\beta x^2)\,dx \geq \exp(\alpha c_{2n}) \int_{\sqrt{c_{2n}}}^{\sqrt{c_{2n+1}}} \sin(\beta x^2)\,dx$$
$$= \frac{\exp(\alpha c_{2n})}{2} \int_{c_{2n}}^{c_{2n+1}} \frac{\sin(\beta x)}{\sqrt{x}}\,dx$$
$$\geq \frac{\exp(\alpha c_{2n})}{2\sqrt{c_{2n+1}}} \int_{c_{2n}}^{c_{2n+1}} \sin(\beta x)\,dx = \frac{\pi \exp(\alpha c_{2n})}{\beta\sqrt{c_{2n+1}}}$$
$$\overset{n\to\infty}{\longrightarrow} \infty.$$

これと，$\mathrm{Im}\exp(-c^2 x^2) = \exp(\alpha x^2)\sin(\beta x^2)$ より，$\exp(-c^2 x^2)$ は $(0,\infty)$ 上広義可積分でない. $\beta < 0$ でも同様である.

問 4.4.3　$x = y^{\frac{1}{1-p}}$ とすると，

$$I(p) = \frac{1}{1-p} \int_0^\infty \frac{\sin(y^{\frac{1}{1-p}})}{y^{\frac{p}{1-p}}} y^{\frac{p}{1-p}}\,dy. = (\text{右辺}).$$

問 4.4.4　例 4.4.6 より $b = 0$ の場合に広義積分 $F(a,0) = \int_{-\infty}^\infty \exp(-a^2 x^2)\,dx$ は収束し，所期等式が成立する. また，$c = b/a^2$ とするとき，$\exp(-a^2 x^2 - 2bx) = \exp\left(\frac{b^2}{a^2}\right)\exp\left(-a^2(x+c)^2\right)$. したがって次を示せば例 4.4.6 に帰着する.

1) 広義積分 $\int_{-\infty}^\infty \exp\left(-a^2(x+c)^2\right)dx$ が収束し $F(a,0)$ に等しい.

条件 ii) を仮定すれば $c \in \mathbb{R}$. よって 補題 4.4.1 より 1) が成立する. 条件 i) を仮定すれば, $\mathrm{Re}(a^2) = \mathrm{Re}(a)^2 - \mathrm{Im}(a)^2 > 0$. したがって, $x \in \mathbb{R}$, $t \in [0,1]$ に対し $q(x,t) = a^2(x + \mathrm{Im}(c)t\mathbf{i})^2$ とするとき,

$$\inf_{0 \le t \le 1} \mathrm{Re}\, q(x,t) \ge \mathrm{Re}(a^2)x^2 - 2|\mathrm{Re}(\mathbf{i}a^2)\,\mathrm{Im}(c)x| - |\mathrm{Re}(a^2)|\,|\mathrm{Im}(c)|^2 \xrightarrow{|x| \to \infty} \infty.$$

これと補題 4.4.2 より 1) を得る.

問 4.4.5 $f(z) = z^n \exp(-z)$ $(z \in \mathbb{C})$ とする. ガンマ関数に関し, よく知られた公式 $\int_0^\infty f(x)\,dx = n!$ より, $\int_0^\infty f(x)\,dx = c\int_0^\infty f(cx)\,dx$ をいえばよい. そこで, 条件 (4.38) $(c = a + b\mathbf{i},\, a > 0,\, b \in \mathbb{R})$ について, $t \in [0, br]$ に対し,

$$|f(ar + t\mathbf{i})| = (a^2r^2 + t^2)^{n/2}\exp(-ar) \le (a^2 + b^2)^{n/2}r^n \exp(-ar).$$

上式より条件 (4.38) が検証される.

ii) i) で $c = 1 + \mathbf{i}$, また n の代わりに $4n+3$ とし, $\int_0^\infty x^{4n+3}\exp(-x)\sin x\,dx = 0$. さらに積分変数の変換で結論を得る.

問 4.5.1 fg は $f'g + fg'$ の原始関数なので命題 4.5.5 より $\int_C (f'g + fg') = [fg]_a^b$.

問 4.5.2 $z \in D(0,r)$ に対し $\sum_{n=0}^\infty \left|\frac{a_n}{n+1}z^{n+1}\right| \le |z|\sum_{n=0}^\infty |a_n||z|^n < \infty$. よって $F(z)$ はすべての $z \in D(0,r)$ に対し絶対収束する. したがって命題 3.4.1 より $z \in D(0,r)$ に対し $F'(z) = \sum_{n=0}^\infty (n+1)\frac{a_n}{n+1}z^n = f(z)$.

問 4.5.3 i) $f = \exp g$ なら, $f' = g'\exp g = g'f$. したがって g は f'/f の D 上での原始関数である.

ii) g の存在：f'/f の D 上での原始関数 g で $g(a) = b$ をみたすものが存在する (命題 4.5.2). このとき, $(\exp(-g)f)' = \exp(-g)(-g'f + f') = 0$. よって $\exp(-g)f \equiv \exp(-g(a))f(a) = 1$. したがって $f = \exp g$. g の一意性：i) より g は f'/f の D 上での原始関数である. さらに $g(a) = b$ より g は一意的である (命題 4.5.2).

問 4.5.4 F, G をそれぞれ f, g の原始関数とする. このとき, $f = F' \overset{(3.18)}{=} (\mathrm{Re}\,F)_x + \mathbf{i}(\mathrm{Im}\,F)_x \overset{(3.44)}{=} (\mathrm{Re}\,F)_x - \mathbf{i}(\mathrm{Re}\,F)_y$ ゆえに $(\mathrm{Re}\,h)_x = (\mathrm{Re}\,F)_x$, $(\mathrm{Im}\,h)_y = (\mathrm{Re}\,F)_y$. よって $\mathrm{Re}\,h = \mathrm{Re}\,F + c_1$ $(c_1 \in \mathbb{R})$. $g = G' \overset{(3.18)}{=} (\mathrm{Re}\,G)_x + \mathbf{i}(\mathrm{Im}\,g)_x \overset{(3.44)}{=} (\mathrm{Im}\,G)_y - \mathbf{i}(\mathrm{Im}\,G)_x$. ゆえに $(\mathrm{Im}\,h)_y = (\mathrm{Im}\,G)_y$, $(\mathrm{Im}\,h)_x = (\mathrm{Im}\,G)_x$. よって $\mathrm{Im}\,h = \mathrm{Im}\,G + c_2$ $(c_2 \in \mathbb{R})$. そこで $c = c_1 + \mathbf{i}c_2$ とすると, $h = c + \mathrm{Re}\,F + \mathbf{i}\,\mathrm{Im}\,G = c + (F + G)/2 + \overline{(F - G)/2}$. 以上より正則関数 $h_1 = c + (F + G)/2$, $h_2 = (F - G)/2$ に対し D 上 $h = h_1 + \overline{h_2}$.

問 4.5.5 例 4.5.7 の後半と同様にして $\mathrm{Log}\,f$ は D において f'/f の原始関数であることがわかる. ゆえに命題 4.5.5 より結論を得る.

問 4.6.1 i) を示すが, ii) も同様である. 任意の $z \in A \backslash L$ に対し $z(t) \overset{\text{def}}{=} (1-t)a + tz \in A \backslash L$ $(0 < \forall t < 1)$ をいえばよい. A は a に関し星形なので $z(t) \in [a, z] \subset A$. よって $z(t) \notin L$ をいえばよい. まず $z \in M \overset{\text{def}}{=} \{a + t(b-a)\,;\, 0 \le t < 1\}$ とする. この

とき, $z(t) \in M$ と $L \cap M = \emptyset$ より $z(t) \notin L$. 一方 $z \notin M$ とする. このとき $z(t)$ $\mathrm{Arg}\,(z(t) - a) = \mathrm{Arg}\,(z - a) \neq \mathrm{Arg}\,(b - a)$ より $z(t) \notin L$.

問 4.6.2 必要性:$\theta \in [-\pi, \pi]$ に対し $R(\theta) \overset{\mathrm{def}}{=} \sup\{r \in [0, \infty)\,;\, a + r\exp(\mathrm{i}\theta) \in A\}$. A は開かつ $a \in A$ より, ある $\delta > 0$ が $D(a, \delta) \subset A$ をみたす. よって, $\inf_{\theta \in [-\pi, \pi]} R(\theta) \geq \delta$. (4.47) の第 2 式を示すには, 任意に固定した $\theta \in [-\pi, \pi]$ に対し次をいえばよい:

$$a + r\exp(\mathrm{i}\theta) \in A \iff r \in [0, R(\theta)).$$

$\Rightarrow$:$a + r\exp(\mathrm{i}\theta) \in A$ とする. A は開なので, ある $r_1 \in (r, \infty)$ に対し $a + r_1\exp(\mathrm{i}\theta) \in A$. したがって, $r < r_1 \leq R(\theta)$.
$\Leftarrow$:$r \in [0, R(\theta))$ なら, $R(\theta)$ の定義よりある $r_1 \in (r, \infty)$ に対し $a + r_1\exp(\mathrm{i}\theta) \in A$. これと, A が星形であることから, $a + r\exp(\mathrm{i}\theta) \in [a, a + r_1\exp(\mathrm{i}\theta)] \subset A$.
十分性:(4.47) 第 2 式より, 任意の $z \in A$ は $\theta_0 \in [-\pi, \pi]$, $r_0 \in [0, R(\theta_0))$ を用い, $z = a + r_0\exp(\mathrm{i}\theta_0)$ と表すことができ, かつ線分 $[a, z]$ 上の任意の点 $z = a + r\exp(\mathrm{i}\theta_0)$ $(r \in [0, r_0])$ も A に属する.

問 4.6.3 i) 補題 1.6.3 より, $\delta = \rho(\overline{A}, D^c) > 0$. A が (4.47) のように表されるとき, B を次のようにとればよい. $B = \{a + r\exp(\mathrm{i}\theta)\,;\, \theta \in (-\pi, \pi],\ r \in [0, R(\theta) + \delta)\}$.
ii) B は星形領域, $f : B \to \mathbb{C}$ は正則かつ, ∂A は B 内の区分的 C^1 級閉曲線である. したがって, 星形領域に対するコーシーの定理 (定理 4.6.6) より $\int_{\partial A} f = 0$.

問 4.8.1 補題 4.8.1 と同様である.

問 4.8.2 i) $\sin x = (1 - \cos x)'$ に注意して部分積分する.
ii) $\cos ax - \cos bx = (1 - \cos bx) - (1 - \cos ax)$ より i) に帰着.
iii) $\sin^2 x = \frac{1 - \cos 2x}{2}$ より i) に帰着する.

問 5.3.1 i) コーシーの積分表示 (5.1) の $b = a$ の場合より, $f(a) = \frac{1}{2\pi}\int_0^{2\pi} f(a + r\exp(\mathrm{i}t))dt$. $g = \mathrm{Re}\,f$, または $g = \mathrm{Im}\,f$ に応じ, この等式の実部または虚部をとり, 所期等式を得る.
ii) i) から容易に従う.

問 5.3.2 f は連続関数列 (f_n) の広義一様収束極限なので連続である (問 1.6.12). 今, $a, b \in D$, $r > 0$ が $\overline{D}(a, r) \subset D$, $b \in D(a, r)$ をみたすとき, コーシーの積分公式 (5.1) より

$$\int_{C(a,r)} \frac{f_n(z)}{z - b}\,dz = 2\pi\mathrm{i}f_n(b).$$

$n \to \infty$ として補題 4.2.3 を用いると f がコーシーの積分公式 (5.1) をみたすことがわかる. これと定理 5.1.1 より f は正則である. $f_n^{(m)}$ が $f^{(m)}$ に広義一様収束する $(n \to \infty)$ ことを示すには次をいえば十分である. 任意の $a \in D$ に対し $r > 0$ が存在し, $f_n^{(m)}$ は $f^{(m)}$ に $D(a, r)$ 上一様収束する $(n \to \infty)$. 今 $a \in D$, $r > 0$ が $\overline{D}(a, 2r) \subset D$ をみたすとする. このときコーシーの評価式 (5.9) より $z \in D(a, r)$ に対し

$$|f_n^{(m)}(z) - f^{(m)}(z)| \le m! r^{-m} \max_{w \in C(z,r)} |f_n(w) - f(w)|$$

$$\le m! r^{-m} \max_{w \in \overline{D}(a,2r)} |f_n(w) - f(w)|.$$

上式より $f_n^{(m)}$ は $f^{(m)}$ に $D(a,r)$ 上一様収束する $(n \to \infty)$.

問 5.3.3 $f : \mathbb{C} \to \mathbb{C}$ が零点を持たないと仮定する. このとき, (5.10) より $m(0,r) \le |f(0)|$. 一方, 問 1.3.2 より $m(0,r) \xrightarrow{r \to \infty} \infty$ (矛盾).
【注】問 5.3.3 の証明より, 代数学の基本定理は見かけ上より一般的な仮定「$f : \mathbb{C} \to \mathbb{C}$ が正則かつ $|f(z)| \xrightarrow{|z| \to \infty} \infty$」のもとで成立する. ところが, この仮定をみたす関数は多項式に限られる (命題 6.6.5).

問 5.3.4 対偶を示す. $a \notin \overline{f(\mathbb{C})}$ なら, ある $r > 0$ に対し $|f(z) - a| \ge r$, $\forall z \in \mathbb{C}$. ゆえに $1/(f(z) - a)$ は $\mathbb{C}$ 上正則かつ有界である. ゆえにリューヴィルの定理 (系 5.3.3) より $1/(f(z) - a)$ は定数, よって f も定数である.

問 5.3.5 i) 存在する. 例えば $f(z) = \exp(2\pi \mathbf{i} z)$.
ii) 存在しない. f が仮定をみたすとする. $x, y \in \mathbb{R}$ を任意, $m, n \in \mathbb{Z}$ を $x \in [m, m+1)$, $y \in [n, n+1)$ となるようにとると $f(x + \mathbf{i}y) = f(x - m + \mathbf{i}(y - m))$. ゆえに $\sup_{z \in \mathbb{C}} |f(z)| = \sup_{x,y \in [0,1)} |f(x + \mathbf{i}y)| < \infty$ (最大・最小値存在定理 (命題 1.6.2) 参照). これとリューヴィルの定理 (系 5.3.3) より f は定数である.

問 5.4.1 命題 5.4.3 による.

問 5.4.2 i) 明らかに $A = \{a, b\}$. また, 命題 5.4.3 より, a, b の位数はそれぞれ $m+1$, $n+1$.
ii) 系 2.2.5 より, $A = \{n\pi/c ; n \in \mathbb{Z}\}$. また, $n \in \mathbb{Z}$ に対し $f'(n\pi/c) = c\cos(n\pi) = (-1)^n c \ne 0$ より各零点 $n\pi/c$ は位数 1 である.
iii) $1 - \cos(2cz) = \sin^2(cz)$ より, ii) と同じく $A = \{n\pi/c ; n \in \mathbb{Z}\}$. また, ii) の結果と問 5.4.1 より各零点 $n\pi/c$ は位数 2 である.

問 5.4.3 補題 5.4.2 より正則関数 $g, h : D \to \mathbb{C}$ が存在し, $\forall z \in D$ に対し次をみたす :
1) $f(z) = f(a) + f'(a)(z-a) + \frac{f''(a)}{2}(z-a)^2 + \frac{f'''(a)}{6}(z-a)^3 + (z-a)^4 g(z)$,
2) $f'(z) = f'(a) + f''(a)(z-a) + \frac{f'''(a)}{2}(z-a)^2 + (z-a)^3 h(z)$.
よって,
3) $(z-a)(f'(z) - f'(a)) - 2(f(z) - f(a)) = \frac{f'''(a)}{6}(z-a)^3 + (z-a)^4(2h(z) - g(z))$.
示すべき式の第 1 式は 1) より, 第 2 式は 3) より従う.

問 5.4.4 十分性は明らかである. 必要性をいうために $f_1 \circ f_2 \equiv c$ かつ f_1 が非定数と仮定する. さらに $a_2 \in D_2$ を任意, $a_1 = f_2(a_2)$ とする. 零点の非集積性 (系 5.4.5) より $f_1^{-1}(c)$ は D_1 内に集積点を持たない. よって $\overline{D}(a_1, r_1) \subset D_1$ をみたす $r_1 \in (0, \infty)$ に対し, $A_1 \overset{\text{def}}{=} f_1^{-1}(c) \cap D(a_1, r_1)$ は有限集合である (補題 1.6.5). 一方,

f_2 の連続性より $f_2(D(a_2, r_2)) \subset D(a_1, r_1)$ をみたす $r_2 \in (0, \infty)$ が存在する. さらに, 仮定 $f_1 \circ f_2 \equiv c$ より, $f_2(D(a_2, r_2)) \subset A_1$. これと $D(a_2, r_2)$ の連結性より f_2 は $D(a_2, r_2)$ 上定数である (問 1.6.15). ゆえに一致の定理 (系 5.4.5) より, f_2 は D_2 上定数である.

問 5.4.5 a) $\Rightarrow$ b) : 問 3.2.1 より $f^*(z) \overset{\text{def}}{=} \overline{f(\bar{z})}$ は D 上正則, かつ仮定より $D \cap \mathbb{R}$ 上で f に等しい. 一方, D の連結性より $D \subset \mathbb{R} \neq \emptyset$. さらに D は開だから $D \subset \mathbb{R}$ は空でない開区間を含む. 以上と一致の定理 (系 5.4.5) より, D 上 $f^* = f$.
a) $\Leftarrow$ b) : b) で $z \in D \cap \mathbb{R}$ とすればよい.

問 5.5.1 C を区分的 C^1 級関数 $g : [\alpha, \beta] \to \mathbb{C}$ により表すとき, 適切に分点 $\alpha = \gamma_0 < \gamma_1 < \cdots < \gamma_m = \beta$ をとれば g は $[\gamma_{k-1}, \gamma_k]$ 上で C^1 級かつ

$$F(z) = \int_a^\beta f(z, g(t)) g'(t)\, dt = \sum_{k=1}^m \int_{\gamma_{k-1}}^{\gamma_k} f(z, g(t)) g'(t)\, dt.$$

上式右辺各項に例 5.5.2 を適用し, 結論を得る.

問 5.5.2 $f \overset{\text{def}}{=} f_1 - f_2$ は D_+ 上連続, $D_+ \backslash \mathbb{R}$ 上正則, $D_+ \cap \mathbb{R}$ 上 0. よってシュワルツの鏡像原理 (例 5.5.3) より f は D 上の正則関数に一意的に拡張される. 拡張の一意性より, D_+ 上 $f = 0$ である.

問 5.5.3 例 3.3.3 より $(z - a_j)^{1/m}$ $(j = 1, \ldots, m)$ は $\mathbb{C} \backslash (-\infty, a_m]$ 上正則である. ゆえに f も $\mathbb{C} \backslash (-\infty, a_m]$ 上正則である. したがって, f が $D \overset{\text{def}}{=} \{\operatorname{Re} z < a_1\}$ 上で正則ならよい. ところが問 2.4.8 より f は D 上連続かつ $f((-\infty, a_1)) \subset \mathbb{R}$. したがってシュワルツの鏡像原理 (例 5.5.3) より f は D 上で正則である.

問 5.6.1 等式 $\tan z = \frac{1}{\mathrm{i}} \tanh(\mathrm{i}z)$ と (5.22) より (5.24) を得る. また, 等式 $\frac{1}{\sin z} = \frac{1}{\tan \frac{z}{2}} - \frac{1}{\tan z}$ と (5.24) より (5.25) を得る.

問 5.6.2 (5.26) に命題 1.4.6 を適用し, 第 1 式を得る. 第 1 式と $\sin z = \sinh(\mathrm{i}z)/\mathrm{i}$ より第 2 式を得る.

問 5.6.3 $\cosh$ のべき級数展開 (2.7) に補題 5.6.1 を適用し第 1 式を得る. さらに第 1 式 $\cos z = \cosh(\mathrm{i}z)$ より第 2 式を得る.

問 5.6.4 i) $f'' = 2ff'$ と, 積の微分に関するライプニッツの公式より, $f^{(n+2)}$ に関する等式を得る. 同様に $g' = fg$ と, 積の微分に関するライプニッツの公式より, $g^{(n+1)}$ に関する等式を得る.
ii) (5.20) より, B_{n+1} は $f^{(2n+1)}(0)$ の正数倍である. また $f^{(n+2)}$ に関する i) の等式から帰納的に $f^{(2n+1)}(0) > 0$ を得る. また (5.27) より, E_n は $g^{(2n)}(0)$ の正数倍である. また $f^{(n+2)}$ に関する i) の等式から帰納的に $g^{(2n)}(0) > 0$ を得る.

問 5.6.5 i) 例 4.8.5 の等式両辺を θ のべき級数に展開する :

$$\int_0^\infty \frac{\sinh \theta x}{\sinh x}\, dx \overset{(2.7)}{=} \int_0^\infty \frac{1}{\sinh x} \left(\sum_{n=1}^\infty \frac{(\theta x)^{2n-1}}{(2n-1)!} \right) dx = \sum_{n=1}^\infty \frac{\theta^{2n-1}}{(2n-1)!} \int_0^\infty \frac{x^{2n-1}}{\sinh x}\, dx.$$

上式中の積分・無限和の順序交換については例えば [吉田 1, p.423, 定理 16.5.3]，あるいはルベーグ積分論の単調収束定理 [吉田 2, p.52, 定理 2.4.1] を参照されたい．一方，

$$\frac{\pi}{2} \tan \frac{\pi\theta}{2} \overset{(5.20)}{=} \sum_{n=1}^{\infty} (-1)^{n-1} \pi^{2n} (2^{2n} - 1) b_{2n} \theta^{2n-1}.$$

θ^{2n-1} の係数を比較して (5.29) を得る．

ii) i) と問 2.4.11 による．

問 6.1.1　表示式 (6.9) より，$z \in D(a, R) \setminus \{a\}$ に対し

$$F(z) = f_+(z) + f_+(2a - z) + \sum_{n=1}^{m} (1 + (-1)^n) c_{-n} (z - a)^{-n} = f_+(z) + f_+(2a - z).$$

上式右辺は $D(a, R)$ 上正則，$z = a$ の値は $2f_+(a)$．

問 6.1.2　i) g の連続性，h の零点の非集積性より，ある $r \in (0, R]$ に対し，$g(z) \neq 0, \forall z \in D(a, r)$，かつ $h(z) \neq 0, \forall z \in D(a, r) \setminus \{a\}$．よって，$h/g : D(a, r) \to \mathbb{C}$ は正則かつ $D(a, r) \setminus \{a\}$ 上に零点を持たない．また，a は h/g の m 位の零点である．以上と命題 6.1.6 より結論を得る．

ii)
$$\mathrm{Res}(g/h, a) \overset{(6.7)}{=} \lim_{\substack{z \to a \\ z \neq a}} (z - a) g(z) / (h(z) - h(a)) = g(a) / h'(a).$$

iii)
$$\mathrm{Res}\left(\frac{g}{h}, a\right) \overset{(6.6)}{=} \frac{1}{2} \lim_{\substack{z \to a \\ z \neq a}} \left(\frac{d}{dz}\right) (z - a)^2 \frac{g(z)}{h(z)}.$$

また，

$$\left(\frac{d}{dz}\right) (z - a)^2 \frac{g(z)}{h(z)} = \frac{(z - a)^2 g'(z)}{h(z)} - \frac{(z - a) g(z) \left((z - a) h'(z) - 2h(z)\right)}{h(z)^2}.$$

上式と問 5.4.3 より示すべき式を得る．

問 6.1.3　i) 問 5.4.2 より，$A = \{a, b\}$，h の零点 a, b の位数はそれぞれ $m + 1, n + 1$ である．これと命題 6.1.6 より，a, b は $1/h$ の極であり，それぞれの位数は $m + 1, n + 1$ である．ゆえに $\mathrm{Res}(1/h, a) \overset{(6.6)}{=} \frac{1}{m!} \lim_{\substack{z \to a \\ z \neq a}} \left(\frac{d}{dz}\right)^m \frac{(z-a)^{m+1}}{h(z)}$．また，

$$\frac{1}{m!} \left(\frac{d}{dz}\right)^m \frac{(z - a)^{m+1}}{h(z)} = \frac{1}{m!} \left(\frac{d}{dz}\right)^m (z - b)^{-(n+1)}$$
$$= \frac{1}{m!} (-1)^m (n + 1)(n + 2) \cdots (n + m)(z - b)^{-(m+n+1)}$$
$$= (-1)^m \binom{m + n}{m} (z - b)^{-(m+n+1)}.$$

以上より，$\mathrm{Res}(1/h, a) = (-1)^m \binom{m+n}{m} (a - b)^{-(m+n+1)}$．$a$ と b，m と n を入れ替えて，$\mathrm{Res}(1/h, b) = (-1)^n \binom{m+n}{n} (b - a)^{-(m+n+1)}$．

ii) 問 5.4.2 より $A = \{n\pi/c \,;\, n \in \mathbb{Z}\}$，$A$ の各点は h の位数 1 の零点である．これと命題 6.1.6 より，A の各点は g/h の除去可能特異点，または一位の極である．ゆえに A の各

点 $n\pi/c$ に対し Res $\left(\frac{g}{h}, \frac{n\pi}{c}\right) \overset{\text{問 } 6.1.2}{=} \frac{g(n\pi/c)}{h'(n\pi/c)} = \frac{(-1)^n g(n\pi/c)}{c}$.

iii) 問 5.4.2 より $A = \{n\pi/c \,;\, n \in \mathbb{Z}\}$, A の各点は h の位数 2 の零点である. これと命題 6.1.6 より, A の各点は $1/h$ の二位の極である. A の各点 $n\pi/c$ に対し $h(z) = h(n\pi/c-z)$. これと問 4.2.8 より, Res $\left(\frac{1}{h}, \frac{n\pi}{c}\right) = 0$.

問 6.1.4 i) ある $R > 0$ が存在し, 各 $a \in A$ に対し $D(a, R) \subset D$ かつ $A \cap D(a, R) = \{a\}$. また, 命題 6.1.3 より, ある数列 $(c_{-n,a})_{n=1}^{m_a}$ と正則関数 $f_{+,a} : D(a, R) \to \mathbb{C}$ が存在し, $D(a, R)\backslash\{a\}$ 上で $f = f_{+,a} + f_{-,a}$. このとき, f, $\sum_{a \in A} f_{-,a}$ は $D\backslash A$ 上正則だから g も $D\backslash A$ 上正則である. また, 各 $a \in A$ に対し $D(a, R)\backslash\{a\}$ 上で $g = f_{+,a} - \sum_{b \in A\backslash\{a\}} f_{-,b}$. 以上より a は g の除去可能特異点である.

ii) $\Rightarrow$ は明らかなので $\Leftarrow$ を示す. g は各 $a \in A$ での値を適切に定めれば $\mathbb{C}$ 上正則である. また, $\lim_{|z|\to\infty} f(z) = c$ なら $\lim_{|z|\to\infty} g(z) = c$. よって g は有界である. これとリューヴィルの定理 (系 5.3.3) より $g \equiv c$.

問 6.3.1 例 2.4.4 より, 条件 i), iv) なら $|s_-| < |c| < |s_+|$, 条件 ii), iii) なら $|s_+| < |c| < |s_-|$. 残りの議論は例 6.3.1 と同様である.

問 6.3.2 例 2.4.4 より, 条件 i), iv) なら $|s_-| < 1 < |s_+|$, 条件 ii), iii) なら $|s_+| < 1 < |s_-|$. 残りの議論は例 6.3.2 と同様である.

問 6.3.3 i) 変数変換 $\varphi = \pi - \theta$ より

$$\int_{\pi/2}^{3\pi/2} \frac{\cos^2 \theta}{b + \sin \theta} d\theta = \int_{-\pi/2}^{\pi/2} \frac{\cos^2 \varphi}{b + \sin \varphi} d\varphi.$$

ii) 変数変換 $\theta = \varphi + \frac{\pi}{2}$ より

$$\int_0^\pi \frac{\sin^2 \theta}{b + \cos \theta} d\theta = \int_{-\pi/2}^{\pi/2} \frac{\cos^2 \varphi}{b + \sin \varphi} d\varphi.$$

よって第 1 式を得る. また, 変数変換 $\varphi = -\theta$ より

$$\int_0^\pi \frac{\sin^2 \theta}{b + \cos \theta} d\theta = \int_{-\pi}^0 \frac{\sin^2 \varphi}{b + \cos \varphi} d\varphi.$$

よって第 2 式を得る.

iii) i) の等式と $\cos^2 \theta = (e^{2i\theta} + e^{-2i\theta} + 2)/4$ より, 問 6.3.2 を使える (例 6.3.2 証明直後の注参照).

問 6.3.4 $g(z) \overset{\text{def}}{=} \exp(\mathbf{i}\theta z)$, $h(z) \overset{\text{def}}{=} z^2 - 2bz + c^2$. $h(z) = 0$ の解は $\sigma_\pm$, $\operatorname{Im} \sigma_- < 0 < \operatorname{Im} \sigma_+$. よって $\sigma_\pm$ は g/h の一位の極, Res$(g/h, \sigma_\pm) \overset{\text{問 } 6.1.2}{=} (g/h')(\sigma_\pm)$.

$\theta \geq 0$ なら, g/h は補題 6.3.3 の仮定をみたす. ゆえに $I = 2\pi\mathbf{i}(g/h')(\sigma_+) = \frac{\pi}{\sqrt{c^2-b^2}} \exp(\mathbf{i}\theta\sigma_+)$.

$\theta \leq 0$ なら, g/h は補題 6.3.4 の仮定をみたす. ゆえに $I = 2\pi\mathbf{i}(g/h')(\sigma_-) = \frac{\pi}{\sqrt{c^2-b^2}} \exp(\mathbf{i}\theta\sigma_-)$.

問 6.3.5 問 2.4.3 より $\operatorname{Im} \sigma_- < 0 < \operatorname{Im} \sigma_+$. 残りの議論は問 6.3.4 と同様である.

問 6.3.6　$g(z) \overset{\text{def}}{=} \exp(\mathbf{i}\theta z)$, $h(z) \overset{\text{def}}{=} z^4 - 2bz^2 + c^2$. $h(z) = 0$ の解は $\pm\tau_+, \pm\tau_-$（問 2.4.3）．これらはすべて異なるので $\forall a \in \{\pm\tau_+, \pm\tau_-\}$ は g/h の一位の極, $\operatorname{Res}(g/h, a) \overset{\text{問 6.1.2}}{=} (g/h')(a)$.

$\theta \geq 0$ なら，g/h は補題 6.3.3 の仮定をみたす．これと $\operatorname{Im}\tau_- < 0 < \operatorname{Im}\tau_+$ より

$$I = 2\pi\mathbf{i}\left((g/h')(\tau_+) + (g/h')(-\tau_-)\right) = \frac{\pi}{2\sqrt{c^2 - b^2}}\left(\frac{1}{\tau_+}\exp(\mathbf{i}\theta\tau_+) + \frac{1}{\tau_-}\exp(-\mathbf{i}\theta\tau_-)\right).$$

$\theta \leq 0$ なら，g/h は補題 6.3.4 の仮定をみたす．これと $\operatorname{Im}\tau_- < 0 < \operatorname{Im}\tau_+$ より

$$I = -2\pi\mathbf{i}\left((g/h')(-\tau_+) + (g/h')(\tau_-)\right) = \frac{\pi}{2\sqrt{c^2 - b^2}}\left(\frac{1}{\tau_+}\exp(-\mathbf{i}\theta\tau_+) + \frac{1}{\tau_-}\exp(\mathbf{i}\theta\tau_-)\right).$$

問 6.3.7　i) 例 6.3.8 から容易にわかる．
ii) $\cosh$, $1/\cos$ のべき級数展開（(2.7), (5.27)）を用い等式 (6.31) 両辺を θ のべき級数で表し，係数を比較する（問 5.6.5 参照）．

問 6.3.8　i) $-1/2$ は f の一位の極であることに注意し，問 6.1.2 を適用する．
ii) $f(z) - f(z-1) = \exp(\mathbf{i}\pi z^2)$. よって，$\int_{\Gamma_1} f - \int_{\Gamma_3} f = \int_{\Gamma_1}(f(z) - f(z-1))dz = \int_{\Gamma_1}\exp(\mathbf{i}\pi z^2)dz = (1+\mathbf{i})\int_{-r}^{r}\exp(-2\pi t^2)dt.$
iii) Γ_2 上で $z = t + \mathbf{i}r$ $(t \in [r-1, r])$. よって，$|\exp(\mathbf{i}\pi z^2)| = \exp(-2\pi rt) \leq \exp(-2\pi r(r-1))$, $|1 + \exp(-2\pi\mathbf{i}z)| \geq \exp(2\pi r) - 1$. したがって，$|\int_{\Gamma_2} f| \leq \exp(-2\pi r(r-1))/(\exp(2\pi r) - 1) \overset{r \to \infty}{\longrightarrow} 0$. $\int_{\Gamma_4} f$ も同様である．
iv) 留数定理より，$\left(\int_{\Gamma_1} - \int_{\Gamma_2} - \int_{\Gamma_3} + \int_{\Gamma_4}\right) f = 2\pi\mathbf{i}\operatorname{Res}(f, -1/2)$. これと，i)–iii) より $\int_{-\infty}^{\infty}\exp(-2\pi t^2)dt = 1/\sqrt{2}$. さらに $t = x/\sqrt{2\pi}$ と変数変換して結論を得る．

問 6.3.9　まず (6.35) を示す．補題 5.7.3 より右辺の無限積は $z \in \mathbb{C}$ について広義一様収束する．したがって両辺は $z \in \mathbb{C}$ について連続である．ゆえに $z \in \mathbb{C}\backslash\pi\mathbf{i}\mathbb{Z}$ の場合に等式を示せば十分である．そこで以下，$z \in \mathbb{C}\backslash\pi\mathbf{i}\mathbb{Z}$ とする（これにより，以下の計算中の分数式で分母 $\neq 0$）．このとき，

$$\cosh z = \sinh 2z/(2\sinh z) \overset{(6.29)}{=} \lim_{N \to \infty}\prod_{n=1}^{2N}\left(1 + \frac{4z^2}{n^2\pi^2}\right) \Big/ \prod_{n=1}^{N}\left(1 + \frac{z^2}{n^2\pi^2}\right)$$

$$= \lim_{N \to \infty}\prod_{n=1}^{N}\left(1 + \frac{4z^2}{(2n-1)^2\pi^2}\right).$$

以上で (6.35) を得る．(6.35) と $\cos z = \cosh(\mathbf{i}z)$ より (6.36) を得る．(6.35) と命題 5.7.4 より (6.37) を得る．(6.37) と $\tan z = -\mathbf{i}\tanh(\mathbf{i}z)$ より (6.38) を得る．

問 6.4.1　f_0 は有界閉集合 C で連続かつ $f_0^{-1}(0) \cap C = \emptyset$ より $\varepsilon \overset{\text{def}}{=} \min_{z \in C}|f_0(z)| > 0$. したがって $\max_{z \in C}|f_1(z) - f_0(z)| < \varepsilon$ なら C 上 $|f_1 - f_0| < |f_0|$. これとルーシェの定理（命題 6.4.5）より (6.49) を得る．

問 6.5.1　f_1, f_2 が共に条件をみたすとする．このとき，$h \overset{\text{def}}{=} f_1 - f_2$ は $\overline{D}$ 上連続，D 上正則かつ ∂D 上で $\equiv 0$. したがって最大値原理（系 6.5.5）より $\overline{D}$ 上 $h \equiv 0$.

問 6.5.2 存在しない. f が条件をみたすなら ∂D 上 $\mathrm{Im}\, f \equiv 0$, したがって最大値原理 (系 6.5.5) より $\overline{D}$ 上 $\mathrm{Im}\, f \equiv 0$. これと, コーシー・リーマン方程式より D 上 $\mathrm{Re}\, f \equiv c$ (定数). さらに連続性から $\overline{D}$ 上 $\mathrm{Re}\, f \equiv c$.

問 6.5.3 i) $|f| \le |g|$ より $f(a) = 0$. $R > 0$ を $D(a,R) \subset D$ となるようにとる. このとき, $m, n \in \mathbb{N} \backslash \{0\}$ および正則関数 $f_m, g_n : D(a,R) \to \mathbb{C}$ を, $f_m(a) \ne 0$, $g_n(a) \ne 0$, $D(a,R)$ 上 $f(z) = (z-a)^m f_m(z)$, $g(z) = (z-a)^n g_n(z)$ となるようにとれる (命題 5.4.3). また $|f| \le |g|$ より $m \ge n$. さらに, $g_n(a) \ne 0$ より, ある $\delta \in (0, R]$ に対し $D(a, \delta)$ 上 $g_n \ne 0$. したがって $h_{a,\delta}(z) \overset{\text{def}}{=} (z-a)^{m-n} f_m(z)/g_n(z)$ $(z \in D(a,\delta))$ は正則, $D(a,\delta) \backslash \{a\}$ 上 $g \ne 0$, $D(a,\delta)$ 上 $f = g h_{a,\delta}$. ここから $|h_{a,\delta}| \le 1$ も従う.

ii) $D_0 \overset{\text{def}}{=} \{z \in D \ ; \ g(z) = 0\}$, $h(z) = f(z)/g(z)$ $(z \in D \backslash D_0)$, $h(z) = h_{z,\delta}(z)$ $(z \in D_0)$ と定める. このとき i) より D 上 $f = gh$, $|h| \le 1$. さらに h は正則である. 実際 $a \in D \backslash D_0$ なら, ある $\delta > 0$ に対し $D(a,\delta) \subset D \backslash D_0$ かつ $D(a,\delta)$ 上 $h = f/g$ より, h は a で複素微分可能である. また $a \in D_0$ なら, i) よりある $\delta > 0$ が存在し $z \in D(a,\delta)$ に対し $h(z) = h_{a,\delta}(z)$. よって h は a で複素微分可能である.

iii) ii) とリューヴィルの定理 (系 5.3.3) による.

問 6.5.4 定数でない多項式 f に対し $|f|$ は最小点を持つ (問 1.3.2). 最小点は極小点でもあるので, 命題 6.5.4 より零点である必要がある.

問 6.5.5 f^{-1} に対し例 6.5.6 c) を適用し, $|f^{-1}(z)| \le (r/R)|z|$, $\forall z \in D(0, R)$. ゆえに $\forall z \in D(0, r)$ に対し $|f(z)| \le (R/r)|z| = (R/r)|f^{-1} \circ f(z)| \le (R/r)(r/R)|f(z)| = |f(z)|$. したがって $|f(z)| = (R/r)|z|$. これにより f に対する可能性 b) が否定され, a) が成立する. したがって, $f(z) = cz$, $|c| \le R/r$. このとき, $f^{-1}(z) = z/c$ であるが, f^{-1} に例 6.5.6 を適用し, $1/|c| \le r/R$. 以上より $|c| = R/r$.

問 6.5.6 i) $f_{A(b)}(b) = 0$ は明らかである. また $f_{A(b)} : D(0,1) \to D(0,1)$ は $A(b) \in G_+(1,1)$ と問 1.1.8 より全単射, さらに問 3.3.1 より正則同型である.

ii) $\Rightarrow b \overset{\text{def}}{=} f^{-1}(0)$ に対し $g = f \circ f_{A(b)}^{-1} : D(0,1) \to D(0,1)$ は正則同型かつ $g(0) = 0$. よって問 6.5.5 より $\exists c \in C(0,1)$, $\forall z \in D(0,1)$, $g(z) = cz$. したがって $f = c f_{A(b)}$. そこで $c = \gamma^2$ $(\gamma \in C(0,1))$ と書けば $A \overset{\text{def}}{=} \begin{pmatrix} \gamma & -b\gamma \\ -\bar{b}\bar{\gamma} & \bar{\gamma} \end{pmatrix} \in G_+(1,1)$ に対し $f = f_A$. $\Leftarrow$ $S \in G_+(1,1)$ に対し $f_S : D(0,1) \to D(0,1)$ は全単射 (問 1.1.7), さらに問 3.3.1 より正則同型である.

問 6.5.7 i) $f_C : H_+ \to D(0,1)$ は 問 1.1.9 より全単射, さらに問 3.3.1 より正則同型である. また, 問 1.1.6 より $f_{C'} : D(0,1) \to H_+$ はその逆関数である.

ii) $\Rightarrow$ 仮定と i) より $g \overset{\text{def}}{=} f_C \circ f \circ f_{C'} : D(0,1) \to D(0,1)$ は正則同型である. これと問 6.5.6 より $g = f_A$ をみたす $A \in G_+(1,1)$ が存在する. したがって $f = f_{C'} \circ f_A \circ f_C$. これと問 1.1.9 より結論を得る. $\Leftarrow$ $B \in GL_{2,+}(\mathbb{R})$ に対し $f_B : H_+ \to H_+$ は全単射 (問 1.1.8), さらに問 3.3.1 より正則同型である.

問 6.6.1 仮定より原点 0 は $h(z) \overset{\text{def}}{=} z^m f(z)$ の除去可能特異点である. さらに $z \in \mathbb{C} \backslash \{0\}$ に対し,

$$h(z) = z^m g(1/z) = \sum_{n=0}^{m} c_n z^{m-n} + \sum_{n=m+1}^{\infty} c_n z^{m-n} = p_m(z) + q_m(1/z).$$

リューヴィルの定理 (系 5.3.3) より q_m は非有界. したがって, 点列 z_k を $|z_k| \overset{k \to \infty}{\longrightarrow} \infty$ かつ $|q_m(z_k)| \overset{k \to \infty}{\longrightarrow} \infty$ をみたすようにとれ,

$$h(1/z_k) = p_m(1/z_k) + q_m(z_k).$$

$k \to \infty$ で上式左辺は収束し, 右辺は収束しない (矛盾).

問 6.6.2 $r > 0$ を $A \subset C(0, r)$ となるようにとると, $\sum_{a \in A} \mathrm{Res}(f, a) \overset{(6.15)}{=} \frac{1}{2\pi \mathbf{i}} \int_{C(0,r)} f$ $= -\mathrm{Res}(f, \infty)$.

問 6.6.3 $F(z) \overset{\mathrm{def}}{=} f(1/z)$ $(z \in D(0, 1/\rho) \backslash \{0\})$ に対し補題 6.4.1 より $\frac{1}{2\pi \mathbf{i}} \int_{C(0, 1/r)} F'/F$ $= m(F, 0) = m(f, \infty)$. 一方, $F'(z)/F(z) = -f'(1/z)/(z^2 f(1/z))$ と問 4.2.2 より

$$\int_{C(0,r)} f'/f = \int_{C(0, 1/r)} f'(1/z)/(z^2 f(1/z)) dz = - \int_{C(0, 1/r)} F'/F.$$

以上より結論を得る.

問 6.6.4 $r \in (0, \infty)$ を $f^{-1}(0) \cup A \subset D(0, r)$ となるようにとる. このとき, 偏角の原理 (命題 6.4.2) より $\frac{1}{2\pi \mathbf{i}} \int_{C(0,r)} f'/f = \sum_{a \in f^{-1}(0) \cup A} m(f, a)$. 一方, 問 6.6.3 より $\frac{1}{2\pi \mathbf{i}} \int_{C(0,r)} f'/f = -m(f, \infty)$.

問 7.1.1

$$n(C, f(a)) = \frac{1}{2\pi \mathbf{i}} \int_0^{2\pi} \frac{g'(t)}{g(t) - f(a)} dt = \frac{1}{2\pi \mathbf{i}} \int_{C(a,r)} \frac{f'(z)}{f(z) - f(a)} dz$$
$$\overset{命題\ 6.4.2}{=} N(f, D(a, r)).$$

また, 仮定と零点の非集積性 (系 5.4.5) より, ある $r_0 \in (0, R)$ が存在し, 任意の $r \in (0, r_0]$ に対し $N(f, D(a, r)) = m$.

問 7.3.1 i) $z = w$ なら $h(t) \equiv z$ だから示すべき等式は明らかである. $z \neq w$ なら $(f \circ h)'(t) = (z - w) f'(h(t))$ より,

$$\int_0^1 f'(h(t)) dt = \frac{1}{z - w} \int_0^1 (f \circ h)'(t) dt = \frac{f(z) - f(w)}{z - w} = 2\pi \mathbf{i} g(z, w).$$

ii) $z, w, a \in D$, $(z, w) \to (a, a)$ と仮定し, $g(z, w) \to \frac{1}{2\pi \mathbf{i}} f'(a)$ をいえばよい. 任意の $\varepsilon > 0$ に対し次をみたす $r > 0$ が存在する: $D(a, r) \subset D$, かつ $\sup_{z \in D(a,r)} |f'(z) - f'(a)| < \varepsilon$. この r に対し, $z, w \in D(a, r)$ なら, 任意の $0 \leq t \leq 1$ に対し $h(t) \in D(a, r)$. したがって, $|g(z, w) - \frac{1}{2\pi \mathbf{i}} f'(a)| \leq \frac{1}{2\pi} \int_0^1 |f'(h(t)) - f'(a)| dt < \varepsilon$.

問 7.5.1 i) h が g_0 から g_1 へのホモトピーとすると, $\varphi \circ h$ は $\varphi \circ g_0$ から $\varphi \circ g_1$ へのホモトピーである.

ii) 「D が単連結 $\Rightarrow$ D' が単連結」を示すが, 逆も同様である. 閉曲線 $f : [\alpha, \beta] \to D'$ を任意にとると $\varphi^{-1} \circ f : [\alpha, \beta] \to D$ も閉曲線である. D は単連結なので $\varphi^{-1} \circ f$ から 1 点 $\varphi^{-1} \circ f(\alpha)$ へのホモトピー h が存在する. このとき, $\varphi \circ h$ は f から 1 点 $f(\alpha)$ へのホモトピーである.

参考文献

[Ahl]　Ahlfors, L. V. : Complex Analysis, 3rd ed. McGraw-Hill International Student Edition (1979).

[Art]　Artin, E. : On the theory of complex functions. Notre Dame Mathematical Lectures, no. 4, pp. 55-70. University of Notre Dame, Notre Dame, Ind., (1944).

[Dix]　Dixon, J. D. : A brief proof of Cauchy's integral theorem. Proc. Amer. Math. Soc. 29 (1971), 625-626.

[Gra1]　Gray, J. : Goursat, Pringsheim, Walsh, and the Cauchy Integral Theorem, The Mathematical Intelligencer volume 22, pp. 60-66 (2000).

[Gra2]　Gray, J. : The Real and the Complex: A History of Analysis in the 19th Century, Springer Undergraduate Mathematics Series (2015).

[Gra3]　Gray, J. : On the history of the Riemann mapping theorem, Rend. Circ. Mat. Palermo (2) Suppl. No. 34 (1994), 47-94.

[今吉]　今吉洋一『複素関数概説』サイエンス社.

[今吉・谷口]　今吉洋一・谷口雅彦『タイヒミュラー空間論』日本評論社.

[神保]　神保道夫『複素関数入門』岩波書店.

[楠]　楠　幸男『解析函数論』広川書店.

[前原]　Maehara, Ryuji : The Jordan curve theorem via the Brouwer fixed point theorem. Amer. Math. Monthly 91 (1984), no. 10, 641-643.

[松坂]　松坂和夫『集合・位相入門』岩波書店.

[Mun]　J. R. Munkres : Topolgy, 2nd ed., Prentice Hall Inc., 2000.

[野村]　野村隆昭『複素関数論講義』共立出版.

[及川]　及川廣太郎『リーマン面』共立出版.

[Rudin]   Rudin, W. : Real and Complex Analysis, 3rd ed. McGraw-Hill Higher Mathematics Series (1986).

[杉浦]   杉浦光夫『解析入門 I, II』東京大学出版会.

[吉田 1]   吉田伸生『微分積分』共立出版.

[吉田 2]   吉田伸生『新装版ルベーグ積分入門—使うための理論と演習』日本評論社.

[吉田 3]   本書サポートページ http://www.math.nagoya-u.ac.jp/~noby/cana.html

索　引

【ア行】

アーベル (Niels Henrik Abel, 1802–29), 82

跡 (trace), 101

位数 (極の) (order), 180

位数 (零点の) (order), 162

一次分数変換 (linear fractional transformation), 10

一様収束 (uniform convergence), 14

一対一 (one to one), 2

一致の定理 (unicity theorem), 164

一般二項係数 (generalized binomial coefficient), 84

一般二項展開 (generalized binomial expansion), 84

ヴェッセル (Caspar Wessel, 1745–1818), 4

ウォリスの公式 (Wallis' formula), 194

うまく分割できる (nicely partitioned), 230

枝 (branch), 44, 45, 50, 60, 62

円周 (circle), 8

オイラー (Leonhard Euler, 1707–83), 4, 5, 35, 82, 87

オイラー数 (Euler number), 173

オイラーの等式 (Euler's formula), 38

オームの法則 (Ohm's law), 38

オスグッド (William Osgood, 1864–1943), 240

折れ線 (polygonal line), 29

【カ行】

開 (open), 25

開円板 (open disc), 8

開核 (open kernel), 25

開写像定理 (open mapping theorem), 209

回転数 (winding number), 228

ガウス (Carl Friedrich Gauss, 1777–1855), 4, 161

カソラチ (Felice Casorati, 1835–90), 214

カソラチ・ワイエルシュトラスの定理 (The Casorati-Weierstrass theorem), 214

加法定理 (addition formulas), 37, 38

カルダーノ (Gerolamo Cardano, 1501–76), 4

ガンマ関数 (Gamma function), 57

基本群 (fundamental group), 238

逆関数定理 (inverse function theorem), 209

逆写像 (inverse map), 2

逆正弦 (arc sine), 59

逆正接 (arc tangent), 61

逆像 (inverse image), 2

級数 (series), 16

境界 (boundary), 25

共役 (conjugate), 5

極 (pole), 179, 219

極形式 (polar form), 41

極限 (limit), 13

極小値 (local minimum), 210
極小点 (local minimizer), 210
極大値 (local maximum), 210
極大点 (local maximizer), 210
極値 (extreme value), 210
極値点 (extreme point), 210
虚軸 (imaginary axis), 5
虚部 (imaginary part) , 5

グールサ (Édouard Jean-Baptiste
　　Goursat, 1858–1936), 100, 134
区分的 (piecewise), 103
グリーン (George Green, 1793–1841),
　　116
グリーンの定理 (Green's formula), 116,
　　119
クロネッカーのデルタ (Kronecker's
　　delta), 43, 107

ケイリー変換 (Cayley transformation),
　　11, 60
原始関数 (primitive function), 127

広義一様収束 (converge uniformly in
　　wider sense) , 33
合成 (composition) , 2
コーシー (Augustin Cauchy, 1789–1857),
　　87, 231, 239
コーシーの積分表示 (Cauchy's integral
　　formula), 150, 231
コーシーの定理 (Cauchy's theorem), 119,
　　134, 137, 239
コーシーの評価 (Cauchy's estimate), 159,
　　161
コーシー・リーマン方程式 (Cauchy-
　　Riemann equation), 87
弧状連結 (arcwise connected), 28
弧長 (arc length), 106
孤立点 (isolated point), 27
孤立特異点 (isolated singularity), 179

【サ行】
最大値原理 (maximal mod principle), 211
三角関数 (trigonometric functions), 37
三角不等式 (triangular inequality), 6

軸平行 (parallel to axes), 29
指数関数 (exponential function), 35
指数法則 (exponential law), 36
実軸 (real axis), 5
実部 (real part), 5
写像類群 (mapping class group), 225
ジュウコフスキー変換 (Joukowski trans-
　　fomation), 58
集積点 (accumulation point), 27
収束 (convergence), 11, 17
収束円 (circle of convergence), 24
収束半径 (radius of convergence), 24
主枝 (principal branch), 43
種数 (genus), 224
シュワルツ (Hermann Schwarz, 1843–
　　1921), 212
シュワルツ・クリストフェル変
　　換 (Schwarz-Christoffel trans-
　　formation), 112
シュワルツの鏡像原理 (Schwarz' reflection
　　principle), 168
シュワルツの補題 (Schwarz' lemma), 212
条件収束 (conditional convergence), 18
除去可能 (removable), 179, 219
ジョルダンの曲線定理 (Jordan curve the-
　　orem), 204, 229
真性 (essential), 219
真性特異点 (essential singularity), 180

スチルチェス (Thomas Joannes Stieltjes,
　　1856–94), 126

正弦 (sine), 37
正接 (tangent), 42
正則 (holomorphic), 68
正則同型 (holomorphically isomorphic),
　　75

関孝和 (?–1708), 172
絶対収束 (absolute convergence), 18
全射 (surjective), 2
全単射　(bijective), 2
全微分 (total differentiation), 94
全微分係数 (total differential coefficient), 94
線分 (line segment), 29

像 (image), 2
総位数 (total order), 203
双曲正弦 (hyperbolic sine), 37
双曲正接 (hyperbolic tangent), 42
双曲余弦 (hyperbolic cosine), 37
相補公式 (complimentary formula), 196

【タ行】
対数 (logarithm), 45
代数学の基本定理 (the fundamental theorem of algebra), 161, 207, 213
タイヒミュラー空間 (Teichmüller space), 225
楕円関数 (elliptic function), 111, 112
楕円積分 (elliptic integral), 111
多項式 (polynomial), 14
ダランベール (Jean le Rond d'Alembert, 1717–1783), 87
単項式 (monomial), 14
単射 (injective), 2
単純曲線 (simple curve), 101
単連結 (simply connected), 238

中心 (center), 8
調和 (harmonic), 91
直積 (direct product), 2
直径 (diameter), 8

継ぎ足し (concatenation), 104
継ぎ足し可能 (well concatenated), 104

テイラー展開 (Taylor expansion), 150

ディリクレ (Peter Gustav Lejeune-Dirichlet, 1805–59), 56
ディリクレ級数 (Dirichlet series), 56
デカルト (René Descartes, 1596–1650), 4

等角 (conformal), 97
同相 (homeomorphism), 14
同値関係 (equivalence relation), 3
同値類 (equivalence class), 3
時計回りに囲む (enclose clockwise), 229
凸 (convex), 135

【ナ行】
内点 (interior point), 25

二重階乗 (double factorial), 86
任意回複素微分可能性 (infinely complex differentiable), 150

【ハ行】
発散 (divergence), 17
ハミルトン (William Hamilton, 1805–65), 5
ハルナック (Harnack Axel,1851–1888), 240
半径 (radius), 8
反時計回り (counter-clockwise), 103, 115, 116, 134
反時計回りに囲む (enclose counter-clockwise), 229

ピカール (Émile Picard, 1856–1941), 161, 215
ピカールの小定理 (Picard's little theorem), 161
ピカールの大定理 (Picard's big theorem), 215
非交差分解 (disjoint decomposition), 3
ヒルベルト (David Hilbert, 1862–1943), 240

複素数 (complex number), 5
複素数列 (complex sequence), 11
複素線積分 (complex line integral), 106
複素点列 (complex sequence), 11
複素微分 (complex differentiation), 68
複素微分係数 (complex differential co-
　　efficient), 68
部分分数分解 (partial fraction decompo-
　　sition), 185
部分和 (partial sum), 16
プリングスハイム (Alfred Pringsheim,
　　1850–1941), 100, 134
フレネル (Augustin Jean Fresnel, 1788–
　　1827), 125
フレネル積分 (Fresnel integral), 125
分割 (partition), 230

閉 (closed), 25
閉円板 (closed disc), 8
閉曲線 (closed curve), 101
閉包 (closure) , 25
べき級数 (power series), 19
ベルヌーイ (Jakob Bernoulli, 1654–
　　1705), 172
ベルヌーイ数 (Bernoulli number), 172
偏角 (argument), 43
偏角原理 (argument principle), 204

ポアンカレ (J. Henri Poincaré, 1854–
　　1912), 240
ポアンカレ計量 (Poincaré metric), 112
星形 (star-shaped), 135
ホモトピー (homotopy), 238
ホモトピー同値 (homotopic), 238
ボルツァーノ (Bernard Bolzano, 1781–
　　1848), 25
ボルツァーノ・ワイエルシュトラスの定理
　　(Bolzano-Weierstrass theorem),
　　25

【マ行】
無限遠点 (point at infinity), 218

無限積 (infinite product), 174

メビウス変換 (Möbius transformation),
　　10
メリン変換 (Mellin transformation), 57
メンショフ (Dmitrii Menshov, 1892–
　　1988), 97

モーメント問題 (moment problem), 126
モジュライ空間 (moduli space), 225
モレラ (Giacinto Morera, 1856–1907),
　　166
モレラの定理 (Morera' s theorem), 166

【ヤ行】
有界 (bounded), 8, 11
有理型 (meromorphic), 185
有理式 (rational function), 14

余弦 (cosine), 37

【ラ行】
ライプニッツ (Gottfried Leibniz, 1646–
　　1716), 81
ライプニッツの級数 (Leibniz series), 81
ラプラシアン (Laplacian), 91

リーマン (Bernhard Riemann, 1826–66),
　　62, 87, 240
リーマン球面 (Riemann sphere), 218
リーマンの写像定理 (Riemann's mapping
　　theorem), 240
リーマンの除去可能特異点定理
　　(Riemann's removable singular-
　　ity theorem), 183
リーマンのゼータ関数 (Riemann zeta
　　function), 56
リーマン面 (Riemann surface), 62, 64,
　　223
立体射影 (stereographic projection), 16
リューヴィル (Joseph Liouville, 1809–
　　82), 160

リューヴィルの定理 (Liouville's theorem), 160

留数 (residue), 180

留数定理 (residue theorem), 187, 236

領域 (domain), 28

ルーシェ (Eugène Rouché, 1832–1910), 207

ルーシェの定理 (Rouché's theorem), 207

ルーマン (Herman Looman), 97

ルーマン・メンショフの定理 (the Looman-Menshov theorem), 97

零点の非集積性 (no accumulation of zeros), 23, 164

連結 (connected), 28

連続 (continuous), 13

連続可変 (homotopic), 238

ローラン (Pierre Alphonse Laurent, 1813–54), 220

ローラン展開 (Laurent expansion), 108, 216, 221, 223

【ワ行】

ワイエルシュトラス (Karl Weierstrass, 1815–97), 25, 214

ワイル (Hermann Weyl, 1885–1955), 62

〈著者紹介〉

吉田　伸生（よしだ　のぶお）

1991年　京都大学大学院理学研究科博士後期課程（数学専攻）中退
現　在　名古屋大学大学院多元数理科学研究科 教授
　　　　京都大学博士（理学）
専　門　確率論
著　書　『新装版 ルベーグ積分入門―使うための理論と演習』（日本評論社，2021）
　　　　『新装版 確率の基礎から統計へ』（日本評論社，2021）
　　　　『微分積分』（共立出版，2017）
　　　　『関数解析の基礎』（裳華房，2023）

複素関数の基礎
Foundations of Complex Function Theory

2022 年 3 月 10 日　初版 1 刷発行
2024 年 9 月 10 日　初版 2 刷発行

検印廃止
NDC 413.52

ISBN 978-4-320-11464-7

著　者　吉田伸生　Ⓒ2022

発行者　南條光章

発行所　共立出版株式会社

郵便番号 112-0006
東京都文京区小日向 4 丁目 6 番 19 号
電話 (03) 3947-2511（代表）
振替口座 00110-2-57035 番
URL www.kyoritsu-pub.co.jp

印　刷　加藤文明社

製　本　ブロケード

一般社団法人
自然科学書協会
会員

Printed in Japan